21 世纪高等院校电气工程与自动化规划教材
21 century institutions of higher learning materials of Electrical Engineering and Automation Planning

Electrotechnics Practical Training

电工实训教程

夏菽兰 施敏敏 曹啸敏 王吉林 编著

人民邮电出版社
北京

图书在版编目（CIP）数据

电工实训教程 / 夏菽兰等编著. -- 北京 : 人民邮电出版社, 2014.8(2020.12重印)
21世纪高等院校电气工程与自动化规划教材
ISBN 978-7-115-35609-3

Ⅰ. ①电… Ⅱ. ①夏… Ⅲ. ①电工技术－高等学校－教材 Ⅳ. ①TM

中国版本图书馆CIP数据核字(2014)第118158号

内容提要

本书是根据教育部高教司组织编制的高等学校理工科本科指导性专业规范中的专业教学实践体系、 大学生创新训练的相关要求及多所应用型工科院校电工实习课程的教学要求编写的，旨在增强当代工科大学生的工程意识、实践操作能力及创新精神.全书内容包括触电急救训练、电工常用工具及电工材料、常用电工仪器仪表的使用、常用导线连接训练、常用电路电子元器件、电子基本操作技能、电工应用识图、配电板的安装、室内线路的敷设与安装、灯具及电气照明电路的安装、接地接零与防雷、常用低压电器、三相鼠笼式异步电动机、单相异步电动机与小型变压器、三相异步电动机控制电路、机床电路 16 个实习项目，内容全面。

本书注重内容的实用性，通俗易懂，便于自学，可作为商等工科院校各专业电工实习、电工电子工艺实习等课程的实践性教学用书，也可供高等院校师生及相关工程技术人员参考。

◆ 编　　著　夏菽兰　施敏敏　曹啸敏　王吉林
　责任编辑　张孟玮
　执行编辑　税梦玲
　责任印制　彭志环　杨林杰

◆ 人民邮电出版社出版发行　　北京市丰台区成寿寺路 11 号
　邮编　100164　　电子邮件　315@ptpress.com.cn
　网址　http://www.ptpress.com.cn
　固安县铭成印刷有限公司印刷

◆ 开本：787×1092　1/16
　印张：18.5　　　　　　2014 年 8 月第 1 版
　字数：459 千字　　　　2020 年 12 月河北第 13 次印刷

定价：42.00 元

读者服务热线：(010)81055256　印装质量热线：(010)81055316
反盗版热线：(010)81055315
广告经营许可证：京东市监广登字20170147号

前言

本教材是为适应高等教育以培养应用型人才为目标的需要，以强化基础，突出能力培养，注重工程训练为目的而编写的。教材本着在学生掌握基本知识的基础上，强化操作技能和综合能力的培养，通过学习和实训，使学生既有看懂电路原理图的能力，又有正确选择合适的电路元器件，以实现某种功能的能力；既有安装简单电路的能力，又具有查找电路故障和维修的能力。本教材可供普通高等院校电气类及相关专业学生学习，也可供电气工程技术人员参考。

本教材包括16个实习项目，内容全面，具有以下特点。

1. 考虑课程的基础性和应用性，教材内容重点放在电工技术实训的基本知识和基本技能训练上，同时强化实训，介绍了一些基本电路及其控制与故障检修。

2. 教材内容以工程实践中常用的和推广应用的技术所需的理论基础为主，通过实训来了解实际应用，并在实训中介绍一些实用电路。

3. 随着机电一体化技术的发展，机和电已不可分割，而机电传动自动化都是由各种控制电机来实现的，因此，教材中加强了电动机及其控制电路的介绍，以满足工程生产中电气控制的实际需要。

4. 本教材以培养工程应用型人才目标为主线，侧重于培养学生解决实际问题的能力，在教材编写上以应用为目的，以必需够用为度，精选内容，强调概念，突出对学生能力的培养，同时保证全书有一定深度。

本课程是高等教育中重要的实践性教学环节之一，为了提高实训教学质量与效率，建议各位老师在教学过程中紧密联系实际，通过实物、图片、录像及参观生产工艺现场等方式来提高教学效果。

本书由盐城工学院夏菽兰、曹啸敏、施敏敏、王吉林共同编写，由夏菽兰担任主编，并负责总体规划及全书统稿工作。在编写过程中，我们得到了盐城工学院电气工程学院的领导与同事们的支持和帮助，还得到了盐城工学院教材出版基金的资助，在此一并表示衷心的感谢。

在本书编写过程中，我们参阅了多种同类教材和专著，在此向编者致谢。

由于编写时间仓促，加之作者水平有限，书中难免存在不妥之处，恳请广大读者和同仁给予批评指正。

编　者

2014年4月

目　　录

实习项目 1 触电急救训练

实习要求

（1）了解触电的原因及预防
（2）掌握触电急救的方法
（3）了解电气消防的有关知识

实习工具及材料

表 1-1 **实习工具及材料**

名称	型号或规格	数量	名称	型号或规格	数量
心肺复苏人体模型		1个	医用酒精和棉球		若干

电能是现代化生产和生活中不可缺少的重要能源。若用电不慎，就可能造成电源中断、设备损坏、人身伤亡等事故，将给生产和生活造成很大的影响，因此安全用电具有特殊的重要意义。

通过本项目的实习，学生可以掌握日常生活中的有关安全用电的基本知识，包括触电后的及时抢救及电气消防知识。

1.1 触电的基本知识

一、触电的类型

触电是指人体触及带电体后，电流对人体造成伤害的事故。它有两种类型，即电击和电伤。

（一）电击

电击是指电流通过人体内部，破坏人体内部组织，影响呼吸系统、心脏及神经系统的正常功能，甚至危及生命。电击致伤的部位主要在人体内部，它可以使肌肉抽搐，内部组织损伤，造成发热发麻、神经麻痹等，严重时将引起昏迷、窒息，甚至心脏停止跳动而死亡。触电死亡大部分事例是由电击造成的。人体触及带电的导线、漏电设备的外壳或其他带电体，以及由于雷击或电容放电，都可能导致电击。

电击的具体临床表现：轻者为恶心、心悸、头晕或短暂意识丧失，严重的为“假死”，即心跳停止仍能呼吸、呼吸停止但心跳脉搏极其微弱、心跳与呼吸都停止这三种情况。第三种情况最为严重，但第一和第二种情况如不及时抢救会转变成第三种情况，因为人体心跳停止，血液循环将会中断，呼吸系统也将失去功能，若呼吸停止，心脏也会因严重缺氧而停止跳动。

（二）电伤

电伤是指电流的热效应、化学效应、机械效应及电流本身作用造成的人体伤害。电伤多发生在高压带电体上，会在人体皮肤表面留下明显的伤痕，常见的有灼伤、烙伤和皮肤金属化等现象。它可以是电流通过人体直接引起，也可以是由电弧或电火花引起，包括电弧烧伤、烫伤、电烙印、皮肤金属化、电气机械性伤害、电光眼等不同形式的伤害（电工高空作业不小心坠落造成的骨折或跌伤也算作电伤）。其临床表现为头晕、心跳加剧、出冷汗或恶心、呕吐。

在触电事故中，电击和电伤经常会同时发生，但是绝大多数的触电死亡是由其中的电击造成的。

二、常见的触电形式

（一）单相触电

当人站在地面上或其他接地体上，人体的某一部位触及三相导线中的任意一根相线时，电流就会从接触相通过人体流入大地，这种情形称为单相触电（或称单线触电），如图 1-1 所示。另外，当人体距离高压带电体（或中性线）小于规定的安全距离，高压带电体将对人体放电，造成触电事故，也称单相触电。单相触电的危险程度与电网运行的方式有关，在中性点直接接地系统中，当人触及一相带电体时，该相电流经人体流入大地再回到中性点，如图 1-1（a）所示，由于人体电阻远大于中性点接地电阻，电压几乎全部加在人体上；而在中性点不直接接地系统中，正常情况下电气设备对地绝缘电阻很大，当人体触及一相带电体，通过人体的电流较小，如图 1-1（b）所示。所以在一般情况下，中性点直接接地电网的单相触电比中性点不直接接地电网的单相触电危险性大。

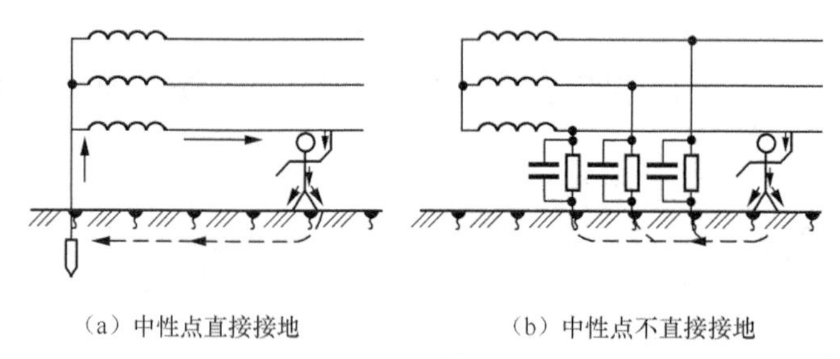

图 1-1 单相触电

（二）两相触电

两相触电是指人体两处同时触到两根不同的相线，或是人体同时接触电器的不同相的两个带电部分，就会有电流经过相线、人体到另一相线而形成通路，这种情况称为两相触电。如图 1-2 所示。在 220 V/380 V 的低压电网发生两相触电时，人体处在线电压（380 V）的作用下，所以不论电网的中性点是否接地，其触电的危险性更大。

在单相和两相触电情况中还可能发生电弧放电触电。主要指人体接近高压带电设备时的电弧伤害事故，一般人体直接接触高压电线或设备的可能性很小，电弧通常是当人体与高压电线或设备的距离小于安全最小距离时，空气被击穿，高压对人体发生电弧闪络放电（也称飞弧放电）。高电压对人体放电造成单相接地而引起的触电属于单相触电；人体同时接近高压系统不同相带电体而发生电弧放电，致使电流从其中某相导体通过人体流入另一相导体构成一个回路的触电属于两相触电。

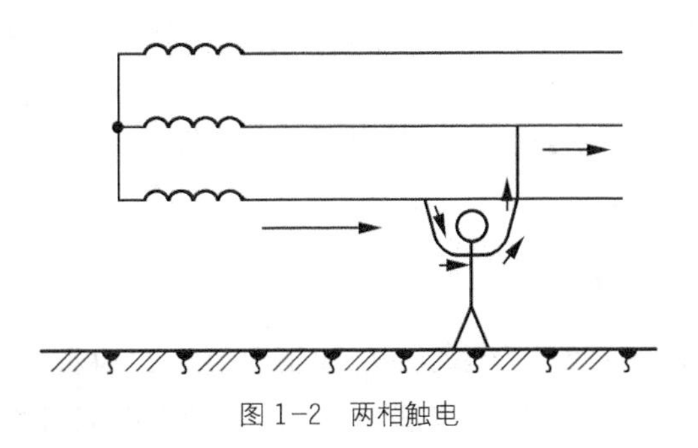

图 1-2 两相触电

（三）跨步电压和接触电压触电

当电气设备的绝缘体损坏或架空线路的一相断线落地时，落地点的电位就是导线的电位，其电位分布是以接地点为圆心向周围扩散，并逐步降低。根据实际测量，在离导线落地点 20m 以外的地方，入地电流非常小，地面的电位近似等于零。如果有人走近导线落地点附近，由于人的两脚电位不同，则在两脚之间出现电位差，这个电位差叫跨步电压。如图 1-3 所示。由此引起的触电事故称为跨步电压触电。由图可知，跨步电压的大小取决于人体站立点与接地点的距离，距离越小，其跨步电压越大。当距离超过 20m，可认为跨步电压为零，不会发生触电的危险。

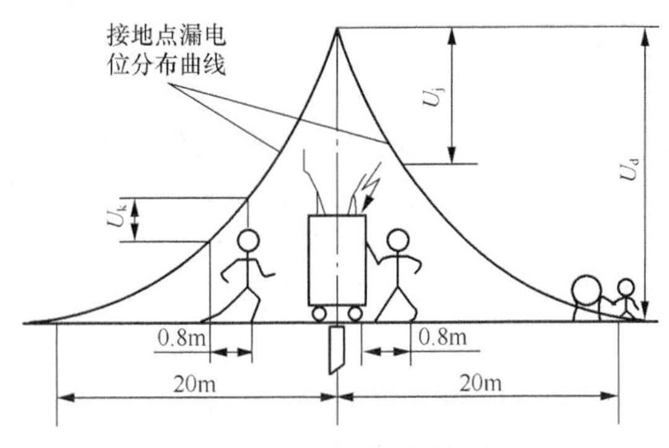

图 1-3 跨步电压和接触电压

导线接地后，不但会产生跨步电压触电，也会产生另一种形式的触电，即接触电压触电。当人触及漏电设备外壳时，电流通过人体和大地形成回路，这时加在人体手和脚之间的电位差即接触电压，如图 1-3 所示。在电气安全技术中接触电压是以站立在距漏电设备接地点水平距离为 0.8m 处的人，手触及的漏电设备外壳距地 1.8m 高时，手脚间的电位差作为衡量基准。由图 1-3 可知，接触电压值的大小取决于人体站立点的位置，若距离接地点越远，则接触电压值越大；当超过 20m 时，接触电压值为最大，等于漏电设备的对地电压；当人体站在接地点与漏电设备接触时，接触电压为零。

（四）感应电压触电

当人触及带有感应电压的设备和线路时所造成的触电事故称为感应电压触电。如一些不带电的线路由于大气变化（如雷电活动），会产生感应电荷，此外，停电后一些可能感应电压的设备和线路未接临时地线，这些设备和线路对地均存在感应电压。

（五）剩余电荷触电

剩余电荷触电是指当人触及带有剩余电荷的设备时，带有电荷的设备对人体放电造成的触电事故。设备带有剩余电荷，通常是由于检修人员在检修中摇表测量停电后的并联电容器、电力电缆、电力变压器及大容量电动机等设备时，检修前后没有对其充分放电所造成的。此外，并联电容器因其电路发生故障而不能及时放电，退出运行后又未人工放电，也导致电容器的极板上带有大量的剩余电荷。

三、电流对人体的伤害作用

电流对人体的伤害是电气事故中最主要的事故之一。它的伤害是多方面的，其热效应会造成电灼伤、化学效应可造成电烙印和皮肤金属化，它产生的电磁场对人辐射会导致人头晕、乏力和神经衰弱等。电流对人体的伤害程度与通过人体电流的大小、种类、频率、持续时间、通过人体的路径及人体电阻的大小等因素有关。

（一）电流大小

通过人体的电流越大，人体的生理反应越明显，感觉越强烈，从而引起心室颤动所需的时间越短，致命的危险性就越大。对于工频交流电，按照通过人体的电流大小和人体呈现的不同状态，可将其划分为下列三种。

1. 感知电流

它是指引起人体感知的最小电流。实验表明，成年男性平均感知电流有效值约为 1.1mA，成年女性约为 0.7mA。感知电流一般不会对人体造成伤害，但是电流增大时，感知增强，反应变大，可能造成坠落等间接事故。

2. 摆脱电流

人触电后能自行摆脱电源的最大电流称为摆脱电流。一般男性的平均摆脱电流约为 16mA，成年女性约为 10mA，儿童的摆脱电流较成年人小。摆脱电流是人体可以忍受而一般不会造成危险的电流。若通过人体的电流超过摆脱电流且时间过长，会造成昏迷、窒息，甚至死亡。因此，人摆脱电源的能力随时间的延长而降低。

3. 致命电流

是指在较短时间内危及人生命的最小电流。当电流达到 50mA 以上就会引起人的心室颤动，有生命危险；如果通过人体的工频电流超过 100mA 时，在极短的时间内人就会失去知觉而死亡。

（二）电源频率对人体的影响

经实验与分析，认为在电流频率为 25 Hz 时，人体可忍受较大电流，在 3～10 Hz 时能忍受更大电流，在雷击时能忍受几百安的大电流，但人们非常容易受到 40～60 Hz 电流的伤害。因此，一般认为 40～60 Hz 的交流电对人体最危险。随着频率的增高，电流对人体的危险性将降低（如高频 20 000 Hz 电流不仅不伤害人体，还能用于理疗）。工频从设计电气设备的角度考虑，认为 50 Hz 比较合理，但这个频率对人体可能造成严重伤害。

（三）人体电阻的影响

人体电阻是确定和限制人体容许安全电流的参数之一，在接触工频交流电与直流电的情况下，人体可用一个非感应电阻来代替，这个电阻是手足之间的电阻，它包括体内电阻和皮肤电阻，人体组织的电阻从大到小依次是骨、脂肪、皮肤、肌肉、神经、血管。皮肤电阻在人体电阻中占有较大的比例，皮肤电阻会因角质层的厚薄和干湿程度而不同，角质层越厚，电阻越大；皮肤越干燥，电阻越大，当皮肤有水、皮肤扭伤、皮肤表面沾有导电性粉尘时会使人体电阻急剧下降。在其他条件不变的情况下，人体触电时若皮肤电阻大，则产生的热量多，局部损伤较重；若皮肤电阻小，则电流在穿过皮肤后会沿电阻低的体液和血管运行，容易发生严重的全身性损伤。世界上普遍认为人体电阻为500～1000Ω，一般情况下，人体电阻不低于1kΩ，在计算安全电压时，常取人体电阻为800Ω。一般的人体电阻，女子比男子小，儿童比成年人小，青年人比中年人小。

（四）电压大小的影响

当人体电阻一定时，作用于人体的电压越高，通过人体的电流越大，但实际上通过人体的电流与作用于人体的电压并不成正比，这是因为随着作用于人体电压的升高，人体电阻急剧下降，致使电流迅速增加而对人体的伤害更为严重。

（五）电流路径的影响

电流通过头部会使人昏迷而死亡；通过脊髓会导致截瘫及严重损伤；通过中枢神经可能会引起中枢相关部位神经系统强烈失调而导致残废；通过心脏会造成心跳停止而死亡；通过呼吸系统会造成窒息。实践证明，从左手至脚是最危险的电流路径，从右手到脚、从手到手也是很危险的路径，从脚到脚是危险较小的路径。

1.2 触电的原因及预防

一、常见的触电原因

（一）电气设备安装不合理

为保证用电安全，电气设备安装必须符合安全用电的各项要求。很多触电事故发生在不符合安装要求的电气设备上。如照明电路的开关要接在相线上，如果没有按照规范而是将开关接在了零线上，虽然开关断开时灯也不亮，但灯头的相线仍是接通的，此时触及灯头容易碰到带电的部位，造成触电事故。

（二）电气设备维护不及时

电气设备（包括线路、开关、插座、灯头等）使用久了，就会出现导线绝缘层老化、设备老化、开关失灵等现象，如不及时发现、维修，极其容易导致触电事故的发生。

（三）不重视安全工作制度

电既能造福于人类，也可能因用电人的疏乎而危害人民的生命和国家的财产。所以在用电过程中，必须特别注意电气安全。要防止触电事故，应在思想上高度重视，严格遵守安全工作规章制度。

如检修线路或更换设备前，应先拉闸断电，而且在开关前挂上“禁止合闸，线路有人工作”的警告牌。

（四）缺乏安全用电常识

缺乏安全用电常识也是造成触电事故的一个原因。如晒衣服的铁丝与低压线太近，在高压线附近放风筝，用手摸破损的开关等。

二、预防触电的措施

（一）组织措施

在电气设备的设计、制造、安装、运行、使用、维护以及专用保护装置的配置等环节中，要严格遵守国家规定的标准和法规。加强安全教育，普及安全用电知识。对从事电气工作的人员，应加强教育、培训和考核，以增强安全意识和防护技能，杜绝违章操作。建立健全安全规章制度，如安全操作规程、电气安装规程、运行管理规程、维护维修制度等，并在实际工作中严格执行。

（二）技术措施

1. 停电工作中的安全措施

当工作人员在线路上作业或检修设备时，应在停电后进行，并采取下列安全技术措施。

① 切断电源。工作地点必须停电的设备有：检修的设备与线路；与工作人员工作时正常活动范围的距离小于规定的安全距离的设备；无法制作必要的安全防护措施而又影响工作的带电设备。切断电源时必须按照停电操作顺序进行，来自各方面的电源都要断开，并保证各电源有一个明显断点。对多回路的线路，要防止从低电压侧反送电。严禁带负荷切断隔离开关，刀闸的操作把手要锁住。

② 验电。对线路和设备在停电后再确认其是否带电的过程称为验电。停电检修的设备或线路，必须验明电气设备或线路无电后，才能确认无电，否则应视为有电。验电时，应选用电压等级相符、经试验合格且在试验有效期内的验电器对检修设备的进出线两侧各相分别验电，确认无电后方可工作。对 6 kV 以上带电体验电时，禁止验电器接触带电体。高压验电时应带绝缘手套，穿绝缘靴。不许以电压表和信号灯的有无指示作为判断有无电压的依据。

③ 装设临时地线。对于可能送电到检修的设备或线路，以及可能产生感应电压的地方，都要装设临时地线。装设临时地线时，应先接好接地端，在验明电气设备或线路无电后，立即接到被检修的设备或线路上，拆除时与之相反。其操作人员应戴绝缘手套，穿绝缘鞋，人体不能触及临时接地线，并有人监护。

④ 悬挂警告牌和装设遮拦。该措施可使检修人员与带电设备保持一定的安全距离，又可隔绝不相关人员进人现场，标示牌可提醒人们有触电危险。停电工作时，对一经合闸即能送电到检修设备或线路开关和隔离开关的操作手柄，要在其上面悬挂“禁止合闸，线路有人工作”的警告牌，必要时派专人监护或加锁固定。

2. 带电工作中的安全措施

在一些特殊情况下必须带电工作时，应严格按照带电工作的安全规定进行。

在低压电气设备或线路上进行带电工作时，应使用合格的、有绝缘手柄的工具，穿绝缘鞋，戴绝缘手套，并站在干燥的绝缘物体上，同时派专人监护。

对工作中可能碰触到的其他带电体及接地物体，应使用绝缘物隔开，防止相间短路和接地短路。

检修带电线路时，应分清相线和地线。断开导线时，应先断开相线，后断开地线。

搭接导线时，应先接地线，后接相线；接相线时，应将两个线头搭实后再行缠接，切不可使人体或手指同时接触两根线。

此外对电气设备还应采取下列一些安全措施。

① 电气设备的金属外壳要采取保护接地或接零。

② 安装自动断电装置。自动断电装置有漏电保护、过流保护、过压或欠压保护、短路保护等功能。当带电线路、设备发生故障或触电事故时，自动断电装置能在规定时间内自动切除电源，起到保护人身和设备安全的作用。

③ 尽可能采用安全电压。为了保障操作人员的生命安全，各国都规定了安全操作电压。所谓安全操作电压是指人体较长时间接触带电体而不发生触电危险的电压，其数值与人体可承受的安全电流及人体电阻有关。国际电工委员会（IEC）规定安全电压限定值为 50V。我国安全电压规定：对 50～500Hz 的交流电压安全额定值（有效值）为 42V、36V、24V、12V、6V，共五个等级，供不同场合选用，还规定安全电压在任何情况下均不得超过 50V 有效值。当电器设备采用大于 24V 的安全电压时，必须有防止人体直接触及带电体的保护措施，根据这一规定，凡手提式的照明灯，以及用于机床工作台局部照明、高度不超过 2.5m 的照明灯，要采用不大于 36V 的安全电压；在潮湿、易导电的地沟或金属容器内工作时，行灯采用 12V 电压；某些继电器保护回路、指示灯回路和控制回路也采用安全电压。

安全电压的电源必须采用双绕组的隔离变压器，严禁用自耦变压器提供低压。使用隔离变压器时，1、2 次侧绕组必须加装短路保护装置，并有明显标志。

④ 保证电气设备具有良好的绝缘性能。注意要用绝缘材料把带电体封闭起来。对一些携带式电气设备和电动工具（如电钻等）还须采用工作绝缘和保护绝缘的双重绝缘措施，以提高绝缘性能。电气设备具有良好的绝缘性能是保证电气设备和线路正常运行的必要条件，也是防止触电的主要措施。

⑤ 采用电气安全用具。电气安全用具分为基本安全用具和辅助安全用具，其作用是把人与大地或设备外壳隔离开来。基本安全用具是操作人员操作带电设备时必需的用具，其绝缘必须足以承受电气设备的工作电压。辅助安全用具的绝缘不足以完全承受电气设备的工作电压，但操作人员使用它，可使人身安全有进一步的保障，例如绝缘手套、绝缘靴、绝缘垫、绝缘站台、验电器、临时接地线及警告牌等。

⑥ 设立屏护装置。为了防止人体直接接触带电体，常采用一些屏护装置（如遮栏、护罩、护套和栅栏等）将带电体与外界隔开。屏护装置须有足够的机械强度和良好的耐热、耐火性能。若使用金属材料制作屏护装置，应妥善接地或接零。

⑦ 保证人或物与带电体的安全距离。为防止人或车辆等移动设备触及或过分接近带电体，在带电体与地面之间、带电体与带电体之间、带电体与其他设备之间应保持一定的安全距离。距离多少取决于电压的高低、设备类型、安装方式等因素。

⑧ 定期检查用电设备。为保证用电设备的正常运行和操作人员的安全，必须对用电设备定期检查，进行耐压试验。对有故障的电气线路、电气设备要及时检修，确保安全。

1.3 触电急救方法

一、触电急救

一旦发生触电事故时，应立即组织人员急救。急救时必须做到沉着果断、动作迅速、方法正确。首先要尽快地使触电者脱离电源，然后根据触电者的具体情况，采取相应的急救措施。

（一）脱离电源

1. 脱离电源的方法

根据出事现场情况，采用正确的脱离电源方法，是保证急救工作顺利进行的前提。

首先要拉闸断电或通知有关部门立即停电。当出事地附近有电源开关或插头时，应立即断开开关或拔掉电源插头，以切断电源。若电源开关远离出事地时，可用绝缘钳或干燥木柄斧子切断电源。当电线搭落在触电者身上或被触电者压在身下时，可用干燥的衣服、手套、绳索、木棒等绝缘物作救护工具，拉开触电者或挑开电线，使触电者脱离电源；或用干木板、干胶木板等绝缘物插入触电者身下，隔断电源。

抛掷裸金属导线，使线路短路接地，迫使保护装置动作，断开电源。

2. 脱离电源时的注意事项

在帮助触电者脱离电源时，不仅要保证触电者安全脱离电源，而且还要保证现场其他人员的生命安全。为此，应注意以下几点。

① 救护者不得直接用手或其他金属及潮湿的物件作为救护工具，最好采用单手操作，以防止自身触电。

② 防止触电者摔伤。触电者脱离电源后，肌肉不再受到电流刺激，会立即放松而摔倒，造成外伤，特别是在高空时更是危险，故在切断电源时，须同时有相应的保护措施。

③ 如事故发生在夜间，应迅速准备临时照明用具。

（二）现场急救

触电者脱离电源后，应及时对其进行诊断，然后根据其受伤害的程度，采取相应的急救措施。

1. 简单诊断

把脱离电源的触电者迅速移至通风干燥的地方，使其仰卧，并解开其上衣和腰带，然后对触电者进行诊断。

① 观察呼吸情况。看触电者是否有胸部起伏的呼吸运动，或将面部贴近触电者口鼻处感觉有无气流呼出，以判断是否有呼吸。

② 检查心跳情况。摸一摸触电者颈部的颈动脉或腹股沟处的股动脉有无搏动，将耳朵贴在触电者左侧胸壁乳头内侧二横指处，听一听是否有心跳的声音，从而判断心跳是否停止。

③ 检查瞳孔。当触电者处于假死状态时，大脑细胞严重缺氧，处于死亡边缘，瞳孔自行放大，对外界光线强弱无反应。可用手电照射触电者的瞳孔，看其是否回缩，以判断触电者的瞳孔是否放大。

2. 现场急救的方法

根据上述简单诊断结果，迅速采取相应的急救措施，同时向附近医院告急求救。

如果触电者神志清醒，但有些心慌，四肢发麻，全身无力；或触电者在触电过程中一度昏迷，但已清醒过来。此时，应使触电者保持安静，解除其恐慌，不要让其走动，并请医生前来诊治或送往医院。

触电者已失去知觉，但心跳和呼吸还存在，应让触电者在空气流动的地方，舒适、安静地平卧，解开其衣领便于呼吸；如天气寒冷，应注意保温，必要时可让其闻氨水，摩擦其全身使之发热，并迅速请医生到现场治疗或送往医院。

触电者有心跳而呼吸停止时，应采用“口对口人工呼吸法”进行抢救。

触电者有呼吸而心脏停止跳动时，应采用“胸外心脏挤压法”进行抢救。

触电者呼吸和心跳均停止时，应同时采用“口对口人工呼吸法”和“胸外心脏挤压法”进行抢救。

应当注意，急救要尽快进行，即使在送往医院的途中也不能终止急救。抢救人员还需有耐心，有些触电者需要进行数小时，甚至数十小时的抢救，方能苏醒。此外不能给触电者打强心针、泼冷水或压木板等。

二、急救技术

（一）口对口人工呼吸法

口对口人工呼吸法是一种简单易学、容易掌握、效果最好的急救方法。当触电者呼吸停止，但心脏还跳动时常用此法，具体的步骤及方法如下。

① 使触电者仰卧，迅速解开其衣领和腰带。

② 将触电者头偏向一侧，张开其嘴，清除口腔中的假牙、血块、食物、粘液等异物，使其呼吸道畅通。

③ 救护者站在触电者的一边，使触电者头部后仰，一只手捏紧触电者的鼻子（不要漏气），一只手托在触电者颈后，将其颈部上抬，然后深吸一口气，用嘴紧贴触电者的嘴，大口吹气，接着放松触电者的鼻子，让气体从触电者肺部排出。按照上述方法，连续不断地进行，成年人每分钟吹气约 12 次，即每 5s 一次，吹气约 2s，呼气约 3s。直到触电者苏醒为止，如图 1-4 所示。

对儿童施行此法，不必捏鼻。如开口有困难，可以紧闭其嘴唇，对准鼻孔吹气（即口对鼻人工呼吸法），效果相似。

（二）胸外心脏挤压法

如果触电者呼吸没停，而心脏停止跳动，则应进行胸外心脏挤压法。具体做法如下。

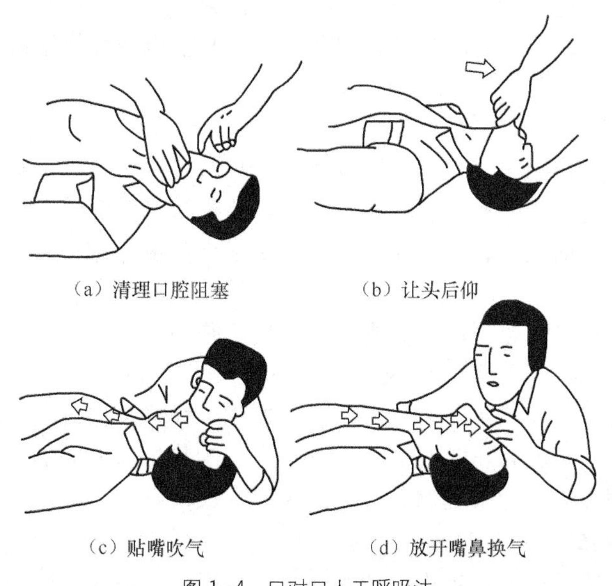

图 1-4　口对口人工呼吸法

将触电者放直，仰卧在比较坚实的地方（如木板、硬地等），颈部枕垫软物使其头部稍后仰，松开衣领和腰带，抢救者跪跨在触电者腰部两侧，两手相叠，手掌根部放在触电者心窝稍高一点的地方，如图 1-5（a）所示。注意接触胸部只限于手掌根部，手指应向上，与胸、肋骨之间保持一定距离，不可全掌用力。

选好正确压点后，救护人员肘关节伸直，适当用力，带有冲击性地挤压触电者胸骨，压出心脏里的血液，如图 1-5（b）所示。对成年人压陷 3～4cm，每分钟挤压 60 次为宜；儿童只用一只手，用力小些，压下深度要浅些，每分钟挤压大约 90～100 次。

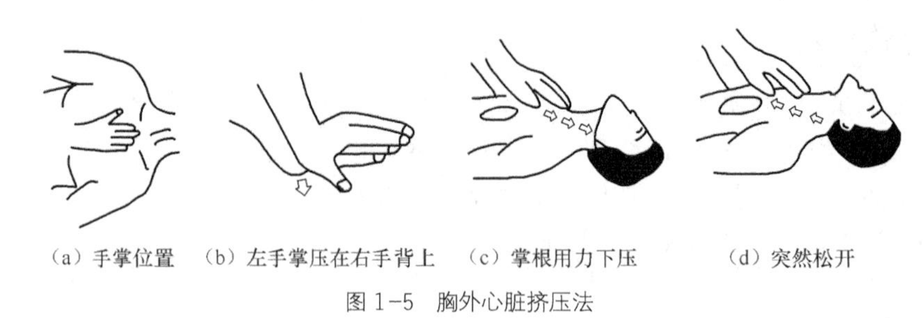

（a）手掌位置 （b）左手掌压在右手背上 （c）掌根用力下压 （d）突然松开

图 1-5 胸外心脏挤压法

挤压后，掌根要迅速放松，让触电者胸廓自动复原，血液充满心脏。如图 1-5（c）、（d）所示。

心脏跳动和呼吸是互相联系的，心脏跳动停止了，呼吸很快也会停止；呼吸停止了，心脏跳动也维持不了多久。如果心脏跳动和呼吸都停止了，胸外心脏挤压法和口对口人工呼吸法必须同时进行。如果只有一个人抢救，应先做心脏挤压 4 次，再吹气一次；或每挤压 10～15 次，吹气 2～3 次，两种方法交替进行。

1.4 电气消防安全知识

电气火灾发生后，电气设备和线路可能带电。因此，在扑灭电气火灾时，必须了解电气火灾发生的原因，采取正确的补救方法，以防发生人身触电及爆炸事故。

一、发生电气火灾的主要原因

电气火灾及爆炸是指因电气原因引燃及引爆的事故。发生电气火灾要具备可燃物，以及环境和引燃条件。对电气线路和一些设备来说，除自身缺陷、安装不当或施工等方面的原因外，在其运行中，电流的热量、电火花和电弧是引起火灾爆炸的直接原因。

（一）危险温度

危险温度是电气设备过热引起的异常过热温度，是由电流的热效应造成的。电气设备在正常运行条件下，温升不会超过其允许的范围。但当电气设备发生故障时，发热量就会增加，温升超过额定的温升，从而导致各种危险事故的发生。线路发生短路故障是引起电气设备发热的主要原因，短路时电流为正常时的几倍，而产生的热量与电流的二次方成正比，因此当温度达到可燃物的燃点时，即引起燃烧，从而导致火灾。

（二）电火花和电弧

电火花是电极间的击穿放电现象，而电弧是大量电火花汇集而成的。电火花温度很高，特别是电弧温度可达 3000～6000℃，能引起可燃物燃烧，金属熔化。因此电火花和电弧是引起火灾和爆炸的危险火源。电气设备产生电火花有下列的原因。

电气设备正常运行时就能产生电火花、电弧。如开关电器的拉、合操作，接触器的触点吸、合等都能产生电火花。

线路和设备发生故障时可产生电火花和电弧，如短路或接地出现的火花、熔丝熔断时的火花、静电放电火花、过电压放电火花以及误操作引起的火花等。

（三）易燃易爆环境

在日常生活及工农业生产中，广泛存在着可燃易爆物质，如在石油、化工和一些军工企业的生产场所中，线路和设备周围存在可燃物及爆炸性混合物。另外一些设备本身可能会产生可燃易爆物质，如充油设备的绝缘在电弧作用下，分解和气化，喷出大量的油雾和可燃气体；酸性电池排出氢气并形成爆炸性混合物等。一旦这些易燃易爆环境遇到火源，即会立刻着火燃烧。

二、电气灭火常识

一旦发生电气火灾，应立即组织人员采用正确方法进行扑救，同时拨打119火警电话，向公安消防部门报警，并且应通知电力部门的用电监察机构派人到现场指导和监护扑救工作。

（一）常用电气灭火器

1. 常用灭火器的使用

在扑救电气火灾时，特别是没有断电时，应选择适当的灭火器。表1-2列举了三种常用电气灭火器的主要性能及使用方法。

表1-2 常用电气灭火器的主要性能

种类	二氧化碳灭火器	干粉灭火器	“1211”灭火器
规格	2kg、2～3kg、5～7kg	8kg、50kg	1kg、2kg、3kg
药剂	液态二氧化碳	钾或钠盐干粉	二氟一氯一溴甲烷
导电性	不导电	不导电	不导电
灭火范围	电气、油类、酸类	电气、石油、油漆、有机溶剂、天燃气	油类、电气、化工化纤原料
不能扑救的物质	钾、钠、镁、铝等物质火灾	电气类旋转电机	
使用方法	一手拿好喇叭筒对准火源，一手打开开关	提起圈环干粉喷出即可	拔下铅封或横锁，用力压下压把

2. 灭火器的保管

灭火器在不使用时，应注意做好对其的保管与检查，保证随时可正常使用。

保管方面，灭火器应放置在取用方便之处；注意灭火器的使用期限；防止喷嘴堵塞；冬季应防冻、夏季要防晒；防止受潮、摔碰。

检查方面，如对二氧化碳灭火器，应每月测量一次，当重量低于原来的1/10时，应充气；对二氧化碳灭火器、干粉灭火器，检查压力情况，少于规定压力时应及时充气；“1211”灭火器应每年检查一次重量。

（二）扑救方法及安全注意事项

电气火灾发生后，电气设备因绝缘损坏而碰壳短路或线路因断线接地而短路，使正常不带电的金属构架、地面等部位带电，在一定范围内存在接触电压或跨步电压，所以扑救时必须采取相应的安全措施，以防止发生触电事故。

一旦发生火灾，首先应设法切断电源。切断电源时，应按操作规程规定顺序进行操作，必要时，请电力部门切断电源。

无法及时切断电源时，扑救人员应使用二氧化碳等不导电的灭火器，且灭火器与带电体之间应保持必要的安全距离（比如电气设备发生火灾时，充油电气设备受热后可能发生喷油或爆炸），扑救时应根据起火现场及电气设备的具体情况做一些特殊规定。

用水枪灭火时，宜采用喷雾水枪。这种水枪通过水柱的泄漏实现喷水，电流较小，带电灭火较安全。用普通直流水枪带电灭火时，扑救人员应戴绝缘手套、穿绝缘靴，或穿均压服，且将水枪喷嘴接地。

1.5 实习内容

一、口对口人工呼吸法

口对口人工呼吸法是最常用、最有效的急救方法之一。作为电气工程技术人员必须掌握其方法和要领。训练时，两人为一组，根据相关章节中所介绍的步骤和动作要领，相互进行模拟练习。

二、胸外心脏挤压法

两人为一组，在桌上或垫子上，按照胸外心脏挤压法的急救方法和动作要领，相互进行练习。

三、考核标准

表 1-3 **触电急救训练考核评定参考**

训练内容	配分	扣分标准		扣分	得分
口对口人工呼吸法模拟训练	50 分	1. 救护姿势不正确 2. 人工呼吸时，吹气时间过长或过短 频率太快或太慢 3. 操作错误导致人身受伤	扣 20 分 扣 15 分 扣 15 分 扣 50 分		
胸外心脏挤压法模拟训练	50 分	1. 挤压位置不正确 2. 挤压步骤、方法不正确 3. 操作错误导致人身受伤	扣 20 分 扣 25 分 扣 50 分		
总评（注：各项内容中扣分总值不应超过对应各项内容所配分数）					

实习项目 2 电工常用工具及电工材料

实习要求

（1）能熟练使用各种电工工具
（2）能正确选择电工材料

实习工具及材料

表 2-1 实习工具及材料

名称	型号或规格	数量	名称	型号或规格	数量
验电器		1 把	电工刀		1 把
剥线钳		1 把	一字型螺丝刀		1 把
克丝钳		1 把	十字型螺丝刀		1 把
尖嘴钳		1 把	螺钉		若干
断线钳		1 把	导线		若干
手电钻		1 把			

电工常用工具是指一般专业电工都必须使用的工具。电工工具质量的好坏、工具是否规范、使用方法是否得当，都将直接影响电气工程的施工质量及工作效率，直接关乎施工人员的安全。因此，对于电气操作人员，必须掌握电工常用工具的结构、性能和正确的使用方法。

2.1 通用电工工具

通用电工工具是指电工随时都可能使用的常备工具。

一、验电器

验电器是检验导线和电气设备是否带电的一种电工常用工具，可分为低压验电器和高压验电器两类。

1．低压验电器

低压验电器又称测电笔（简称电笔），有钢笔式和螺丝刀式两种，一般低压测电笔检测电压的范围为 60～500V。低压验电器由氖管、电阻、弹簧和笔身等部分组成，如图 2-1 所示。

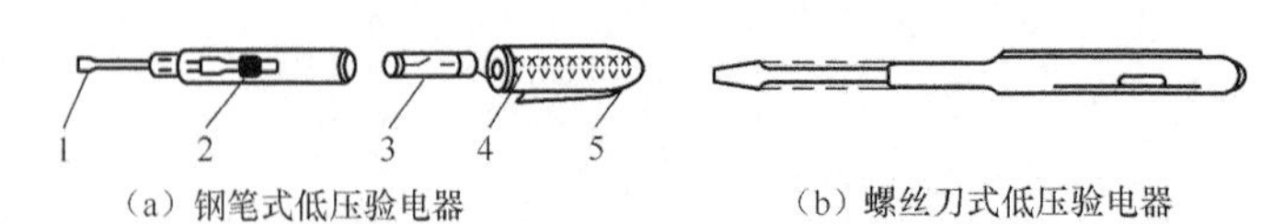

（a）钢笔式低压验电器　　（b）螺丝刀式低压验电器

1-笔尖　2-电阻　3-氖管　4-弹簧　5-笔尾金属体

图 2-1　低压验电器

使用时必须按照图 2-2 所示的方法把笔握妥，注意手指必须接触笔尾的金属体（钢笔式）或测电笔顶部的金属螺钉（螺丝刀式），使电流由被测带电笔和人体与大地构成回路。只要被测带电体与大地之间电压超过 60V 时，氖管就会启辉发出红色的光。观察时应将氖管窗口背光朝着自己，以便于观察；同时要防止笔尖的金属体触及皮肤，以避免触电。在螺丝刀式电笔的金属杆上，必须套上绝缘管，仅留出刀口部分供测试使用。

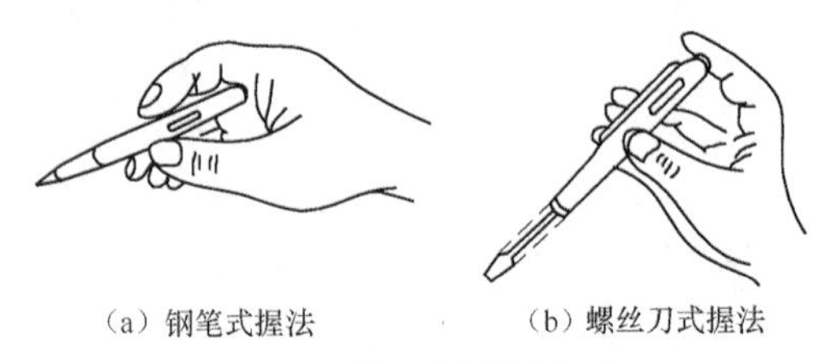

（a）钢笔式握法　　（b）螺丝刀式握法

图 2-2　低压验电器的握法

电笔使用注意事项。

① 使用电笔前，一定要在有电的电源上检查氖管能否正常发光；

② 在明亮的光线下测试时，往往不易看清氖管的辉光，所以应当避光检测；

③ 电笔的金属探头多制成螺丝刀形状。它只能承受很小的扭矩，使用时应特别注意，以免损坏；

④ 电笔不可受潮，不可随意拆装或受剧烈震动，以保证测试的可靠性。

低压验电器的检测结果。

① 测交流电时，正常情况，相线发亮，零线不发亮；

② 区别交直流。交流电，氖管两极同时发亮；直流电，氖管两个极只亮一个；

③ 根据氖管发光强弱，判别电压高低；

④ 用验电器判别相线接地故障，在三相四线制中，一旦发生单相接地后，中性线会带电；在三相三线制星形接法线路中，三根相线应都带电。

⑤ 用电笔触及电机、变压器等电气设备外壳，若氖管发亮，则说明该设备相线有碰壳现象，若壳体上有良好接地装置，氖管是不会发光的。

2. 高压验电器

高压验电器又称为高压测电器，用来检查高压供电线路是否有电。主要类型有发光型高压验电器、声光型高压验电器和风车式高压验电器。发光型高压验电器由握柄、护环、固紧螺钉、氖管窗、氖管和金属钩组成。如图 2-3 所示。

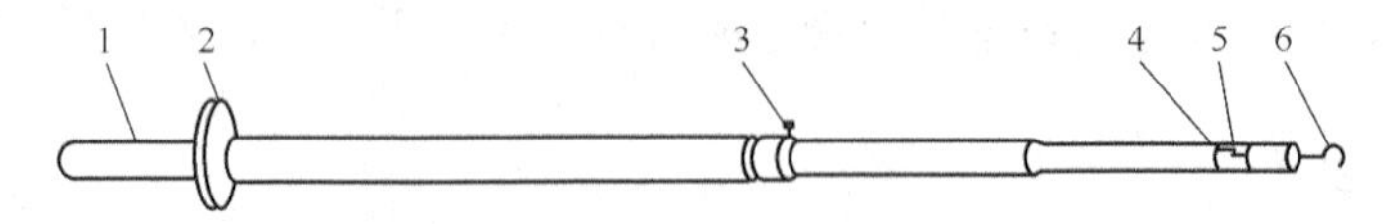

1-握柄　2-护环　3-固紧螺钉　4-氖管窗　5-氖管　6-金属钩

图 2-3　10kV 高压验电器

高压验电器使用时要注意以下 5 点。

① 使用高压验电器时必须注意使其额定电压和被检验电气设备的电压等级相适应，否则可能会危及验电操作人员的人身安全或造成错误判断。

② 验电时操作人员应戴绝缘手套，身旁应有人监护，不可一个人单独操作，人体与带电体应保持足够的安全距离，检测 10 kV 电压时安全距离为 0.7 m 以上。

③ 使用高压验电器时手应放在把柄处，不得超过护环，如图 2-4 所示。

④ 先在有电设备上进行检验，检验时应将高压验电器渐渐移近带电设备至发光或发声止，以验证验电器的性能完好。然后再在验电设备上检测，在验电器渐渐向设备移近过程中突然有发光或发声指示，即应停止靠近。

⑤ 在室外使用高压验电器时，必须在气候良好的情况下进行，在雪、雨、雾及湿度比较大的情况下不能使用，以确保验电人员的人身安全。

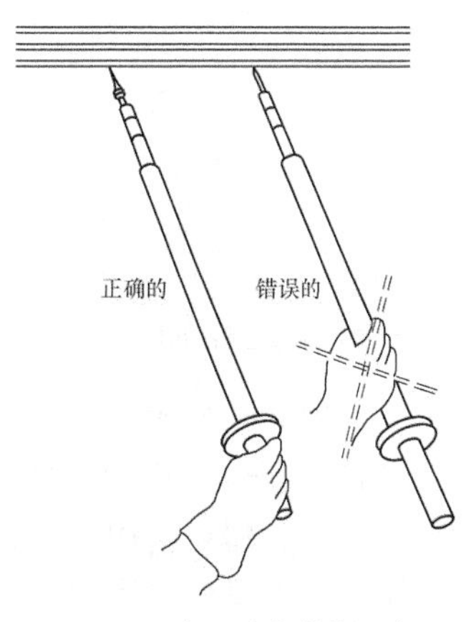

图 2-4 高压验电器的握法

验电器使用时有以下两点需要注意。

① 每次使用前，应认真检查验电器。凡性能不可靠一律不使用。平时不得随便拆卸验电器。

② 使用时应逐渐靠近被测物体，直至发亮，只有在氖管不亮时才可与被测物体直接接触。

二、螺丝刀

又称改锥、起子，或旋凿，是一种紧固或拆卸螺钉的工具。

1. 螺丝刀的式样与规格

螺丝刀的式样和规格很多，按头部形状不同分为一字型和十字型两种。如图 2-5 所示。一字形常用规格有 50mm、100mm、150mm、200mm 等 4 种。电工必备的一般是 50mm 和 150mm 两种。

2. 使用螺丝刀的安全知识

① 电工不得使用金属杆直通柄顶的螺丝刀。

② 紧固或拆卸带电螺钉时，手不得触及螺丝刀的金属杆。

③ 应在金属杆上套绝缘管。

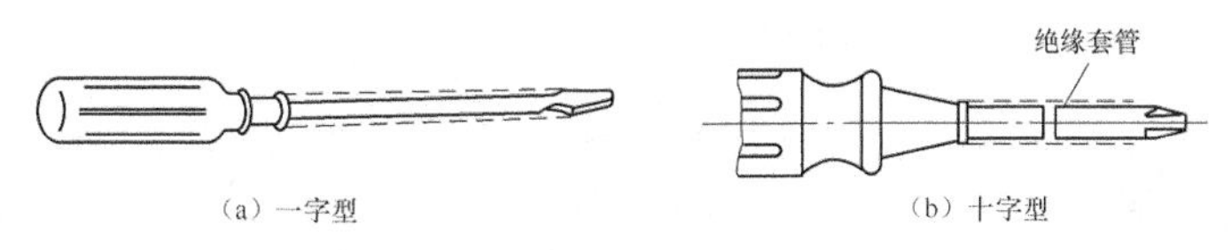

图 2-5 螺丝刀

3. 螺丝刀的使用

① 螺丝刀头部厚度应与螺钉尾部槽形相配合，斜度不宜太大，头部不应该有倒角，否则容易打滑。螺丝刀在使用时应使头部顶牢螺钉槽口，防止打滑而损坏槽口。同时注意，不用小螺丝刀去拧旋大螺钉。否则，一是不容易旋紧，二是螺钉尾槽容易拧豁，三是螺丝刀头部易受损。反之，如果用大螺丝刀拧旋小螺钉，也容易造成因力矩过大而导致小螺钉滑丝的现象。

② 大螺丝刀的使用：除了用大拇指、食指和中指夹住握柄外，手掌还要顶住柄的末端，

这样可使出较大的力气。如图 2-6（a）所示。

③ 小螺丝刀的使用：用大拇指或中指夹着握柄、用食指顶住柄的末端捻旋。如图 2-6（b）所示。

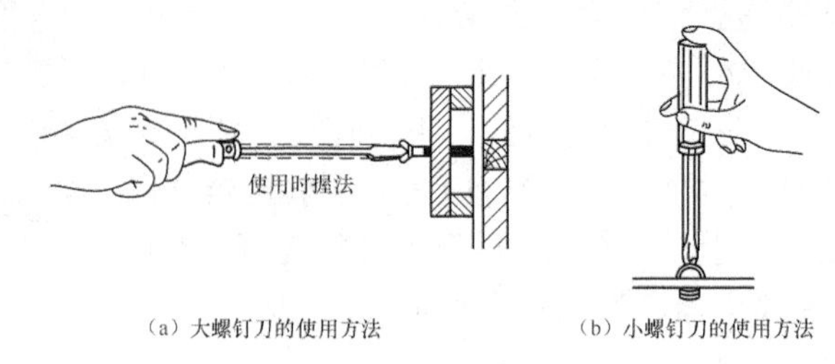

（a）大螺钉刀的使用方法　（b）小螺钉刀的使用方法

图 2-6　螺钉刀的使用

三、克丝钳

又称为钢丝钳、老虎钳，是电工用于剪切或夹持导线、金属丝的常用钳类工具。

1. 克丝钳的构造和用途

电工克丝钳由钳头和钳柄两部分组成。钳头由钳口、齿口、刀口和铡口 4 部分组成。其中钳口用于弯绞和钳夹线头或其他金属、非金属体；齿口用于旋动螺丝螺母；刀口用于切断电线，起拔铁钉、剥削导线绝缘层等；铡口用于铡断硬度较大的金属丝。如图 2-7 所示。

克丝钳的规格较多，常用的规格有 150mm、175mm、200mm。电工用克丝钳柄部加有耐压 500V 以上的塑料绝缘套。

2. 电工克丝钳使用注意事项

① 使用电工克丝钳前，必须检查绝缘柄的绝缘是否完好。如果绝缘损坏，进行带电作业时会发生触电事故。

② 用电工克丝钳剪切带电导线时，不得用刀口同时剪切相线和零线，或同时剪切两根相线，以免发生短路故障。

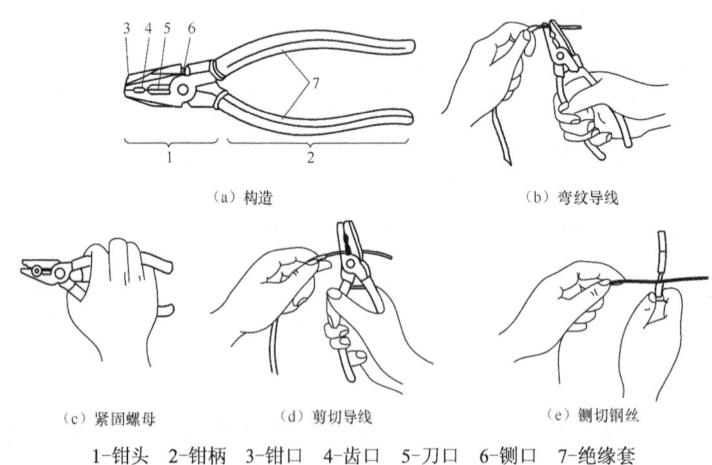

（a）构造　（b）弯纹导线

（c）紧固螺母　（d）剪切导线　（e）铡切钢丝

1-钳头　2-钳柄　3-钳口　4-齿口　5-刀口　6-铡口　7-绝缘套

图 2-7　克丝钳的构造与用法

③ 钳头不可代替手锤作为敲打工具使用。

④ 钳头应防锈，轴销处应经常加机油润滑，以保证使用灵活。

四、尖嘴钳

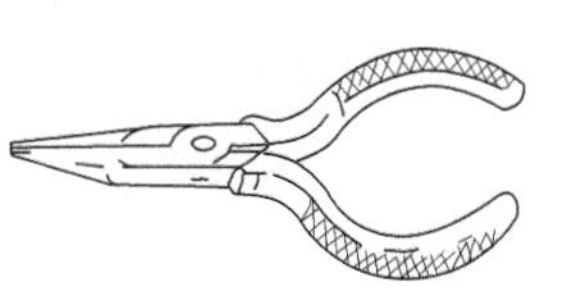

图 2-8 尖嘴钳

尖嘴钳的头部尖细，适用于在狭小的工作空间操作。如图 2-8 所示。

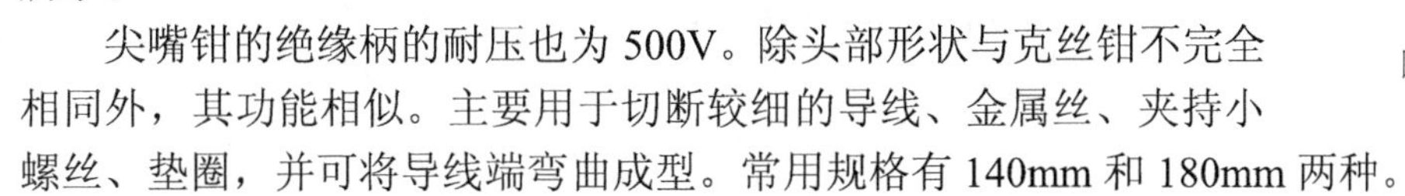

尖嘴钳的绝缘柄的耐压也为 500V。除头部形状与克丝钳不完全相同外，其功能相似。主要用于切断较细的导线、金属丝、夹持小螺丝、垫圈，并可将导线端弯曲成型。常用规格有 140mm 和 180mm 两种。

五、断线钳

断线钳又名斜口钳、扁嘴钳。其头部扁斜，专门用于剪断较粗的电线及其他金属丝。其柄部有铁柄、官柄和绝缘柄三种。

电工常用的是绝缘柄断线钳，其绝缘柄的耐压在 1000V 以上。

六、剥线钳

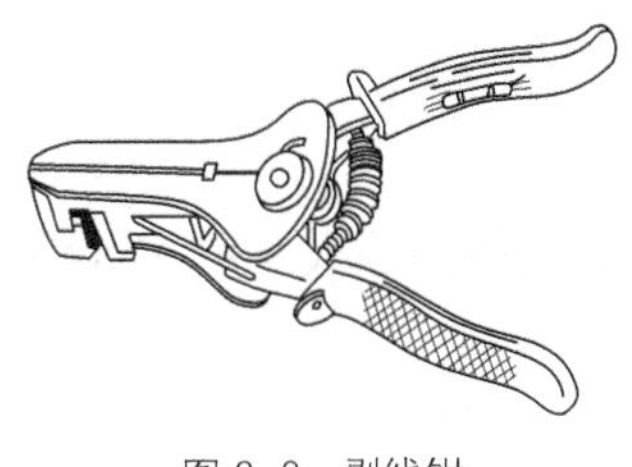

图 2-9 剥线钳

剥线钳是用于剥削 $6mm^2$ 以下小直径导线绝缘层的专用工具，主要是由钳头和手柄组成。如图 2-9 所示。剥线钳的钳口工作部分有 0.15～3mm 的多个不同孔径的切口，以便剥削不同规格的线芯绝缘层。使用时切口大小必须与导线芯线直径相匹配，过大难以剥离绝缘层，过小则会切断芯线。剥削时为了不损伤线芯，线头应放在略大于线芯的切口上剥削。

七、电工刀

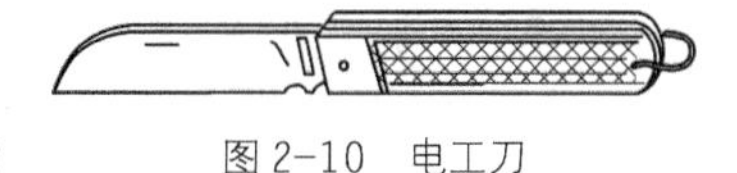

图 2-10 电工刀

电工刀是用来剖削电线线头、切割木台缺口、削制木枕的专用工具。如图 2-10 所示。

使用电工刀时，应将刀口朝外剖削；剖削导线绝缘层时，应使刀面与导线成较小的锐角，以免割伤导线。电工刀柄是无绝缘保护的，不能在带电导线或器材上剖削，以免触电。

2.2 专用电工工具

一、冲击钻

冲击钻是一种旋转带冲击的电钻，一般为可调式。普通电钻装上通用麻花钻头能在金属上钻孔。当冲击钻调节在旋转无冲击，即“钻”的位置时，其功能如同普通电钻；当调节在旋转带冲击，即“锤”的位置时，装上镶有硬质合金的钻头，能冲打混凝土和砖墙等建筑构件上的木榫孔和导线穿墙孔。通常可冲打直径为 6～16cm 的圆孔。冲击钻的外形如图 2-11 所示。

使用冲击钻时要注意以下事项。

（1）长期搁置不用的冲击钻，使用前必须用兆欧表测定相对绝缘电阻，其值应不小于 0.5MΩ。

（2）使用金属外壳冲击钻时，必须戴绝缘手套，穿绝缘鞋或站在绝缘板上，以确保操作人员的人身安全。

（3）在钻孔时遇到坚实物不能加过大压力，以防钻头退火或冲击钻因过载而损坏。

（4）冲击钻因故突然堵转时，应立即切断电源。

（5）在钻孔时应经常把钻头从钻孔中拔出以便排除钻屑。

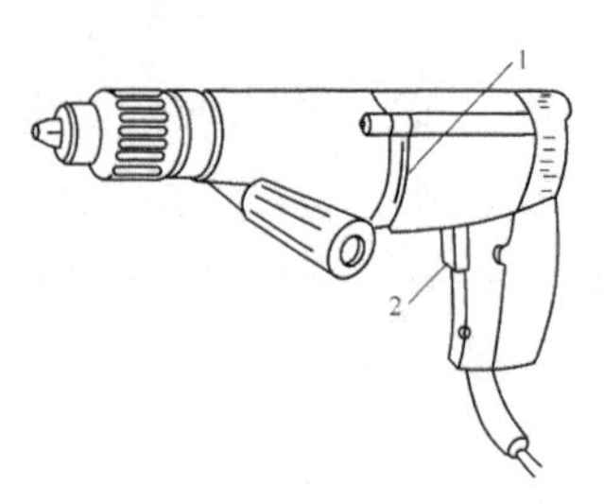

1-锤，钻调节开关；2-电源开关

图 2-11　冲击钻

二、塞尺

1. 塞尺

塞尺又称为厚薄规或间隔片，它主要用于检验两相关配合表面之间的间隙大小或与其他量具配合检验零件相关平面间的间隙误差。

在电器调试与检修过程中，特别是在高精度的机电一体化设备中，调整电磁制动器制动轮与制动瓦之间的间隙等，都需要使用塞尺。塞尺的结构如图 2-12 所示，由塞尺片和塞尺片护罩构成。

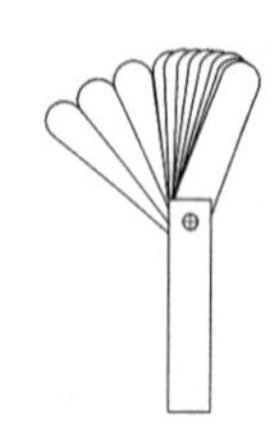

图 2-12　塞尺的结构

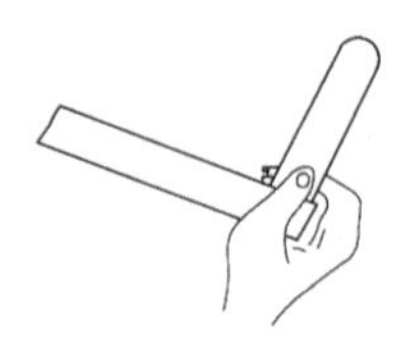

图 2-13　塞尺的使用

2. 塞尺的使用方法

使用塞尺可以使测量快捷而准确。以间隙调整为例，塞尺的使用操作方法如下。

① 针对某一配合间隙，根据其理想的允许值，选取相应或相近尺寸的塞尺片。

② 手捏塞尺片的后端，取塞尺片平面与间隙面平行，轻缓地插入间隙中。如图 2-13 所示。

③ 如果间隙过大，则增大塞尺片厚度，继续测量，直到塞尺片厚度与间隙相符。根据相差值调整间隙直到理想尺寸；如果塞尺插不进去，不要硬插，更换较薄的塞尺片，直到正好插入间隙，根据测得的差值，增加间隙直到理想尺寸。

3. 塞尺的使用注意事项

① 使用时，塞尺及测量工件上要求清洁、光滑、无污物。

② 根据尺寸，可用一片或数片重叠进行测量。当数片重叠时要充分紧贴，以使测量准确。

③ 塞尺片应轻缓插入间隙，切忌硬插，防止塞尺片弯曲或折断。

④ 不允许用塞尺测量温度较高的工件。

⑤ 塞尺使用完毕，应清除污物，保持清洁，再放回护套，妥善保存。

三、喷灯

喷灯是一种利用其喷射出的火焰对工件进行加热的工具，常用于锡焊时加热烙铁或工件。在电工操作中，制作电力电缆终端头或中间接头及焊接电力电缆接头时，都要使用喷灯。

按照使用燃料的不同，喷灯分为煤油喷灯和汽油喷灯两种，使用时千万不得将汽油加入到煤油喷灯中或者将煤油加入到汽油喷灯中。煤油喷灯的外形结构如图 2-14 所示。

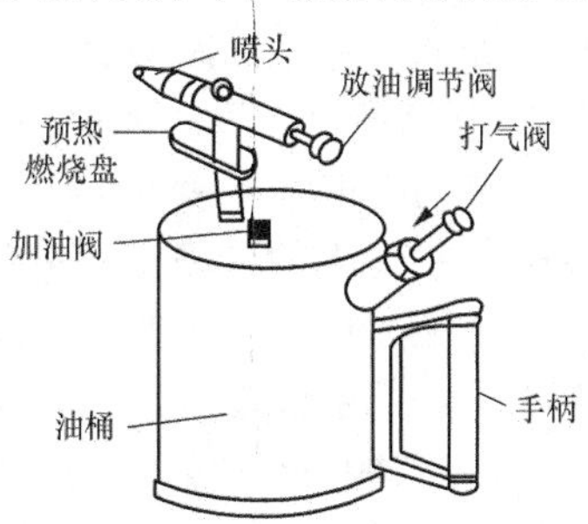

图 2-14　煤油喷灯的外形结构

煤油喷灯使用时的具体操作步骤如下。

① 加油。根据喷灯所使用燃料油的种类，加注燃料油。首先旋松加油阀上的螺栓，放气后再旋开加油阀加入燃料油，加入油量不得超过油桶最大容量的 3/4，然后旋紧加油阀螺栓。

② 预热。将少许油倒在预热盘的废棉纱上点燃，加热喷嘴。

③ 打气。在预热盘的火焰未熄灭前，用打气阀打气 2～5 次后，将放油调节阀旋松，喷出油雾，点燃喷灯喷火。

④ 喷火。点燃喷灯后，继续打气至火力正常，即可开始使用。使喷灯保持直立，将火焰对准工件即可。喷灯在喷射燃烧时，火焰温度会超过 900℃。

⑤ 熄火。熄火时应先关闭放油调节阀，直至火焰熄灭。然后，慢慢旋松加油口螺栓，放出油桶内的压缩空气。

使用喷灯时的注意事项如下。

① 使用前应仔细检查油桶是否漏油，喷嘴是否畅通，是否有漏气等。

② 打气加压时，首先检查并确认加油阀是否可以可靠关闭。喷灯点火时，喷嘴前严禁站人。

③ 工作场所不能有易燃物品。喷灯工作时，应注意火焰与带电体之间的安全距离——10kV 以上大于 3m，10kV 以下大于 1.5m。

④ 桶内的油压应根据火焰喷射力掌握，火力正常时切勿再多打气。

⑤ 喷灯在使用过程中，要经常检查油桶内的油量是否充实，一般储油量不得少于油桶容量的 1/4，否则会使灯体（即油桶）过热，发生危险。

⑥ 喷灯的加油、放油和维修应在喷灯熄火后进行。喷灯使用完毕，倒出剩余燃料并回收，然后将喷灯污物擦除，妥善保管。

2.3　常用导电材料

一、导电材料

导电材料的用途是输送、传导电流和电信号，用作导电材料的金属，应具有高的导电性，足够的机械强度，不易氧化，不易腐蚀，容易加工和容易焊接等特性。根据性能的不同，导电材料大体可分为良导体材料、高电阻材料和特殊导电材料。

1. 良导体材料

良导体材料包括裸导线、铜排、铝排、绝缘导线、电缆和电磁线等。

① 裸导线。也称为架空导线，作输配电或通信线路中架空敷设用。其主要性能要求是：导线的电阻系数小、有足够的机械强度和具有一定的耐腐蚀性能。

② 铜排、铝排。铜排、铝排主要在高、低压配电室和配电柜中作硬裸线用。

③ 电缆。电缆常用于城市的地下电网，发电、配电站的动力引入或引出线路，工矿企业内部的供电和水下输电线。对电力电缆的技术要求是：应具有优良的电气绝缘性能；具有较高的热稳定性；能可靠地传送需要传输的功率；具有较好的机械强度、弯曲性能和防潮性能。

④ 电磁线。电磁线用于绕制电工产品的线圈或绕组。常用的电磁线有漆包线和丝包线。电磁线要能承受较大的电流强度，有较好的机械性能（如拉伸性、柔软性等），绝缘层应在一定电压和温度下保持良好的绝缘性能。漆包线的漆膜应分布均匀且附着力强并有较好的热性能；丝包线，如玻璃丝包线应具有耐机械磨损的能力和经受弯曲、扭绞后绝缘不破损的能力。

⑤ 绝缘导线。绝缘导线即用塑料等绝缘材料将良导体包裹起来形成的导线，目的是防止通电后不安全。如家用电线等。

2. 高电阻材料

高电阻材料是指具有较高电阻率、稳定而电阻温度系数较小的电热材料。

这种电热材料用来制造各种电热设备中的发热元件。电热材料有纯金属（如铂、铝、钽、钨）、合金（如铁铬铝合金）、非金属（如二硅化钼）三大类。用合金类电热材料做加热元件时，设备投资小，使用简便且局限性小，所以应用最广。

3. 特殊导电材料

主要是指电碳材料等。常见的电碳制品有用于电机的电刷，用于电力机车、龙门吊车等导电用的碳滑块，用于碳弧气刨、电弧炉等的碳石墨触头，电信设备所用的碳素零件、电位器及各种碳和石墨电热元件等。

固体导电材料大部分是金属的，目前铜和铝是使用最多的导电材料。其中铜具有较高的导电性和导热性，足够的机械强度，良好的耐蚀性，无低温脆性，便于焊接，易于加工成各种型材，是应用最广泛的导电材料。铜的纯度越高其导电性能越好。根据其材料的软硬程度分为硬铜和软铜，硬铜一般用来制造机械强度要求较高的导电零部件，软铜一般用于制造电机、变压器和各类电器的线圈。铝的导电率是铜的 61%，密度是铜的 30%，机械强度是铜的 1/2，在单位长度电阻相同时，质量是铜的 50%。铝的资源丰富，价格比铜低，在铜材紧缺时，铝材是最好的代用品。在铝中添加镁、硅、铁、铬、铜等元素，可得到高导电率、高强度、热稳定好的铝合金，也是广泛推广使用的导电材料。

工厂中常用的导电材料是电线。电线又名导线，是传导电流的导体。导线的安全截流量是指导线在不超过最高允许温度时，所允许长期通过的最大电流。

各种导线在不同的使用条件下的安全截流量在各种手册和设计规程中都有明确的规定。它是根据导线绝缘所允许的芯线最高工作温度，导线的芯线使用环境的极限温度、冷却条件和敷设条件（如采用穿管、护套及明线敷设等）来确定的。

二、导线电缆的种类、特点及用途

导线电缆的种类很多。按导线外表是否有绝缘层可分为裸导线和绝缘导线两大类；按制造工艺及使用范围又可把导线分为电磁线、电器装备用电线电缆、电力电缆及通信电线电缆4类。

1. 裸导线

裸导线只有良导体的导线部分，没有绝缘和保护层结构，根据裸导线的形态和结构可分为圆单线、型线、软接线和裸绞线。

① 圆单线。分为单股裸铝（LY 型和 LR 型）、单股裸铜（TY 型和 TR 型）、单股锌铁线（GY 型）。主要是给各种电线电缆作导电芯线用，或作电机、电器及变压器绕组用。2.5 mm以上的圆单线有时用作户外架空的通信广播线。

② 型线。非圆形截面的裸导线，分为电车架空线、裸铜 TMY、裸铝排 LMY 和扁钢等。

③ 软接线。凡是柔软的铜绞线和各种编织线都称为软接线。主要有铜电刷线、铜绞线、铜编织线等，主要用于电机和电器的电刷连接线、接地线和整流器引出线。

④ 裸绞线。分为裸铝绞线和裸铜绞线，主要用于架空线路中的输电导线。

裸绞线的品种、规格和主要用途如表 2-2 所示。型号中“L”表示铝线，“T”表示铜线，“G”表示钢线，“Y”表示硬，“R”表示软，“J”表示绞制。型号后面的数字表示截面积，例如“LGJ—16”表示截面积为 16 mm^2 的钢芯铝绞线。

表 2-2 裸绞线的品种、规格和主要用途

产品名称	型号	截面范围/mm^2	主要用途
钢芯铝绞线	LGJ	10～400	高低压输电线路
硬铜绞线	TJ	16～400	高低压输电线路
扩径钢芯铝绞线	KKZ51—3	587	高压输电线路
热处理型铝镁合金绞线	HLJ	10～600	高低压输电线路
镀金钢绞线		2～260	农用架空线或避雷线

2. 绝缘导线

绝缘导线一般是由导电的线芯、绝缘层和保护层所组成的。

对绝缘导线的要求有以下两点。

① 导线的金属线芯要求导电率高、机械抗拉强度大、耐腐蚀、质地均匀、表面光滑、无氧化、无裂纹等。

② 导线的绝缘包皮要求绝缘电阻高，质地柔韧，有相当的机械强度，耐酸、耐油、耐臭氧等的侵蚀。

常用的绝缘导线有橡皮绝缘导线和聚氯乙烯绝缘导线、聚氯乙烯绝缘软线、农用地下直埋铝芯塑料绝缘电线、丁腈聚氯乙烯复合物绝缘软线和聚氯乙烯绝缘丁腈复合物护套屏蔽软线等。绝缘导线主要用于照明用线、电气设备的各种安装连接用线以及大型设备的电控系统布线等。芯线材料有铜芯和铝芯，单股和多股之分。目前，我国推荐使用聚氯乙烯绝缘导线。常用电工仪器、仪表的绝缘导线型号、名称与用途见表 2-3。

表 2-3　　常用绝缘导线型号、名称与用途

型号	名称	用途
BLXF BXF BLX BX BXR	铝芯氯丁橡皮线 铜芯氯丁橡皮线 铝芯橡皮线 铜芯橡皮线 铜芯橡皮软线	适用于交流额定电压 500V 及以下，或直流电压 1000V 及以下的电气设备及照明装置
BV BLV BVR	铜芯聚氯乙烯绝缘电线 铝芯聚氯乙烯绝缘电线 铝芯聚氯乙烯绝缘软电线	用于各种交流，直流电器装置，电工仪器、仪表，电信设备，动力及照明线路固定敷设
RV RVB	铜芯聚氯乙烯绝缘软线 铜芯聚氯乙烯绝缘平行软线	用于各种交流，直流电器，电工仪器，家用电器，小型电动工具，动力及照明装置的连接
NLV	农用地下直埋铝芯聚氯乙烯绝缘电线	适用于农村地下直埋敷设，供交流 50Hz，500V 及以下，或直流电压 1000V 及以下的各种电器设备和照明装置用
RFS	复合物绝缘绞型软线	适用于交流额定电压 250V 及以下，或直流电压 500V 及以下的各种移动电器，无线电设备和照明灯座接线
JBF	丁腈聚氯乙烯复合物绝缘引接线	适用于交流额定电压 500V 及以下的 B 级绝缘电机，电器

3. 电缆

电缆是一种多芯电线，即在一个绝缘软管内有很多互相绝缘的线芯，所以要求线芯间绝缘电阻高，不易发生短路等故障。

电缆的线芯按使用要求可分为 4 种结构：硬型、软型、特软型和移动式电线电缆。电缆按线芯数又可分为单芯、双芯、三芯、四芯 4 类。

电缆的绝缘层是包在导线的线芯外的一层橡皮、塑料或油纸等制成的绝缘物。电缆绝缘层有两个作用：防止通信电缆漏电、防止电力电缆放电。

电缆保护层的作用是保护绝缘层。可分为两种：固定敷设的电缆多采用金属护层；移动电缆多采用非金属护层。金属护层大多采用铅套、铝套、绞金属套和金属编织套等，在它的外面还有护层，以保护金属护层不受外界机械和腐蚀等损伤。非金属护层大多采用橡皮、塑料。有些是即将淘汰的产品中的纤维，如棉纱、丝等编织护套。

电缆按用途可分为电力电缆和通信电缆。电力电缆主要用做动力线；通信电缆包括电信系统的各种通信电缆、电话线和广播线。工厂中常用的是电力电缆。常用电缆的型号、种类及用途如表 2-4 所示。

表 2-4　　常用电缆的型号、种类及用途

型号	名称	主要用途
YHZ YHC YHH YHHR	中型橡套电缆 重型橡套电缆 电焊机用橡套软电缆 电焊机用橡套特软电缆	500V 电缆，能承受一定的机械外力 500V 电缆，能承受较大的机械外力 供连接电源用 主要供连接卡头用
KV 系列	聚氯乙烯绝缘及护套控制电缆	用于固定敷设，供交流 500V 及以下或者直流 1000V 及以下配电装置，作为仪表电器连接用

续表

型号	名称	主要用途
VV 系列 VLV 系列	聚氯乙烯绝缘及护套控制电缆	（1）用于固定敷设，供交流 500V 及以下或直流 1000V 及以下电力线路 （2）用于 1～6kV 电力线路

4. 电磁线

电磁线是一种带有绝缘层的导电金属电线，用于电机、电器及仪表的绕组。它的绝缘层是涂漆或包纤维的，如纱包、丝包、玻璃丝和纸包等。

电磁线的导电线芯有圆线、扁线、带、箔等形状，目前多数采用铜线和铝线。

电磁线按绝缘层的特点和用途可分类如下。

① 普通漆包线：包括长期使用温度在 155℃及以下的漆包线，如聚酯、缩醛、环氧、聚酯亚胺以及油性漆包圆（扁）线。

② 高温漆包线：包括长期使用温度在 180℃及以上的聚酰亚胺、聚酰胺酰亚胺漆包圆（扁）线，以及聚酯亚胺/聚酰胺酰亚胺复合漆包圆（扁）线。

③ 包线：包括自粘性直焊漆包线、环氧自粘性漆包圆铜线、缩醛自粘性漆包圆铜线、聚酰自粘性漆包圆铜线、无磁性聚氯酯漆包圆铜线，以及耐冷冻剂漆包圆铜线。

④ 有机绝缘电磁线：包括氧化膜圆（扁）铝线、氧化膜铝带（箔），以及玻璃膜绝缘微细锰铜线和镍铬线。

⑤ 纤维绕包线：包括纸包线、玻璃丝包线、玻璃丝包漆包线，以及丝包线。

⑥ 薄膜绕包线：包括聚酰亚胺复合薄膜绕包圆（扁）铜线、聚酰亚胺薄膜绕包玻璃自粘性浸渍扁铜线等。

⑦ 特种电磁线：包括丝包高频绕组线、玻璃丝包中频绕组线、换位导线，以及缩醛漆包线聚氯乙烯绝缘潜水电机绕组线等。

常用漆包线的名称、型号、特点及主要用途见表 2-5。

表 2-5 常用漆包线的名称、型号、特点及主要用途

类别	名称	型号	长期工作温度/℃	规格/mm	特点	用途	使用注意事项
缩醛漆包线	缩醛漆包圆铜线	QQ-1 QQ-2	120	0.02～2.5	（1）漆膜热冲击性优 （2）漆膜耐刮性优 （3）耐水解性良	适用普通中小电机及油式变压器线圈和电气仪表线圈	由于卷绕应力原因，漆膜易产生裂纹，浸渍前须在 120℃左右加热 1h 以上，借以消除应力
	缩醛漆包扁铜线	QQB		A0.8～5.6 B2.0～18			
	缩醛漆包扁铝线	QQLB		A8～5.6 B2.0～18			
聚酯漆包线	聚酯漆包圆铜线	QZ-1 QZ-2	130	0.02～2.5	（1）在干燥和潮湿条件下，耐电压击穿性能优 （2）软化击穿性能优	用于中小电机干式变压器和电气仪表的线圈	（1）耐水解性差，应用于密封的电机电器时须注意 （2）热冲击性较差 （3）与聚氯乙烯氯丁橡胶含氯高分子化合物不相容，使用时须注意
	聚酯漆包扁铜线			0.06～2.5			
	聚酯漆包扁铝线			0.06～2.5			

续表

类别	名称	型号	长期工作温度/℃	规格/mm	特点	用途	使用注意事项
聚氨酯漆包线	聚氨酯漆包圆铜线	QA-1 QA-2	120	0.015～1.00	(1)在高频条件下介质损耗较小 (2)可以直接焊接不用刮去漆膜 (3)着色性好，可制成不同颜色的漆包线，在接头时便于识别	适用小型电机线圈及电气仪表线圈	(1)过负载能力差 (2)热冲击和耐刮性能尚可，有局限性
环氧漆包线	环氧漆包圆铜线	QH-1 QH-2	120	0.06～2.44	(1)耐水解性能优 (2)耐潮性优 (3)耐化学药品特别是耐碱耐油性优	适用于油浸式变压器和线圈，耐化学药品腐蚀、耐潮湿的电机。弹性差，不适用于高速自动工艺	(1)漆膜弹性差，耐刮性差，不适用于高速自动绕制工艺 (2)对含氯绝缘油相容性差
聚酯亚胺漆包线	聚酯亚胺漆包圆铜线	QZY-1 QZY-2	155	0.06～2.44	(1)在干燥和潮湿条件下，耐电压击穿性能优 (2)改进了热冲击性 (3)软化击穿性能优	适用于高温电机的干式变压器和电气仪表的线圈	(1)在含水密封系统中易水解，使用于密封电机电器时须注意 (2)与聚氯乙烯、氯丁橡胶含氯高分子化合物使用时须注意
	聚酯亚胺漆包扁铜线	QZYB		A0.8～5.6 B2.0～18			
聚酯漆包线	双玻璃丝包聚酯漆包扁铜线	QZSBECB	130	A0.9～5.6 B2.0～18	电气性能及机械强度优	适用于大型高压电机的干式变压器线圈	(1)弯曲性较差 (2)耐潮性较差
双玻璃丝包	双玻璃丝包聚酯漆包扁铝线	QZSBELCB		A0.9～5.6 B2.0～18			

2.4 常用绝缘材料

绝缘材料是指由电阻率大于 $10^9\Omega/cm$ 的，即施加电压后电流几乎不能通过的物质构成的材料。但绝对不导电的材料是没有的，只是通过其的电流很小。

绝缘材料在电气设备中的作用是把电位不同的带电部分隔离开来，使电流能按一定的方向流通。另外，它还能起到散热冷却、机械支撑与固定、防潮、防霉、保护导体、防止电晕及灭弧等作用。

一、绝缘材料的分类

绝缘材料在电工产品中占有极其重要地位，它涉及面广，品种多。为了便于掌握和使用，通常可根据其不同特征来进行分类。

1. 按材料的物理状态分类

可分为气体绝缘材料、液体绝缘材料和固体绝缘材料。

① 气体绝缘材料：常用的有空气、氮、氢、二氧化碳、六氟化硫等。

② 液体绝缘材料：常用的有变压器油、开关油、电容器油等。

③ 固体绝缘材料：常用的有云母、瓷器、玻璃、塑料、橡胶等。

2. 按材料的化学成分分类

可分为有机绝缘材料、无机绝缘材料和混合绝缘材料。

① 有机绝缘材料：常用的有橡胶、树脂、棉纱、纸、麻、蚕丝、人造丝、石油等。用于制造绝缘漆、绕组导线的外层绝缘等。

② 无机绝缘材料：常用的有石棉、大理石、云母、瓷器、玻璃、硫磺等。用于电机、电器的绕组绝缘、开关底板和绝缘子等。

③ 混合绝缘材料：由无机和有机两种绝缘材料按一定比例进行加工制成的成型绝缘材料，用于制作电器的底、外壳等。

3. 按材料的用途分类

可分为高压工程材料、低压工程材料。

此外，按材料的来源还可分为天然的绝缘材料和人工合成的绝缘材料等。

二、绝缘材料的性能指标

为了防止绝缘材料的绝缘性能损坏造成事故，应用前必须使绝缘材料符合规定的性能指标。绝缘材料的性能主要表现在电阻率、电击穿强度、机械强度、耐热性能等方面。

1. 电阻率

电阻率是最基本的绝缘性能指标。足够的绝缘电阻能把电气设备的泄漏电流限制在很小的范围内，电工绝缘材料的电阻率一般在 $10^9\Omega/cm$ 以上。

2. 电击穿强度或绝缘强度

绝缘材料抵抗电击穿的能力称为电击穿强度或绝缘强度。当外加电压增高到某一极限值时，绝缘材料就会丧失绝缘特性而被击穿。其单位通常以 1mm 厚的绝缘材料所能承受的千伏电压值表示。一般低压电工工具，例如电工钳绝缘柄，可耐压 500 V，使用中必须注意。

3. 机械强度

由绝缘材料构成的绝缘零件或绝缘结构都要承受拉伸、重压、扭曲、弯折、震动等机械负荷。因此，要求绝缘材料本身具有一定的机械强度。

4. 耐热性能

当温度升高时，绝缘材料的电阻、击穿强度、机械强度等性能都会降低，因此，要求绝缘材料在规定的温度下能长期工作且绝缘性能保证可靠。不同成分的绝缘材料的耐热程度不同，可分为 Y、A、E、B、F、H、C 七个等级，每个等级的绝缘材料对应着一个最高极限工作温度。

Y 级：极限工作温度为 90℃，如木材、棉花、纸纤维、醋酸纤维、聚酰等纺织品及易于热分解和熔化点低的塑料绝缘物。

A 级：极限工作温度为 105℃，如漆包线、漆布、漆丝、油性漆及沥青等绝缘物。

E 级：极限工作温度为 120℃，如玻璃布、油性树脂漆、高强度漆包线、乙酸乙烯耐热漆包线等绝缘物。

B 级：极限工作温度为 130℃，如聚酯薄腊、经相应树脂处理的云母、玻璃纤维、石棉、聚酯漆、聚酯漆包线等绝缘物。

F 级：极限工作温度为 155℃，如用 F 级绝缘树脂粘合浸渍、或涂敷后的云母，玻璃丝，石棉，玻璃漆布，以及以上述材料为基础的层压制品，云母粉制品，化学热稳定性较好的聚酯和醇酸类材料，复合硅有机聚酯漆。

H 级：极限工作温度为 180℃，如加厚 F 级材料、云母、有机硅云母制品、硅有机漆、硅有机橡胶聚酰亚胺复合玻璃布、复合薄膜、聚酰亚胺漆等。

C 级：极限工作温度超过 180℃，指不采用任何有机粘合剂及浸渍剂的无机物，如石英、石棉、云母、玻璃等。

2.5 常用磁性材料

一、常用磁性材料的分类及特点

磁性材料在电机、变压器、电器、仪表等方面具有广泛的用途。凡利用电磁感应原理制造的各种电气设备，如电机、变压器、仪表等，都要用磁性材料来构成电磁回路。为了获得高的磁通密度和磁能，磁性材料要有高的导磁率和低的铁损耗，还要有较好的机械加工性能。

把磁性材料放在磁场中，磁场将显著增强，这时磁性材料也呈现出磁性，这种现象称为“磁化”。磁性材料之所以能磁化，是因为磁性材料中存在许多的磁分子，称为“磁畴”，磁畴体积很小，约 $10^{-9}cm^3$。在无外加磁场作用时，这些磁畴杂乱无章地排列着，磁场相互抵消，对外不呈现磁性；当受到外加磁场作用时，磁畴在外磁场的作用下，有规则地排列，形成一个附加磁场，与外磁场叠加，使磁场显著增强，磁性材料也显示出极性，这时磁性材料就成了磁铁。

当外磁场去掉后，有些磁性材料的磁畴不能马上恢复到原状，仍保留一定的磁性，此现象称为“剩磁”。要消除剩磁，需加一个反向的磁场，所加的反向磁场的强度称为“矫顽力”。

不同的磁性材料在磁化后，去掉外磁场后所存在的剩磁大小不同，矫顽力大小也不同，由此，磁性材料可分为软磁材料和硬磁材料两类。前者主要用作电机、变压器、电磁线圈的铁芯的导磁回路，要求导磁率大、单位损耗小。后者主要用在电工仪表内作磁场源，主要用来产生恒定持久的磁场，要求矫顽力和剩磁大，即其电阻率要大。

二、软磁材料

软磁材料的主要特点是磁导率高，剩磁和矫顽力很低，是很容易磁化、也很容易去磁的材料。其磁化曲线陡而窄，面积小。软磁材料在较弱的外磁场的作用下，即能产生高的磁感应强度，随着外磁场的增强，磁感应强度很快达到饱和，而外磁场一旦消失，磁性也随之消失。

软磁材料包括电工纯铁、电工硅钢片、导磁合金、铁氧体和少量其他软磁性材料等。

1. 电工纯铁

电工纯铁一般轧成不超过 4 mm 厚的板材，用于直流或脉动成分不大的电器中作为导磁铁芯。

2. 电工硅钢片

硅钢片是电力和电信工业的基础材料，用量占磁性材料的 90%以上。在铁中加入 1.8%～4.5%的硅，就是硅钢。它比电工纯铁的电阻率高，因此铁损耗小。

3. 导磁合金

包括铁镍合金和铁铝硅合金，在铁中加入 38%～81%的镍，经真空冶炼即形成铁镍合金。其特点是电阻率大，但饱和磁通密度不如硅钢片，耐腐蚀性好。常用于高频或中频电感、变压器、磁放大器、微特电机和仪表中作为铁芯，也可用作电信器件的磁屏。

4. 软磁锰锌铁氧体

铁氧体是一种用陶瓷工艺制作的磁性材料。软磁锰锌铁氧体的特点是电阻系数很高，适用的交变磁场频率也很高。可用作中频和高频变压器、脉冲和开关电源变压器、高频焊接变压器、低通滤波器及可控硅电流上升率限制电感的铁芯。

三、硬磁材料

硬磁材料也叫永磁材料，是指将所加磁场去除以后，仍能在较长时间内保持较强的和稳定的磁性的一类磁性材料，主要用作能提供永久磁能的永久磁铁。按其制造工艺和应用特点可分为铸造铝镍钴永磁材料、粉末烧结铝镍钴永磁材料、铁氧体永磁材料、稀土钴永磁材料及塑性变形永磁材料等类型。

1. 铸造铝镍钴永磁材料

铸造铝镍钴永磁材料剩磁较大，磁感应温度系数很小，承受的温度高，矫顽力和最大磁能积在永磁材料中可达中等以上，组织结构稳定。它广泛用于磁电式仪表、永磁电机、微电机扬声器、磁性支座、微波器件等电信工业中。

2. 粉末烧结铝镍钴永磁材料

粉末烧结铝镍钴永磁材料无铸造缺陷，磁性略低，特性与铸造铝镍钴材料相似，宜作体积小及工作磁通均匀性高的永磁体。其表面光洁，不需磨削加工，省材料。

3. 铁氧体永磁材料

铁氧体永磁材料的矫顽力很高，但剩磁较小，其最大磁能积不大，但最大回复磁能积却较大。适宜作动态工作的永磁体。由于剩磁小，磁感应温度系数很高，不宜用于测量仪表。

4. 稀土钴永磁材料

稀土钴永磁材料由部分稀土金属和钴形成。目前，稀土钴永磁有角钴、镨钴、混合稀土钴等品种。这类材料的矫顽力和最大磁能积是所有永磁材料中最高的品种。适宜制作微型或薄片状永磁体。

5. 塑性变形永磁材料

塑性变形永磁材料有良好的塑性及机械加工性，可制成一定形状的永磁体。其主要品种有永磁钢、铁钴钼型、铁钴钡型、铁铬钴型，以及铂钴、铜镍铁等合金。

在选用永磁材料时，须按磁路结构对照各牌号品种的退磁曲线特点，合理选择，使用前必须先把永磁产品饱和磁化。而为了减少因各种原因所引起的磁性衰减，永磁产品在装配前后必须进行一定程序的人工老化处理，以缩短其自然老化期。

2.6 实习内容

一、能正确认识各电工工具的名称及作用

二、电工工具的使用

1. 用验电器检测实训室工作台各插座、插孔的电压情况
2. 用手电钻在木板上钻孔
3. 用螺丝刀在木板上拧装平口、十字口自攻螺钉5只
4. 用剥线钳去除导线绝缘层

三、考核标准

表2-6 常用电工工具识别与使用训练考核评定标准

训练内容	配分	扣分标准		扣分	得分
电工工具认识	30分	1．工具认识错误 2．工具用途不清楚或混淆	每种扣10分 每种扣10分		
验电器测电压情况	15分	1．握持不规范 2．测试结果错误	扣10分 扣6分		
手电钻钻孔	10分	1．钻头选用不合适 2．钻头未上紧 3．钻孔不正确，有倾斜	扣3分 扣5分 每个扣3分		
用螺丝刀旋螺钉	15分	1．螺钉与板面不垂直 2．螺钉槽口有明显损伤 3．螺丝刀口损伤	扣3分 每只扣5分 扣10分		
用尖嘴钳、钢丝钳旋螺钉，夹断导线，弯接线鼻子	20分	1．螺钉有明显损伤 2．导线端面不平整 3．导线除端部外，绝缘层有损伤 4．接线鼻子形状不规范或折断	每只扣5分 每处扣2分 每处扣2分 每个扣3分		
剥线钳的使用	10分	1．口径选择不正确损伤导线 2．导线裸露线端过长或过短 3．绝缘层端面不平整	每处扣5分 每处扣2分 扣2分		
总评（注：各项内容中扣分总值不应超过对应各项内容所配分数）					

实习项目3 常用电工仪器仪表的使用

实习要求

（1）了解电工测量的基本知识

（2）了解电工仪表的分类、面板符号及意义，能根据需要正确选择仪表

（3）掌握常用仪表的使用方法

实习工具及材料

表 3-1　　实习工具及材料

名称	型号或规格	数量	名称	型号或规格	数量
万用表	MF47	1个	晶体二极管		若干
兆欧表	DT890	1个	晶体三极管	NPN、PNP	若干
电动机		若干	电阻		若干

3.1　常用电工测量仪表的基本知识

测量各种电学量和各种磁学量的仪表统称为电工测量仪表。电工测量仪表的种类繁多，现实中最常见的是测量基本电学量的仪表。在电气线路及设备的安装、使用与维修过程中，电工仪表对整个电气系统的检测、监视和控制都起着极为重要的作用。因此，学好电工仪表的基本知识，是正确使用和维护电工仪表的基础。

一、常用电工仪表的分类

电工仪表种类和规格繁多，分类方法也各不相同。按仪表的结构和用途大致可分为以下几类。

1. 指示仪表

指示仪表可通过指针的偏转角位移直接读出测量结果，它包括各种固定式指示仪表、可携式仪表等。交流和直流电流表、电压表以及万用表大多为指示仪表。

指示仪表具有测量迅速、读数直接等优点。它们的分类如下。

① 按仪表的工作原理可分为：电磁系、磁电系、电动系、感应系、整流系、静电系、热电系及铁磁电动系等。

② 按测量的对象不同可分为：电流表、电压表、功率表、欧姆表、电能表和频率表等。

③ 按被测电流种类可分为：直流表、交流表和交直流两用仪表。

④ 按使用方式可分为：固定式仪表和可携式仪表。固定式仪表安装于开关板上或仪器的外壳上，准确度较低，但过载能力强，价格低廉；可携式仪表便于携带，常用在实验室，这种仪表的过载能力较差，价格较贵。

⑤ 按仪表的准确度等级可分为：0.1、0.2、0.5、1.0、1.5、2.5、5.0 七级。其中准确度数值越小，仪表的精确度越高。例如准确度为 0.1 级的仪表，其基本误差极限（即允许的最大引用误差）为±0.1%。

⑥ 按仪表对外界磁场的防御能力可分为：Ⅰ、Ⅱ、Ⅲ、Ⅳ4 个等级。具有Ⅰ级防外界磁场的仪表允许产生 0.5%的测量误差；Ⅱ级允许产生 1.0%的误差；Ⅲ级允许产生 2.5%的误差；Ⅳ级允许产生 5.0%的误差。级数越小，抗外界磁场干扰的能力越强。

⑦ 按仪表使用环境的不同可分为：A、B、C 三组。

2. 比较仪表

用比较法来进行测量的仪器。它包括直流比较仪器，例如电桥、电位差计、标准电阻箱等；也包括交流比较仪器，例如交流电桥、标准电感、标准电容等。

3. 数字式仪表

数字式仪表是用逻辑控制来实现自动测量的仪表，测量结果以数码形式直接显示，如数字万用表、数字钳形表、数字兆欧表等。

4. 记录仪表和示波器

记录仪表和示波器是一种能测量和记录被测量随时间变化的仪表，例如 X-Y 记录仪就是一种记录仪表。而电子示波器则能够把物理量变化的波形全貌显示出来，使用者既可以在变化的波形中进行定性观察分析，还可以对显示的波形进行定量测量。

5. 扩大量程装置和变换器类

扩大量程装置包括分流器、附加电阻、电流互感器和电压互感器等；变换器是指将非电量，如温度、压力等变换成电量的装置。

二、仪表的测量误差

仪表在进行测量时所得的测量值与实际值之间的差值称为仪表的测量误差。测量误差越小，测量值越接近实际值，说明仪表的测量精度越高。引起测量误差的原因有两方面：一是仪表本身固有的因素所造成的误差，主要是由于仪表结构设计和制造工艺不完善而产生的。如机械结构摩擦力不一致引起的误差、标度尺刻度不精确引起的误差等，这种误差称为系统误差。二是仪表因外界因素的影响而产生的误差，如周围环境温度过低或过高，电源的大小、频率的波动及外界磁场干扰都会引起测量误差，这种误差称为随机误差。

电工仪表测量误差有两种表达形式。

1. 绝对误差 Δ

绝对误差是指仪表测量的指示值 X 与实际值 X_0 的差值，即：

$$\Delta X=X-X_0$$

2. 相对误差 γ

相对误差是指绝对误差 Δ 与实际值 X_0 的比值的百分数，即：

$$\gamma=(\Delta/X_0)\times100\%$$

可以看出，相对误差给出了测量误差的明确概念，可清楚地表明仪表测量的准确程度，是一种常用的测量误差表示形式。

三、仪表符号的意义

电工仪表盘上常标有各种符号，用来表示仪表的基本技术特性，如仪表的用途、构造、准确度等级、正常工作状态和对使用环境的要求等。常用仪表符号的含义见表 3-2。

表 3-2 仪表常用符号

分类	符号	名称	分类	符号	名称
电流种类	—	直流	外界条件	[I]	I 级防外磁场（例如电磁系）
	≈	交流		[I]	I 级防外电场（例如静电系）
	≃	直流和交流		[II] [II]	II 级防外磁场及电场
测量单位	A	安培		[III] [III]	III 级防外界磁场及电场
	V	伏特		[IV] [IV]	IV 级防外界磁场及电场
	Ω	欧姆		△A	A 组仪表
	W	瓦特		△B	B 组仪表
	Var	乏		△C	C 组仪表
	Hz	赫兹	绝缘强度	☆0	不进行绝缘强度试验
工作原理		电磁系仪表		☆2 或 2kV	绝缘强度试验电压为 2kΩ
		电磁系仪表	端钮与调零器	+	正端钮
		电动系仪表		-	负端钮
		磁电系比率表		*	公共端钮
		铁磁电动系			与屏蔽相连的端钮
准确度等级	1.5	以标尺量程的百分数表示			调零器
	(1.5)	以指示值的百分数表示		⊥	与外壳相连的端钮
工作位置	⊥	标尺位置垂直			
	⊓	标尺位置水平			
	∠60°	标尺位置与水平面夹角 60°			

四、电工测量的注意事项

1. 正确地选择仪表

电工测量是维修电工的主要工作内容，正确地选择电工仪表是维修电工的基本技能之一。如何正确选用电工仪表，主要从以下几方面考虑。

（1）根据测量对象选择相应的仪表。对电路进行监测性测量，要采用固定式仪表；对电路进行检测性测量，一般采用可携式仪表。根据被测的电量来决定相应测量种类的仪表，如电压表、电流表、瓦特表或电度表，并确定其仪表型号。

（2）根据被测量的大小，选择合适的量程。量程选择的原则是仪表的量程上限一定要大于被测量，并使指针处于仪表满刻度的二分之一以上。

（3）根据测量精度的要求，选取适当准确度等级的仪表，选择的原则是在保证测量精度的前提下，选用准确度等级较低的仪表。因为仪表准确度等级越高，价格越贵，对测量环境的要求也就越高。

2. 认真阅读仪表说明书

每一种仪表都有自己的特点，因此在使用新仪表或接线较复杂的仪表之前，应认真阅读使用说明书，并按要求步骤进行操作。

3. 要注意人身和设备安全

维修电工由于经常要测量高电压、大电流电路，在测量过程中，一定要注意人身和设备安全。除了按仪表使用规则操作外，还必须遵守各种安全操作规程。

3.2 电流表与电压表

一、电流表与电压表的工作原理

常见的电流表和电压表按工作原理的不同分为磁电式、电磁式和电动式三类，其工作原理如下。

1. 磁电式仪表

磁电系仪表原理结构如图 3-1 所示。它的固定磁路系统由永久磁铁、极靴和圆柱形铁芯组成。它的可动部分由绕在铝框上的线圈、线圈两端的半轴、指针、平衡重物、游丝等组成。圆柱形铁芯固定在仪表支架上，用来减小磁阻，并使极靴和铁芯间的空气隙中产生均匀的辐射磁场。整个可动部分被支承在轴承上，可动线圈处于永久磁铁的气隙磁场中。

当线圈中有被测电流流过时，通过电流的线圈在磁场中受力并带动指针而偏转，当与弹簧反作用力矩平衡时，指针便停留在相应位置，并在面板刻度标尺上指出被测数据。

2. 电磁式仪表

电磁式仪表的原理结构如图 3-2 所示。固定部分包括固定线圈和固定在线圈里侧的定铁片，可动部分由固定在转轴上的动铁片、游丝、平衡重物、指针与零位调整装置等组成。

当线圈中有被测电流通过时，定铁片和动铁片同时被磁化，并呈同一极性。由于同性相斥的缘故，动铁片便带动转轴一起偏转，当与弹簧反作用力矩平衡时，指针停转，在面板上指出所测数值。

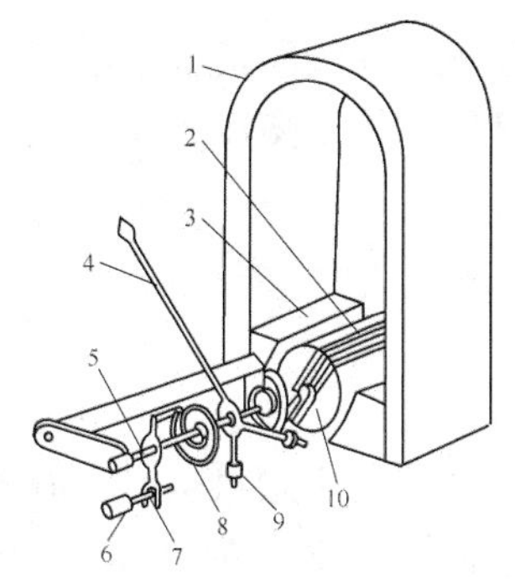

1-永久磁铁 2-可动线圈 3-极靴 4-指针 5-轴 6-调零螺钉 7-调零导杆 8-游丝 9-平衡重物 10-圆柱铁芯

图 3-1 磁电式仪表结构示意图

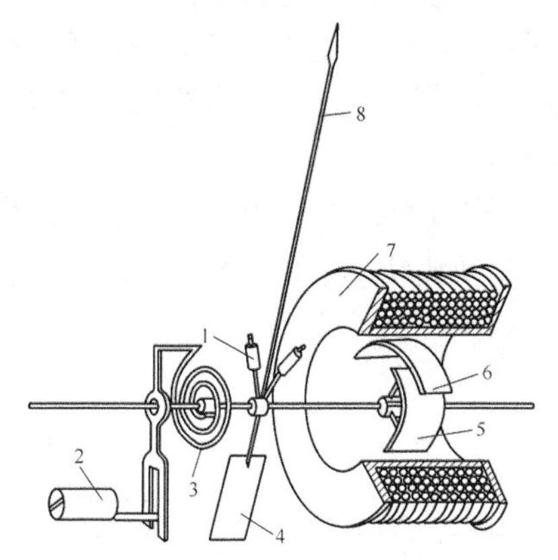

1-平衡重物 2-调零螺钉 3-游丝 4-空气阻尼器 5-动铁片 6-定铁片 7-固定线圈 8-指针

图 3-2 电磁式仪表结构示意图

3. 电动式仪表

电动式仪表的原理结构如图 3-3 所示。固定部分由固定线圈组成。活动部分由可动线圈、指针、游丝、空气阻尼器等组成。电动式仪表与磁电式及电磁式仪表不同，它不是利用通电线圈和磁铁（或铁片）之间的电磁力，而是利用两个通电线圈之间的电动力来产生转动力矩的。

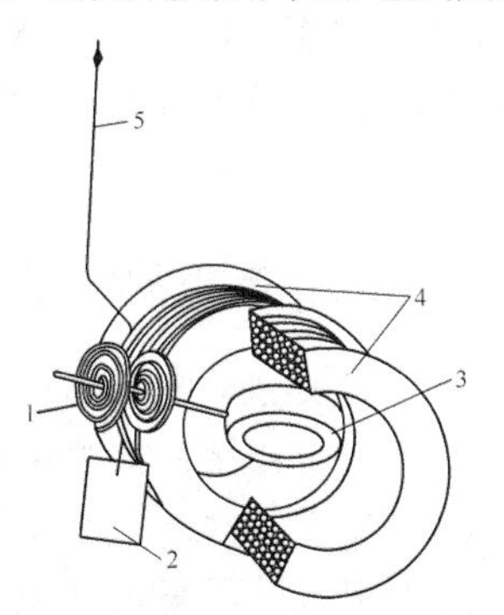

1-游丝 2-空气阻尼器 3-可动式线圈 4-固定线圈 5-指针

图 3-3 电动式仪表结构示意图

当固定线圈和活动线圈通有电流后，载流导体磁场间的相互作用（或者载流导体间的相互作用）使活动线圈偏转，并通过转轴带动指针偏转，当与弹簧的反作用力矩平衡时，指针停转，在刻度尺上指出被测数值。

与电磁式仪表相比，电动式仪表可动线圈代替了电磁式仪表中的可动铁芯，从而消除了磁滞和涡流的影响，灵敏度和准确度比用于交流的其他型式仪表高。但其过载能力差，读数受外磁场影响大。

二、电流的测量

测量电流用的仪表，称为电流表。为了测量一个电路中的电流，电流表必须和这个电路串联。为了使电流表的接入不影响电路的原始状态，电流表本身的内阻抗要尽量小，或者说与负载阻抗相比要足够小。否则，被测电流将因电流表的接入而发生变化。

1. 直流电流的测量

在测量电路电流时，一定要将电流表串接在被测电路中，如图 3-4 所示。其中表 A_1 是测量负载 R_1 的电流，表 A 是测量 R_1 与 R_2 的电流的和。用直流电流表测量直流电流时电流表的正端钮接被测电路的高电位端，负端钮接被测电路的低电位端，不可接错，以免损坏仪表。并要在仪表允许量程范围内测量。

磁电式电流表精度高，但量程较小，可用图 3-5 所示电路扩大其量程。被测电流 I 为：

$$I=I_1(1+R_1/R_2)=I_2(1+R_2/R_1)$$

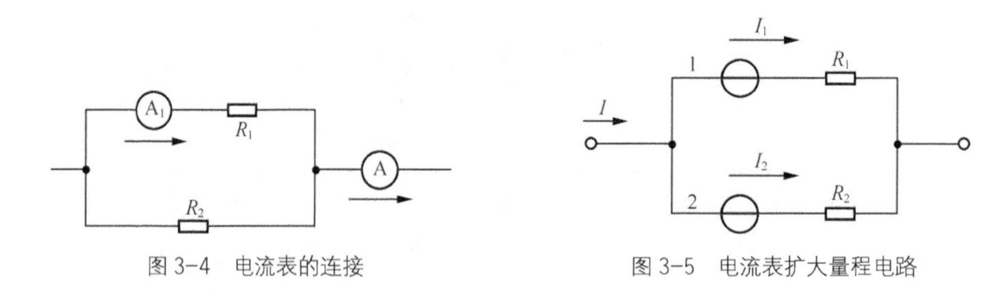

图 3-4　电流表的连接　　　图 3-5　电流表扩大量程电路

2. 交流电流的测量

用交流电流表测量交流电流时，电流表不分极性，只要在测量量程内将其串入被测电路即可。由于交流电流表的线圈和游丝截面积很小，故不能测量较大电流。如需扩大量程，无论是磁电式、电磁式或电动式电流表，均需加接电流互感器，如图 3-6 所示。通常电气工程上配电流互感器用的交流电流表，表盘上的读数在出厂前已按电流互感器比率（变流比）标出，可直接读出被测电流值。

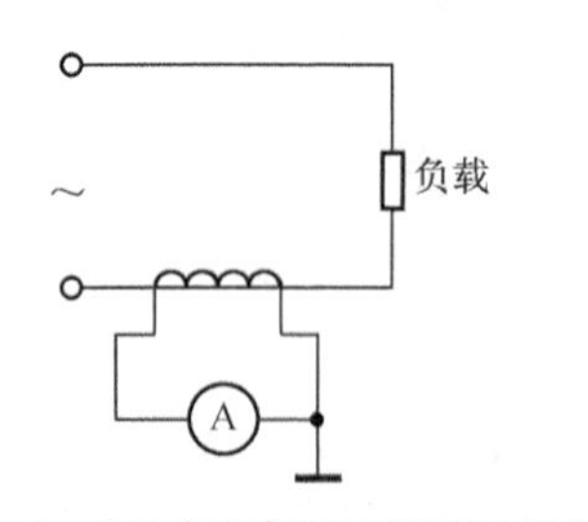

图 3-6　交流电流表用互感器扩大量程

三、电压的测量

用来测量电压的仪表，称为电压表。为了测量电压，电压表应跨接在被测电压的两端之间，即和被测电压的电路或负载并联。为了不影响电路的工作状态，电压表本身的内阻抗要尽量大，或者说与负载的阻抗相比要足够大，以免由于电压表的接入而使被测电路的电压发生变化，形成较大误差。

1. 直流电压的测量

直接测量电路两端直流电压的线路如图 3-7（a）所示。电压表正端钮必须接被测电路高电位点，负端钮接低电位点，在仪表量程允许范围内测量。如需扩大量程，无论是磁电式、电磁式或电动式仪表，均可在电压表外串联分压电阻，如图 3-7（b）所示。所串分压电阻越大，量程越大。

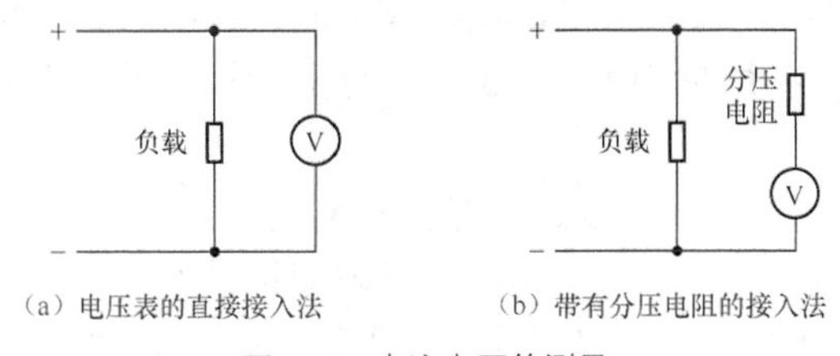

图 3-7　直流电压的测量

2. 交流电压的测量

用交流电压表测量交流电压时，电压表不分极性，只需在测量量程范围内直接并上被测电路即可，如图 3-8（a）所示。如需扩大交流电压表量程，无论是磁电式、电磁式或电动式仪表，均可加接电压互感器，如图 3-8（b）所示。电气工程上所用的电压互感器按测量电压等级不同，有不同的标准电压比率配合互感器的电压表，选择量程时一般根据被测电路电压等级和电压表自身量程合理配合使用。读数时，电压表表盘刻度值已按互感器比率折算过，可直接读取。

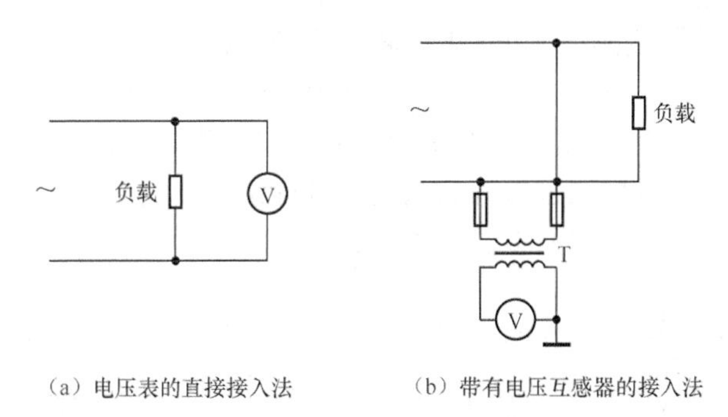

图 3-8　交流电压的测量电路

3.3 万用表

指针式万用表又称三用表、万能表等，是一种多功能的携带式电工仪表，用以测量交/直流电压、电流，直流电阻等。有的万用表还可以测量电容量、晶体管共射极直流放大系数和音频电平等参数。

一、万用表的结构

万用表的型号很多，但其结构基本相同，均由测量机构（表头）、测量线路和转换开关三部分组成。图 3-9 为 500 型指针式万用表的外形图。

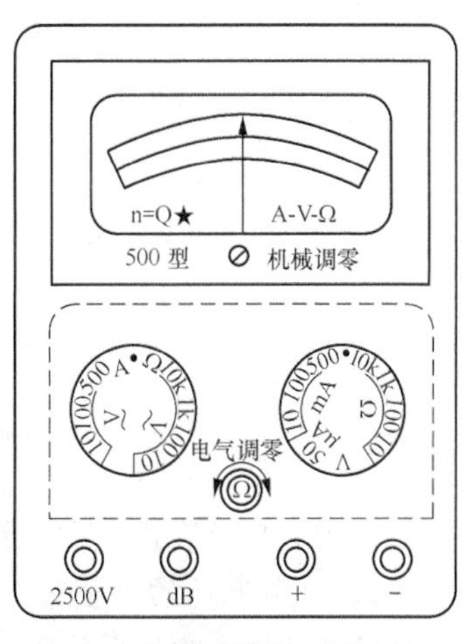

图 3-9　500 型指针式万用表

1. 测量机构（表头）

万用表的表头是一个磁电系的微安表，其满刻度电流越小，万用表的灵敏度就越高，一般在 100μA 以下。为配合测量不同的被测量和量程，它有一块多条刻度线组成的标有各种单位的面板（表盘）。

2. 测量线路

测量线路包括分压电阻、分流电阻、半导体整流器（测交流电流时用）和干电池等，只有将它们与表头适当配合，才能使用一个表头进行多种被测量和多量程的测量。

3. 转换开关

转换开关是用来改变测量线路，以适应测量不同的被测量和量程。有的万用表（如 MF500 型和 MF18 型）有两个转换开关，一个用于选择被测量种类，另一个用于改变量程，使用时先选择测量种类，然后选择量程。万用表的外壳上除有转换开关、面板外，还有接线插孔（或接线柱）、调零旋钮等。

二、工作原理

万用表实际上都是采用磁电系测量机构，配合转换开关和测量线路实现的多量程直流电压表、多量程直流电流表、多量程整流式交流电压表和多量程欧姆表等仪表的总和，通过转换开关实现各种功能的选择，如图 3-10 所示。并通过表盘上多种刻度线和各种刻度单位指示出被测电量的大小。

1. 直流电流的测量

图 3-11 是测量直流电流的简化电路图，将万用表的转换开关打到相应的直流电流量程挡位，就可按此量程测量直流电流。此时的万用表就是一块直流电流表。被测电流从外电路经万用表的“+”端流进，经相应的并联分流电阻和微安表头、再由“-”端流出。微安表头的指针偏转到相应的位置，根据相应量程的刻度尺进行读数，就可以测量出电流的数值。选用不同的分流器就可以制成多量程的直流电流表。

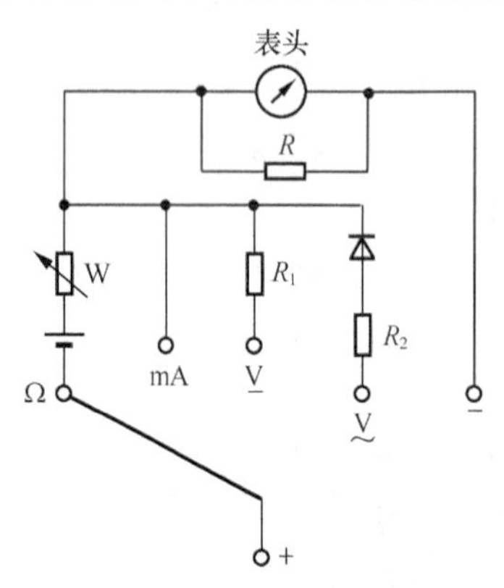

图 3-10 万用表工作原理图

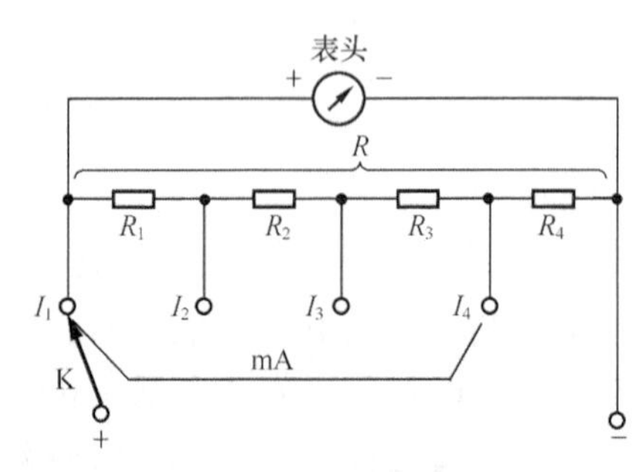

图 3-11 测量直流电流的原理图

在实际使用时，如果对被测电流的大小不了解，应先由最大挡量程试测，以防电流过大打坏指针，然后再选用适当的量程。以减小测量误差。接线方法与测量直流电流方法一样，应把万用表串联在电路中，让电流从“+”端流进，“-”端流出。

2. 直流电压的测量

图 3-12 是测量直流电压的简化电路图，将万用表的转换开关拨至相应的直流电压量程上，此时的万用表就是一块直流电压表。被测电压加在“+”、“-”两端，产生的电流流经相应的串联分压电阻和微安表头，使微安表头的指针偏转到相应的位置，根据相应量程的刻度尺进行读数和换算，就可以测量出电压的数值。选择不同的串联分压电阻（转换开关 K 拨至

不同的位置），即改变了量程，形成多量程的直流电压表。

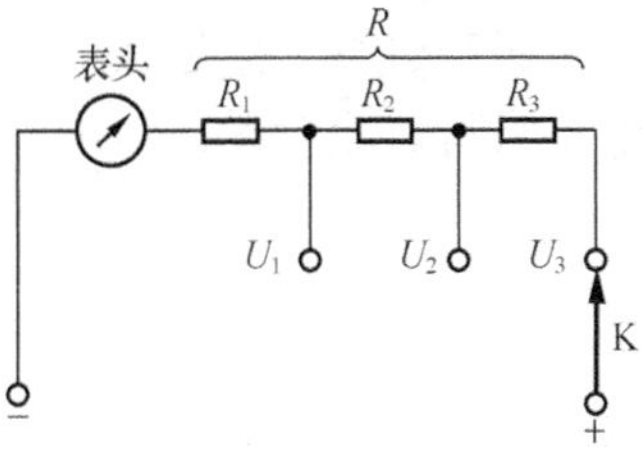

图 3-12 测量直流电压的原理图

3. 交流电压的测量

若转换开关拨在交流电压挡上，万用表就成了交流电压表。磁电系仪表本身只能测量直流，但由于在线路中增加了整流元件，被测交流电压经二极管整流（半波整流或桥式整流式）把交流电变成直流电，构成了一个整流系电压表，再选用不同的串联分压电阻就可以制成多量程的交流电压表，其原理见图3-13。测量交流电压时会产生波形误差，这是因为万用表是按正弦波标注刻度的，而它的测量机构响应于平均值。若被测电压波形失真或者是非正弦波时，其测量结果会有波形误差。仪表的读数为交流电压的有效值，一般万用表可测量频率为 45～1000 Hz 的正弦交流电，不能测量非正弦周期量。

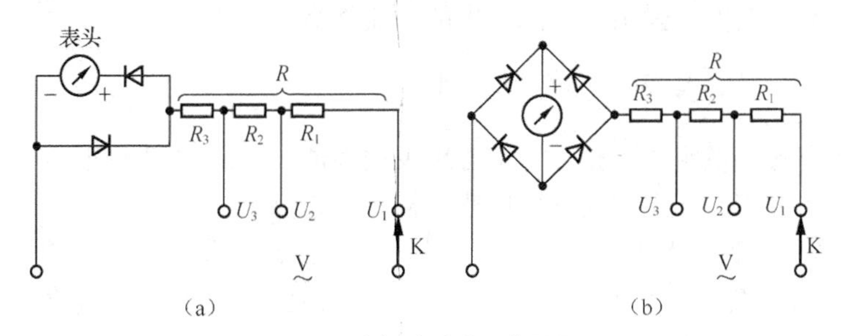

图 3-13 测量交流电压的原理图

4. 电阻的测量

将转换开关 K 拨向测量电阻的位置上，并把待测电阻 R_x 两端分别与两支表笔相接触，这时表内电池 E、调节电阻 R、微安表头及待测电阻 R_x 组成回路，便有电流通过表头使指针偏转，如图 3-14 所示。显然，R_x 阻值越大，则电流越小，偏转角也越小，当被测电阻为无限大时，电流为零，指针不动，即电流、电压的 0 刻度为电阻的∞刻度；反之，R_x 阻值越小，电流越大，偏转角也越大，当被测电阻为 0 时，电流最大，则指针指在电压、电流的最大刻度处，即为电阻的 0 刻度。电阻的刻度方向与电流、电压的刻度方向相反。阻值数等于刻度尺上指示数乘以该量程的倍率数。

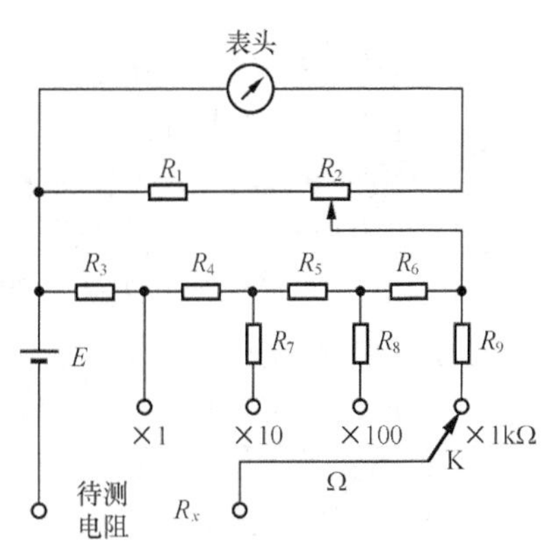

图 3-14 测量电阻的原理图

三、万用表的使用方法

1. 测量电压的方法

测量交流电压时将转换开关置于“～”挡，所需量程由被测量电压的高低来确定。测量交流电压时不分正负极，只需将表笔并联在被测电路或被测元器件两端。指针式万用表使用频率范围一般为 45～1000Hz，如果被测交流电压频率超过了这个范围，测量误差将增大，这时的数据只能作参考。

测量直流电压时，将转换开关置于“—”挡，所需量程由被测电压高低来确定。测量直流电压时正负极不能搞错。若表笔接反，表头指针会反方向偏转，容易撞弯指针。

2. 测量直流电流的方法

将转换开关置于“直流电流”挡的适当量程位置。测量时必须先断开电路，然后按电流从正到负的方向，将万用表串联到被测电路中。如果误将万用表电流挡与负载并联，由于它的内阻很小，会造成短路，导致电路和仪表被烧毁。

3. 测量电阻的方法

将转换开关置于“电阻”挡的适当量程位置上，先将两根表笔短接，并同时转动零欧姆调整旋钮，使表头指针准确停留在欧姆标度尺的零点上，然后用表笔测量电阻。面板上的符号表示倍率数，从表头的读数乘以倍率数，就是所测电阻的电阻值。

在测量电阻时，不允许带电操作。因为测量电阻的欧姆挡是由干电池供电的，带电测量相当于外加一个电压，不但会使测量结果不准确，而且有可能烧坏表头。另外，不能用万用表的电阻挡直接测量微安表表头，电池发出的电流将烧坏微安表表头。

四、使用指针式万用表时的注意事项

使用前要认真阅读说明书，充分了解万用表的性能，正确理解表盘上各种符号和字母的含义及各标度尺的读法。熟悉转换开关旋钮和插孔的作用。

① 红色表笔的插头插入正“+”插口，黑色表笔的插头插入负“-”插口。

② 检查表笔是否完好、接线有无损坏、表内电池是否完好（使用电阻挡），以确保操作安全。要注意电表应放平稳。

③ 检查指针是否在零位，如不在零位，可用小螺丝刀调整表盖上的调零器进行调零。

④ 根据被测量的种类与数值范围，将转换开关拨转到相应位置，且每次测量前都应检查其位置是否正确。要养成习惯，决不能拿起表笔就测量。因为错用电阻或电流挡去测量电压时，会烧坏内部电路和表头。

⑤ 根据转换开关位置，先看清该量程所对应的刻度线及其分格数值，防止在测量过程中寻找，影响读数速度和准确度。

⑥ 注意万用表的红表笔与表内电池负极相连，黑表笔与表内电池正极相连，这一点在测量电子元件时应特别注意。

⑦ 严禁用电阻挡或电流挡去测量电压，否则将会烧坏仪表甚至危害人身安全。

⑧ 不要带电拨动转换开关，在测量高电压或大电流时更要注意，以免切断电流瞬间产生电弧而损坏开关触点。

⑨ 万用表欧姆挡不能直接测量微安表、检流计等表头的电阻，也不能直接测量标准电池。

⑩ 用欧姆挡测晶体管参数时，一般应选用 $R\times100$ 挡或 $R\times1k$ 挡。因为晶体管所能承受的电压较低，允许通过的电流较小。万用表欧姆低倍率挡的内阻较小，电流较大，如 $R\times1$ 挡的电流可达 100mA，$R\times10$ 挡电流可达 10mA；高倍率挡的电池电压较高，一般 $R\times10k$ 以上的倍率挡电压可达十几伏，所以一般不宜用低倍率挡或高倍率挡去测量晶体管的参数。

⑪ 万用表的表面有很多刻度标尺，应根据被测量的量程在相应的标尺上读出指针指示的数值。另外，读数时应尽量使视线与刻度盘垂直，对有反光镜的万用表，应使指针与其像重合，再进行读数。

⑫ 测量完毕，应将转换开关拨到空挡或交流电压的最大量程挡，以防测电压时忘记拨转换开关，用电阻挡去测电压，将万用表烧坏。不用时不要把转换开关置于电阻各挡，以防表

笔短接时使电池放电。测量含有感抗的电路中的电压时，应在切断电源以前先断开万用表，以防自感现象产生的高压损坏万用表。

⑬ 应在干燥、无震动、无强磁场、环境温度适宜的条件下使用和保存万用表。长期不用的万用表，应将表内电池取出，以防电池因存放过久变质而漏出的电解液腐蚀表内元件。

3.4 数字万用表

指针式万用表的工作原理是把被测量转换成直流电流信号，使磁电系表头指针偏转。数字万用表采用完全不同于传统的指针式万用表的转换和测量原理，使用液晶数字显示，使其具有很高的灵敏度和准确度，显示清晰美观，便于观看，具有无视差、功能多样、性能稳定、过载能力强等特点，因而得到了广泛的应用。

数字万用表有手动量程和自动量程，手持式和台式之分。语音数字万用表内含语音合成电路，在显示数字的同时还能用语音播报测量结果。高档智能数字万用表内含单片机，具有数据处理、自动校准、故障自检、通信等多种功能。双显示万用表在数显的基础上增加了模拟条图显示器，后者能迅速反映被测量的变化过程及变化趋势。

1. 数字万用表的特点

① 准确度高。准确度是测量结果中系统误差与随机误差的综合，它表示测量值与实际值的一致程度，也反映了测量误差的大小。准确度愈高，测量误差愈小。

数字万用表的准确度远远高于指针式万用表的准确度。以直流电压挡的基本误差（不含量化误差）为例，指针式万用表通常为±2.5%，而低档数字万用表为±0.5%，中档数字万用表为±（0.1～0.05）%，高档数字万用表可达到±（0.005～0.00003）%。

② 显示直观、读数准确。数字万用表采用数显技术，使测量结果一目了然，不仅能使使用者准确读数，还能缩短测量时间。许多新型数字万用表增加了标志符（测量项目、单位、特殊标记等符号）显示功能，使读数更加直观。

数字万用表的显示位数分$3\frac{1}{2}$位、$3\frac{2}{3}$位、$3\frac{3}{4}$位、$4\frac{1}{2}$位、$4\frac{3}{4}$位、$5\frac{1}{2}$位、$6\frac{1}{2}$位、$7\frac{1}{2}$位、$8\frac{1}{2}$位 9 种。表示该表共可显示整数数字加一位数字，如$3\frac{1}{2}$位表可显示四位、$4\frac{1}{2}$位表可显示五位，依此类推。其中，最高位最大数字可显示到分子的数值，其他各个位可显示 0～9 之间的任何数值。

③ 分辨力高。数字万用表在最低量程上末位 1 个字所对应的数值，就表示分辨力。它反映仪表灵敏度的高低，并且随着显示位数的增加而提高。以直流电压挡为例，$3\frac{1}{2}$、$4\frac{1}{2}$仪表的分辨力分别为 100μV、101μV。分辨力指标亦可用分辨率来表示。分辨率是指仪表所能显示的最小数字（零除外）与最大数字的百分比。例如，$3\frac{1}{2}$仪表的分辨率为 1/1999≈0.05%，远优于指针式万用表。

④ 测量速率快、测试功能强。数字万用表在每秒钟内对被测电量的测量次数叫测量速率，$3\frac{1}{2}$位和$4\frac{1}{2}$位数字万用表的测量速率一般为 2～5 次/秒；数字万用表可以测量直流和交流电压、直流和交流电流、电阻、电感、电容、三极管放大倍数、转速等量，有的智能数字万用

表还增加了测量有效值（TRMS）、最小值（MIN）、最大值（MAX）、平均值（AVG），设定上下限，自动校准等功能。

⑤ 输入阻抗高、功耗低、保护电路比较完善。普通数字万用表 DCV 挡的输入阻抗为10MΩ，整机功耗极低，普通数字万用表的整机功耗仅为 30～40mW，可采用 9V 叠层电池供电。而且具有较完善的过电流、过电压保护功能，过载能力强。使用中只要不超过极限值，即使出现误操作也不会损坏 A/D 转换器。

2. 数字万用表的组成及原理

数字万用表面板部分由显示屏、电源开关、功能和量程选择开关、输入插孔、输出插孔等组成，如图 3-15 所示。

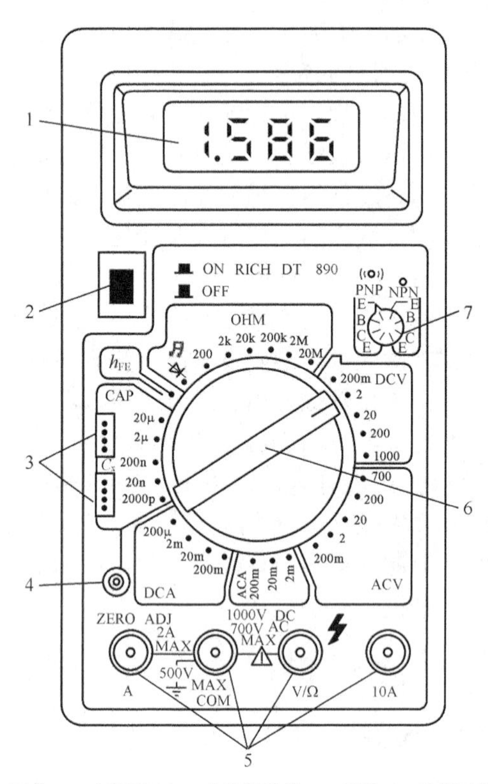

1-显示器　2-开关　3-电容插口　4-电容调零器　5-插孔　6-选择开关　7-h_{FE}插口

图 3-15　DT890 型数字万用表外形图

数字万用表是在数字电压表的基础上扩展而来的，因此，首先必须进行被测参数与直流电压之间的转换，由信号变换电路完成。由变换电路变换而来的直流电压经电压测量电路在微控制器（或逻辑控制电路）的控制下，将模拟电压量转换成数字量后，再经译码、驱动，最后显示在液晶或数码管显示屏上（也有的是一个芯片集成了 A/D、译码、驱动等多种功能的转换电路）。

3. 数字万用表的使用方法（以 DT890D 为例）

（1）使用前的准备工作。

将黑表笔插入“COM”插孔内，红表笔插入相应被测量的插孔内，然后将转换开关旋至被测种类区间内并选择合适的量程，量程选择的原则和方法与指针式万用表相同，将电源开关拨向“ON”的位置，接通表内工作电源。

（2）直流电流、交流电流的测量。

测量直流电流时，当被测电流小于 200mA 时，将红表笔插入“mA”插孔内，黑表笔置于“COM”插孔，将转换开关旋至“DCA”或“A-”区间内，并选择适当的量程（2m、20m、200m），将万用表串入被测电路中，显示屏上即可显示出读数。测量结果单位是毫安。如果被测量的电流值大于 200 mA，则量程开关置于“10”或“20”挡，同时要将红表笔插入“10A”或“20A”插孔内，显示值以安培为单位。

测量交流电流时，将量程开关旋至“ACA”或“A~”区间的适当量程上，其余与测量直流电流相同。

数字万用表内部电路由信号变换电路、直流电压测量电路、显示电路、电源等部分组成，如图 3-16 所示。

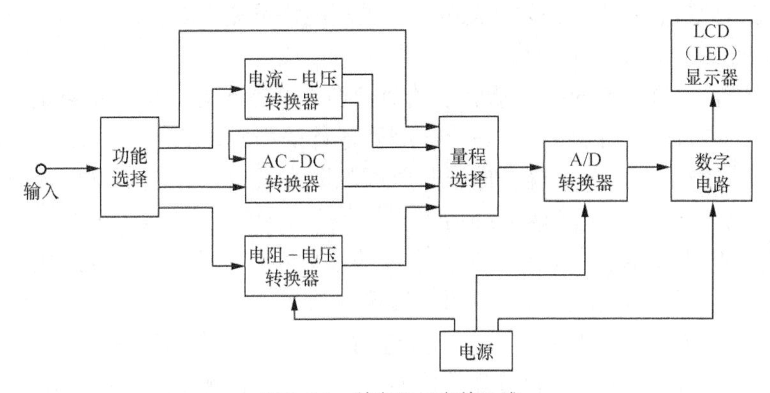

图 3-16　数字万用表的组成

（3）直流电压、交流电压的测量。

测量直流电压时，将红表笔连线插入“V/Ω”插孔内，黑表笔连线插入“COM”插孔内，将量程开关旋至“DCV”或“V-”区间内，并选择适当的量程，通过两表笔将仪表并联在被测电路两端，显示屏上便显示出被测数值。一般直流电压挡有 200 mV、2 V、20 V、200 V、1000 V 等几挡，选择 200 mV 挡时，则显示的数值以 mV 为单位；置于其他 4 个直流电压挡时，显示值均以 V 为单位。测量直流电压和电流时，不必像指针式万用表时考虑“+”、“-”极性问题，当被测电流或电压的极性接反时，显示的数值前会出现负“-”号。

测量交流电压时，将量程开关旋至“ACV”或“V～”区间的适当量程上，表笔所在插孔及具体测量方法与测量直流电压时相同。

（4）电阻的测量。

将红表笔连线插入“V/Ω”插孔内，黑表笔连线插入“COM”插孔不变，将量程开关旋至“Ω”区间并选择适当的量程，便可进行测量。测量时要注意显示值的单位与“Ω”区间内各量程上所标明的单位 Ω、kΩ、MΩ 相对应。

（5）二极管的测量。

数字万用表电阻挡所能提供的测试电流很小。因此，对二极管、三极管等非线性元件，通常不测正向电阻而测正向压降。一般锗管的正向压降为 0.3～0.5V，硅管为 0.5～0.7V。

将红表笔连线插入“V/Ω”插孔内，黑表笔连线插入“COM”插孔中，量程开关旋至标有二极管符号的挡。要注意，数字万用表红表笔的电位比黑表笔的电位高，即红表笔为“+”极，黑表笔为“-”极，这一点与指针式万用表正好相反，将红表笔接二极管的正极，黑表笔接二极管的负极，显示屏显示出二极管的正向压降（以 V 为单位）。如果显示屏仅出现“1”字（溢出标志），说明两表笔接反，应将两表笔调换再测。若调换后，仍显示“1”或两次测量均有电压值或为零，则说明二极管已损坏。

（6）测量三极管 h_{FE}。

先判断三极管是 PNP 型的还是 NPN 型的，然后根据判断结果把三极管的管腿插入 h_{FE} 的相应插孔内，显示屏上会有 h_{FE} 的数值显示。如果显示屏仅出现“1”字（溢出标志），说明管脚插入的顺序有问题或三极管已坏。

（7）检查电路的通断情况。

将量程开关旋至标有符号“)))”的挡，表笔插孔位置和测电阻时相同。让两表笔分别触及被测电路两端，若仪表内的蜂鸣器发出蜂鸣声，说明电路通（两表笔间电阻小于 70Ω）；反之，则表明电路不通，或接触不良。必须注意的是，被测电路不能带电，否则会误判或损坏万用表。

4. 使用时的注意事项

① 数字万用表在刚测量时，显示屏上的数值会有跳数现象，这是正常的，应当等显示数值稳定后（等 1～2s）才能读数。另外，被测元器件的引脚因日久氧化或有锈污，造成被测元件和表笔之间接触不良，显示屏会出现长时间的跳数现象，无法读取正确测量值。这时应先清除氧化层和锈污，使表笔接触良好后再测量。

② 测量时，如果显示屏上只有“半位”上的读数 1，则表示被测数值超出所在量程范围（二极管测量除外），称为溢出。这时说明量程选得太小，可换高一挡量程再测量。

③ 转换量程开关时动作要慢，用力不要过猛。在开关转换到位后，再轻轻地左右拨动一下，看看是否真的到位，以确保量程开关接触良好。严禁在测量的同时旋动量程开关，特别是在测量高电压、大电流的情况下，以防产生电弧烧坏量程开关。

④ 测 10Ω 以下精密小电阻时（200Ω 挡），先将两表笔金属端短接，测出表笔电阻（约 0.2Ω），然后在测量结果中减去这一数值。

⑤ 万用表是按正弦量的有效值设计的，所以不能用来测量非正弦量。只有采用有效值转换电路的数字万用表才可以测量非正弦量。

3.5 兆欧表

兆欧表又叫摇表，是一种简便的、常用来测量高电阻值的直读式仪表。一般用来测量电路、电机绕组、电缆、电气设备等的绝缘电阻。测量绝缘电阻时，对被测试的绝缘体需加以规定的较高试验电压，以计量渗漏过绝缘体的电流大小来确定它的绝缘性能好坏。渗漏的电流越小，绝缘电阻也就越大，绝缘性能也就越好；反之就越差。

最常见的兆欧表是由作为电源的高压手摇发电机（交流或直流发电机）及指示读数的磁电式双动圈流比计所组成。新型的兆欧表有用交流电作电源的或采用晶体管直流电源变换器及磁电式仪表来指示读数的。

一、兆欧表的选用

兆欧表的选择主要根据被测电气设备选择最高电压以及它的测量范围。

测量额定电压在 500 V 以下的设备时，宜选用 500～1000V 的兆欧表；额定电压在 500 V 以上时，应选用 1000V～2500 V 的兆欧表。在选择兆欧表的量程时，不要使测量范围过多地超出被测绝缘电阻的数值，以免产生较大的测量误差。通常，测量低压电气设备的绝缘电阻时，选用 0～500MΩ 量程的兆欧表；测量高压电器设备、电缆时，选用 0～2500MΩ 量程的兆欧表。有的兆欧表标度尺不是从零开始，而是从 1MΩ 或 2MΩ 开始刻度，这种表不宜用来测量低压电气设备的绝缘电阻，兆欧表表盘上刻度线旁有两个黑点，这两个黑点之间对应刻度线的值为兆欧表的可靠测量值范围。如测量低压电器设备绝缘电阻通常选 500V 绝缘电阻表，测 10 kV 变压器绝缘电阻通常选 2500 V 等级的表。

二、兆欧表的使用

1. 使用前的准备工作

测量前先将兆欧表进行一次开路和短路试验，检查兆欧表是否良好。若将两连线开路，摇动手柄，指针应指在“∞”处，这时如再把两连接线短接一下，指针应指在“0”处，说明兆欧表是良好的，否则，该表不能正常使用。特别要指出的是：兆欧表指针一旦到零应立即停止摇动手柄，否则将会使表损坏。此过程又称校零和校无穷，简称校表。

测量前必须检查被测电气设备和线路的电源是否全部切断，绝对不允许带电测量绝缘电阻。然后应对设备和线路进行放电，以免设备和线路的电容放电危及人身安全和损坏兆欧表。同时注意将被测点擦拭干净。

2. 使用方法和注意事项

兆欧表应放在平整而无摇晃或震动的地方，使表身置于平稳状态。

兆欧表上有三个分别标 E（接地）、L（接电路）和 G（保护环或屏蔽端子）的接线柱。测量电路绝缘电阻时，可将被测端接于 L 接线柱上；而以良好的地线接于 E 接线柱上，如图 3-17（a）所示。

在作电机绝缘电阻测量时，将电机绕组接于 L 接线柱上，机壳接于 E 接线柱上，如图 3-17（b）所示；测量电缆的缆芯对缆壳的绝缘电阻时，除将缆芯和缆壳分别接于 L 接线柱外，再将电缆和壳芯之间的内层绝缘物接 E 接线柱，以消除因表面漏电而引起的误差，如图 3-17（c）所示。

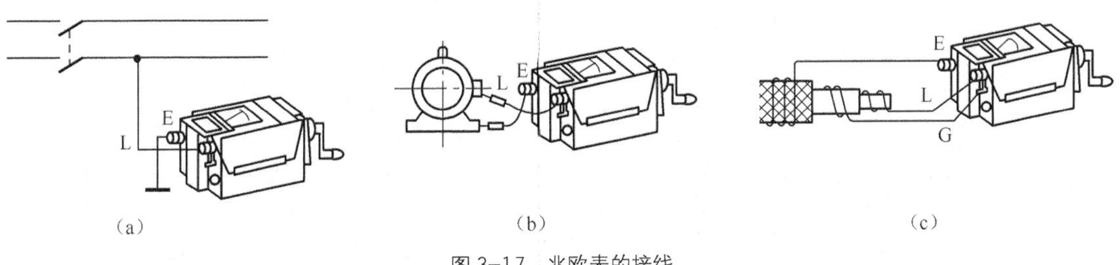

图 3-17　兆欧表的接线

接线柱与被测电路或设备间连接的导线不能用双股绝缘线或绞线，必须用单根线连接，避免因绞线绝缘不良而引起误差。

摇动手柄的转速要均匀，一般规定为(120±24)r/min。通常都要摇动 1min 后，待指针稳定下来再读数。如被测电路中有电容时，先持续摇动一段时间，让兆欧表对电容充电，指针稳定后再读数，读数时，应边摇边读，不能停下来读数。测完后先拆去接线，再停止摇动。若测量中发现指针指零，应立即停止摇动手柄。

在兆欧表未停止转动前，切勿用手去触及设备的测量部分或兆欧表的接线柱。测量完毕后，应对设备充分放电，否则容易引起触电事故。

禁止在雷电时或在邻近有带高压导体的设备处使用兆欧表进行测量。

3.6 实习内容

一、万用表的使用训练

利用万用表测量电路中的电压、电流；用万用表的欧姆挡测量给定电阻的阻值。

二、兆欧表的使用训练

利用兆欧表测量电动机的三相定子绕组间、定子绕组与机座间的绝缘电阻

三、考核标准

表 3-3 万用表与兆欧表的使用训练考核评定标准

训练内容	配分	扣分标准		扣分	得分
万用表测直流电压、电流	20 分	1．电路连接错误 2．量程选择错误 3．仪表连接错误 4．读数错误 5．因操作错误损坏仪器	扣 10 分 每次扣 10 分 每次扣 10 分 每次扣 5 分 扣 20 分		
万用表测电阻	20 分	1．挡位、量程选择错误 2．测量前未调零 3．读数错误	扣 5 分 扣 5 分 每次扣 5 分		
万用表测交流电压	10 分	1．挡位、量程选择错误 2．因操作错误引发故障 3．读数错误	每次扣 5 分 每次扣 10 分 每次扣 5 分		
兆欧表的使用	20 分	1．使用前未检查仪表 2．测量时未放平稳 3．手柄摇动得不均匀	扣 10 分 扣 10 分 扣 10 分		
兆欧表测绝缘电阻	30 分	1．接线错误 2．读数错误 3．绝缘体表面未处理干净 4．未按规定完成测量	扣 10 分 扣 10 分 扣 5 分 扣 10 分		
总评（注：各项内容中扣分总值不应超过对应各项内容所配分数）					

实习项目 4 常用导线连接训练

实习要求

（1）熟练掌握导线绝缘层的剖削
（2）熟练掌握导线的基本连接方法
（3）熟练掌握导线绝缘层的恢复

实习工具及材料

表 4-1 实习工具及材料

名称	型号或规格	数量	名称	型号或规格	数量
单股铜芯导线	1.5mm²、1.0mm²	若干	剥线钳		1 把
七股铜芯导线	0.75mm²	若干	尖嘴钳		1 把
橡皮护套线		若干	克丝钳		1 把
黑胶带、黄蜡带		若干	电工刀		1 把

在电气安装和线路维修中，经常需要将一根导线与另一根导线连接起来，或将导线与接线桩相连。在低压供电系统中，导线连接点是故障出现最多的位置，供电系统中的设备、电路能否安全可靠地运行，在很大程度上依赖于导线连接和绝缘层恢复的质量。导线的连接方法很多，有绞接、焊接、压接和螺栓连接等，各种连接方法适用于不同导线及不同的工作地点。导线连接无论采用哪种方法，都不外乎下列四个步骤：剥离绝缘层；导线线芯连接；接头焊接或压接；恢复绝缘。对导线连接的基本要求是：导线接头处的电阻要小，不得大于导线本身的电阻值，且稳定性要好，接头处的机械强度应不小于原导线机械强度的 80%，保证接头处的绝缘强度不低于原导线的绝缘强度，导线连接处要耐腐蚀。

4.1 导线线头绝缘层的剖削

一、塑料硬线绝缘层的剖削

一般来说，用剥线钳剖削较为方便，也可用克丝钳和电工刀。

1. 用克丝钳剖削塑料硬线绝缘层

一般对于线芯截面为 4mm² 以下的塑料硬线，具体做法如下。

① 用左手握住电线，在线头所需长度交界处，用克丝钳轻轻地切割绝缘层，但不可切入线芯；

② 用左手拉紧导线，右手适当用力捏住克丝钳头部，用力向外勒去塑料绝缘层，如图 4-1 所示。勒去绝缘层时，不可在钳口处加剪切力，否则会伤及线芯，甚至剪断导线。

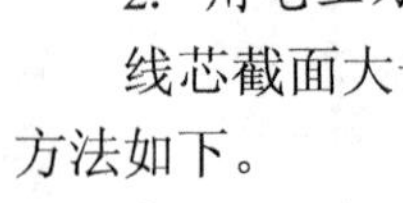

图 4-1 克丝钳剖削塑料硬线绝缘层

2. 用电工刀剖削塑料硬线绝缘层

线芯截面大于 4mm² 的塑料硬线，可用电工刀剖削，具体方法如下。

① 根据线头所需长度，用电工刀以 45° 角倾斜切入塑料层，注意掌握刀口刚好削透绝缘层而不伤及线芯，如图 4-2（a）所示；

② 使刀面于导线间的角度保持在 25° 左右，向前推削，不切入线芯，只削去上面的塑料绝缘，如图 4-2（b）所示；

③ 将余下的线头绝缘层向后扳翻，把该绝缘层剥离线芯，如图 4-2（c）所示。再用电工刀切齐。

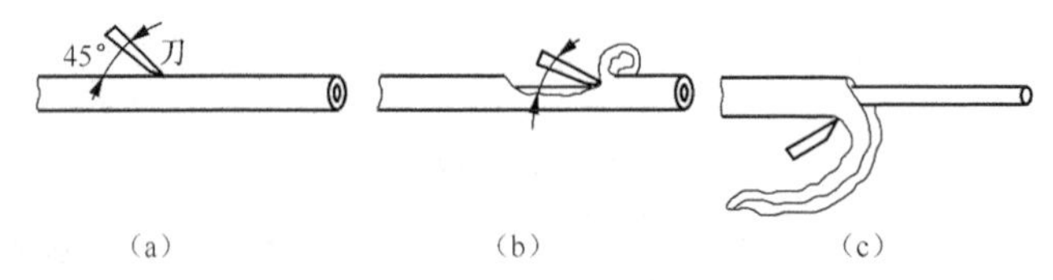

图 4-2 用电工刀剖削塑料硬线绝缘层

二、塑料软线绝缘层的剖削

除了可以用剥线钳剖削塑料软线绝缘层外，也可以使用克丝钳直接剖削截面为 4mm² 及以下的导线，操作方法同于用克丝钳剖削塑料硬线绝缘层。注意塑料软线不可以使用电工刀剖削，因塑料软线太软，线芯又由多股铜丝组成，用电工刀很容易伤到导线线芯。

三、塑料护套线绝缘层的剖削

塑料护套线绝缘层分外层、公共护套层和内部每根线芯的绝缘层。公共护套层用电工刀剖削。具体操作过程如下。

① 按线头所需长度，用电工刀刀尖对准护套线中间线芯缝隙处划开护套层，如图 4-3（a）所示；如偏离线芯缝隙处，电工刀可能会划伤线芯。

② 向后扳翻护套层，用电工刀把它齐根切去，如图 4-3（b）所示；

③ 在距离护套层 5～10mm 处，用电工刀以 45° 再倾斜切入，其剖削方法同塑料硬线绝缘层的剖削。

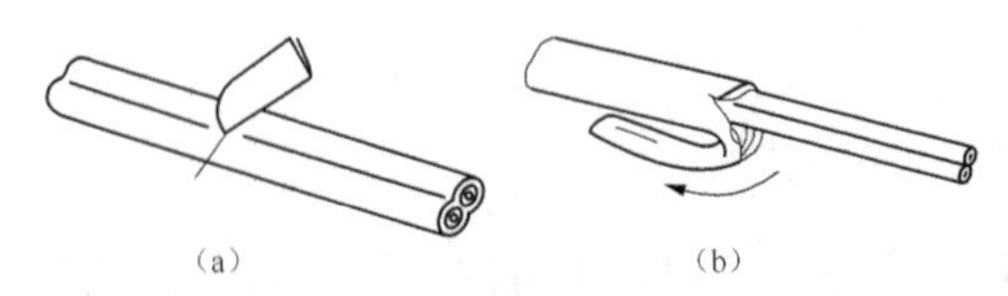

图 4-3 塑料护套线绝缘层的剖削

四、橡套软电缆绝缘层的剖削

用电工刀从端头任意两芯线缝隙中割破部分护套层。然后把割破已分成两片的护套层连同芯线（分成两组）一起进行反向分拉来撕破护套层，直到所需长度。再将护套层向后扳翻，在根部分别切断。如图 4-4（a）所示。

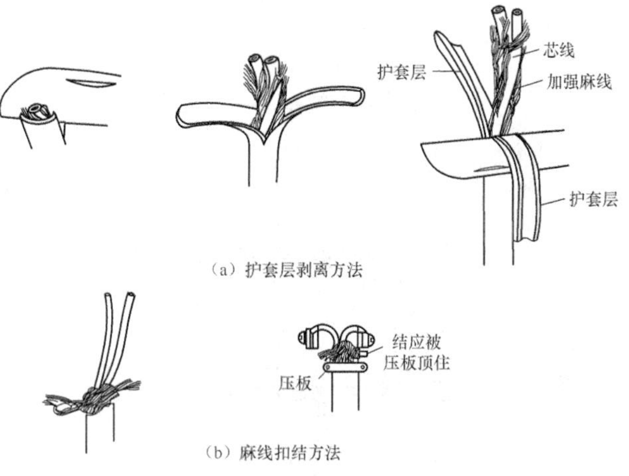

图 4-4 橡套软电缆绝缘层的剖削

橡套软电缆一般作为田间或工地施工现场的临时电源馈线，使用机会较多，因而受外界拉力较大，所以护套层内除有芯线外，尚有根加强麻线。这些麻线不应在护套层切口根部剪去，而应扣结加固，余端也应固定在插头或电具内的防拉板中。如图 4-4（b）所示。芯线绝缘层可按塑料绝缘软线的方法进行剖削。

五、铅包线护套层和绝缘层的剖削

铅包线绝缘层分为外部铅包层和内部芯线绝缘层。剖削时先用电工刀在铅包层上切下一个刀痕，再用双手来回扳动切口处，将其折断，将铅包层拉出来。内部芯线的绝缘层的剖削与塑料硬线绝缘层的剖削方法相同。操作过程如图 4-5 所示。

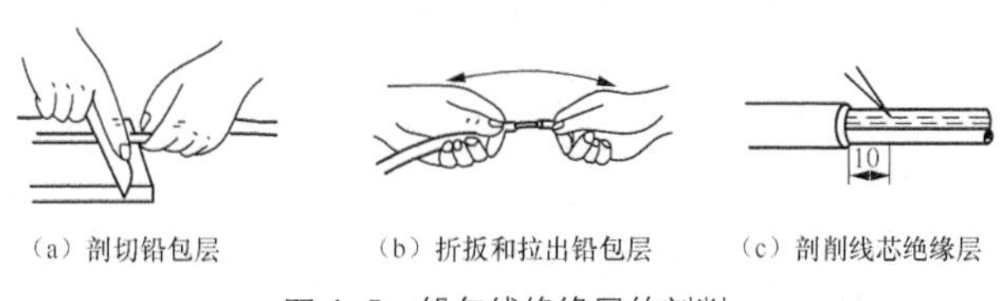

图 4-5 铅包线绝缘层的剖削

4.2 导线的连接

常用的导线按芯线股数不同，可分为单股、7 股和 19 股等规格，其连接方法也各不相同。

一、单股铜芯线的直接连接

① 将已剥去绝缘层并去掉氧化层的两根线头成“X”形相交。如图 4-6（a）所示。

② 把两线头如麻花状互相紧绞两圈。如图 4-6（b）所示。

③ 把一根线头扳起，与另一根处于下边的线头保持垂直。如图 4-6（c）所示。

④ 把扳起的线头按顺时针方向在另一根线头上紧缠 6～8 圈，圈间不应有缝隙，且应垂直排绕。缠毕切去芯线余端，并钳平切口，不准留有切口毛刺。如图 4-6（d）所示。

⑤ 另一端头的加工方法，按上述步骤操作。如图 4-6（e）所示

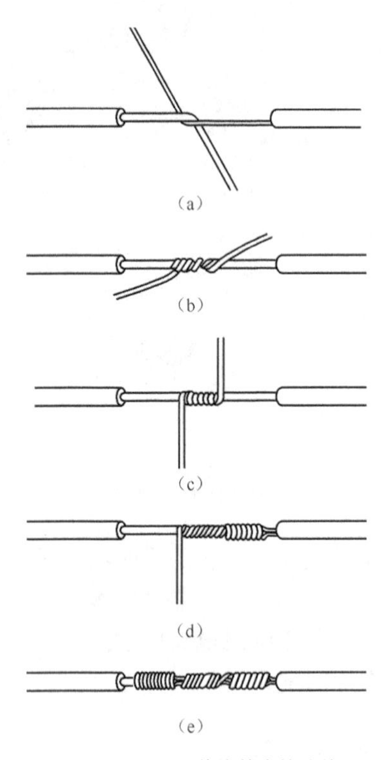

图 4-6 单股铜芯线的直接连接

二、单股铜芯线的 T 型连接

将除去绝缘层和氧化层的支路线芯线头与干线芯线十字相交，注意在支路线芯根部留出裸线，如图 4-7（a）所示。

按顺时针方向将支路芯线在干线芯线上紧密缠绕 6～8 圈，用克丝钳剪去多余线头并钳平线芯末端，如图 4-7（b）所示。

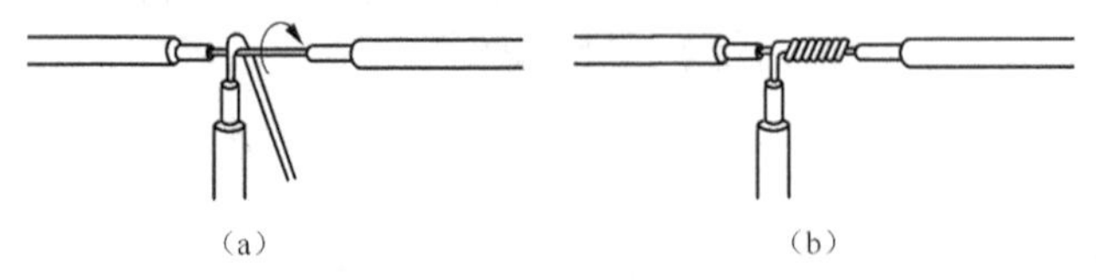

图 4-7 单股铜芯线的 T 型连接

三、单股铜芯线与多股铜芯线的 T 形连接

先按单股线芯线直径约 20 倍的长度剥除多股线连接处的中间绝缘层，并按多股线的单股

芯线直径的 100 倍左右长度剥去单股线的线端绝缘层，并勒直芯线。再按以下步骤进行。

在离多股线的左端绝缘层切口 3～5mm 处的芯线上，用一字旋具把多股芯线分成较均匀的两组（如 7 股线的芯线以 3、4 分），如图 4-8（a）所示。

把单股芯线插入多股线的两组芯线中间，但单股线芯线不可插到底，应使绝缘层切口离多股芯线 3mm 左右。同时，应尽可能使单股芯线向多股芯线的左端靠近，以能达到距多股线绝缘层切口不大于 5mm。接着用钢丝钳把多股线的插缝钳平钳紧，如图 4-8（b）所示。

把单股芯线按顺时针方向紧密缠绕在多股芯线上，缠绕时必须使每圈直径垂直于多股线芯线的轴心，缠绕 10～12 圈，剪去多余线头，钳平切口毛刺。如图 4-8（c）所示。

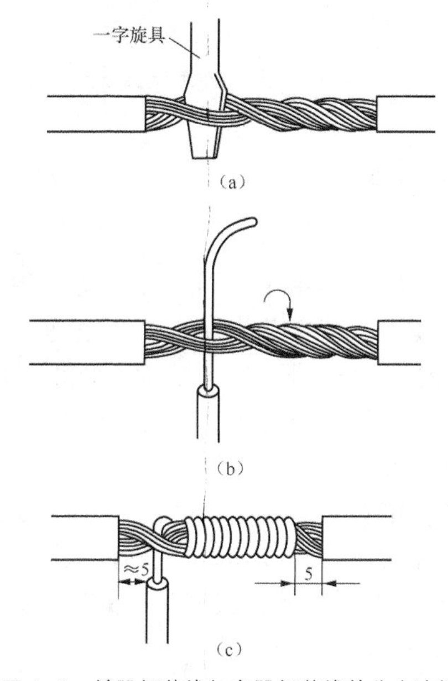

图 4-8 单股铜芯线与多股铜芯线的分支连接

四、多股铜芯线的直接连接

以 7 股铜芯线为例。

① 在离绝缘层切口约为全长 1/3 处的芯线，应作进一步绞紧，接着应把余下 2/3 的芯线松散后每股分开，并形成伞骨状，然后勒直每股芯线。如图 4-9（a）所示。

② 把两伞骨状线端隔股对叉，必须相对插到底，如图 4-9（b）所示。

③ 捏平叉入后的两侧所有芯线，使每股芯线的间隔均匀。同时用钢丝钳钳紧叉口处，消除空隙，如图 4-9（c）所示。

④ 先在一端将邻近两股芯线折起，与其余芯线垂直，如图 4-9（d）所示。

⑤ 接着把这两股芯线按顺时针方向紧密缠绕两圈后，再折回。并平卧在扳起前的轴线位置上。如图 4-9（e）所示。

⑥ 接着把处于紧挨平卧前邻近的两根芯线折起，并与其余芯线垂直，如图 4-9（f）所示。按顺时针方向紧密缠绕两圈后，再折回。并平卧在扳起前的轴线位置上

⑦ 把余下的三根芯线按前面步骤缠绕三圈，然后剪去余端，钳平切口，不留毛刺。如图 4-9（g）、（h）所示。

⑧ 另一侧按同样的步骤进行加工。

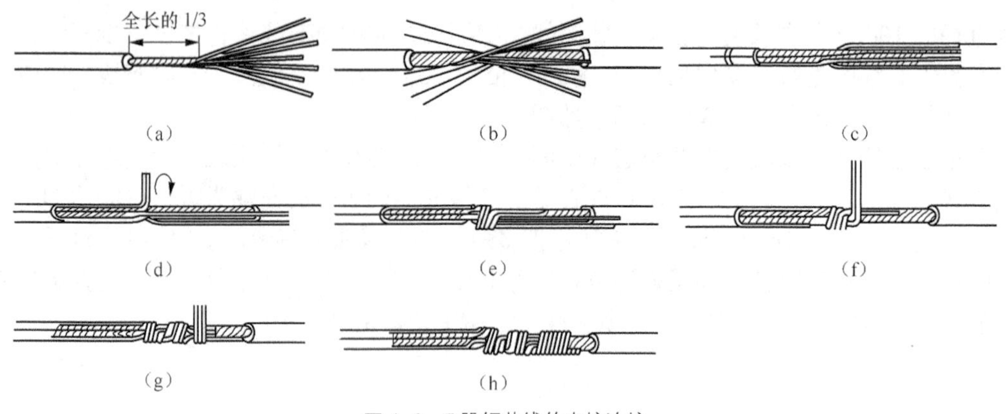

图 4-9 7 股铜芯线的直接连接

五、多股铜芯线的 T 形连接

以 7 股铜芯线为例。

① 把支线线头离绝缘层切口根约 1/8 的一段芯线作进一步绞紧，并把余下的约 7/8 的芯线头松散，并逐根勒直后分成较均匀且排成并列的 3、4 两组，如图 4-10（a）所示。

② 用一字形螺丝刀插入干线的线芯股间，分成尽可能对等均匀的两组，并在分出的中缝处撬开一定距离，把支线中 4 根线芯的一组穿过干线的中缝，而把 3 根线芯的一组放在干线线芯的前面，如图 4-10（b）所示。

③ 先钳紧干线芯线插口处，接着把支线 3 股芯线在干线芯线上按顺时针方向垂直地紧密缠绕 3～4 圈，剪去多余的线头，钳平端头，修去毛刺，如图 4-10（c）所示。

④ 将穿过干线 4 根芯线的一组在干线上按逆时针方向缠绕 4～5 圈，剪去多余线头，钳去毛刺即可，如图 4-10（d）所示。

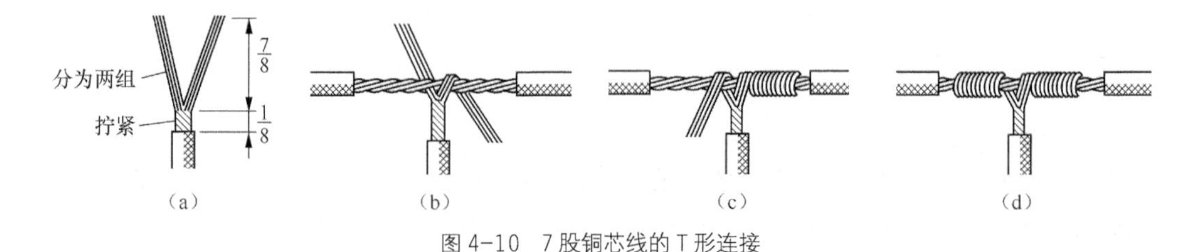

图 4-10 7 股铜芯线的 T 形连接

六、导线与接线柱的连接

接线柱又称接线桩或接线端子，是各种电气装置或设备的导线连接点。导线与接线柱的连接是保证装置或设备安全运行的关键工序，必须接得正规可靠。

1. 单股导线与针孔接线桩的连接

连接时，最好按要求的长度将线头芯折成双股并排插入针孔，使压接螺钉顶紧在双股芯线的中间。如果线头较粗，双股线芯插不进针孔，也可将单股芯线直接插入，但线芯在插入针孔前，应朝着针孔上方稍微弯曲，以免压紧螺钉稍有松动线头就脱出。

2. 单股导线与平压式接线桩的连接

先将线芯弯成压接圈（俗称羊眼圈、接线鼻子），再用螺钉压紧。弯制方法如图 4-11 所示。(a)离绝缘层根部约 3mm 处向外侧折角;(b)按略大于螺钉直径弯曲圆弧;(c)剪去线芯余端;(d)修正圆圈成圆形。

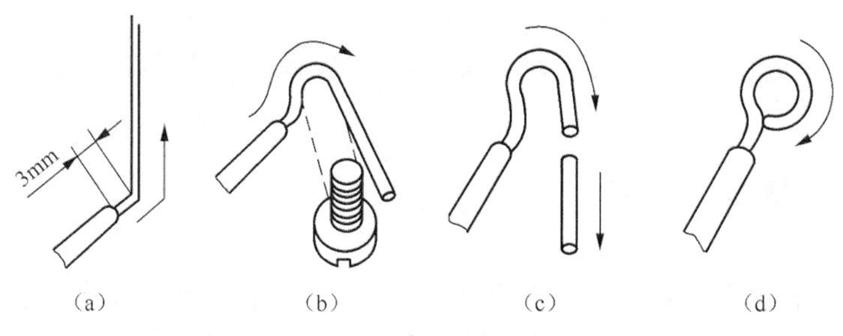

图 4-11 线芯弯成压接圈

3. 多股导线与针孔接线桩的连接

连接时,先用克丝钳将多股线芯进一步绞紧,以保证压接螺钉顶压时不致松散。如果针孔过大,则可选一根直径大小相宜的导线作为绑扎线,在已绞紧的线头上紧紧地缠绕一层,使线头大小与针孔匹配后再进行压接。如果线头过大,插不进针孔,则可将线头散开,适量剪去中间几股,然后将线头绞紧就可进行压接。如图 4-12 所示。

图 4-12 多股导线与针孔接线桩的连接

4. 多股导线与平压式接线桩的连接

① 先弯制压接圈,把离绝缘层根部约 1/2 处的线芯重新绞紧,越紧越好,如图 4-13(a)所示。

② 绞紧部分的芯线,在离绝缘层根部 1/3 处向左外折角,然后弯曲圆弧,如图 4-13(b)所示。

③ 当圆弧弯曲得将成圆圈(剩下 1/4)时,应将余下的芯线向右外折角,然后使其成圆形,捏平余下线端,使两端线芯平行,如图 4-13(c)所示。

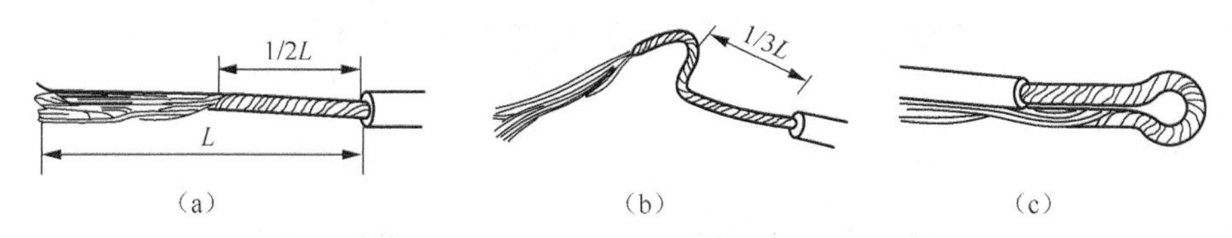

图 4-13 多股导线与平压式接线桩的连接

5. 导线与瓦形接线桩的连接

① 先将已去除氧化层和污物的线芯弯成 U 形,如图 4-14(a)所示。

② 将其卡入瓦形接线桩内进行压接。如果需要把两个线头接入一个瓦形接线桩内,则应使两个弯成 U 形的线头重合,然后将其卡入瓦形垫圈下方进行压接,如图 4-14(b)所示。

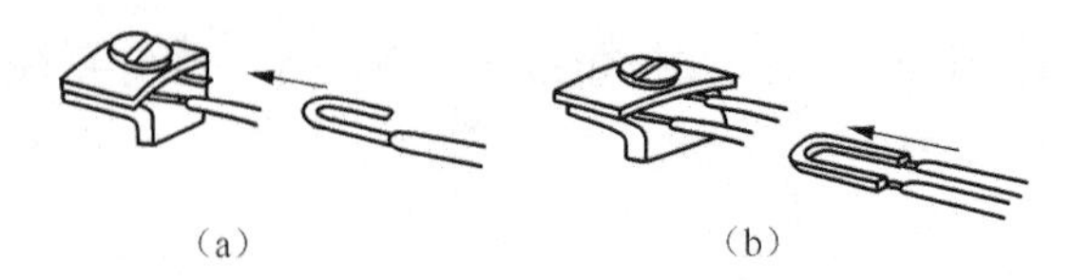

图 4-14　导线与瓦形接线桩的连接

4.3　导线接头绝缘层的恢复

导线的绝缘层破损和导线连接后都要恢复绝缘。为了保证用电安全，恢复后的绝缘强度不应低于原有绝缘层。电力线上通常用黄蜡带、涤纶薄膜带和黑胶带作为恢复绝缘的材料。黄蜡带和黑胶带一般选用 20mm 宽较合适，包缠也方便。

1. 直接连接的导线接头的绝缘处理方法

① 将黄蜡带从接头左边 2 倍带宽处的绝缘层上开始包缠，包缠两圈后进入线芯部分，如图 4-15（a）所示。

② 包缠时黄蜡带应与导线成 55° 左右倾斜角，每圈压迭带宽的 1/2，如图 4-15（b）所示，直至包缠到接头右边两圈距离的完好绝缘层处。

③ 将黑胶带接在黄蜡带的尾端，按另一斜迭方向从右向左包缠，如图 4-15（c）、（d）所示，仍每圈压叠带宽的 1/2，直至将黄蜡带完全包缠住。

包缠处理中应用力拉紧胶带，注意不可稀疏，更不能露出芯线，以确保绝缘质量和用电安全。在潮湿场所应使用聚氯乙烯绝缘胶带或涤纶绝缘胶带。

2. T 形连接的导线接头的绝缘处理

包缠方向如图 4-16 所示，走一个 T 字形的来回，使每根导线上都包缠两层绝缘胶带，每根导线都应包缠到完好绝缘层的两倍胶带宽度处。

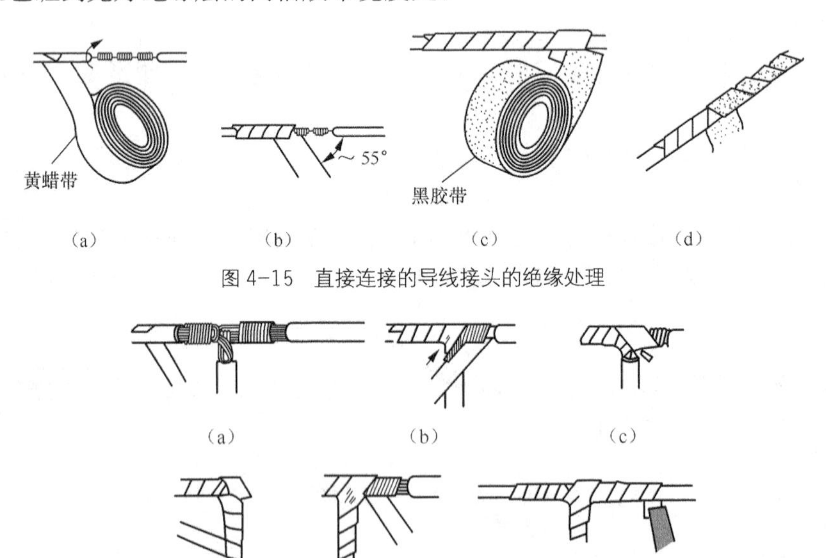

图 4-15　直接连接的导线接头的绝缘处理

图 4-16　T 形连接的导线接头的绝缘处理

在 380V 线路上恢复绝缘时，必须先缠 1～2 层黄蜡带，然后包缠一层黑胶带；在 220V

的线路上恢复绝缘时，先包缠一层黄蜡带，再包缠一层黑胶带，也可只缠两层黑胶带。

4.4 实习内容

一、剖削、去除导线绝缘层

二、导线的连接

1. 单股铜芯线的直接连接
2. 单股铜芯线的 T 型连接
3. 七股铜芯线的直接连接
4. 七股铜芯线的 T 型连接

三、恢复绝缘层

四、考核标准

表 4-2　　导线连接训练考核评定参考

训练内容	配分	扣分标准		扣分	得分
导线剖削	30 分	1. 导线剖削方法不正确 2. 工艺不规范 3. 导线损伤为刀伤 4. 导线损伤为钳伤	扣 10 分 扣 10 分 扣 10 分 扣 5 分		
导线连接	40 分	1. 导线缠绕方法不正确 2. 导线缠绕不整齐 3. 导线连接不平直 4. 导线连接不紧凑且不圆	扣 15 分 扣 10 分 扣 10 分 扣 15 分		
绝缘层恢复	30 分	1. 包缠方法不正确 2. 绝缘层数不够 3. 渗水　渗入内层绝缘 3. 渗水　渗入铜线	扣 15 分 扣 10 分 扣 15 分 扣 20 分		
总评（注：各项内容中扣分总值不应超过对应各项内容所配分数）					

五、思考题

1．导线连接质量的好坏体现在哪些方面？

2．在导线绝缘恢复中，把黑胶带斜叠包缠在里层，黄蜡带斜叠包缠在外层，是否可以？为什么？

3．家装电工中的穿线训练，从接线盒出线经过线管，到接线盒布线。要求分组布线，无接线头。

实习项目 5 常用电路、电子元器件

实习要求

（1）熟悉电路元件基本知识

（2）掌握电子元器件的选择与测试

（3）了解表面安装元器件有关知识

实习工具及材料

表 5-1 实习工具及材料

名称	型号或规格	数量	名称	型号或规格	数量
晶体二极管		若干	数字集成电路		若干
晶体三极管		若干	模拟集成电路		若干
电路元件		若干	万用表		1 个

电气元器件是构成电路的基础，熟悉各类电气元器件的性能、特点和用途，对设计、安装、调试电气线路十分重要。下面将常用的电气元器件，按其类别、性能等进行简单介绍，力求使读者对众多的电气元器件有一个概括性的了解，以使读者在设计、研制产品中能够正确地选用器件。然而，由于电气元器件种类繁多，新品种不断涌现，产品的性能也不断提高，因此读者还必须经常查阅有关期刊、手册，走访电气元器件商家，调研有关生产厂家，才能及时了解最新电气元器件，不断丰富自己的电气元器件知识。

5.1 电路元件

一、电阻器

电阻器在电子产品中是必不可少的、用得最多的一种元件。它的种类繁多，形状各异，功率也各有不同，在电路中，起限流、分压、分流、负载与电容配合做滤波器及阻抗匹配等作用。

1. 电阻器的种类

（1）按结构形式分类。

电阻器按结构形式分类可分为固定电阻器、可变电阻器和敏感电阻器 3 大类。它们的符号如图 5-1 所示。

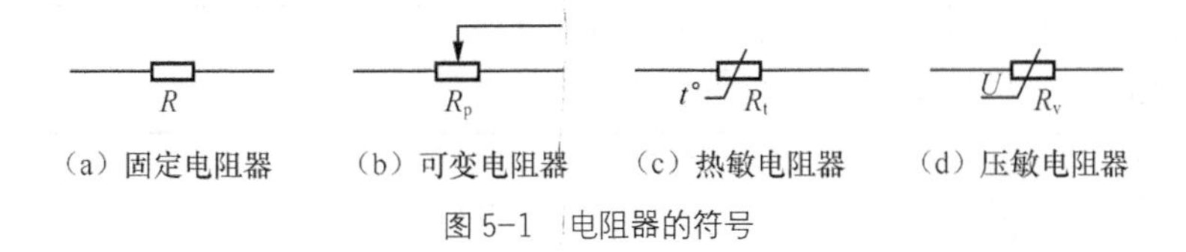

图 5-1 电阻器的符号

固定电阻器的种类比较多，主要有碳质电阻、碳膜电阻、金属膜电阻、线绕电阻器等。固定电阻器的电阻值是固定不变的，阻值的大小就是它的标称阻值。固定电阻器的文字符号常用字母 R 表示。

可变电阻器主要是指半可调电阻器、电位器。它们的阻值可以在一定范围内连续可调。

敏感电阻器主要是指其电阻值可随温度或压力的变化而发生变化的电阻器。

（2）按制作材料分类。

可分为线绕电阻器、膜式电阻器、碳质电阻器等。

（3）按用途分类。

可分为精密电阻器、高频电阻器、高压电阻器、大功率电阻器、热敏电阻器、熔断电阻器等。

2. 电阻器的主要性能指标

电阻器的主要性能指标有额定功率、标称阻值、阻值误差、最高工作温度、最高工作电压、静噪声电动势、温度特性、高频特性等。我们选用电阻器时一般只考虑额定功率、标称阻值、阻值误差，其他几项参数只在有特殊需要时才考虑。

（1）额定功率。

电阻器接入电路后，通过电流时便要发热，如果温度过高就会将其烧毁。通常把在规定的环境温度下，假设周围空气不流通，在长期连续负载而不损坏或基本不改变电阻器的性能的情况下，电阻器上允许消耗的最大功率，称为额定功率。单位为瓦特（W）。要注意电阻器在使用时不能超过它的额定功率，否则会烧坏电路引起故障。一般选择电阻器的额定功率时要有 2 倍左右的余量。

（2）电阻器的标称值和偏差。

电阻器的标准值和偏差一般都标在电阻体上，其标注方法有直接标注法、文字符号法和色标法。直接标注法是用阿拉伯数字和单位符号在电阻器表面直接标出标称阻值，其允许偏差直接用百分数表示。文字符号法是用阿拉伯数字和文字符号两者结合起来表示标称阻值和允许偏差。表示电阻允许偏差的文字符号如表 5-2 所示。电阻单位的文字符号前面的数字表示整数阻值，后面的数字依次表示第一位小数阻值和第二位小数阻值，电阻单位主要有欧姆 Ω、千欧 kΩ、兆欧 MΩ 等。色标法常用于小功率电阻的标注，特别是 0.5W 以下的碳膜和金属膜电阻。色标电阻也称色环电阻，常见的色环电阻有三环、四环、五环三种。三环电阻的前两位表示有效数字，第三位表示应乘的倍数。四环电阻的前两位表示有效数字，第三位表示应乘的倍数，第四位表示误差。五环电阻的前三位表示有效数字，第四位表示应乘的倍数，第五位表示误差。如图 5-2 所示。为便于区别，误差环与其前面色环间的宽度是其他色环间宽度的 1.5～2 倍。色环的颜色及含义如表 5-3 所示。

表 5-2 电阻允许误差的文字符号

符号	B	C	D	F	G	J	K	M
偏差（%）	±0.1	±0.25	±0.5	±1	±2	±5	±10	±20

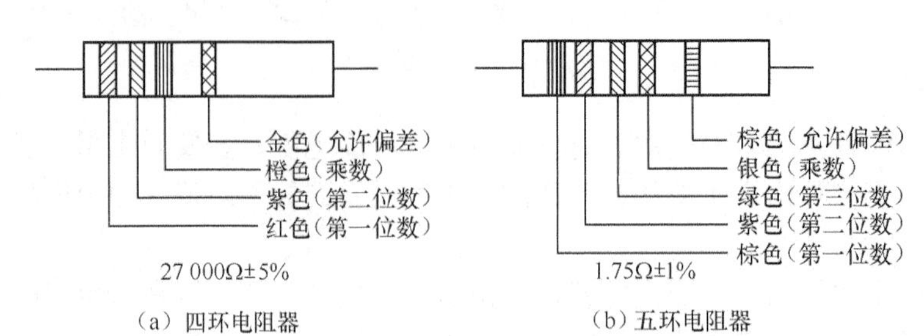

图 5-2 电阻器色标示例

表 5-3 色环颜色代表的含义

颜色	所代表的有效数字	乘数	允许误差	误差的英文代码	颜色	所代表的有效数字	乘数	允许误差	误差的英文代码
银	—	10^{-2}	±10%	K	绿	5	10^{5}	±0.5%	D
金	—	10^{-1}	±5%	J	蓝	6	10^{6}	±0.25%	C
黑	0	10^{0}	—	—	紫	7	10^{7}	±0.1%	B
棕	1	10^{1}	±1%	F	灰	8	10^{8}	—	—
红	2	10^{2}	±2%	G	白	9	10^{9}	—	—
橙	3	10^{3}	—	—	无色	—	—	±20%	M
黄	4	10^{4}	—	—					

3. 常用电阻器的特点

（1）碳质电阻器。

这种电阻器是实芯的，因而又称为实芯型电阻器。它的内部没有绝缘瓷棒，引线从内部引出。它是由碳粉、填充料、薪结剂等材料压制而成。由于这种电阻器成本低、价格便宜，曾得到广泛的应用，但它的阻值误差较大、不稳定，且噪声大、体积大，所以现在一般不再使用。

（2）碳膜电阻器（RT 型）。

以小磁棒或磁管作骨架，在真空和高温下，骨架表面沉积一层碳膜作导电膜，磁管两端加上金属帽盖和引线，外涂保护漆制作而成。这种电阻器由于稳定性好、高频特性好、噪声小，并可在 70℃的温度下长期工作，阻值范围宽（10Ω～10MΩ），价格低等，因而得到了广泛的应用，如在收录机、电视机以及其他一些电子产品中。它的外表常涂成绿色。

（3）金属膜电阻器（RJ 型）。

金属膜电阻器的结构和碳膜电阻器相似，不同的是其导电膜是由合金粉蒸发而成的金属膜。金属膜电阻器除具有碳膜电阻器的特点外，还具有比较好的耐高温特性（能在 125℃的温度下长期工作）以及精度高的特点。因而在要求较高的电路中都采用这种电阻器（如各种测试仪表）。外表常涂成红色或棕色，外形如图 5-3（a）所示。

（4）金属氧化膜电阻器。

这种电阻器与金属膜电阻器的性能和形状基木相同，而且具有更高的耐压、耐热性能，可与金属膜电阻器互换使用。它的不足之处是长期工作的稳定性稍差。它的外形如图 5-3（b）所示。

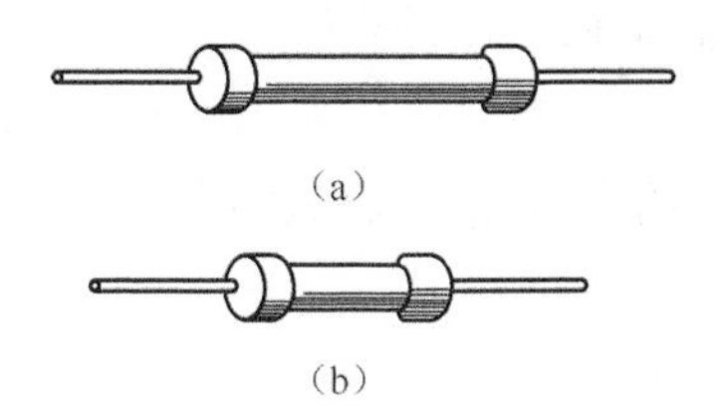

（a）

（b）

图 5-3 金属膜电阻器和金属氧化腹电阻器

（5）线绕电阻器（RX 型）。

线绕电阻器是用金属丝绕制在陶瓷或其他绝缘材料制成的骨架上，表面涂以保护漆或玻璃釉膜制作而成。具有阻值准确，功率大，噪声小，耐热性好（能在 300℃左右的温度下连续工作），工作稳定可靠等优点。但成本高，体积大，阻值范围小（5Ω～56kΩ），高频性能差。主要应用在精密、大功率的场合，在万用表、电阻箱中作为分压器和限流器，在电源电路中作限流电阻。图 5-4 是它的外形图。

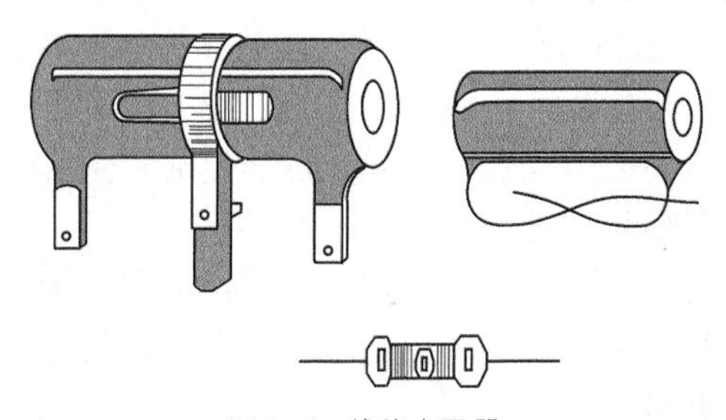

图 5-4 线绕电阻器

（6）敏感电阻器。

敏感电阻器是由半导体材料制成的，分为光敏、热敏、压敏等类。在电路中用来进行温度补偿、过压保护以及作为光敏传感器等。

热敏电阻器的特点是电阻值随温度的变化而发生明显的变化。热敏电阻器又可分为两大类，一类是负温度系数的热敏电阻器，另一类是正温度系数的热敏电阻器，负温度系数的热敏电阻器的阻值随温度的升高而减小；正温度系数的热敏电阻器的阻值随温度的升高而增大。

4. 固定电阻器的选择和使用

（1）选择电阻器的基本方法。

① 根据电子设备的技术指标和电路的具体要求选用电阻器的标称阻值和误差等级。

② 选用电阻器的额定功率必须大于实际承受功率的 2 倍。

③ 在高频率前置放大电路中，应选用噪声电动势小的金属膜电阻器、金属氧化膜电阻器、线绕电阻器、碳膜电阻器等。线绕电阻器分布参数较大，不宜用于高频前置电路中。

④ 根据电路的工作频率选择电阻器的类型。RX 型线绕电阻器的分布电感和分布电容都比较大，只适用于频率低于 50kHz 的电路中；RH 型合成膜电阻器和 RS 型有机实芯电阻器可在几十兆赫的电路中工作；RT 型碳膜电阻器可用于 100MHz 左右的电路中；而 RJ 型金属

膜电阻器和RY型氧化膜电阻器可在高达数百兆赫的高频电路中工作。

⑤ 根据电路对温度稳定性的要求，选择温度系数不同的电阻器。线绕电阻器由于采用特殊的合金导线绕制，它的温度系数小，阻值最为稳定。金属膜、金属氧化膜、玻璃釉膜电阻器和碳膜电阻器都具有较好的温度特性，适合于稳定度较高的场合。实芯电阻器温度系数较大，不宜用于稳定性要求较高的电路中。

⑥ 电阻器在代用时，大功率的电阻器可代换小功率的电阻器，金属膜电阻器可代换碳膜电阻器，固定电阻器与半可调电阻器可相互替代使用。

（2）电阻器的简单测试。

用万用表测量电阻的步骤如下。

① 首先将万用表的功能选择波段开关置"Ω"挡位置，量程波段开关置适合挡。

② 将两表笔短接，表头针应在Ω刻度线的零点位置，若不在零点，则要用万用表的调零旋钮调到零点位置。

③ 两表笔分别接被测电阻的两端，表头指针即指示出电阻值。测量时注意不要用双手同时触及电阻的引线两端，以免将人体电阻并联至被测电阻，影响测量准确性，特别是阻值超过1MΩ时将造成较大误差。

（3）电阻器的使用注意事项。

① 在使用前首先检查外观有无损坏，用万用表测量其阻值是否与标称值相符合。

② 在安装时，应先将引线刮光镀锡，以保证焊接可靠，不产生虚焊。高频电路中电阻器的引线不宜过长，以减小分布参数。小型电阻器的引线不应剪得过短，一般不要小于5 mm。焊接时，应用尖嘴钳和镊子夹住引线根部，以免过热使电阻器变值。装配时，应使电阻器的标志部分朝上，以便调试和维修查对。

③ 电阻器引线不可反复弯曲和从根部弯曲，否则易将引线折断。安装、拆卸时，不可过分用力，以免电阻体与接触帽之间松动造成隐患。在安装精密电子设备时，非线绕电阻器必须经过人工老化处理，以提高其稳定性。

④ 使用时，应注意电阻器的额定功率和最高工作电压的限制。超过额定功率，电阻器会受热损坏；超过最高工作电压，电阻器内部会产生火花，使电阻器击穿烧坏。额定功率在10 W以上的线绕电阻器在安装时，必须焊接在特制的支架上，并留有一定的散热空间。

5. 电位器

电位器是具有三个引出端、阻值可按某种变化规律调节的电阻元件。电位器通常由电阻体和可移动的电刷组成。当电刷沿电阻体移动时，在输出端即获得与位移量成一定关系的电阻值或电压。电位器既可作三端元件使用也可作二端元件使用。后者可视作一个可变电阻器。

（1）电位器的种类。

按照电阻体的材料分为：薄膜电位器、线绕电位器和实芯电位器。物理实验中用的滑线电阻就是属于线绕电位器，实际电路中用的比较多的是薄膜电位器，例如金属膜电位器、金属氧化膜电位器、合成碳膜电位器。

电位器按其结构特点还可分为单圈、多圈、单联、双联、多联电位器。

有的电位器和开关做在一起，叫作开关电位器。分为旋转式开关电位器、推拉式开关电位器。

电位器按其阻值和转角的变化关系可分为：直线式、指数式、对数式。

常用电位器如图5-5所示。

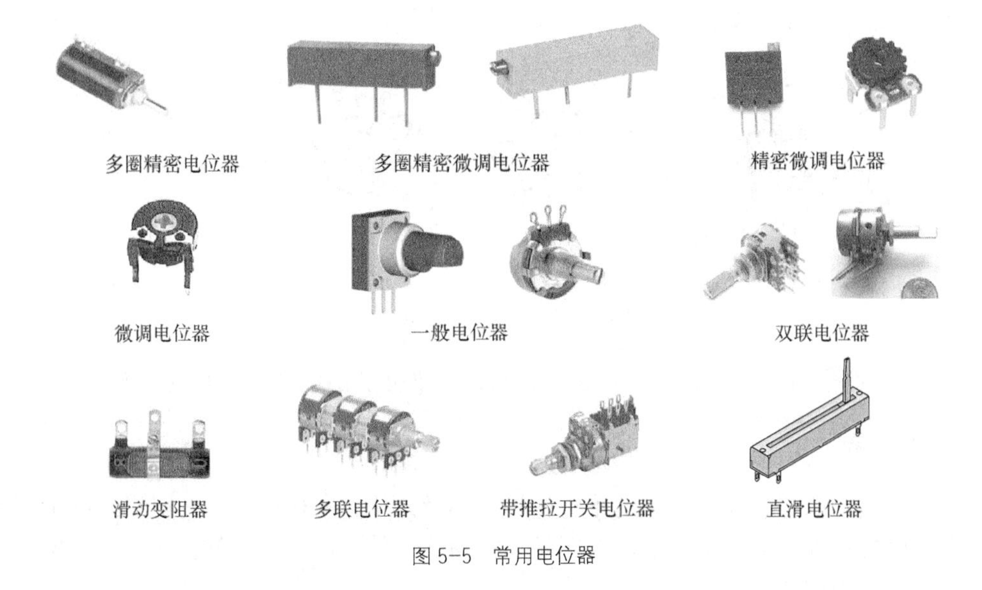

图 5-5 常用电位器

（2）电位器的选择。

① 根据需要选择不同结构形式和调节方式的电位器。如有旋转式开关电位器（动接点对电阻体有磨损）和推拉式开关电位器（动接点对电阻体无磨损）。开关有单刀单掷、单刀双掷、双刀双掷等之分，选择时应根据需要确定。

② 根据电路要求选择不同技术性能的电位器。各种电位器的特点如下。

线绕电位器具有接触电阻低、精度高、温度系数小等优点，缺点是分辨率较差，可靠性差，不宜应用于高频电路。标称阻值一般低于 100 Ω，既有小功率型也有大功率型。

实芯电位器体积小，耐温耐磨，分辨率高。

合成碳膜电位器的分辨率高、阻值范围宽，但阻值的稳定性及耐温耐湿性差。

金属膜电位器耐温度性能好、分辨率高，但阻值范围较窄。金属玻璃釉电位器分辨率高、阻值范围宽、可靠性高、高频特性好、耐温耐湿耐磨，并有通用型、精密型、微调型等品种。

块金属电位器具有线绕和非线绕电位器的长处，阻值范围为 2Ω～5 kΩ，噪声小，最大等效噪声电阻不大于 20Ω，稳定性高，分辨率无限，分布电感小，适用于高频电路。

（3）电位器的简单测量、安装及调节。

① 测量。安装前先要用万用电表的欧姆挡测量电位器的最大阻值是否与标称值相符，然后再测量中心滑动端和电位器任一固定端的电阻值。测量时旋转转轴，观察万用表指针应平稳移动、阻值变化连续且没有跳动现象。若阻值变化不连续或不稳定，就说明电位器接触不好，需要修理或更换。

② 安装。使用时应用紧固零件将电位器安装牢靠，特别是带开关的电位器，开关常常与电源线相接，若安装不牢固，电位器在调节时更易引起松动而发生短路的危险。

电位器的端子应正确连接，如图 5-6 所示，电位器的 3 个引线端子分别用 A，B，C 表示，中间的端子 B 是连接电位器的动接点，当转轴的旋转角按顺时针旋转时，动接点 B 从电位器 A 端向 C 端滑动。在连线路时，应根据这一规律进行接线。例如在音量控制电路中，A 端应接信号低端，而 C 端应接信号高端。若 A、C 接反，则顺时针调节时音量越来越小，不符合人们的习惯。

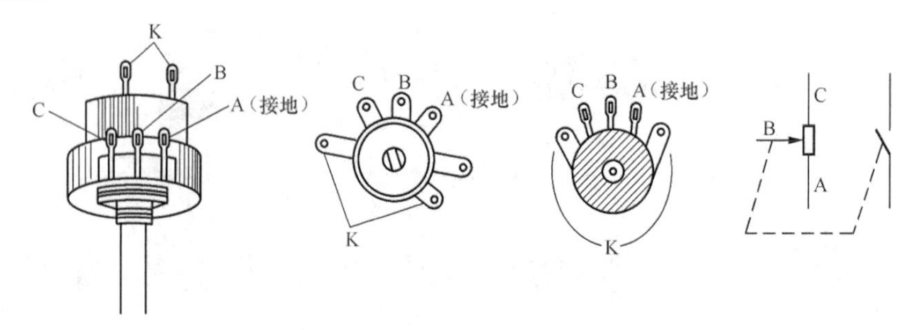

图 5-6 电位器端子的正确连接

③ 调节。在使用中，注意调节时要用力均匀，带开关的电位器不要猛开猛关。

二、电容器

电容器由两个金属极和中间夹的绝缘材料（绝缘介质）所构成。在两电极之间加上电压时，电极上就能储存电荷，所以说电容器是一种储能元件。由于绝缘材料的不同，所构成的电容器的种类也不同。

电容器在电路中具有隔断直流电、通过交流电的特点。因此用于级间耦合、滤波、去耦、旁路及信号调谐（选择电台）等方面。由此可见，电容器是电子设备中不可缺少的基本元件。

1. 电容器的种类

电容器的种类很多，分类方法各有不同。

按绝缘介质分为：空气介质电容器、纸质电容器、有机薄膜电容器、瓷介电容器、玻璃釉电容器、云母电容器、电解电容器等。

按结构分为：固定电容器、半可变电容器、可变电容器

按极性分为：有极性和无极性电容器。

在电路图中，电容器的符号如图 5-7 所示。

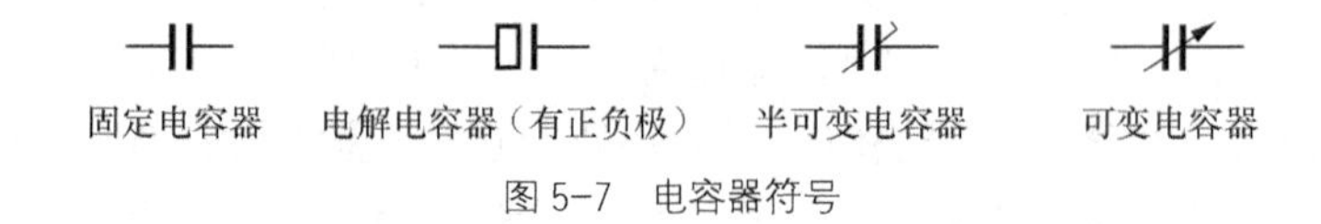

图 5-7 电容器符号

2. 电容器主要性能指标

（1）标称容量与允许误差。

电容器的容量表示其加上电压后储存电荷能力的大小。电容量的单位是法拉（F），常用的单位是微法（μF）和皮法（pF）。$1F=10^6\ \mu F=10^{12}\ pF$。标称容量是标志在电容器上的名义电容量。常用电容器容量的标称值系列如表 5-4 所示。任何电容器的标称容量都满足表 5-4 中数据乘以 10^n（为整数）。

表 5-4 常用电容器容量的标称值

电容器类别	标称值系列
高频纸介质、云母介质 玻璃釉介质 高频（无极性）有机薄膜介质	1.0 1.1 1.2 1.3 1.5 1.6 1.8 2.0 2.2 2.4 2.7 3.0 3.3 3.6 3.9 4.3 4.7 5.1 5.6 6.2 6.8 7.5 8.2 9.1

续表

电容器类别	标称值系列
纸介质、金属化纸介质 复合介质 低频（有极性）有机薄膜介质	1.0 1.5 2.0 2.2 3.3 4.0 4.7 5.0 6.0 6.8 8.0
电解电容器	1.0 1.5 2.2 3.3 4.7 6.8

实际电容器的容量与标称值之间的最大允许偏差范围，称为电容量的允许误差。固定电容器的允许误差分为 8 级，如表 5-5 所示。

表 5-5　　**电容量的允许误差等级**

级别	01	02	I	II	III	IV	V	VI
允许误差	1%	±2%	±5%	±10%	±20%	×20%～-30%	+50%～-20%	+100%～-10%

一般电容器的容量及误差都标志在电容器上。体积较小的电容器常用数字和文字标志。采用数字标称容量时用三位数，第一、二位为有效数字，第三位则表示有效数字后面零的个数，单位为皮法（pF）。如："223"表示该电容 A 的容量为 22 000 pF（或 0.022 μF），需要注意的是当第三个数为 9 时是个特例。如"339"，表示容量不是 33×10^{9}pF，而是 33×10^{-1}pF（即 3.3 pF）。采用文字符号标志电容量时，将容量的整数部分写在容量单位标志符号的前面，小数部分放在容量单位符号的后面。例如，0.68 pF 标志为 p68，3.3 pF 可标志为 3p3，1000 pF 可标志为 1n，6800 pF 可标志为 6n8，2.2 μF 可标志为 2μ2 等。

误差的标志方法一般有 3 种。

① 将容量的允许误差直接标在电容器上。

② 用罗马数 I 、II 、III分别表示±5%、±10%、±20%。

③ 用英文字母表示误差等级。用 J、K、M、N 分别表示±5%、±10%、±20%、±30%；用 D、F、G 分别表示±0.5%、±1%、±2%；用 P、S、Z 分别表示 $\pm\frac{100\%}{0\%}$、$\pm\frac{50\%}{20\%}$、$\pm\frac{80\%}{20\%}$。

电容器的容量及误差除按上述方法标志外，也可采用色标法来标志。电容器的色标法原则上与电阻器色标法相同（见表 5-3），单位为皮法（pF）。

（2）额定工作电压。

额定工作电压是指电容器在规定的工作温度范围内，长期、可靠地工作所能承受的最高直流电压（又称耐压值）。常用固定式电容器的耐压值有 1.6 V、4 V、6.3V、10V、16 V、25 V、32 V（*）、40 V、50 V（*）、63 V、100 V、125 V、160 V、250 V、300V（*）、400 V、450 V（*）、500 V、630 V、1000 V 等，其中有"*"符号的只限于电解电容用。耐压值一般都直接标在电容器上，但也有些电解电容在正极根部标上色点来代表不同的耐压等级。例如，棕色表示耐压值为 6.3 V，红色代表 10V，灰色代表 16 V 等。

需要注意的是进口电容器的耐压标识，进口电容器中，有些只用一个数字和一个英文字母的组合来标注其额定直流工作电压。如：1H、2E、2G、3A 等。其中数字表示 10 的指数，英文字母表示不同的数值（单位 V）。常用的有：A 表示 1.0；B 表示 1.25；C 表示 1.6；D 表示 2.0；E 表示 2.5；F 表示 3.15；G 表示 4.0；H 表示 5.0；J 表示 6.3。

例：393KH 和 224J/1H，其中 393、224 表示电容器的容量，K、J 表示电容器的误差，H、1H 意义相同，表示 $10^{1}\times5.0$=50V。又如：2E104，104 表示容量，2E 表示 $10^{2}\times2.5$=250V。

3. 常用电容器的结构及特点

（1）可变电容器。

可变电容器的种类很多，按结构分有单连、双连、三连、四连等。按介质分有空气介质、薄膜介质两类。

① 空气介质可变电容器。图 5-8 示出了空气单连可变电容器及它在电路图中的符号。这种空气单连可变电容器的构造是平板式的，分定片组、动片组。动片组可在 0～180°内自由旋转，随着动片的旋入和旋出，电容器的容量也随着变大或变小。空气单连可变电容器的容量有 270pF、369pF 两种。

图 5-8 还示出了空气双连可变电容器和它的符号。其结构为两组定片、两组动片，金属外壳与动片相连。其容量（指各连最大容量）有等容和差容两种。等容双连电容器与差容双连电容器在电路图中的符号是相同的，只能从符号旁边的标注区分是等容双连还是差容双连。

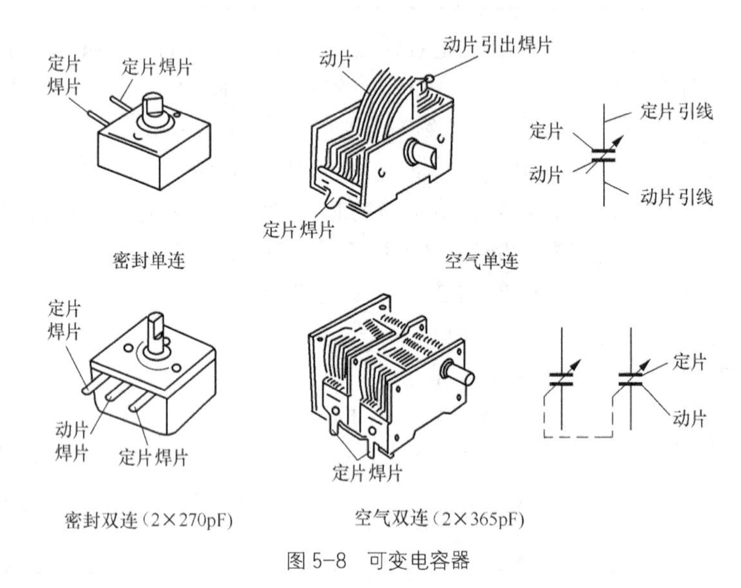

图 5-8 可变电容器

空气介质电容器的最大特点是使用寿命长，比较耐用而且故障少，但是体积较大。一般空气单连可变电容器多用于直放式收音机的调谐。空气双连可变电容器用于超外差式收音机的调谐，当电容器接入电路时，一定要将动片接地，以防人体感应。对于差容双连，容量大的接输入回路，容量小的接振荡回路。

② 薄膜介质可变电容器。这种电容器的动片与定片之间是以云母和塑料薄膜作为介质，由于介质薄膜很薄，动片与定片之间很近，因此体积做得很小，而且是密封的。这种电容器虽有体积小、重量轻等优点，但是使用一段时间后，由于介质薄膜的磨损，容易出现噪声，而且寿命不如空气可变电容器长，比较容易发生故障。

薄膜介质电容器的形状为如图 5-8 所示的密封单连和密封双连。它常用于便携式收音机中。密封双连有 3 个引线焊脚，两边的引线焊脚分别为定片，中间的一个引线焊脚是动片。接入电路时动片接地，如为等容密封双连，一组接输入回路，另一组接振荡回路。如为差容密封双连，容量大的接输入回路，容量小的（定片少的）接振荡回路。

常用的薄膜介质可变电容器有 CBM-X-270 单连、CBM-2X-270 双连、CBM-3X-340 三连、

CBM-4X-270 四连。

（2）半可调电容器（微调电容器）。

半可调电容器在电路中的主要作用是补偿和校正。它们的容量可调范围一般在几十微法。

常用的半可调电容器有：有机薄膜介质微调电容器、瓷介微调电容器、拉线微调电容器、云母微调电容器等。部分半可调电容器的外形和在电路图中的符号如图 5-9 所示。

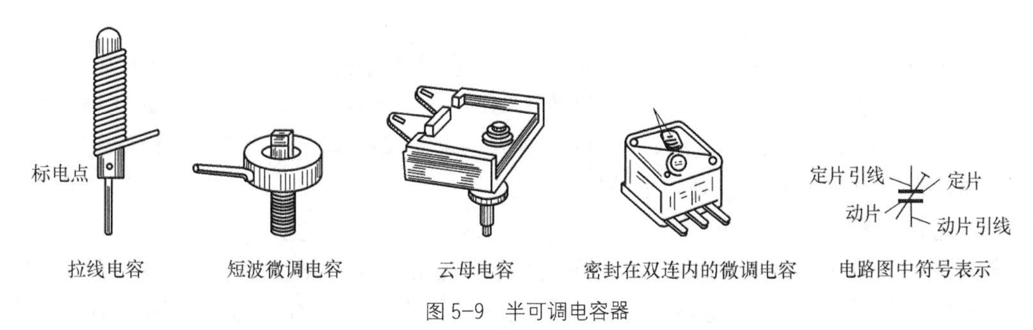

图 5-9 半可调电容器

符号中有平箭头一端的引线表示电容器的定片引线，平箭头本身表示电容器的电容量可在较小范围内变动。

① 有机薄膜介质微调电容器。这种微调电容器体积小，能封装在密封双连电容器的顶部。它是通过改变电容器定片和动片的间距改变容量的，因此这种电容器的稳定性差。它适合用在袖珍式半导体收音机中。这种电容器在焊接时时间不宜过长，否则会损坏介质薄膜。

② 瓷介微调电容器。这种电容器是在两块陶瓷片上镀有半圆形银层，通过上下两块陶瓷相对位置的变化，改变银层的相对位置，从而改变了电容器的容量大小。上边的陶瓷片为动片，下边的陶瓷片为定片，接入电路时动片需接地。这种微调电容器具有性能稳定、不易损坏、寿命长等特点。

③ 拉线微调电容器。它是以陶瓷为介质，在瓷管上用细铜丝密绕数圈为动片，在瓷管内壁镀银为定片。将铜丝去掉几圈就可改变电容量。在调整容量时要注意，一次去掉的圈数不能太多，因它的电容量只能减小，不能增加，此种电容器也常用在收音机的振荡回路中。

（3）电解电容器。

电解电容器是电路中使用较多的一种固定电容器，它的结构和外形如图 5-10 所示。

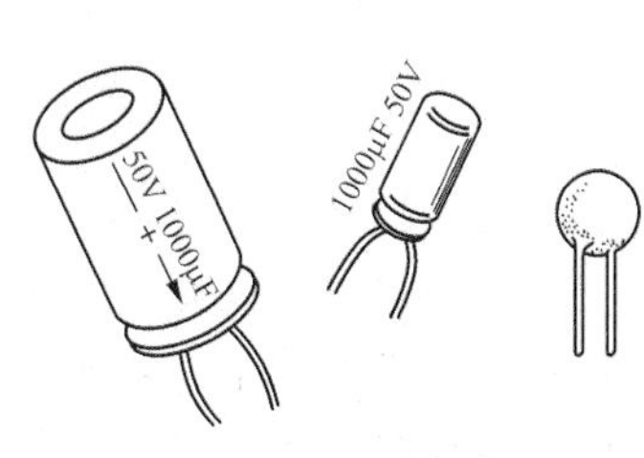

图 5-10 电解电容器

电解电容器按正极的材料不同可分为铝电解电容器、钽电解电容器、铌电解电容器。它们的负极是液体、半液体和胶状的电解液。其介质为正极金属板表面上形成的一层氧化膜。电解电容器的特点如下。

① 有正负极性。电解电容器接入电路时要分清极性，正极接高电位（电源的正极），负极接低电位（电源的负极）。如果极性接反将使电容器的漏电流剧增，最后使电容器损坏，甚至引起爆裂。

② 漏电流相比其他固定电容器大得多。因为电解电容器不工作时（没有接入电路或接入电路没加电压）氧化膜逐渐变薄，绝缘电阻变低，所以漏电流增加。尤其是长期贮存的电解电容器更为突出，因此使用前一定要进行测量。

③ 容量误差较大。电解电容器的实际容量与标称容量相差较多。

④ 电解电容器除有极性的外，还有部分无极性的。

铝电解电容器是一种应用比较广泛的电解电容器，这种电容器的容量可以做得很大，但是稳定性差、漏电流大，多用于电源滤波电路和低频电路。这种电容器的引线除用“+”表示正极，“-”表示负极外，也用引线的长短区分正、负极性，长引线为正极，短引线为负极。

钽电解电容器也是一种应用较普遍的电容器。它是用金属钽作为正极，在电解质外喷上金属形成负极，这种电容器比铝电解电容器体积小，而且性能稳定，温度特性好（能在200℃的情况下正常工作），还具有寿命长、绝缘电阻大、漏电流小等特点。缺点是价格较高。它多用于脉冲锯齿波电路及要求较高的电路中。

（4）瓷介电容器。

瓷介电容器即用陶瓷作为介质的电解电容器，它的外形有圆片形、管形、筒形、叠片形等，如图5-11所示。瓷介电容器有性能稳定、绝缘电阻大、漏电流小、体积小、结构简单等特点，因此很适合在高频电路中使用（如高频电路的调谐、振荡回路的补偿）。用在高频电路的高频瓷介电容器，其耐压一般有160V、250V和500 V等几种，容量从几微法到几百微法。

瓷介电容器的缺点是机械强度较低，受力后易破碎。

（5）云母电容器。

这种电容器用云母作为介质，以金属箔为电极，在外面用胶木粉压制而成，外形如图5-12所示。云母电容器有介质损耗小、温度稳定性好、绝缘性能好等优点。大部分用于高频电路。但价格较高、电容量不能做得很大是这种电容器的缺点。

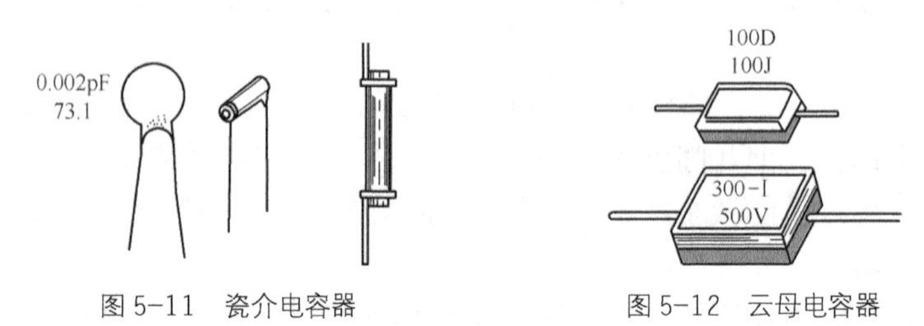

图5-11 瓷介电容器　　图5-12 云母电容器

（6）聚苯乙烯电容器。

这种电容器是有机薄膜电容器的一种。它是以聚苯乙烯薄膜为介质，以铝箔或直接在聚苯乙烯薄膜上蒸上一层金属膜为电极，经卷绕后进行热处理而制成的。聚苯乙烯电容器的优点是绝缘电阻高（可达 20 000MΩ）、耐压较高（可达 3000V）、漏电流小、精度高。不足之处是耐热性能差，因此焊接时烙铁接触引线的时间不能过长，否则就会因过热而损坏电容器。聚苯乙烯电容器是目前应用较为广泛的一种电容器，多用于滤波和要求较高的电路中。

（7）纸介电容器。

这种电容器以纸作为介质，以铝箔作为电极，卷成筒状，经密封后即成。纸介电容器有体积小、容量大等优点，但有漏电流和损耗较大、高频性能不好、热稳定性差等缺点。

在绝缘纸上蒸发上一层金属膜作为电极，就构成了金属化纸介电容器。它的体积比同容量的纸介电容器小，且容量可做得大些。这种电容器的最大特点是具有自愈能力，当电容器介质某点被击穿后，这点的短路电流将使金属膜蒸发，使短路点消失，从而恢复正常。

4. 电容器的选用及使用注意事项

（1）电容器的选用方法。

① 根据电路要求选用合适的类型。一般在低频耦合或旁路、电气特性要求较低的电路中，可选用纸介、涤纶电容器；在高频高压电路中，应选用云母电容器和瓷介质电容器；在电源滤波和退耦电路中，可选用电解电容器。

② 容量及精度的选择。在振荡回路、延时回路、音调控制等电路中，电容器的容量应尽可能与计算值一致。在各种滤波器及网络中（如选频网络），电容器的容量要求精确，其误差值应小于±0.3%。在退耦电路、低频耦合等电路中对容量及精度要求都不太严格，选用时比要求值略大些即可，误差等级可选±5%、±10%、±20%、±30%等。

③ 耐压值的选择。选用电容器时，其额定电压应高于实际工作电压，并要留有足够的余地，否则会将电容器击穿，造成不可修复的永久损伤。一般选用耐压值为实际工作电压的两倍以上的电容器。某些陶瓷电容器的耐压值只是对低频时适应，高频时虽未超过其耐压值，电容器也有可能被击穿，使用时应特别注意。

④ 优先选用绝缘电阻高、损耗小的电容器。此外，还应考虑其体积、价格、所处的工作环境（温度、湿度）等情况。

（2）使用注意事项。

① 电容器在使用前应先检查外观是否完整无损，引线是否有松动或折断，型号规格是否符合要求，然后用万用表检查电容器是否存在击穿短路或漏电电流过大的情况。

② 若现有的电容器和电路中要求的容量或耐压不适合时，可以采用串联或并联的方法来解决。但要注意：两个工作电压不同的电容器并联时，耐压值由低的那个决定；两个容量不同的电容器串联时，容量小的那个所承受的电压高于容量大的那个。一般不用多个电容器并联来增大等效容量，因为电容器并联后，损耗也随着增大。

③ 电解电容在使用时不能将正、负极接反，否则会损坏电容器。另外，电解电容一般工作在直流或脉动电路中，安装时应远离发热元件。

④ 可变电容器在安装时，一般应将动片接地，这样可以避免人手转动电容器转轴时引入干扰。用手将旋转轴向前、后、左、右、上、下等各个方向推动时，不应有任何松动的感觉；旋转转轴时，应感到十分圆滑，不应感觉有松有紧。

⑤ 电容器在安装时，其引线不能从根部弯曲。焊接时间不应太长，以免引起性能变化甚至损坏。

5. 电容器的检测方法

电容器的常见故障有断路、短路、失效等。为保证装入电路后能正常工作，在装入电路前必须对电容器进行检测。

（1）漏电电阻的测量。

用万用表的欧姆挡（R×10k 或 R×1k 挡，视电容器的容量而定），当两表笔分别接触电容器的两根引线时，表针首先朝顺时针方向（即为零的方向）摆动，然后又慢慢地反方向退回到∞位置的附近，当表针静止时，所指的阻值就是该电容器的漏电电阻。在测量中如表针距无穷大较远，表明电容器漏电严重，不能使用。有的电容器在测漏电电阻时，表针退回到无穷大位置时，又顺时针摆动，这表明电容器漏电更严重。

（2）电容器的断路测量。

电容器的容量范围很宽，用万用表判断电容器的断路情况，首先要看电容器容量的大小。

对于 0.01μF 以下的小容量电容器，用万用表不能判断其是否断路，只能用其他仪表进行鉴别（如 Q 表等）。

对于 0.01μF 以上的电容器用万用表测量时，必须根据电容器容量的大小，分别选择合适的量程，才能正确地加以判断。如测 300μF 以上的电容器可用 R×100 或 R×1k 挡；测 10 ～ 300μF 的电容器可用 R×100 挡；测 0.47～10μF 的电容器可用 R×1k 挡；测 0.01～0.47μF 的电容器时可用 R×10k 挡。具体的测量方法是：用万用表的两表笔分别接触电容器的两根引线（测量时，手不能同时碰触两根引线），如表针不动，将表笔对调，然后再测量，表针仍不动，说明电容器断路。

（3）电容器的短路测量。

用万用表的 Ω 挡，将两支表笔分别接触电容器的两根引线，如表针指示阻值很小或为零，而表针不再退回，说明电容器已被击穿短路。当测量电解电容器时，要根据电容器容量的大小，适当选择量程，电容量越小，量程就越要放小，否则就会将电容器的充电误认为是击穿。

（4）电解电容器极性的判断。

① 外观判别。可根据其引线的长短来加以区别，长引线为正极，短引线为负极；还可根据电容体上的“-”标识，判定该符号下方对应的引脚为负极。

② 用万用表判别。电解电容器具有正向漏电电阻大于反向漏电电阻的特点。利用此特点可以判别电解电容器的正、负极。具体方法是：将万用表拨至 R×1k 或 R×10k 挡，交换黑、红表笔测量电解电容器 2 次，观察其漏电电阻的大小，并以漏电电阻大的一次为准，黑表笔所接的就是电解电容器正极，红表笔所接的为负极。

（5）可变电容器的测量。

对可变电容器主要是测其是否发生碰片短路现象。方法是用万用表的电阻挡（R×1）测一下动片与定片之间的绝缘电阻，即用红黑表笔分别接触动片、定片，然后慢慢旋转动片，如转到某一个位置时，阻值为零，表明有碰片现象，应予以排除，然后再用。如将动片全部旋进与旋出，阻值均为无穷大，表明可变电容器良好。

三、电感器

电感器也叫电感线圈，是用导线（漆包线、纱包线、裸钢线、镀金钢线等）绕制在绝缘管或铁芯、磁芯上的一种常见电子元件。电感器有存储磁能的作用，在电路中表现为阻止交流电通过、让直流电顺利通过的能力。电感器的应用范围很广泛，在电子技术中应用较多，如在调谐、振荡、耦合、匹配、滤波、陷波、延迟、补偿及偏转聚焦等电路中，是必不可少的电子元件。电感线圈在电路中用字母 L 表示。

1. 电感器的种类

电感器的种类很多，而且分类方法也不一样。按电感形式可分为固定电感、可变电感、微调电感器等；按电感器线圈内介质可分为空芯电感器、铁氧体电感器、铁芯电感器、铜芯电感器；按工作性质可分为天线线圈电感器、振荡线圈电感器、扼流线圈电感器、陷波线圈电感器、偏转线圈电感器；按绕线结构可分为单层线圈电感器、多层线圈电感器、蜂房式线圈电感器。

各种电感线圈都具有不同的特点和用途，但它们都是用漆包线、纱包线、镀银裸铜线，绕在绝缘骨架上或铁芯上构成的，而且每圈与每圈之间要彼此绝缘。为适应各种用途的需要，电感线圈做成了各式各样的形状，如图 5-13 所示。

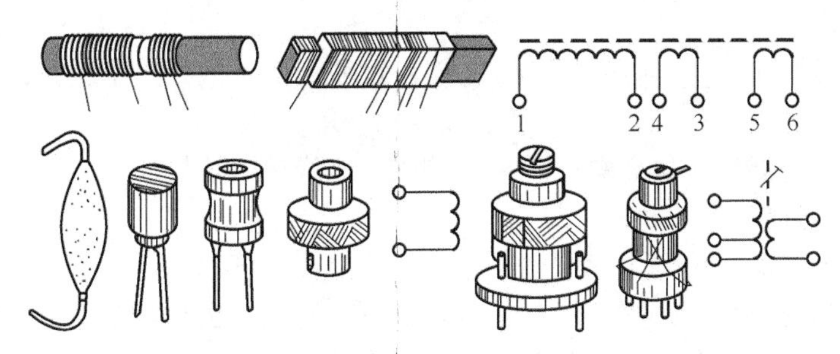

图 5-13 电感器及其电路符号

2. 电感器的主要参数

（1）电感量。

电感量的单位为亨利，简称亨，用 H 表示，毫亨用 mH 表示，微亨用 μH 表示。它们的换算关系为：

$$1\text{H}=10^3\text{mH}=10^6\mu\text{H}$$

电感量 L 表示线圈本身固有特性（与线圈的匝数、直径、间距、长度、线圈内部是否有铁芯、线圈的绕制方式等有关）与电流大小无关。圈数越多，电感量越大；线圈内有铁芯/磁芯的比无铁芯/磁芯的电感量大。除专门的电感线圈（色码电感）外，电感量一般不专门标注在线圈上，而以特定的名称标注。电感量误差细分为：F 级（±1%），G 级（±2%），H 级（±3%），J 级（±5%），K 级（±10%），L 级（±15%），M 级（±20%），P 级（±25%）。N 级（±30%）。但普通常用 J、K、M 级。

（2）品质因数（Q 值）。

品质因素 Q 是表示线圈质量的一个物理量，Q 为感抗 X_L 与其等效的电阻的比值，即：$Q=X_L/R$。线圈的 Q 值越高，回路的损耗越小。

线圈的 Q 值与导线的直流电阻，骨架的介质损耗，屏蔽罩或铁芯引起的损耗，高频趋肤效应的影响等因素有关。线圈的 Q 值通常为几十到几百。为了提高线圈的品质因数 Q，可以采用镀银铜线，以减小高频电阻；用多股的绝缘线代替具有同样总截面的单股线，以减少集肤效应；采用介质损耗小的高频瓷为骨架，以减小介质损耗。采用磁芯虽增加了磁芯损耗，但可以大大减小线圈匝数，从而减小导线直流电阻，对提高线圈 Q 值有利。

（3）分布电容。

由于线圈每两圈（或每两层）导线可以看成是电容器的两块金属片，导线之间的绝缘材料相当于绝缘介质，这相当于一个很小的电容，这一电容称为线圈的“分布电容”。由于分布电容的存在，将使线圈的 Q 值下降，为此要将线圈绕成蜂房式。对天线线圈则采用间绕法，以减小分布电容。

（4）额定电流。

额定电流是指电感器长期工作不损坏所允许通过的最大电流，它是工作在大电流电路中需要考虑的重要参数。

3. 变压器的主要参数

（1）额定容量。

在规定的频率和电压下变压器能长期工作而不超过规定温升时的最大输出视在功率，单位为 VA。

（2）变压比。

变压器的初级电压 U_1 与次级电压 U_2 之比，近似为初、次级的匝数比。

（3）其他参数。

变压器的效率、温度等级和温升、频率响应、绝缘电阻等等。

4. 常用电感器的结构及特点

（1）固定电感线圈（色码电感）。

固定电感线圈是将铜线绕在磁芯上，然后再用环氧树脂或塑料封装起来。这种电感线圈的特点是体积小、重量轻、结构牢固、使用方便，在电视机、收录机中得到广泛的应用。固定电感线圈的电感量可用数字直接标在外壳上，也可用色环表示，但目前我国生产的固定电感器一般不再采用色环标志法，而是直接将电感数值标出，这种电感器习惯上仍称为色码电感。

固定电感器有立式和卧式两种。其电感量一般为 0.1～3000 μH，电感量的允许误差用Ⅰ、Ⅱ、Ⅲ（即±5%、±10%、±20%）直接标在电感器上。工作频率为 10kHz～200MHz。

（2）可变电感线圈。

这种线圈改变电感量的方法是将线圈中插入磁芯或铜芯，通过改变磁芯或铜芯的位置，从而达到改变电感量的目的。还有的是以改变触点在线圈上的位置来达到改变电感量的目的。

磁棒式天线线圈就是可变电感线圈，它的电感量可在所需的范围内调节，它与可变电容器组成调谐器，用以改变谐振回路的谐振频率。

（3）微调电感线圈。

有些电路需要在较小的范围内改变电感量，用以满足整机调试的需要。如收音机中的中频调谐回路和振荡电路的中频变压器、本振线圈就是这种微调线圈。当改变磁帽上下的相对位置时，就可以改变电感量。

（4）阻流圈。

阻流圈又叫扼流圈。可分成高频扼流圈和低频扼流圈。高频扼流圈在电路中用来阻止高频信号通过，而让低频交流信号通过。如直放式收音机中用的就是高频扼流圈，它的电感量一般只有几个微亨。低频扼流圈又称滤波线圈，一般由铁芯和绕组构成。它与电容器组成滤波电路，消除整流滤波后的残存交流成分，让直流通过。其电感量较大，一般为几亨。阻流圈在电路中用符号“ZL”表示。

5. 电感器的简易检测方法

首先从外观上检查，看线圈有无松散、发霉，引脚有否折断、生锈现象。进一步可用万用表的欧姆挡测线圈的直流电阻，若直流电阻为无穷大，说明线圈内或线圈与引出线间已经断路；若直流电阻比正常值小很多，说明线圈内有局部短路；若直流电阻为零，则说明线圈被完全短路。具有金属屏蔽罩的线圈，还需测量它的线圈和屏蔽罩间是否有短路。具有磁芯的可调电感线圈要求磁芯的螺纹配合要好，既要轻松，又不滑牙。

线圈的断线往往是因为受潮发霉或拗折断的。一般的故障多数发生在线圈出头的焊接点上或经常拗扭的地方。

6. 电感器的选用和使用常识

① 在选电感器时，首先应明确其使用频率范围。铁芯线圈只能用于低频，铁氧体线圈、空芯线圈可用于高频。其次要弄清线圈的电感量和适用的电压范围。

② 电感线圈本身是磁感应元件，对周围的电感性元件有影响，安装时要注意电感性元件之间的相互位置，一般应使相互靠近的电感线圈的轴线互相垂直。

四、变压器

变压器在电路中可变换电压、电流和阻抗，起传输能量和传递交流信号的作用，它是利用互感原理制成的。

1. 变压器的分类

变压器的种类很多，常用的有电源变压器、线间变压器、中频变压器、音频变压器、高频变压器等，如图5-14所示。变压器由初级线圈、次级线圈、铁芯或磁芯组成。一般情况下，铁芯变压器用于低频电路，磁芯变压器用于高频电路。变压器有升高或降低交流电压（信号电压）的作用，同时还有阻抗变换和隔直流的功能。

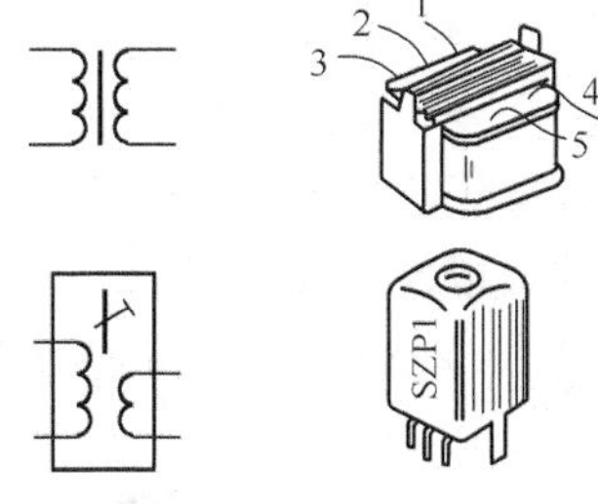

图5-14 变压器外形

2. 变压器的基本结构

变压器的外形各异，但均由铁芯、骨架、绕组及紧固零件等主要部件组成。

（1）磁性材料（铁芯）。

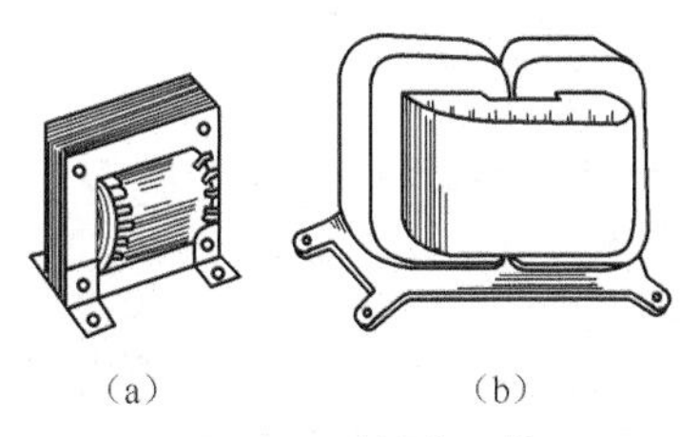

图5-15 电源变压器

铁芯是构成磁路的重要部件。电源变压器的铁芯大多采用硅钢材料制成，按制作的工艺可分为两大类：一类是冷轧硅钢带（板），它具有高导磁率、低损耗、体积小、重量轻、效率高等特点。如C型铁芯就是采用冷轧硅钢带卷绕制而成。由两个C型铁芯组成的一套铁芯称为CD型铁芯，由4个铁芯组成的一套铁芯称为ED型铁芯，目前这种铁芯已得到广泛的应用。另一类是热轧硅钢板，它的性能比冷轧的低，常见的有"E"形、"口"形硅钢片。"口"形铁芯的绝缘性能好，易于散热，磁路短，主要用于500～1000W的大功率变压器中。常见电源变压器如图5-15所示。

（2）骨架。

骨架是变压器绕组的支撑架，一般常用青壳纸、胶纸板、胶布板或胶本化纤维板制成。要求它应具有足够的机械强度和绝缘性能。骨架结构如图5-16所示，它可分为底筒和侧板两部分，其制作步骤是先制作底筒，再装上侧板，并用胶水粘牢，注意线圈框的尺寸，避免过大或过小。

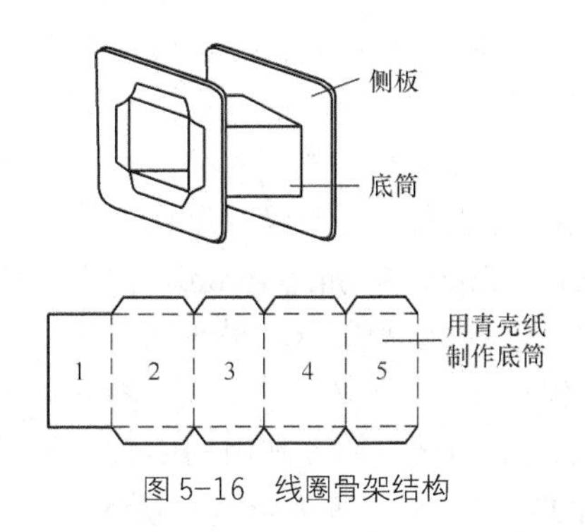

图5-16 线圈骨架结构

（3）绕组。

小功率变压器的绕组一般用漆包线绕制。低电压大电流的线圈，采用纱包粗铜线或扁铜线来缠绕。为使变压器的绝缘不被击穿，线圈的各层间应衬垫薄的绝缘纸，绕组间衬垫耐压强度更高的绝缘材料，如青壳纸、黄蜡布或黄蜡绸。

线圈排列顺序通常是一次侧绕在里面，二次侧绕在外面。若二次侧有几个绕组，一般将电压较高的绕在里面，然后绕制低电压绕组。为了散热，线圈和窗口之间应留 1～3mm 的空隙。线圈的引线最好用多胶绝缘软线，并用各种颜色予以区别。

（4）固定装置。

变压器线圈插入铁芯以后，必须将铁芯夹紧。常用的方法是用夹板条夹上，再用螺丝插入硅钢片上预先冲好的孔之中，然后将螺丝帽拧紧，如图 5-17 所示。另外，螺丝插入铁芯的那一段最好加上绝缘套管，以免螺丝将硅钢片短路，形成较大的涡流，在小功率变压器中，常用 U 形夹子将铁芯夹紧，如图 5-18 所示。

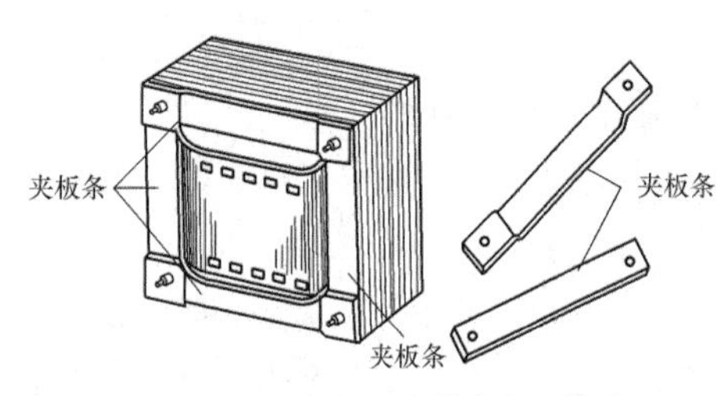

图 5-17　夹板条固定的变压器铁芯

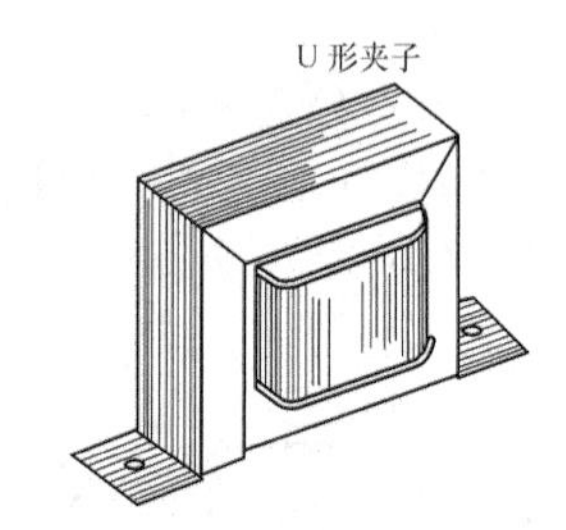

图 5-18　U 形夹子固定的变压器铁芯

（5）静电屏蔽层。

用于无线电设备中的电源变压器通常应加在静电屏蔽层。静电屏蔽是在一、二次侧线圈之间用铜箔、铅箔或漆包线缠绕一层，并将其一端接地，这样可使从电力网进入变压器一次侧线圈的干扰电波通过静电屏蔽层直接入地，有效地抑制了它的干扰。

3. 常用变压器的结构及特点

（1）中频变压器。

中频变压器又称中周变压器，简称中周。它与电容器组成谐振回路，用于超外差式收音机和电视机中。

中频变压器由磁芯、尼龙骨架、磁帽、胶木底座、金属屏蔽罩及绕在磁芯上的线圈构成。磁帽可上下调节，以改变线圈的电感量。中周的底座上有 5 个引线脚，在引线脚的旁边注有数字，标明引线脚的顺序。中频变压器的磁芯、磁帽是用高频或低频特性的磁性材料制成的，以满足不同电路工作频率的需求。低频磁芯用于收音机，高频磁芯用于电视机和调频收音机。

中频变压器的型号由 3 部分组成，即主称（用几个字母表示名称、特征、用途）、尺寸（用数字表示）、序号（用数字表示）。其主称中的字母 T、L、F、S 分别表示中周变压器、线圈或振荡线圈、磁性瓷芯式、调幅收音机用短波段。尺寸中的 1、2、3、4 分别表示 7mm×7mm×12mm、10mm×10mm×14mm、12mm×12mm×16mm、20mm×25mm×36mm。例如 TTF-2-1 型就表示调幅收音机用磁性瓷芯式中频变压器，外形尺寸为 10mm×10mm×14mm。

中频变压器有单调谐和双调谐两种方式。单调谐是指只有一个谐振回路，双调谐是指具有两个谐振回路。收音机多采用单调谐电路。常用的中频变压器 TTF-1、TTF-2、TTF-3 等为收音机所用；1OTV21、10LV23、10TS22 等为电视机所用。

（2）音频变压器。

音频变压器主要是指音频输入变压器、音频输出变压器。音频变压器的作用是阻抗匹配、耦合、倒相等。输入变压器在电路中能使推动级的输出阻抗与功率放大级的输入阻抗相适应（匹配），输出变压器在电路中能使功率放大级的输出阻抗与扬声器的阻抗相适应。只有在阻抗匹配的情况下音频信号传输的损耗才能减到最小，失真也最小。

音频变压器是由铁芯、骨架、线圈构成。铁芯通常采用“日”字形硅钢片，骨架由尼龙或塑料压制而成，在骨架上绕制漆包线构成线圈。输入变压器的初、次级线圈的圈数比为3:1～1:1之间（乙类推挽），输出变压器初、次级线圈的圈数比为10: 1～7:1之间。

输入变压器与输出变压器在使用中往往不易区分，为不造成使用上的错误，可用万用表的 R×1Ω 挡测量有两根引线的一边，如果测得的阻值为1Ω左右，就是输出变压器；如果测得的阻值为几十欧姆至几百欧姆，就是输入变压器。输入变压器的初级导线较细、圈数多、直流电阻大；输出变压器的次级导线粗、圈数少、直流电阻小。常用的音频变压器有E14、E193、E143、E146、E149等。

（3）行输出变压器。

行输出变压器又称行逆程变压器，它接在电视机行扫描输出级，将行逆程反峰包压，经升压整流、滤波，为显像管提供阳极高压、加速极电压、聚焦极电压以及其他电路所需的直流电压，行输出变压器是由高压线圈、低压线圈 IU 形磁芯、尼龙骨架组成。较新的产品为一体化行输出变压器，它的初级绕组与高压绕组、整流二极管等全部封装在一起。

（4）电源变压器。

电源变压器是将220V交流电升高或降低，变成所要求的各种电压。如需要直流电压，只要再经整流、滤波、稳压等电路，就可提供。

电源变压器主要由铁芯，初、次级绕组构成。常见的铁芯有日字形和C形两种。日字形铁芯变压器的初、次级线圈绕在铁芯中间的芯柱上，一般初级线圈在里层，次级线圈在外层。C形铁芯变压器的初、次级线圈绕在铁芯的两侧。由于C形铁芯是由导磁性能良好的冷轧硅钢带弯成的，因此它的损耗小、效率高。为适应各种电路的需要，可做成各种规格功率的变压器。

4. 变压器的检查与简易测试

（1）外观检查。

检查线圈引线是否断线、脱焊，绝缘材料是否烧焦，有无表面破损等。

（2）直流电阻的测量。

因变压器的直流电阻通常很小，用万用表的 R×1Ω 挡测变压器的一次、二次绕组的电阻值，可判断绕组有无断路或短路现象。判断线圈内部有无局部短路，可在变压器一次侧线圈内串一灯泡，其电压及瓦特数应根据电源电压和变压器瓦特数来确定，变压器功率在100 W以下的可用25～40W灯泡，接通电源后，二次侧开路，若灯泡微红或不亮，则说明变压器无短路，若很亮则说明内部有短路现象。

（3）绝缘电阻的测量。

变压器各绕组之间以及绕组和铁芯之间的绝缘电阻可用500 V或1000 V兆欧表（根据变压器工作条件而定）进行测量。测量前先将兆欧表进行一次开路和短路试验，检查兆欧表是否良好，具体做法是先将表的两根测试线开路，摇动手柄，此时兆欧表指针应指零点位置；然后将两线短路一下，此时兆欧表指针应指零点位置，说明兆欧表是良好的。

一般电源变压器和扼流圈应用1000 V兆欧表测量，绝缘电阻应不小于1000MΩ；晶体管收音机输入/输出变压器用 500 V 兆欧表测量，绝缘电阻应不小于 100MΩ。如没有兆欧表，也可用万用表测量，将万用表置于 R×10kΩ 挡，测量绝缘电阻时表头指针应不动。

（4）空载电压测试。

将变压器一次侧接入电源，用万用表测变压器输出电压。一般要求高压线圈电压误差范围为±5%；具有中心抽头的绕组，其不对称度应小于 2%。

5.2 半导体元件

一、晶体二极管

晶体二极管是用半导体材料制成的二端元件，它由一个 PN 结加上引线及管壳构成。

1. 晶体二极管的分类

① 按结构分类：点接触型、面接触型。

点接触型二极管主要用于小电流的整流、检波、限幅、开关等电路中；面接触型二极管主要作功率整流用。

② 按半导体材料分类：锗二极管、硅二极管、砷化镓二极管、磷化镓二极管。

③ 按封装形式分类：金属封装、陶瓷封装、塑料封装、玻璃封装等。

④ 按用途和功能分类：整流二极管、检波二极管、稳压二极管、开关二极管、发光二极管、变容二极管等。

⑤ 按电流容量分类：大功率二极管（5A 以上）、中功率二极管（1~5A）、小功率二极管（1A 以下）。

⑥ 按工作频率分为：高频二极管、低频二极管。

常见的二极管如图 5-19 所示，各种二极管的电路符号如图 5-20 所示。

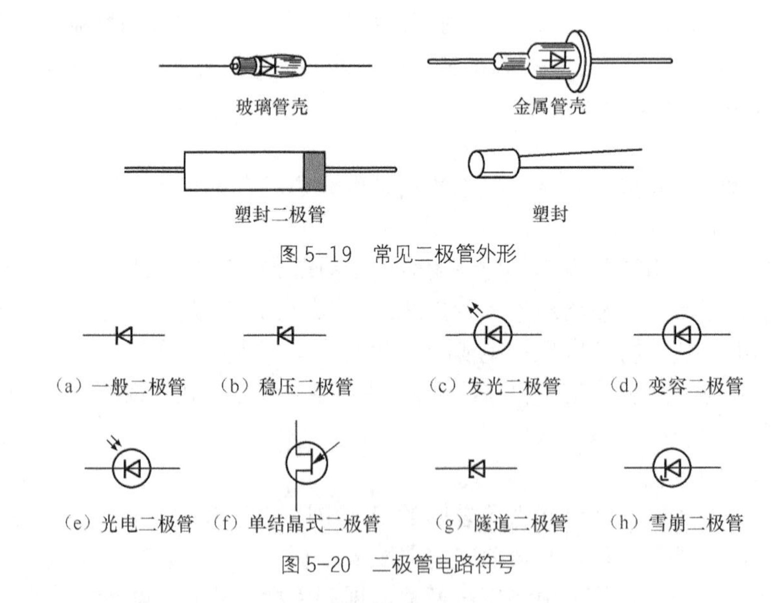

图 5-19 常见二极管外形

图 5-20 二极管电路符号

晶体二极管有一个 PN 结，所以具有单向导电特性。因此，利用这个特性可把交流电变成脉动直流电，把所需的音频信号从高频信号中取出来等。

2. 晶体二极管的主要参数

除通用参数外，不同用途的二极管还有其各自的特殊参数。下面介绍常用二极管的参数，如整流、检波等共有的参数。

（1）最大整流电流。

它是晶体二极管在正常连续工作时，能通过的最大正向电流值。使用时电路的最大电流不能超过此值，否则二极管就会发热而烧毁。

（2）最高反向工作电压。

二极管正常工作时所能承受的最高反向电压值。它是击穿电压值的一半。也就是说，将一定的电压反向加在二极管两极，二极管的 PN 结不致引起击穿。一般使用时，外加反向电压不得超过此值，以保证二极管的安全。

（3）最大反向电流。

这个参数是指在最高反向工作电压下允许流过的反向电流。这个电流的大小，反映了晶体二极管单向导电性能的好坏。如果这个反向电流值太大，就会使二极管过热而损坏，因此这个值越小，表明二极管的质量越好。

（4）最高工作频率。

这个参数是指二极管在正常工作下的最高频率。如果通过二极管电流的频率大于此值，二极管将不能起到它应有的作用。在选用二极管时，一定要考虑电路频率的高低，选择能满足电路频率要求的二极管。

3. 晶体二极管的测试及性能判断和选用

（1）晶体二极管好坏的测试。

二极管好坏的鉴别最简单的方法是用万用表测其正、反向电阻，用万用表的红表笔接二极管的负极，黑表笔接二极管的正极，测得的是正向电阻，将红、黑表笔对调，测得的是反向电阻。

对于锗小功率二极管，正向电阻一般为 100～1000Ω；对于硅管，一般为几百欧姆到几千欧姆之间。反向电阻，不论是硅管还是锗管，一般都在几百千欧姆以上，而且硅管比锗管大。

由于二极管是非线性元件，用不同倍率的欧姆挡或不同灵敏度的万用表测量时，所得的数据是不同的，但是正、反向电阻相差几百倍的规律是不变的。

测量时，要根据二极管的功率大小、不同的种类，选择不同倍率的欧姆挡。小功率二极管一般用 R×100 或 R×1k 挡，中、大功率二极管一般选用 R×1 或 R×10 挡。判别普通稳压管（只有两只脚的）是否断路或击穿损坏，可选用 R×100 挡。测量方法见图 5-21。

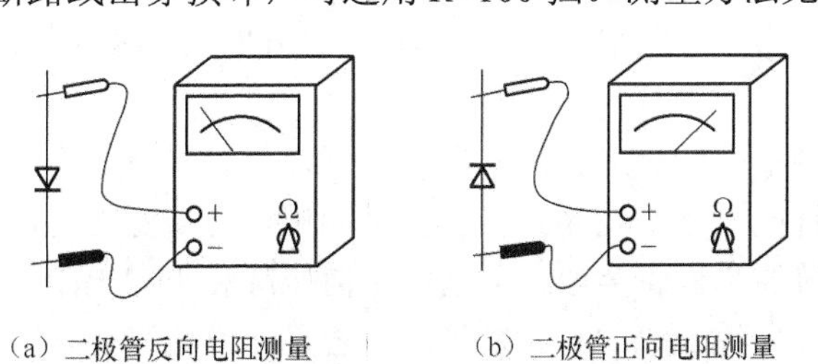

（a）二极管反向电阻测量　　（b）二极管正向电阻测量

图 5-21　用指针式万用表测量二极管

如果测得的正向电阻为无穷大，即表针不动时，说明二极管内部断路；如果反向阻值近似 0 Ω 时，说明管子内部击穿；如果二极管的正、反向电阻值相差太小，说明其性能变坏或失效。以上 3 种情况的二极管都不能使用。

（2）二极管极性的判别。

用万用表的电阻挡 R×1k 或 R×100 挡测二极管的电阻值，如果阻值较小，大约几百欧到几千欧，表明为正向电阻值，此时黑表笔所接触的一端为二极管的正极，红表笔所接触的一端为负极。如所测的值很大，大约为几千欧到几百千欧，则表明为反向电阻值，此时红表笔所接触的一端为二极管的正极，另一端为负极。

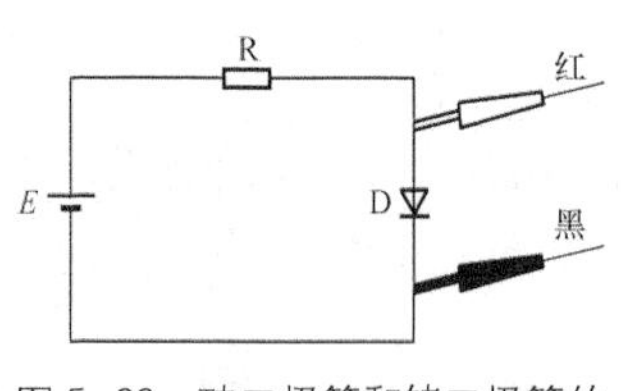

图 5-22　硅二极管和锗二极管的区分方法

（3）判别是硅管还是锗管

如果不知道被测的二极管是硅管还是锗管，可借助于图 5-22 所示电路来判断。图中电源电动势 E 为 1.5V，R 为限流电阻（检波二极管 R 可取 200Ω，其他二极管 R 可取 1kΩ），用万用表测量二极管正向压降，硅二极管一般正向压降为 0.6～0.7V，锗管的正向压降为 0.1～0.3V。

（4）一般二极管的选用。

首先确保所选二极管在使用时不能超过它的极限参数，即最大整流电流、最高反向工作电压、最高工作频率、最高结温等，并留有一定的余量。此外，还应根据不同的技术要求，结合不同的材料所具有的特点做如下选择。

① 当要求反向电压高、反向电流小、工作温度高于 100℃时应选硅管。需要导通电流大时，选面接触型硅管。

② 要求导通压降低时选锗管。工作频率高时，选点接触型二极管。

4. 几种特殊的二极管

（1）整流二极管。

整流二极管主要用于整流电路，即把交流电变换成脉动的直流电。整流二极管都是面接触型，因此结电容较大，使其频率范围亦较窄而低，一般为 3kHz 以下。从封装上看，有塑料封装和金属封装两大类。常用的整流二极管有 2CZ 型，2DZ 型，及用于高压、高频电路的 2DGL 型等。

（2）检波二极管。

检波二极管的主要作用是把高频信号中的低频信号检出。它的结构为点接触型，结电容较小，一般都采用锗材料制成。这种管的封装多采用玻璃外壳。常用的检波二极管有 2AP 型等。

（3）阻尼二极管。

阻尼二极管多用在高频电压电路中，能承受较高的反向击穿电压和较大的峰值电流。一般用在电视机电路中。常用的阻尼二极管有 2CN1、2CN2、BS-4 等。

（4）发光二极管。

发光二极管是一种把电能变成光能的半导体器件。它具有一个 PN 结，与普通二极管一样，具有单向导电的特性。当给发光二极管加上偏压，有一定的电流流过时就会发光。发光二极管的伏安特性与普通二极管类似，但它的正向压降和正向电阻要大一些，同时在正向电流达到一定值时能发出某种颜色的光。发光二极管发光颜色与在 PN 结中所掺加的材料有关[铝砷化稼（AlGaAs）——红色及红外线，铝磷化稼（AlGaP）——绿色，磷砷化稼（GaAsP）——红色、橘红色、黄色，磷化稼（GaP）——红色、黄色、绿色，氮化镓（GaN）——绿色、翠绿色、蓝色]，其发光亮度与所通正向电流大小有关。

发光二极管的种类以发光的颜色分，可分为红色光的、黄色光的、绿色光的，还有三色变色发光二极管和眼睛看不见的红外光二极管。其形状有圆形、圆柱形、方形、矩形。如图 5-22（a）所示。

对于发红光、绿光、黄光的发光二极管，管脚引线以较长者为正极，较短者为负极。如管帽上有凸起标志，那么靠近凸起标志的管脚就为正极。

发光二极管可以用直流、交流、脉冲等电源点亮，如图 5-23（b）所示。改变 R 的大小，就可以改变其发光的亮度。

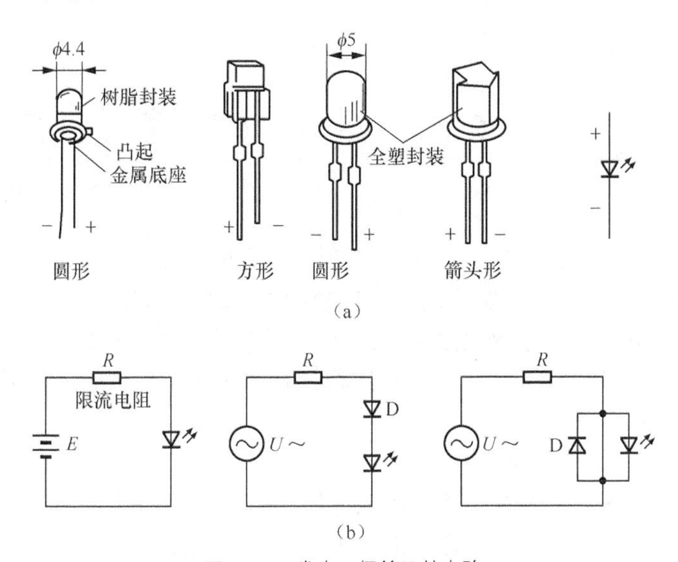

图 5-23　发光二极管及其电路

发光二极管好坏的判别可用万用表的 R×10k 挡测其正、反向阻值，当正向电阻小于 50kΩ，反向电阻大于 200kΩ 时均为正常。如正、反向电阻均为无穷大，表明此管已坏。

（5）光电二极管（光敏二极管）。

光电二极管跟普通二极管一样，也是由一个 PN 结构成。但是它的 PN 结面积较大，是专为接收入射光而设计的。它是利用 PN 结在施加反向电压时，在光线照射下反向电阻由大变小的原理来工作的。也就是说，当没有光照射时反向电流很小，而反向电阻很大；当有光照射时，反向电阻减小，反向电流增大。

光电二极管在无光照射时的反向电流称为暗电流，有光照射时的反向电流叫光电流（亮电流）。另外，光电二极管是反向接入电路的，即正极接低电位，负极接高电位。

（6）稳压管。

稳压管是利用 PN 结反向击穿特性所表现的稳压特性而制成的器件。稳压管有塑封和金属外壳封装两种。一般稳压管外形与普通二极管相似（如 2CW7）。有一种稳压管外形与小功率三极管相似，其内部有两个反向串接的稳压二极管，如图 5-24（c）所示，自身具有温度补偿（如 21DW7，2CW231 等），常用在高精度的仪器或稳压电源中。

稳压管在电路中是反向连接的，在一定条件下它能使所接电路两端的电压稳定在一个规定的电压范围内，这个值称为稳压值。确定稳压管的稳定值的方法有三种。

① 根据稳压管的型号查阅手册得知。

② 在型晶体管测试仪上测出其伏安特性曲线获得。

③ 通过如图 5-25 所示的实验电路测得，改变直流电源电压 U，使之由零开始增加，同时稳压管两端用直流电压表监视，当 U 增加到一定值时稳压管反向击穿，这时再增加 U，电压表指示的电压值不再变化，这个电压值就是稳压管的稳压值。

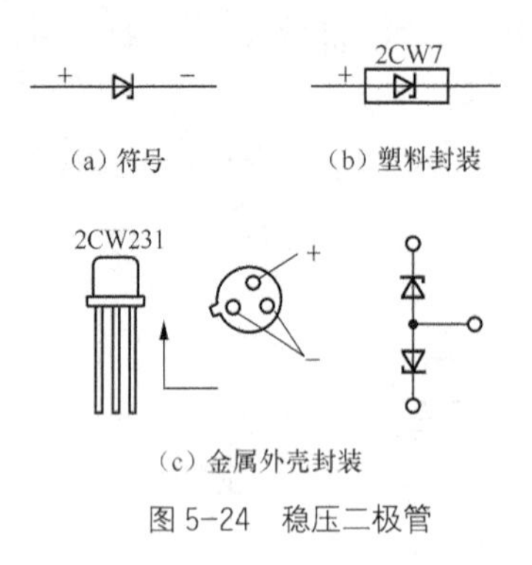

图 5-24 稳压二极管

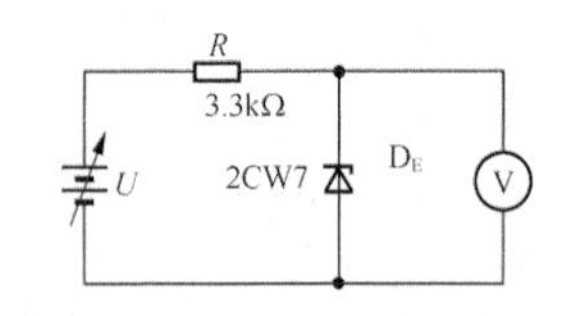

图 5-25 测试稳压管稳压值的电路

用万用表判别稳压管的方法如下：首先判断正、负极（与一般二极管判断方法相同），然后将万用表置于 R×10kΩ 挡，黑表笔接稳压二极管的负极，红表笔接正极，若此时的反向电阻值变得很小（与使用 R×1kΩ 挡测出的值相比较），说明该管为稳压管。因为万用表的 R×10kΩ 挡内部电池的电压一般都在 9V 以上，当被测稳压管的击穿电压低于该值时，将被反向击穿，使其电阻值大大减小。

使用稳压管的注意事项如下。

① 任意数量的稳压管可串联使用（串联稳压值为各管稳压值之和），但不能并联使用。

② 工作过程中所用稳压管的电流与功率不允许超过极限值。

③ 在电路中的连接应使稳压管工作于反向击穿状态，即工作在稳压区。

④ 稳压管替换时，必须使替换上去的稳压管与原稳压管的值相同，而最大允许工作电流则要相等或更大。

5. 晶体二极管的选用

选用二极管的原则是根据用途和电路的具体要求来选择二极管的种类、型号及参数。

选用检波二极管时主要是选工作频率符合电路频率要求、检波效率好、结电容小的。使用较多的检波二极管有 2AP9、2AP10、2AP1～2AP7 等。还可以选用锗开关二极管 2AK 型的。坏了一个 PN 结的锗高频三极管也能当检波二极管用。

整流二极管主要考虑其最大整流电流、最高反向工作电压是否能满足电路需要，常用的整流二极管有 2CP、2CZ 系列。常用的硅单相桥式整流器有 QL 型，常用的高频高压硅整流堆有 2DL15 kV/1 mA 等。

如果在修理电器装置时，原损坏的二极管型号一时找不到，可考虑代用。代换的方法是弄清原二极管的性质和主要参数，然后换上与其参数相当的其他型号的二极管。如检波二极管，代换时只要其工作频率不低于原型号的频率就可以用。对整流二极管，只要反向电压和整流电流不低于原型号的反向电压和整流电流就可以用。

二、半导体三极管的选择与测试

半导体三极管又称为双极型晶体管，它最基本的作用是放大，此外还可作为无触点开关。有寿命长、体积小、耗电小等特点，被广泛应用于各种电子设备中。

1. 晶体三极管的种类

① 按所使用的半导体材料，分为硅管和锗管。

② 按导电极性，分为 NPN 和 PNP。

③ 按用途，分为低频管、中频管、高频管、超高频管、大功率管、中功率管、小功率管、开关晶体管、光敏晶体管等。

④ 按封装方式，分为塑料封装、金属封装等。

由于三极管的品种多，在每类当中又有若干具体型号，因此在使用时务必分清，不能疏忽，否则将损坏三极管。

三极管有两个 PN 结、3 个电极（发射极、基极、集电极）。按 PN 结的不同构成，有 PNP 和 NPN 两种类型。常见三极管的外形和电路符号如图 5-26 所示。

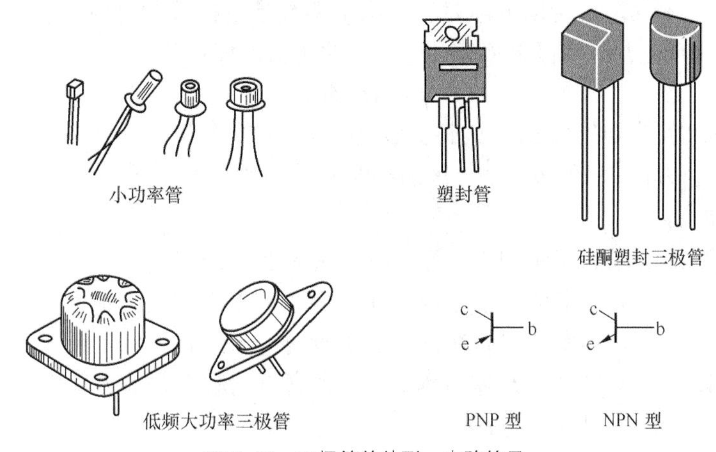

图 5-26 三极管的外形、电路符号

塑封管是近年来发展较迅速的一种新型晶体管，应用越来越普遍。这种晶体管有体积小、重量轻、绝缘性能好、成本低等优点。但塑封管的不足之处是耐高温性能差。一般用于 125℃以下的范围（管壳温度 Tc 小于 75℃）。

2. 晶体三极管的主要参数

晶体三极体管的参数可分为直流参数、交流参数、极限参数 3 大类。

（1）直流参数。

① 集电极—基极反向电流 I_{cho}。即当发射极开路，集电极与基极间加上规定的反向电压时，集电结中的漏电流。此值越小说明晶体管的温度稳定性越好。一般小功率管约 10μA，硅管更小些。

② 集电极—发射极反向电流 I_{ceo}。也称穿透电流，它是指基极开路，集电极与发射极之间加上规定的反向电压时，集电极的漏电流。这个参数表明三极管的稳定性能的好坏。如果此值过大，说明这个管子不宜使用。

（2）极限参数。

① 集电极最大允许电流 I_{CM}。当三极管的 β 值下降到最大值的一半时，管子的集电极电流就称为集电极最大允许电流。当管子的集电极电流 I_c 超过一定值时，将引起晶体管某些参数的变化，最明显的是 β 值的下降。因此，实际使用时 I_c 要小于 I_{CM}。

② 集电极最大允许耗散功率 P_{CM}。当晶体管工作时，由于集电极要耗散一定的功率而使

集电结发热，当温升过高时就会导致参数变化，甚至烧毁晶体管。为此，规定晶体管集电极温度升高到不至于将集电结烧毁所消耗的功率为集电极最大耗散功率。在使用时为提高 P_{CM}，可给大功率管加上散热片。

③ 集电极—发射极反向击穿电压 V_{ceo}。即当基极开路时，集电极与发射极间允许加的最大电压。在实际使用时加到集电极与发射极之间的电压一定要小于 V_{ceo}，否则将损坏晶体三极管。

（3）晶体管的电流放大系数。

① 直流放大系数 $\overline{\beta}$，也可用 h_{FE} 表示。这个参数是指无交流信号输入时，共发射极电路，集电极输出直流电流 I_c 与基极输入直流 I_b 的比值。即：

$$\overline{\beta} = I_c / I_b$$

② 交流放大系数 β，也可用 h_{FE} 表示。这个参数是指在共发射极电路，有信号输入时，集电极电流的变化量$\triangle I_c$ 与基极电流变化量$\triangle I_b$ 的比值。即：

$$\beta = \triangle I_c / \triangle I_b$$

以上两个参数分别表明了三极管对直流电流的放大能力及对交流电流的放大能力，但由于这两个参数值近似相等，即 $\beta \approx \overline{\beta}$，因而在实际使用时一般不再区分。

（4）特征频率 f_T。

β 值会随工作频率的升高而下降，而且频率越高 β 下降得越严重，而三极管的特征频率 f_T 是当 β 值下降到 1 时的频率值。就是说，在这个频率下工作的三极管，已失去放大能力，即 f_T 是三极管运用的极限频率。因此在选用三极管时，一般管子的特征频率要比电路的工作频率至少高 3 倍以上，但并不是 f_T 越高越好，f_T 太高将引起电路的振荡。

3. 晶体三极管的测试及性能判断

（1）晶体三极管好坏的测量。

要想知道三极管质量的好坏，并定量分析其参数，需要使用专用的测量仪器进行测试，如 JT-1 晶体管特性测示仪。当不具备这样的条件时，用万用表也可以粗略判断晶体三极管性能的好坏。

① 三极管极间电阻的测量。通过测量三极管极间电阻的大小，可判断管子质量的好坏，也可看出三极管内部是否存在短路、断路等损坏情况。在测量三极管极间电阻时，要注意量程的选择，否则将产生误判。测小功率管时，应当用 R×1k 或 R×100 挡，绝对不能用 R×l 挡或 R×10 挡，因为前者电流较大，后者电压较高，都可能造成三极管的损坏。但是在测量大功率锗管时，则要用 R×l 挡或 R×10 挡，因它的正、反向电阻比较小，用其他挡容易发生误判。

对于质量良好的中、小功率三极管，基极与集电极、基极与发射极间的正向电阻一般为几百欧姆到几千欧姆，其余的极间电阻都很高，为几百千欧。硅材料的三极管要比锗材料的三极管的极间电阻高。

当测得的正向电阻近似于无穷大时，表明管子内部断路。如果测得的反向电阻很小或为零时，说明管子已击穿或短路。

② 电流放大系数 β 值的估测。按图 5-27 所示连接方法可估测三极管的放大能力。将万用表拨至 R×1k 挡或 R×100 挡。对于 PNP 型管，红表笔接集电极，黑表笔接发射极，先测集电极与发射极之间的电阻，记下阻位，然后将 100kΩ 电阻接入基极与集电极之间，使基极得到一个偏流，这时表针所示的阻值比不接电阻时要小，即表针的摆动变大。摆动越大，说明

放大能力越好。如果表针摆动与不接电阻时差不多，或根本不变，说明管子的放大能力很小或管子已损坏。

NPN 型三极管的放大能力的测量方法与 PNP 型管的方法完全一样，只要把红、黑表笔对调一下就可以了。

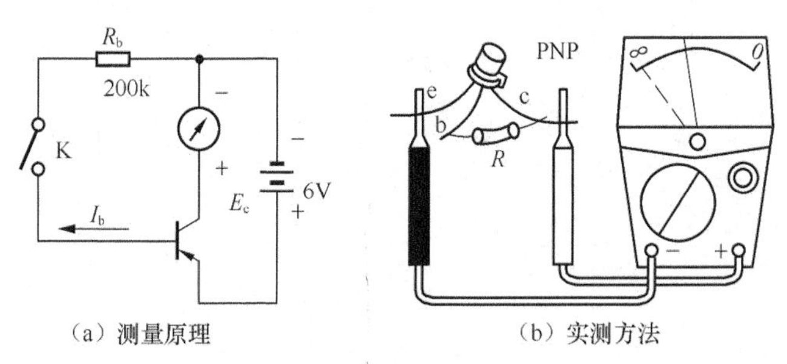

图 5-27 三极管 β 值的估测

（2）晶体三极管的管脚判别。

三极管的管脚位置，可用万用表的欧姆挡测其阻值加以判别。

基极的判别：将欧姆挡拨至 $R\times1k$ 挡的位置，用黑表笔接三极管的某一个极，再用红表笔分别去接触另外两个电极，直到出现测得的两个电阻值都很大（测量的过程中出现一个阻值大，另一个阻值小时，就需将黑表笔换接一个电极再测），这时黑表笔所接电极就为三极管的基极，而且是 PNP 型管子。当测得的两个阻值都很小时，黑表笔所接的为基极，并且可判断为 NPN 型管子。

集电极、发射极的判别：如待测的管子为 PNP 型锗管，先将万用表拨至 $R\times1k$ 挡，测除基极以外的另两个电极，得到一个阻值，再将红、黑表笔对调测一次，又得到一个阻值，在阻值较小的那一次中，红表笔所接的那个电极就为集电极，黑表笔所接的就为发射极。对于 NPN 型锗管，红表笔接的那个电极为发射极，黑表笔所接的电极为集电极。如图 5-28（a）、（b）所示。对于 NPN 型硅管，可在基极与黑表笔之间接一个 100kΩ 的电阻，用上述同样方法，测除基极以外的两个电极间的阻位，其中阻值较小的一次黑表笔所接的电极为集电极，红表笔所接的电极就为发射极，如图 5-28（c）所示。

（3）判别三极管是硅管还是锗管。

根据硅管的正向压降比锗管正向压降大的特点，就可以判断三极管是硅管还是锗管。一般情况下锗管的正向压降为 0.2～0.3V，硅管的正向压降为 0.5～0.8V。依据图 5-29 所示的电路进行测量，属于哪个范围就可确定是哪种类型的管了。

（4）晶体三极管的选用与代换。

根据不同的用途，要考虑选用不同参数的三极管。考虑的主要参数有特征频率、电流放大系数、集电极耗散功率、最大反向击穿电压等。

① 根据电路的需要，选三极管时，应使管子的特征频率高于电路工作频率的 3～10 倍，但也不能太高，否则将引起高频振荡，影响电路的稳定性。

② 对于三极管的电流放大系数的选择应适中，而不是 β 值越高越好，一般选在 40～100 即可。但又不能太低，这样将使电路的增益不够。如果 β 值太高，将造成电路的稳定性变差，噪声增大。

③ 反向击穿电压 BV_{ceo} 应大于电源电压。

④ 在常温下，选用集电极耗散功率时，一般为电路输出功率的 2～4 倍即可。如选小了，会因过热而烧毁三极管，选大了会造成浪费。对于不同的功放电路，所需管子的耗散功率也有差异。

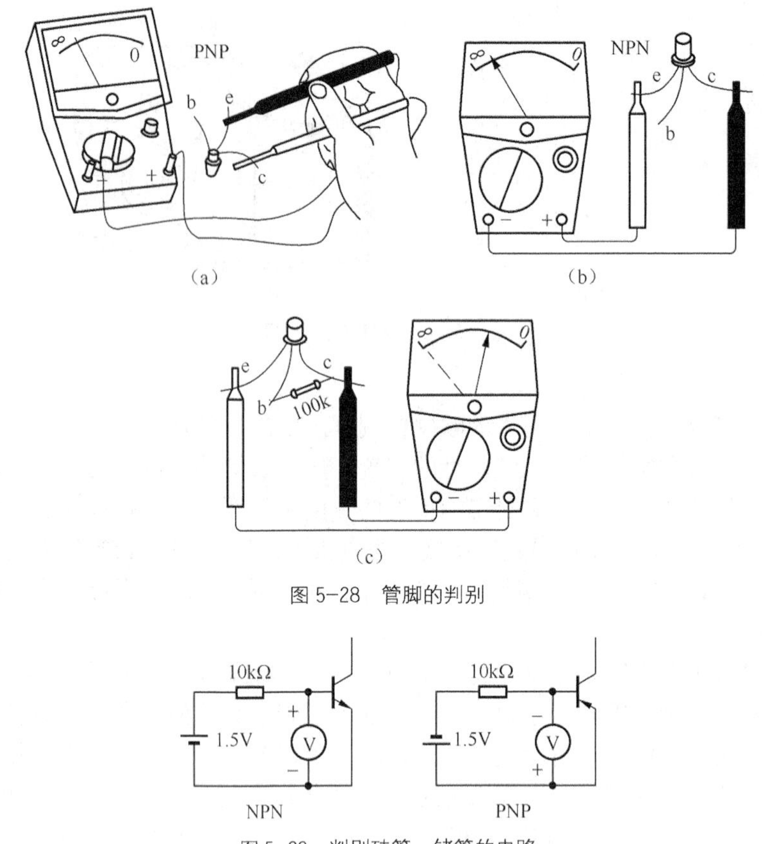

图 5-28　管脚的判别

NPN　PNP

图 5-29　判别硅管、锗管的电路

4. 使用三极管的注意事项

① 三极管接入电路以前，首先要弄清管型、极性，千万不能将管脚接错，否则将导致管子的损坏。

② 在焊接三极管时，为防止过多的热量传递给三极管的管芯，要用镊子夹住管子的引线帮助散热，电烙铁要选用 45W 以下的为好。

③ 在电路通电时，不能用万用表的欧姆挡测量三极管的极间电阻。因为万用表欧姆挡的表笔间有电压存在，将改变电路的工作状态而使三极管损坏。再者，电路的电压也可能将万用表损坏。

④ 在检修家电产品更换三极管时，必须首先断开电路的电源，才能进行拆、装、焊接工作，否则就可能使三极管及其他元件被意外损坏，造成不应有的损失。

⑤ 使用大功率三极管时要注意安装散热片，否则会因温升过高损坏三极管。

三、集成电路的选择与测试

集成电路是将电路的有源元件（二极管、三极管）和无源元件（电阻、电容），以及连线等制作在很小的一块半导体材料或绝缘基片上，形成一个具备一定功能的完整电路，然后封装于特制的外壳中。由于将元件集成于半导体芯片上，代替了分立元件，因而集成电路具有体积小、重量轻、可靠性高、电路性能稳定等优点。

集成电路目前已广泛地用于家用电器、通信器材、电子计算机、自动化控制设备、人造地球卫星、军事电子装备等诸多方面。在日常生活中人们接触较多的有电视机、电话机、计算器、电子表、录音机、摄录像机及 AV 器材等。

1. 集成电路的种类

（1）按制作工艺的不同可分为半导体集成电路、膜集成电路、混合集成电路。半导体集成电路是目前应用最广泛、品种繁多、发展迅速的一种集成电路。根据采用的晶体管不同，又可分为双极型和单极型两种。双极型集成电路又称 TTL 电路，其中的晶体管与常用的二极管、三极管性能一样。而单极型集成电路，是采用了 MOS 场效应管，因而又称 MOS 集成电路。MOS 集成电路可分为 N 沟道 MOS 电路，简称 NMOS 集成电路；P 沟道 MOS 电路，简称 PMOS 集成电路；由 N 沟道、P 沟道 MOS 晶体管互补构成的互补 MOS 电路，简称 CMOS。这种电路具有工艺简单、集成度高等优点，因而发展迅速，应用范围极为广泛。

膜集成电路可分为厚膜集成电路和薄膜集成电路两种。在绝缘基片上，由薄膜工艺形成有源元件、无源元件和互连线而构成的电路称为薄膜集成电路。在陶瓷等绝缘基片上，用厚膜工艺制作厚膜无源网络，然后装接二极管、三极管或半导体集成电路芯片，构成有一定功能的电路就为厚膜集成电路。膜集成电路由于制作工艺繁琐，成本较高，因而它的应用范围远不如半导体集成电路。

（2）按照集成度的不同，可分为小规模、中规模、大规模和超大规模集成电路。集成度是指一块芯片上所包含的电子元器件的数量。

小规模集成电路。它指芯片上的集成度在 10 个门电路以内的，或集成元件在 100 个元件以内的集成电路。

中规模集成电路（MSI）。它指芯片上的集成度在 10～100 个门电路之间，或集成元件在 100～1000 个之间的集成电路。

大规模集成电路（LSI）。它指芯片上的集成度在 10^2～10^4 个门电路，或 10^3～10^5 个元器件的集成电路。

超大规模集成电路（VLSI）。它指芯片上的集成度在 10^4～10^6 个门电路，或 10^5～10^7 个元器件的集成电路。

特大规模集成电路（ULSI）。它指芯片上的集成度在 10^6～10^8 个门电路，或 10^7～10^9 个元器件的集成电路。

巨大规模集成电路（GSI）。它指芯片上的集成度在 10^8 以上个门电路，或 10^9 以上个元器件的集成电路。

（3）按照功能分有数字集成电路、模拟集成电路、微波集成电路 3 大类。

数字集成电路是以“开”和“关”两种状态，或以高、低电平来对应“1”和“0”两个二进制数字，并进行数字的运算和存储、传输及转换的电路。数字电路的基本形式有两种——门电路和触发电路。将两者结合起来，原则上可以构成各种类型的数字电路，如计数器、存储器和 CPU 等。

模拟集成电路是处理模拟信号的电路。模拟集成电路可分为线性集成电路和非线性集成电路。输出信号随输入信号的变化成线性关系的电路称线性集成电路。如音频放大器、高频放大器、直流放大器，以及收录机、电视机中所用的一些电路就属这种。输出信号不随输入信号的变化而变化的电路称非线性集成电路。如对数放大器、信号放大器、检波器、变频器等。

微波集成电路是指工作频率在 1 GHz 以上的微波频段的集成电路。多用于卫星通信、导航、雷达等方面。

2. 集成电路的特点

（1）集成电路可靠性高、寿命长而且使用方便。

由于集成电路将元件集于芯片上，这样减少了电路中元器件连接焊点的数量及连线，使可靠性得到很大的提高。

（2）集成电路的专用性强。

由于集成电路在制作前就按所需的电路进行了设计，一旦制作完毕，它的功能就固定下来了。因此在使用时，只需按照集成电路所具有的功能进行选用就可以了，使用非常方便。

（3）集成电路不但体积小、重量轻，而且功能多。

由分立件构成的电路因为元器件的体积大、重量也大，因而整机体积就不可能做得很小，电路也不可能设计得很复杂。而采用半导体工艺方法制作的集成电路，其芯片上可制作几十、几百以至上万个元器件，因而体积小、重量轻、电路的功能增多且更加完善。例如收音机用的 YR060 单片式集成电路不但能变频，而且还能完成中放、自动音量控制、低放等任务。

（4）集成电路需要外接一些元器件才能正常工作。

由于在集成电路内不宜制作电感、电容以及可变电阻等元器件，所以这些元器件必须外接，只有当这些元器件正确接入电路后，才能使电路正常工作，发挥其应有的作用。

3. 数字集成电路的简介和使用注意事项

（1）TTL 集成电路及其使用和检测。

TTL 集成电路是用双极型晶体管为基本元件集成在一块硅片上制成，目前品种、产量最多。国产 TTL 集成电路有 T 1000～T 4000 系列，T 1000 标准系列与国标 CT 54/74 系列及国际 SN 54/74 通用系列相同；T 2000 高速系列与国标 CT 54H/74H 系列及国际 SN 54H/74H 高速系列相同；T3000 肖特基系列与国标 CT 54 S/74 S 系列及国际 SN 54 S/74 S 肖特基系列相同；T 4000 低功耗肖特基系列与国标 CT54 LS/74LS 系列及国际 SN 54 LS/74 LS 低功耗肖特基系列相同。54 与 74 系列的区别主要在工作环境温度上，54 系列为−55℃至+125℃，74 系列为 0℃至 70℃。这几个系列的主要区别仅在于典型门的平均传输延迟时间和平均功耗这两个参数有所不同，其他电参数的外引线排列基本相同，可根据要求选择功能相同的系列电路互为代用。

TTL 集成电路的一般使用规则和注意事项有以下几点。

① 使用时不允许超过规定的电路工作极限参数值，以确保电路可靠工作。

② TTL 电路对电源电压的稳定性要求较严格，只允许在 5V±10%范围内工作。若电源电压超过 5.5V 会损坏器件，若电源电压低于 4.5V 将导致器件的逻辑功能不正常。为防止动态尖峰电流造成的干扰，常在电源和地之间接入滤波电容，消除高频干扰的滤波电容取 0.01～0.1μF；消除低频干扰取 10～50μF（电解电容）。另外在使用时千万不要将 V_{CC} 与“地”颠倒相接，这样会损坏器件。

③ TTL 集成电路输出端不允许直接接地或电源，也不允许并联使用。三态门输出端可并联使用，但同一时刻只允许一个门处于工作状态，其他门应处于高阻状态。OC 门输出端也可并联使用，但在公共端和电源 V_{CC} 之间应接外接负载电阻，如图 5-30 所示。

④ 多余输入端的处理。TTL 集成电路的输入端悬空相当于输入逻辑高电平“1”。因此

正或逻辑（如或门，或非门）的输入端不用时必须直接接地，或与其他输入端并联使用。而正与逻辑（如与门，与非门）的输入端不用时允许总空，但容易受干扰而使其逻辑功能不稳定，所以最好接电源端，或者将几个输入端并联使用。TTI 逻辑门不使用输入端的处理，如图 5-31 所示。

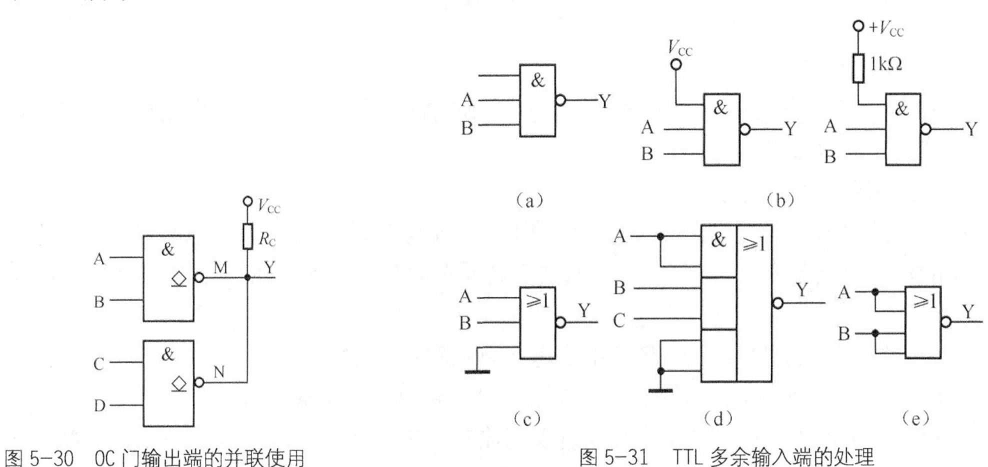

图 5-30　OC 门输出端的并联使用

图 5-31　TTL 多余输入端的处理

⑤ 输入信号的有效上升沿或下降沿不应超过 1μs。

⑥ 当负载为容性且电容量大于 100pF 时，TTL 输出端应串接数百欧姆的限流电阻，限制电容充放电电流。

⑦ 在电源接通情况下不要拔插集成电路，以防电流的冲击造成集成电路永久性损坏。

判断 TTL 集成电路的好坏。将万用表置于 R×100 欧姆挡，黑表笔接判别 TTL 的电源负端，红表笔依次接其他各端，测各端对电源负端的直流电阻。在正常情况下，各端子对地直流电阻约为 5kΩ，但正电源对地电阻约为 3kΩ。若某一端对地电阻低于 1 kΩ，说明该集成电路已损坏；如对地电阻大于 12kΩ，也说明该集成电路已不能正常使用。再用红表笔接 TTL 电源地端，用黑表笔分别接其他端子，若该集成电路是好的，则正向直流电阻应分别大于 40kΩ。

正常的 TTL 集成块，其电源的正端对地端的正、反向电阻值均较其他端子小，最大不超过 10kΩ。若此端电阻接近无穷大，则说明此集成电路的电源端有断路。

也可用 IC 测试仪来检测 TTL 集成电路的好坏。

（2）CMOS 集成电路及其使用规则。

CMOS 集成电路以单极型晶体管为基本元件制成，其发展非常迅速，主要因为它具有功耗低、工作电源电压范围宽（如 CC4000 系列的工作电压范围为 3～18V）、速度快（可达 7MHz ）、抗干扰能力强、逻辑摆幅大、输入阻抗高（通常为 10^8Ω）、扇出能力强、封装密度温度稳定性好、抗辐射能力强及成本低等优点。它有 3 种封装方式：陶瓷扁平封装的工作温度范围是-55℃～+100℃；陶瓷双列直插密封的工作温度范围是-55℃～+125℃；塑料双列直插封装的工作温度范围是-40℃～+85℃。CMOS 电路的一般使用规则如下。

① 电源电压和地端绝对不允许接反，也不允许超过使用电压范围（V_{DD}=3～18V）。CMOS 集成电路工作时，应先加电源后再加信号；工作结束后，应先撤除信号再切断电源。

② 为防止 CMOS 的输入保护二极管因大电流而损坏，输入信号电压不能超过电源电压。

③ 输入端的输入电流一般以不超过 1mA 为宜，对低内阻的信号源常采取限流措施。

④ 不用的输入端一律不能悬空，在电路中应按逻辑功能要求接电源端或地。而且多余的输入端最好不要并联使用，因为并联后会增加输入电容从而降低电路的工作速度。

⑤ CMOS 的输出端不允许直接接电源或地，也不允许两个 CMOS 芯片输出端连接使用，以免损坏器件。可将同一芯片上的几个同类电路的输入端和输出端分别并联在一起以增加驱动能力。

4. 数字集成电路的测试

数字集成电路芯片按逻辑功能可分为组合逻辑和时序逻辑两大类，在应用中芯片的测试主要是验证其逻辑功能是否正确。

（1）组合逻辑集成电路的测试。

组合逻辑电路是指电路的输出状态在任一时刻都仅与该时刻的输入状态有关，而与输入状态作用前的电路状态无关。该类芯片的测试主要是验证输入与输出的关系是否与真值表相符合。

① 静态测试。静态测试是在电路静止状态下测试输出与输入的关系。按真值表将输入信号一组一组地依次送入被测电路（可借助逻辑开关），测出相应的输出状态（用万用表测电压或用发光二极管显示输出端的状态）并与真值表相比较，借以判断此芯片的逻辑功能是否正常。

② 动态测试。目的是测量组合逻辑电路的频率响应。在输入端加上周期性信号，用示波器观察输入、输出波形。测出与真值表相符合的最高输入脉冲频率。

（2）时序逻辑电路的测试。

时序逻辑电路是指任意时刻的输出信号不仅取决于当时的输入信号，而且还取决于电路原来的状态。时序逻辑集成电路芯片的测试是验证其状态的转换是否与状态图相符合。可用发光二极管、数码管或示波器等观察输出状态的变化。常用的测试方法有两种，一种是单拍工作方式，以单脉冲源作为时钟脉冲，逐拍进行观测；另一种是连续工作方式，以连续脉冲源作为时钟脉冲，用示波器观察波形来判断输出状态的转换是否与状态图相符合。

5. 模拟集成电路的类型、特点和结构

模拟集成电路的类型按用途分有集成运算放大器、集成电压比较器、集成直流稳压电源、集成功率放大器等。

模拟集成电路的特点和结构如下。

① 模拟集成电路处理的是连续变化的模拟信号。信号频率往往从直流延伸到高频。

② 各种模拟集成电路的电源电压各异且较高（与数字集成电路相比）。

③ 模拟集成电路功能多样化（例如收音机用模拟集成电路有高频放大、混频、中放、检波、前置放大和功率放大等芯片），所以封装形式也多种多样。

常用的模拟集成电路主要有金属外壳、陶瓷外壳和塑料外壳 3 种，金属外壳为圆形，陶瓷和塑料外壳为扁平形。集成电路的管脚排列次序有一定的规律，一般是从外壳顶部向下看，按逆时针方向读数，其中第一脚附近往往加有参考标记，如图 5-32 所示。

6. 常用模拟集成电路

（1）集成运算放大器（简称集成运放）。

集成运放是一种高增益直流放大器。

集成运放的选择原则如下。

① 如果没有特殊的要求，应尽量选通用型。当一个系统有多个运放时应选多运放型，如 CF 324 和 CF 14573 都是 4 个运放集成电路。此外，可根据电路要求，选择开环增益、输入电

阻、输出电阻、共模抑制比、静态功耗、负载能力、噪声系数、温漂和失调等参数不同的运放。

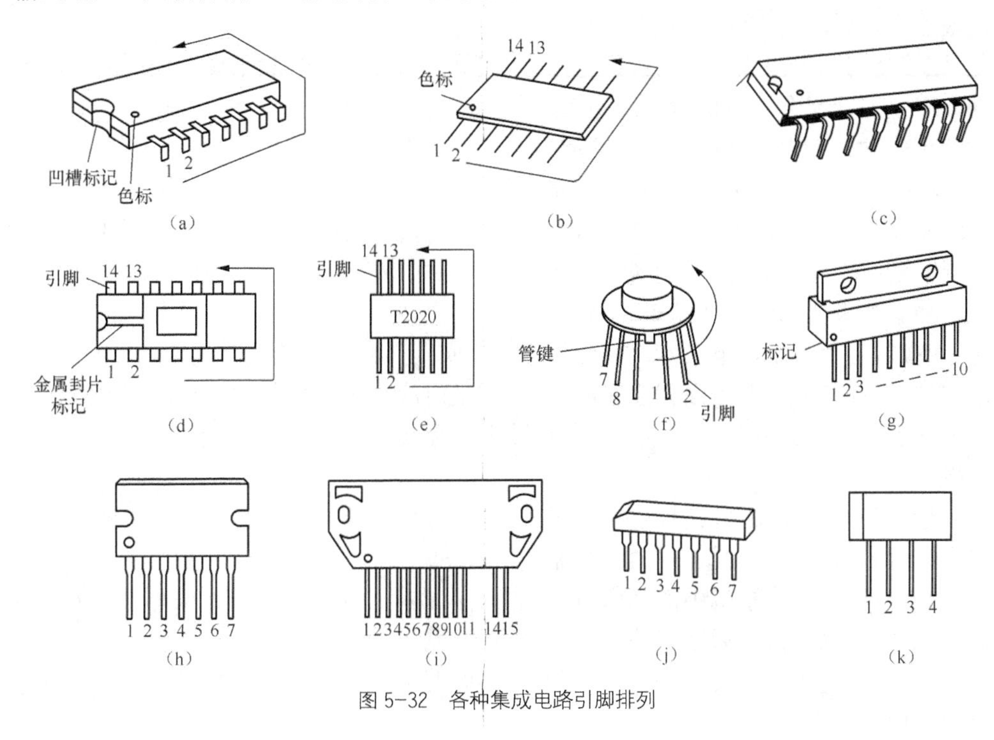

图 5-32 各种集成电路引脚排列

② 电路如有特殊要求可选择专用型运放。例如放大电路上限频率较高（如 f_H> 100kHz），同时增益也较高（如单级 A_{ud}=40～60dB），应选用宽带运放。运算精度要求高时可选高精度运放。

集成运放使用注意事项如下。

① 使用前的检查。利用万用表欧姆挡测量运放芯片的正、负电源端及输出端和其他引出端之间的电阻，应无短路现象。然后将集成运放接入比规定电压略低的电源电压，并将运放的两个输入端短路接地，测量出的运放的输出端对地电位应为零，对正电源端电压应为-V_{CC}，对负电源端应为+V_{CC}，若数值偏差大，则说明该集成运放已不能正常工作或已损坏。

② 电源电压值应符合器件要求且极性不能接反。输出端不得与地、正、负电源短接。

③ 输入信号不能超过规定的极限值。所接负载电阻也不宜过小，其值应保证集成运放输出电流小于其最大允许输出电流。

④ 有些集成运放需要调零。调零的方法是输入端短路接地，调节调零电位器，使输出电压为零。调零必须在闭环条件下进行，输出端应用小量程电压挡（如用万用表的 1V 挡）测量。若调节调零电位器输出电压不为零或不变（等于-V_{cc} 或+V_{cc}），则应检查电路接线是否正确，有无接触不良，若接线正确而不能调零，则可能是器件已损坏或质量不好。

（2）集成电压比较器。

集成电压比较器的功能是将两个输入电压进行比较，根据一定的规律在输出端产生两个高低不同的电平，广泛应用于模/数转换的波形发生等方面，其结构形式和运放基本相同，符号也一致。

集成电压比较器有通用型（如 LM311 型）、高速型（如 CJ0710 型）；低功耗低失调型（如 CJ0339 型）；CMOS 结构电压比较器有 MC 14574 型等。选用的原则如下。

① 在转换速度要求不高时也可将运放作为比较器，但输出高、低电平要与下级相配合。

② 根据特殊要求选择不同类型的集成比较器。例如在要求精度（或灵敏度）高时可选精密型比较器，在要求响应快时要选高速型。

③ 比较器的输出往往需要和数字电路的逻辑电平相配合，一般来说双极型的比较器与双极型的数字电路能配合。对供电电源是否适用也应考虑。

（3）集成功率放大器（简称集成功放）。

集成功放按输出功率分为小、中、大功率放大器，输出功率由几百毫瓦到几十瓦不等。按内部电路来分大致可分为两类，一类是具有功率输出级，一般输出功率在几瓦以下；一类是不含功率输出级，故又叫集成功率驱动器，该类需外接大功率管输出级，输出功率可达十几瓦。

集成功率放大器的使用注意事项如下。

① 应在规定负载条件下工作，切勿随意加重负荷，杜绝负载短路现象。

② 电路外壳一般带有小面积金属散热片，安装时应将金属散热片接在印刷电路板相应的铜箔上（应根据耗散功率大小设计铜箔几何尺寸）；当电路的耗散功率超过一定值时，需另加外散热板。

③ 电路应安置在印刷电路板通风良好的位置，并尽可能远离前置放大器和耐热性差的元件（如电解电容器等），以减小或消除交流声。

④ 用于收音机或收录机中的功率电路，其输入端应加接一个低通滤波器（或接一定容量的旁路电容器），以防检波后残留的中频信号窜入功放级。

⑤ 有些集成功放（如 LA 4100 系列）安装时要求尽可能远离磁性天线，并应使电路与磁性天线轴向相互垂直。

⑥ 芯片引脚不能随意反复折弯，以防止引线折断或外壳处产生裂缝致使芯片受潮，性能受损。

⑦ 焊接时应使用 25～40W 的电烙铁，焊接时间不应超过 10s，不得使用酸性助焊剂。

（4）判别集成功率放大器好坏的简易方法。

集成功放电路在正常工作状态下仍然会发热，因此，可以用手触摸器件温升情况来判别器件的好坏。若温度高到手指不能触及的程度，则电路多半已损坏；相反，在有载的情况下手指感觉不到温升，也可怀疑电路已失效。在上述情况下，再结合其他检查方法综合判断，即可很快判断电路是否损坏。

集成功放具有高输入阻抗、低输出阻抗、高共模抑制比的特点。一般增益高于 10 000 倍，输入阻抗达数十千欧到数百千欧。

5.3 表面安装元器件简介

一、概述

表面安装元器件也称作贴片元器件或片状元器件，问世于 20 世纪 60 年代，习惯上把表面安装元器件分为表面安装元件（Surface Mounted Components，SMC）和表面安装器件（Surface Mounted Devices，SMD）两大类。目前表面安装元器件已广泛用于通信、计算机、家电等电子产品和设备中，并有取代绝大多数通孔式安装元器件之势。

由 SMD，SMC 和与之相配套的表面安装印制电路板、点胶、涂膏、表面安装设备、焊接以及在线测试等构成的一整套装联工艺，通称为表面安装技术（Suriace Mounted

Technology，SMT）。

表面安装元器件有两个显著的特点。

① 在 SMD，SMC 的电极上，完全没有引出线或仅有非常短小的引线，相邻电极之间的距离比传统的双列直插式集成电路的引线间距（2.54mm）小很多，目前间距最小的可到 0.3mm。在集成度相同的情况下，SMD，SMC 的体积比传统的元器件小很多。或者说，与同样体积的传统电路芯片比较，SMD、SMC 的集成度提高了很多倍。

② SMD、SMC 直接贴装在印制电路板的表面，将电极焊接在与元器件同一面的焊盘上。这样，印制板上的通孔只起电路连通导线的作用，孔的直径仅由制板时金属化孔的工艺水平决定，通孔的周围没有焊盘，使印制板的布线密度大大提高。

如今，表面安装元器件品种繁多、功能各异，然而器件的片式化发展却不平衡，阻容器件、三极管，IC 发展快，异形器件、插座、振荡器发展迟缓。而已片式化的元器件又未能标准化，不同国家均有较大差异。因此，在设计选用元器件时，一定要弄清元器件的型号、厂家及性能等，以免出现互换性差的缺陷。

二、表面安装元件

SMC 包括片状电阻器、电容器、电感器、滤波器和陶瓷振荡器等。应该说，随着 SMT 技术的发展，表面安装元件的种类已经非常齐全了。

如图 5-33 所示，SMC 的形状有矩形片式、圆柱体以及异形。

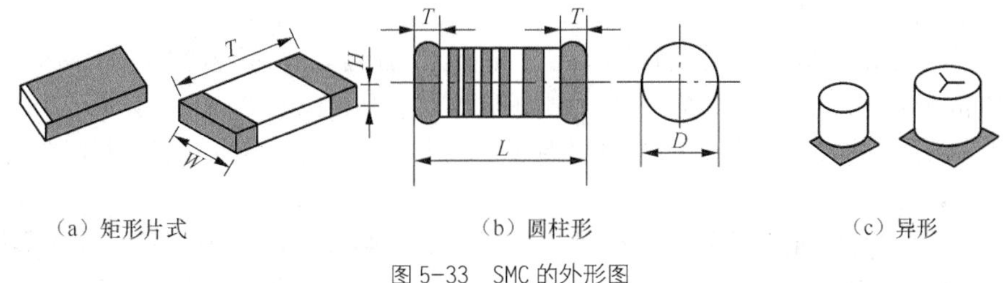

（a）矩形片式　　（b）圆柱形　　（c）异形

图 5-33　SMC 的外形图

从电子元件的功能特性来说，SMC 特性参数的数值系列与传统元件的差别不大，标准的标称数值系列在前面已经做过介绍。下面从 SMC 的标注、外形尺寸等几个方面对 SMC 进行简要介绍。

1. SMC 的标注

SMC 元件通常可以用 3 种包装形式提供给用户：散装、纸编带包装和塑料编带包装盘状纸带。SMC 的阻容元件一般用纸编带包装，便于采用自动化装配设备。

SMC 元件的标注可分为元件上的标注和外包装的标注两方面。

（1）外包装的标注法。

外包装标注比较全面地表明了元件的性能和参数，虽然国内外不同的生产厂家所标注的内容和表示方法不尽相同，但一般其表示容量的部分含义相同。

（2）元件上的标注。

① 片式电阻。当电阻阻值允许偏差为 5%时，采用 3 个数字表示：跨接线记为 000；阻值小于 100 的，在两个数字之间补加“R”；阻值在 10Ω 以上的，则最后一位数值表示增加的零的个数（倍率）。例如，4.7Ω 记为 4R7；0Ω（跨接线）记为 000；100Ω 记为 101；1MΩ 记为 105。

当电阻阻值允许偏差为 1%时，则采用 4 个数字表示：前面 3 个数字为有效数字，第 4

位表示倍率；阻值小于 10Ω 的，仍在第 2 位补加“R”；阻值为 100Ω 的，则在第 4 位补“0”。例如 4.7Ω 记为 4R70，100Ω 记为 1000，1MΩ 记为 1004，20MΩ 记为 2005，10Ω 记为 10R0。

② 片式电容。有些厂家在片式电容表面印有英文字母及数字，用字母表示容量系数，用数字表示倍率，只要查到表格就可以估算出电容的容值，具体见表 5-6。

表 5-6　片式电容容量系数对照表

字母	A	B	C	D	E	F	G	H	J	K	L
容量系数	1.0	1.1	1.2	1.3	1.5	1.6	1.8	2.0	2.2	2.4	2.7
字母	M	N	P	Q	R	S	T	U	V	W	X
容量系数	3.0	3.3	3.6	3.9	4.3	4.7	5.1	5.6	6.2	6.8	7.5
字母	Y	Z	a	b	c	d	e	f	m	n	t
容量系数	8.2	9.1	2.5	3.5	4.0	4.5	5.0	6.0	7.0	8.0	9.0

例如标为 A3，从系数表中查知字母 A 代表系数为 1.0，3 为倍率，则可知该电容的容量为 1.0×10^3=1000（pF）。

③ 圆柱形电阻。当阻值允许偏差为±5%时，一般用 3 条色环标志：第 1、2 条表示有效数字，第 3 条表示倍率；电阻的阻值允许偏差为±2%和±1%时，用 5 条色环标志：第 1、2、3 条表示有效数字，第 4 条表示倍率，第 5 条表示阻值允许偏差。色标法的各色所代表的含义见表 5-3。

2. SMC 的外形尺寸

矩形片式 SMC 常以它们的外形尺寸的长宽命名，来标志它们的大小，以英寸（1in=0.0254m）及 S1 制（mm）为单位。例如外形尺寸为 0.12in×0.06in，记为 1206；S1 制记为 3.2mm×1.6mm。在实际使用时对片式元件的尺寸标志要注意区别，以防对印制电路板的设计产生不利影响。

另外，新型的片式元件随着片式化技术的进步而不断涌现，其中包括：片式多层压敏电阻器、片式热敏电阻、片式表面声波滤波器、片式多层 LC 滤波器、片式多层延时线等。

三、表面安装半导体器件

SMD 的种类包括各种半导体器件，既有分立器件的二极管、三极管、场效应管，也有数字电路和模拟电路的集成器件。

1. SMD 分立器件

（1）二极管。

用于表面安装的二极管有以下 3 种封装形式。

① 塑封矩形片状二极管，外形尺寸为 3.8mm×1.5mm×1.1mm，可用在 VHF 频段（30～300MHz）到 SHF 频段（3～30GHz ）。

② 圆柱形的无引脚二极管，外形尺寸有 1.5mm×3.5mm 和 2.7mm×5.2mm 两种，外形如图 5-34 所示。通常用于齐纳（zener）二极管、高速开关二极管和通用二极管，功耗在 0.5～1W，靠色带近的为负极。

③ SOT-23 封装形式的片状二极管，外形如图 5-35（a）所示。图 5-35（b）为一种复合两个二极管芯的内部电路。这种封装除多用于复合二极管外，也用于高速开关二极管和高压二极管。

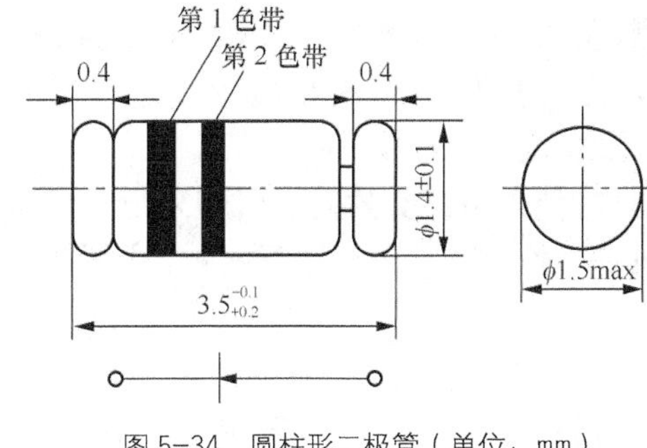

图 5-34 圆柱形二极管（单位：mm）

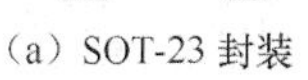

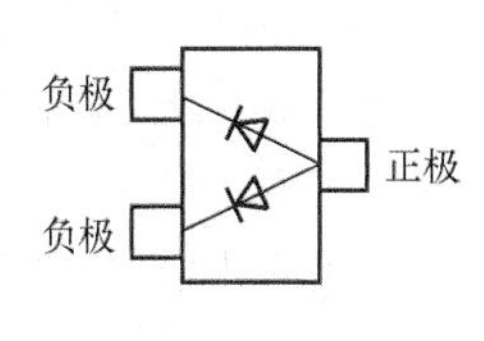

（b）一种二极管内部电路

图 5-35 SOT-23 封装的二极管

（2）三极管。

表面安装三极管的封装形式主要有 SOT-23、SOT-89、SOT-143、T-252 等。

① SOT-23 封装。SOT-23 封装有 3 条“翼形”引脚，引脚强度好，但可焊性差。常见为小功率晶体管、场效应管和带电阻网络的复合晶体管。器件表面均印有标记，通过相关半导体器件手册可以查出对应的极性、型号与性能参数。

② SOT-89 封装。SOT-89 具有 3 条薄的短引脚，分布在晶体管的一端，晶体管芯片粘贴在较大的钢片上，以增加散热能力。SOT-89 在陶瓷板上的功耗约为 1 W，这类封装常见于硅表面安装晶体管，其外形图如图 5-36 所示。

图 5-36 SOT-89 封装

③ SOT-143 和 TO-252 封装。SOT-143 封装有四条“翼型”短引脚，其散热能与 SOT-23 基本相同；而 TO-252 为各种功率晶体管所采用的封装。

目前，表面安装分立器件的封装类型及产品已有千种，具体的性能资料可参考器件手册。这些类型的封装在外形尺寸上略有差别，但对采用 SMT 的电子整机，都能满足贴装精度要求，产品的极性排列和引脚距基本相同，一般具有互换性。

2. SMD 集成电路

随着 LSI 和 VSI 技术的飞速发展，I/O 数猛增，各种适合表面安装的 IC 封装技术先后出现，其中包括：小外形封装（Small Outline Package，SOP）、塑封有引脚芯片载体（Plastic Ixadless Chip Carrier，PLCC）、多引脚方形扁平封装（Quad Flat Package，QFP）、无引脚陶瓷芯片载体（Leadless Ceramic Chip Carrier，LCCC）、球栅阵列形的表面封装器件（Ball Grid Array，RGA），芯片尺寸封装（Chip Scale Package，CSP）以及裸芯片 COB、FC 等，品种繁多。

（1）小外形封装（SOP 和 SOJ）。

小外形封装集成电路 SOP，由双列直插式封装 DIP 演变而来。这类封装有两种不同的引脚形式：一种具有翼形引脚，如图 5-37 所示；另一种具有“J”形引脚，如图 5-38 所示，这类封装又称为 SOJ。SOP 封装常见于线形电路、逻辑电路、随机存储器等。

图 5-37 SOP 封装

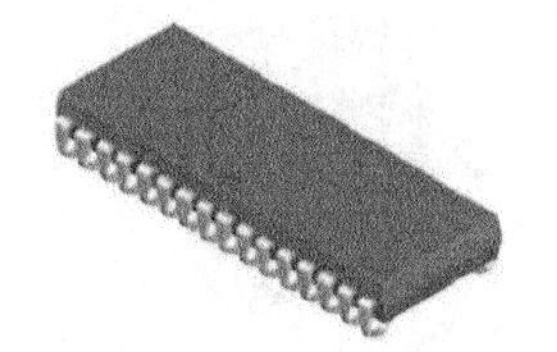

图 5-38 SOJ 封装

SOP 封装的优点是它的翼形引脚易于焊接和检测，但占 PCB 面积大；而 SOJ 封装占 PCB 面积较小，应用广泛，其引脚中心距一般为 1.27mm，更小的为 1mm 和 0.76mm。

（2）塑封有引脚芯片载体（PLCC）。

PLCC 也是由 DIP 演变而来的，当引脚超过 40 只时便采用此类封装，引脚采用“J”形结构，如图 5-39 所示，其引脚中心距为 1.27mm。PLCC 外形有方形和矩形两种。这类封装常用于逻辑电路、微处理器阵列、标准单元等。

（3）多引脚方形扁平封装（QFP）。

QFP 是适应 IC 内容增多、I/Q 数量增多而出现的封装形式，由日本人发明，目前已被广泛使用。QFP 封装如图 5-40 所示，其引脚中心距有 1.0mm、0.8mm、0.65mm、0.5mm 以及 0.3mm 多种。而美国开发的 QFP 器件封装，则在四角各有一个凸出的角，起到对引脚的保护作用。QFP 常用于微处理器及门阵列的 ASIC 器件的封装。

图 5-39 PLCC 封装

图 5-40 QFP 封装

（4）无引脚陶瓷芯片载体（LCCC）。

无引脚陶瓷芯片载体封装的芯片是全密封的，具有很好的环境保护作用，一般用于军品中，LCCC 封装如图 5-41 所示，其引出端子的特点是在陶瓷外壳侧面的类似城堡状的金属化凹槽和外壳底面镀金电极相连，提供了较短的信号通路，可用于高速、高频集成电路封装，如微处理单元、门阵列和存储器等。

（5）球栅阵列封装（BGA）。

随着以 QFP 封装为代表的周边端子型封装的迅速发展，到了 20 世纪 90 年代，QFP 封装的尺寸（$40mm^2$）、引脚数目（360 根）和引脚间距（0.3mm）已到达了极限。为适应 I/O 数快速增长的需要，一种新型的封装形式——门阵列式球形封装（Ball Grid Array）由美国和日本的公司共同开发并于 20 世纪 90 年代初投入实际应用。

BGA 的引脚成球形阵列状分布在封装的底面，因此它可以有较多的引脚数量，且引脚间距较大，如图 5-42 所示。

通常 BGA 的安装高度低、引脚间距大、引脚共面性好，这些都极大地改善了组装的工艺性；由于它的引脚更短，组装密度更高，因此电气性能更优越，特别适合高频电路中使用。当然 BGA 封装也存在焊后检查和维修比较困难（必须借助 X 射线检测，才可确保可靠）、易吸湿等问题。

图 5-41 LCCC 封装

图 5-42 BGA 封装

另外，按引脚排列分类、基座材料、封装方式、散热方式以及芯片的放置位置等的不同，BGA有不同的封装结构。

（6）芯片尺寸封装（CSP）。

CSP（Chip Size Package或Chip Scale Package）是BGA进一步微型化的产物，它的含义是封装尺寸与裸芯片相同或比裸芯片稍大，其芯片面积与封装面积之比超过1∶1.14。其引脚边是球形端子，节距为0.8mm、0.5mm等，并能适应再流焊组装。如图5-43所示。

CSP的主要优点如下。

① CSP出厂时均经过半导体制造厂的性能测试，确保质量可靠；

② 封装尺寸比BGA小；

③ 提供了比QFP更短的互联，因此电气性能更好，更适合在高频领域应用；

④ 具有高导热性。

图5-43 CSP封装

同BGA一样，CSP也存在着焊接后焊点质量测试难的问题和热膨胀问题，此外制造过程中基板的超细孔制造困难，也给推广带来一定困难。

5.4 实习内容

一、电路元件识别和质量判别

正确识别电阻、电感、电容、变压器等元件，利用万用表测量出电阻的阻值并判断所测器件的质量好坏。

二、半导体元器件的识别和质量判别

正确识别二极管、三极管等元件，利用万用表判别二极管、三极管的管脚，并判断所测器件的质量好坏。

三、考核标准

表5-7 电路元器件的识别和质量判别训练考核评定标准

训练内容	配分	扣分标准	扣分	得分
电路元件	50分	1．元件识别错误 每只扣10分 2．元件质量判别错误 每只扣10分 3．元器件损坏 每只扣15分 4．元器件丢失 每只扣20分		
半导体元器件	50分	1．元件识别错误 每只扣10分 2．元件质量判别错误 每只扣10分 3．元器件损坏 每只扣15分 4．元器件丢失 每只扣20分		
总评（注：各项内容中扣分总值不应超过对应各项内容所配分数）				

实习项目6 电子基本操作技能

实习要求

（1）熟悉电烙铁焊接的基本知识
（2）掌握焊料和焊剂的使用方法
（3）熟练掌握电烙铁焊接的基本技能
（4）能够用吸锡器、导线和通针拆焊元件

实习工具及材料

表 6-1　　实习工具及材料

名称	型号或规格	数量	名称	型号或规格	数量
普通电烙铁、吸锡电烙铁、吸锡器、针头		1个	万用表		1个
电工工具		1个	焊接用万能板		若干
焊接用元件		若干			

6.1　焊接基础知识

一、焊接概念

焊接是金属连接的一种方法。利用加热或其他方法，使焊料与被焊接金属之间互相吸引，互相渗透，使两种金属永久连接在一起，这种过程叫做焊接。在电子装配中主要焊接方法是钎焊。所谓钎焊，就是在固体待焊材料之间，溶入比待焊材料金属熔点低的焊料，使焊料进入待焊材料中，并在焊接部位发生化学变化，把被焊固态金属连接在一起的焊接方法。在钎焊中起连接作用的金属材料称为钎料，也称为焊料。

在电子电路中，焊接的方法有多种，各种方法的适用性也不同。如小规模的生产或维修中，一般采用手工电烙铁焊接；成批的或大量生产的则一般采用浸焊和波峰焊等自动化焊接方法。

手工电烙铁焊接大量采用锡铅焊料进行焊接，也称为锡钎焊，简称锡焊。锡铅焊料堆积而形成焊点，如果被焊接的金属结合面清洁，焊料中的锡和铅原子会在热态下进入被焊接金属材料，使两个被焊接金属连接在一起，得到牢固可靠的焊接点。要使被焊接金属与焊锡实现良好接触，应具备以下几个条件。

① 被焊接的金属应具有良好的可焊性。所谓可焊性是指在适当温度和助焊剂的作用下，在焊接面上，焊料面原子与被焊金属原子相互渗透，牢固结合，生成良好的焊点。

② 被焊金属表面和焊锡应保持清洁接触。在焊接前，必须清除焊接部位的氧化膜和污物，否则容易阻碍焊接时合金的形成。

③ 应选用助焊性能适合的助焊剂。助焊剂在熔化时，能溶解被焊接部位的氧化物和污物，增强焊锡的流动性，并能够保证焊锡与被焊接金属的牢固结合。

④ 选择合适的焊锡。焊锡的使用，应能使其在被焊金属表面产生良好的浸润，使焊锡与被焊金属熔为一体。

⑤ 保证足够的焊接温度。足够的焊接温度一是能够使焊料熔化，二是能够加热被焊金属，使两者生成金属合金。

⑥ 要有适当的焊接时间。焊接时间短，不能保证焊接质量，过长会损坏焊接部位，如果是印刷版会使焊接处的铜箔起泡。

二、焊接技术

要实现良好焊接，焊接技术是非常重要的，首先是对焊点应有如下要求。

① 焊点应可靠地连接导线，即焊点必须有良好的导电性能。

② 焊点应有足够的机械强度，即焊接部位比较牢固，能承受一定的机械应力。

③ 焊料适量，焊点上焊料过少，会影响机械强度和缩短焊点使用寿命；焊料过多不仅浪费，影响美观，还容易使不同焊点间发生短路。

④ 焊点不应有毛刺、空隙和其他缺陷。在高频电压电路中，毛刺易造成尖端放电。一般电路中，严重的毛刺还会导致短路。

⑤ 焊点表面必须清洁。焊接点表面的污垢，特别是有害物质，会腐蚀焊点、线路及元器件，焊完后应及时清除。

在焊接技术中，除了满足上述条件和对焊点的基本要求外，对于焊接工具的要求，对焊接中的操作要领及工艺的要求，都是实现良好焊接所必不可少的。

6.2 焊接前的准备

焊接必须使用合适的工具。目前在电子电气产品中，用电烙铁进行手工焊接仍占有极其重要的地位，电烙铁的正确选用与维护，是维修人员必须掌握的基础知识。

1. 电烙铁

电烙铁是进行手工焊接最常用的工具，其工作原理是在接通电源后，电流使电阻丝发热并通过传热筒加热烙铁头，达到焊接温度后进行工作的。

常用的电烙铁有外热式电烙铁、内热式电烙铁、恒温电烙铁和吸锡电烙铁。无论哪种电烙铁，它们的工作原理基本上都是相似的，都要求电烙铁热量充足、温度稳定、耗电少、效率高、安全耐用。

（1）外热式电烙铁。

外热式电烙铁按功率大小可分为 25 W、45 W、75 W、100W、150W、200 W 和 300W 等

多种规格，外热式电烙铁的外形和内部结构如图 6-1 所示。

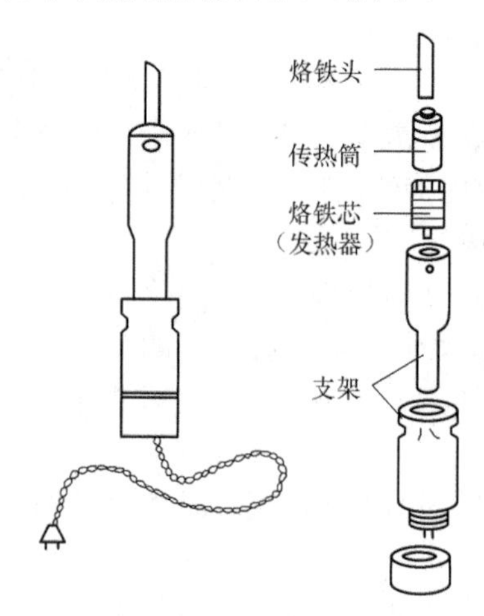

图 6-1 外热式电烙铁

外热式电烙铁各部分的作用如下。

烙铁头：由紫铜做成，用螺钉固定在传热筒中，它是电烙铁用于焊接的工作部分，由于焊接面的要求不同，烙铁头可以做成不同的形状。

传热筒：为一般铁质圆筒，内部固定烙铁头，外部缠绕电阻丝，它的作用是将发热器的热量传递到烙铁头。

发热器：用电阻丝分层绕制在传热筒上，用云母作层间绝缘，其作用是将电能转化为热能，并加热烙铁头。

支架：木柄和铁壳为电烙铁的支架和壳体，起操作手柄的作用。

（2）内热式电烙铁。

内热式电烙铁常见的规格有 20W、30W、35W 和 50W 等几种，外形和内部结构如图 6-2 所示，主要部分由烙铁头、发热器、连接杆、手柄等组成。由于它的发热元件装在烙铁头空腔内部，故称为内热式。

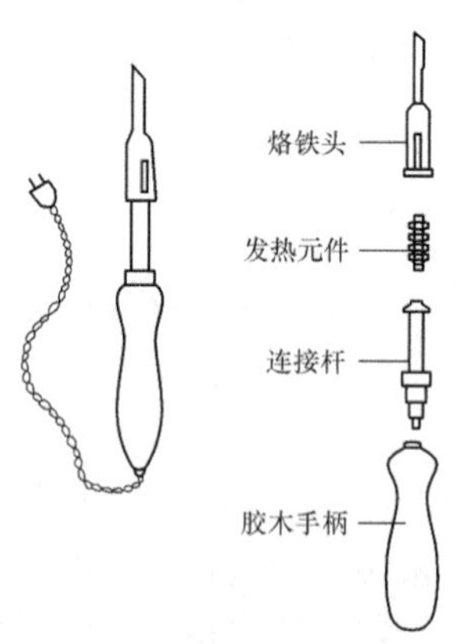

图 6-2 内热式电烙铁

（3）恒温电烙铁。

它是借助于电烙铁内部的磁控开关自动控制通电时间而达到恒温的目的，其外形如图 6-3 所示。

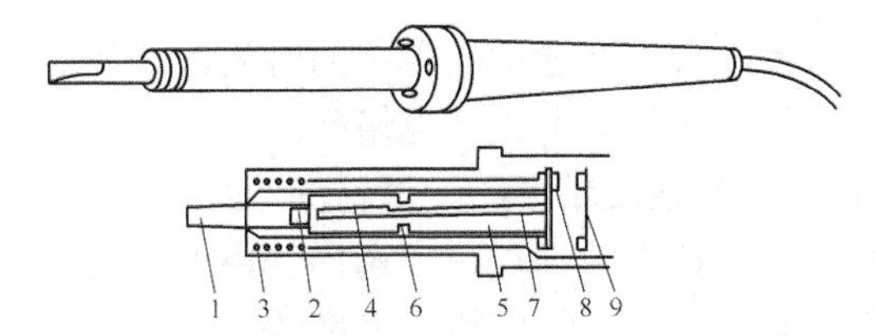

1-烙铁头；2-软磁金属块；3-加热器；4-永久磁铁；5-磁性开关；6-支架；7-小轴；8-接点；9-接触弹簧

图 6-3 恒温电烙铁

恒温电烙铁的优点是焊料不易被氧化，烙铁头不易过热损坏，更重要的是能防止元件过热损坏。

（4）吸锡电烙铁。

吸锡电烙铁外形如图 6-4 所示。主要用于检修时拆换元件，操作时先用该电烙铁烙铁头加热焊点，待焊锡熔化后，按动吸锡装置，即可把焊锡吸走。

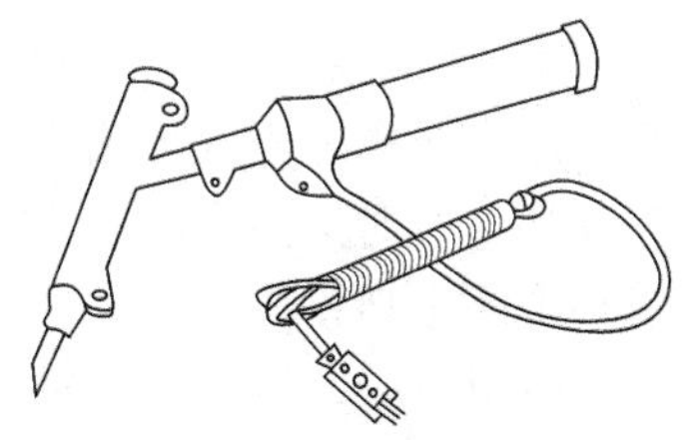

图 6-4 吸锡电烙铁

2. 电烙铁的选用

从总体上考虑，电烙铁的选用应掌握以下 5 个原则。

① 烙铁头的形状要适合被焊接物体的要求。常用的外热式电烙铁的头部大多制成錾子式样，而且根据被焊物面的要求，錾式烙铁头头部角度有 45°、10°～25°等，錾口的宽度也各不相同，如图 6-5（a）、（b）所示。对焊接密度较大的产品，可用如图 6-5（c）、（d）所示的烙铁头。内热式电烙铁常用圆斜面烙铁头，适合于焊接印制线路板和一般焊点，如图 6-5（e）所示。在印制线路板的焊接中，采用如图 6-5（f）所示的凹口烙铁头和如图 6-5（g）所示的空心烙铁头有时更为方便，但这两种烙铁头的修理较麻烦。

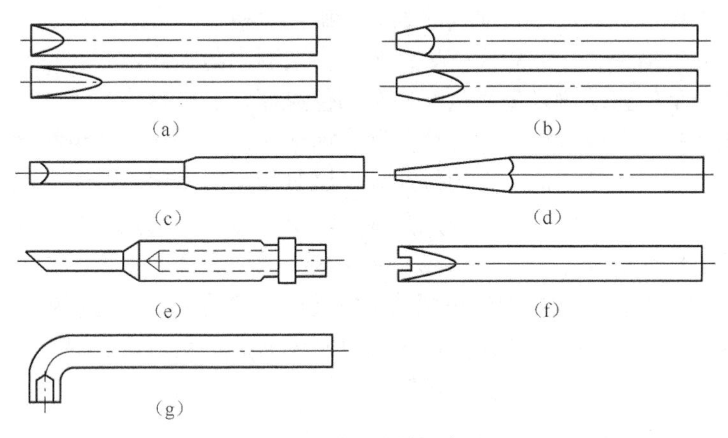

图 6-5 各种烙铁头外形

② 烙铁头顶端温度应能适应焊锡的熔点。通常这个温度应比焊锡熔点高 30~80℃，而且不应包括烙铁头接触焊点时下降的温度。

③ 电烙铁的热容量应能满足被焊件的要求。热容量太小，温度下降快，使焊锡熔化不充分，焊点强度低，表面发暗而无光泽，焊锡颗粒粗糙，甚至造成虚焊。热容量过大，会导致元器件和焊锡温度过高，不仅会损坏元器件和导线绝缘层，还可能使印制线路板铜箔起泡，焊锡流动性太大而难以控制。

④ 烙铁头的温度恢复时间能满足被焊件的热要求。所谓温度恢复时间，是指烙铁头接触

焊点温度降低后，重新恢复到原有最高温度所需要的时间。要使这个恢复时间适当，必须选择功率、热容量、烙铁头形状、长短等适合的电烙铁。

⑤ 对电烙铁功率的选择。焊接较精密的元器件和小型元器件，宜选用 20W 内热式电烙铁或 25~45W 外热式电烙铁。焊接连续焊点，应选用功率偏大的电烙铁。对大型焊点及金属底板的接地焊片，宜选用 100W 及以上的外热式电烙铁。

3. 使用电烙铁的注意事项

① 使用前必须检查两股电源线和保护接地线的接头是否正确，否则会导致元器件损伤，严重时还会引起操作人员触电。

② 新电烙铁初次使用，应先对烙铁头搪锡。其方法是将烙铁头加热到适当温度后，用砂布（纸）擦去或用锉刀错去氧化层，蘸上松香，然后浸在焊锡中来回摩擦，称为搪锡。电烙铁使用一段时间后，应取下烙铁头，去掉烙铁头与传热筒接触部分的氧化层，再装回，避免以后取不下烙铁头。另外，电烙铁应轻拿轻放，不可敲击。

③ 烙铁头应经常保持清洁。使用中若发现烙铁头工作表面有氧化层或污物，应用石棉毡等织物擦去，否则会影响焊接质量。烙铁头工作一段时间后，还会出现因氧化不能上锡的现象，应用锉刀或刮刀去掉烙铁头工作面黑灰色的氧化层，重新搪锡。烙铁头使用过久，还会出现腐蚀凹坑，影响正常焊接，应用榔头、锉刀对其整形，再重新搪锡。

④ 电烙铁工作时要放在特制的烙铁架上，烙铁架一般应置于工作台右上方，烙铁头部不能超出工作台，以免烫伤工作人员或其他物品。烙铁架底板由木板或塑料盒子制成，烙铁架由铁丝弯制，松香、焊锡槽内盛松香和焊锡，槽的斜面可用来摩擦烙铁头，去除氧化层，以便对烙铁头上锡。这种烙铁架材料易得，制作简便，可以自制。

⑤ 电烙铁的拆装与故障处理——以 20W 内热式电烙铁为例来说明它的拆装步骤。

拆卸时，首先拧松手柄上顶紧导线的螺钉，旋下手柄，然后从接线桩上取下电源线和电烙铁铁芯引线，取出烙铁芯，最后拔下烙铁头。安装顺序与拆卸正好相反，只是在旋紧手柄时，勿使电源线随手柄扭动，以免将电源接头部位绞坏，造成短路。

电烙铁的电路故障一般有短路和开路两种。如果是短路，一接通电源就会熔断熔体。短路点通常在手柄内的接头处和插头中的接线处，这时如果用万用表检查电源插头两插脚之间的电阻，阻值将趋于零。如果接上电源几分钟后，电烙铁还不发热，一定是电路不通。如供电正常，通常是电烙铁的发热器、电源线及有关接头部位有开路现象。这时旋开手柄，用万用表 $R\times100$ 挡测烙铁芯两接线桩间的电阻值，如果在 2kΩ 左右，一定是电源线断了或接头脱焊，应更换电源线或重新连接；如果两接线桩电阻无穷大，当烙铁芯引线与接线桩接触良好时，一定是烙铁芯电阻丝断路，应更换烙铁芯。

6.3 手工烙铁焊接技术

一、手工焊接基本要领

做到良好焊接的条件是：待焊材料具有清洁的金属表面；加热到最佳焊接温度；金属扩散时产生金属化合物合金。

焊点的质量要求：电接触良好、机械性能好、美观。

正确的焊接操作步骤是保证焊点质量的主要措施，初学者要通过严格的、大量的训练，才能熟练地掌握焊接操作技能。

二、电烙铁和焊料的握持方法

1. 焊接时的姿势和手法

焊接时一般为坐姿，工作台和座椅的高度要适当，挺胸端坐，操作者鼻尖与烙铁头的距离应在 20cm 以上，选好烙铁头的形状并采用适当的握法。电烙铁的握法一般有三种，第一种是握笔式，如图 6-6（a）所示，这种握法使用的烙铁头一般是直行的，适于用小功率电烙铁对小型电子电气设备及印制线路板的焊接；第二种是正握式，如图 6-6（b）所示，用于弯头烙铁的操作或直烙铁头在机架上的焊接；第三种是反握式，如图 6-6（c）所示，这种握法动作稳定，适合于用大功率电烙铁对热容量大的工件的焊接。

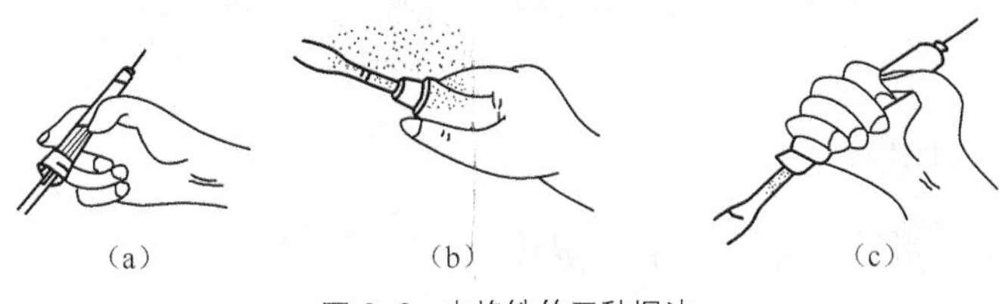

图 6-6　电烙铁的三种握法

2. 焊锡丝的拿法

先将焊锡丝拉直并截成$\frac{1}{3}$m 左右的长度，用不拿烙铁的手握住，配合焊接的速度和焊锡丝头部熔化的快慢适当向前送进。焊锡丝的拿法有两种，如图 6-7 所示，操作者可以根据自己的习惯选用。

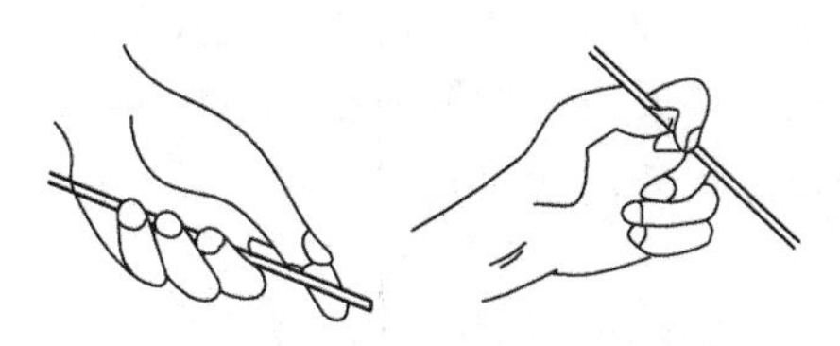

图 6-7　焊锡丝的拿法

3. 焊接面上焊前的清洁和搪锡

清洁焊接面的工具，可用砂纸（布），也可用废锯条做成的刮刀。焊接前应先清除焊接面的绝缘层、氧化物及污物，直到完全露出紫铜表面，其上不留一点污物为止。有些镀金、镀银或镀锡的基材，由于基材难以上锡，所以不能把镀层刮掉，只能用粗橡皮擦去表面污物。焊接面清洁处理后，应尽快搪锡，以免表面重新氧化，搪锡前应先在焊接面涂上焊剂。对扁平集成电路引线，焊前一般不作清洁处理，但焊接前应妥善保存，不要弄脏引线。焊面的清洁和搪锡是确保焊接质量，避免虚焊、假焊的关键。假焊和虚焊，主要是由于焊接面上存在氧化层和污物造成的。假焊使电路完全不通；虚焊使焊点成为有接触电阻的连接状态，从而使电路工作时噪声增加，产生不稳定状态，电路工作时好时坏，给检修工作带来很大困难。还有一部分虚焊点，在电路开始工作的一段时间内，能保持焊点较好的接触，电路工作正常。但在温度、湿度有变化或发生震动等环境条件下工作一段时间后，接触表面逐步氧化，接触电阻慢慢增大，最后导致电路工作不正常。这一过程有时可长达一两年。可见虚焊是电路可靠性的一大隐患，必须尽力予以消除。所以在进行焊接面的清洁与搪锡时，切不可粗心大意。

4. 焊接的温度和时间

不同的焊接对象，要求烙铁头的温度不同。焊接导线接头，工作温度可在300～480℃之间；焊接印制线路板上的元件，一般以430～450℃为宜；焊接细线条印制线路板和极细导线，温度应在290～370℃为宜；在焊接热敏元件时，其温度至少要480℃，才能保证焊接时间尽可能短。电源电压220V，20W烙铁头工作温度为290～400℃；45W烙铁头400～510℃。可以选择适当瓦数的烙铁，使其焊接时，在5s内焊点即可达到要求的温度，而且在焊完时，热量也不致大量散失，从而保证焊点的质量和元器件的安全。

5. 焊点形成的火候

焊接时不要将烙铁头在焊点上来回磨动，应将烙铁头搪锡面紧贴焊点，等到焊锡全部熔化，并因表面张力收缩而使表面光滑后，迅速将烙铁头从斜面上方约45°的方向移动开。这时焊锡不会立即凝固，一定不要使被焊件移动，否则焊锡会凝成砂粒状或造成焊接不牢固而形成虚焊。

三、焊接操作步骤

在各方面的条件都准备好以后，就可以进行焊接了。在手工电烙铁焊接中，初学者可采用五步工序法进行。

1. 准备

将被焊件、电烙铁、焊锡丝、烙铁架、焊剂等放在工作台上便于操作的地方。加热并清洁烙铁头工作面，搪上少量焊锡，将加热好的电烙铁（烙铁头上已熔化有一部分焊料）和带有助焊剂的焊料对准已经预加工好的待焊材料。如图6-8（a）所示。

2. 加热被焊件

将烙铁头放置在焊接点上，对焊点加温；烙铁头工作面搪有焊锡，可加快升温速度，要掌握好烙铁头的角度，使焊点与烙铁头的接触面积大一些并保持一定压力。如图6-8（b）所示。如果一个焊点上有两个以上元件，应尽量同时加热所有被焊件的焊接部位。

3. 熔化焊料

焊点加热到工作温度时，立即将焊锡丝触到被焊件的焊接面上，如6-8（c）所示。焊锡丝应对着烙铁头的方向加入，但不能直接触到烙铁头上。

4. 移开焊料

当焊料熔化到一定量后，应迅速移开，如图6-8（d）所示。

5. 移开电烙铁

当焊接点上的焊料接近饱满、焊剂尚未完全挥发、焊点最光亮、流动性最强的时候，迅速将电烙铁移开，如图6-8（e）所示。

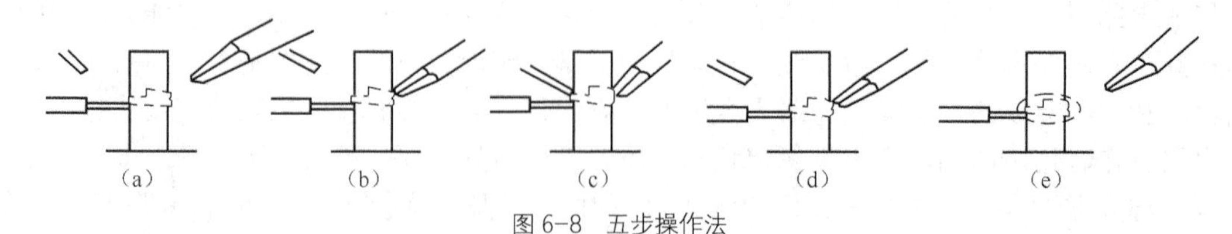

图6-8 五步操作法

对于焊接技术较为熟练的人或热容量较小的焊件，可将上述五步操作法简化成三步操作法。

① 准备：右手拿经过预热、清洁并搪上锡的电烙铁，左手拿焊锡丝，靠近烙铁头，作待

焊姿势，如图 6-9（a）所示。

② 同时加热被焊件和焊锡丝：将电烙铁和焊锡丝从被焊件的两侧同时接触到焊接点，使适量焊锡熔化，浸满焊接部位，如图 6-9（b）所示。

③ 同时移开电烙铁和焊锡丝：待焊点形成、火候达到时，同时将电烙铁和焊锡丝移开，如图 6-9（c）所示。

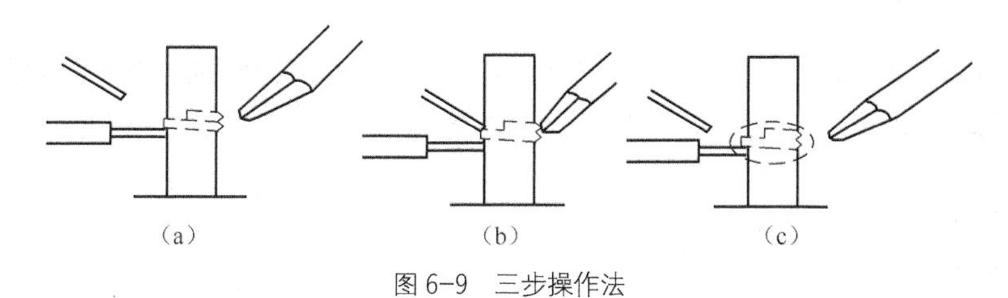

图 6-9 三步操作法

对于一般焊点来说，从烙铁预热待焊材料到移开的总焊接时间应在 3s 左右，时间太短焊料熔化不充分；时间太长会烫伤元器件及线路板。对大焊点可适当延长焊接时间。

四、印制线路板的焊接

① 印制线路板是用来连接与安放电路元器件的材料，在印制线路板上，各元器件由于各自的外形、条件不同，摆置的方法也不尽相同，一般被焊元器件的安装方式如图 6-10 所示。

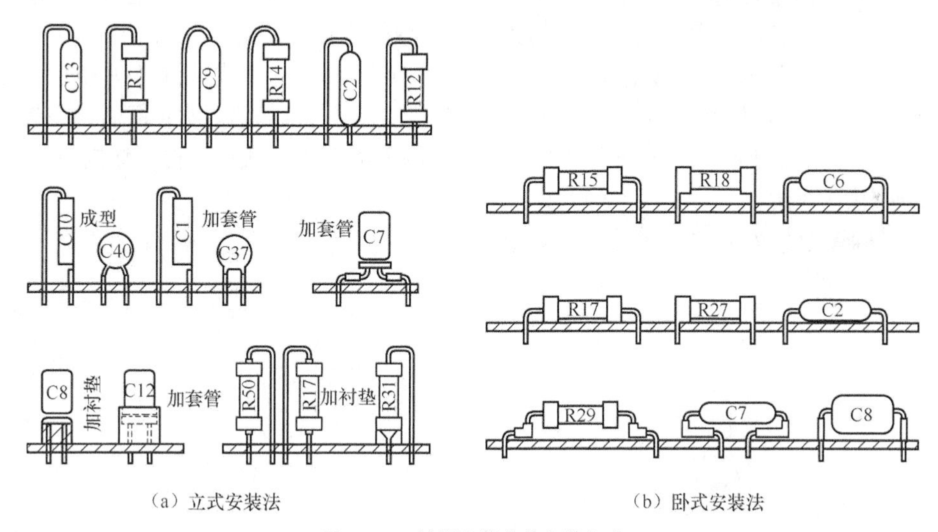

图 6-10 被焊元器件的安装方式

② 印制线路板上的焊接步骤。在印制线路板上焊接一般元器件、二极管、晶体管，集成电路的步骤与前面所述电烙铁焊接步骤的五步操作法和三步操作法基本相同。只是在焊接集成电路时，由于是密集焊点焊接，烙铁头应选用尖形，焊接温度以 230℃±10℃为宜。焊接时间要短，并应严格控制焊料与焊剂的用量，烙铁头上只需少量焊锡，在元器件引线与接点之间轻轻点牢即可。

③ 焊接集成电路时，应将烙铁外壳妥善接地或将外壳与印制线路板公用接地线用导线连接，也可拔下电烙铁的电源插头趁热焊接，这样可以避免因电烙铁的绝缘不好使外壳带电或内部发热器对外壳感应出电压而损坏元件。在工厂，常常把电烙铁手工焊接过程归纳成八个

字："一刮、二镀、三测、四焊"。"刮"是指被焊件表面的清洁工作，有氧化层的要刮去，有油污的可擦去。"镀"是对被焊部位的搪锡。"测"是指对搪锡受热后的元件重新检测，看它在焊接高温下是否会变质。"焊"是指最后把测试合格的、已完成上述三个步骤的元器件焊接到电路中去。

五、拆焊技术

在装配与修理中，有时需要将已经焊接的连线或元器件拆除，这个过程就是拆焊。在使用操作上，拆焊比焊接难度大，更需要用恰当的方法和必要的工具，才不会损坏元器件或破坏原焊点。

1. 拆焊工具

（1）吸锡器。

是用来吸取焊点上存锡的一种工具。它的形式有多种，常用的球形吸锡器如图 6-11 所示。球形吸锡器是将橡皮囊内部空气压出，形成低压区，再通过特制的吸锡嘴，将熔化的锡液吸入球体空腔内。当空腔内的残锡较多时，可取下吸锡嘴，导出存锡。此外，常用的还有管形吸锡器，其吸锡原理类似医用注射器，它是利用吸气筒内的压缩弹簧的张力，推动活塞向后运动，在吸口部位形成负压，从而将熔化的锡液吸入管内。

（2）排锡管。

排锡管是使印制线路板上元件引线与焊盘分离的工具。它实际上是一根空心不锈钢管，如图 6-12 所示。操作者也可根据元件引线的线径选用型号合适的注射用针头改制。将针尖挫平，针头尾部装上适当长的手柄。操作时，将针孔对准焊点上元器件引线，待烙铁将焊锡熔化后，迅速将针头插入印刷线路板元件插孔内，同时左右转动，移开电烙铁，使元件引线与焊盘分离。为方便使用，平时应准备几种不同型号的排锡管，以适应对不同线径元件引线的排锡。

（3）吸锡电烙铁。

是手工拆焊中最为方便的工具之一。

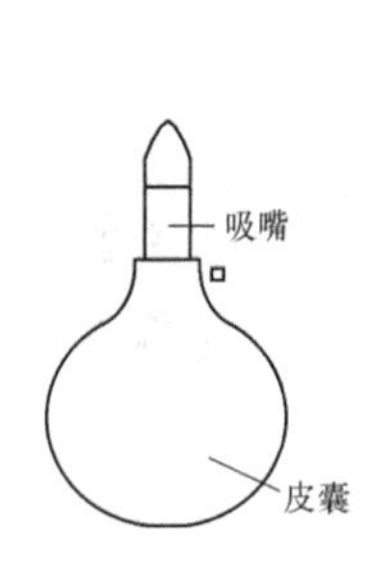

图 6-11 球形吸锡器

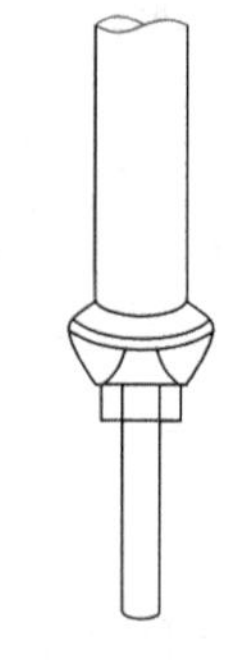

图 6-12 排锡管

（4）镊子。

以端头尖细的最为适用。拆焊时，可用它来夹持元件引脚或挑起元件脚。

（5）捅针。

一般用 5～18 号注射用空针改制，样式与排锡管相同。在拆焊后的印制线路板焊盘上，往往有焊锡将元器件引线插孔封住，这就需用电烙铁加热，并用捅针捅开和清理插孔，以便重新插入元器件。一般 9 号针头可以拆一般电子元件，如电阻、电容、二极管、三极管、电感等，

12 号针头一般可用来拆中、大功率三极管的引脚，16 号、18 号针头可以用来拆变压器引脚。

2. 一般焊接点的拆除

对于钩焊、搭焊和插焊的一般焊接点，拆焊比较简单，只需用电烙铁对焊点加热，熔化焊锡，然后用镊子或尖嘴钳拆下元器件引线。对于网焊，由于在焊点上连线缠绕牢固，拆卸比较困难，往往容易烫坏元器件或导线绝缘层。在拆除网焊焊点时，一般可在离焊点约 10mm 处将欲拆元件引线剪断，然后再拆除网焊线头。这样至少可保证不会将元器件或引线绝缘层烫坏。

3. 印制线路板上焊接件的拆焊

对印制线路板上焊接元件的拆焊，与焊接一样，动作要快，对焊盘加热时间要短，否则将烫坏元器件或导致印制线路板铜箔起泡剥离。根据被拆除对象的不同，常用的拆焊方法有分点拆焊法，集中拆焊法和间断加热拆焊法三种。

（1）分点拆焊法。

印制线路板上的电阻、电容、普通电线、连接导线等，只有两个焊点，可用分点拆焊法，先拆除一端焊接点的引线，再拆除另一端焊接点的引线并将元件（或导线）取出。

（2）集中拆焊法。

集成电路、中频变压多引线接插件等的焊点多而密，转换开关、晶体管及立式装置的元器件等的焊点距离很近。对上述元器件可采用集中拆焊法，先用电烙铁和吸锡工具，逐个将焊接点上的焊锡吸去，再用排锡管将元器件引线逐个与焊盘分离，最后将元器件拔下。

（3）间断加热拆焊法。

对于有塑料骨架的元器件，如中频变压器、线圈、行输出变压器等，它们的骨架不耐高温，且引线多而密，宜采用间断加热拆焊法。拆焊时，先用电烙铁加热，吸去焊接点焊锡，露出元器件引线轮廓，再用镊子或捅针挑开焊盘与引线间的残留焊料，最后用烙铁头对引线未挑开的个别焊接点加热，待焊锡熔化时，趁热拔下元器件。

4. 其他接线柱焊点的拆除

对于一般的接线柱绕挂焊接、插焊焊点，可用电烙铁加热焊点，趁焊料熔化时用镊子或尖嘴钳拨开引线并拆除；若某些焊点确实不易拆除，可直接将待拆引线沿焊点根部剪断，然后再拆除残余线头，以便重新焊接。

焊接是一种实践性极强的技能，学生要熟练掌握这门技术，除了应具备必要的理论知识外，更重要的是要反复、刻苦地练习，严格遵循焊接工艺，不断总结提高，做到熟能生巧。

6.4 实习内容

一、内热式电烙铁拆装训练

正确拆卸和装配电烙铁，能测试电烙铁相关参数，进行好坏判别及故障检修。检查电烙铁的好坏，用万用表测试电烙铁插头的电阻，如果开路则不能使用，如果短路更不能使用，需要更换电烙铁。对于开路的情形，可以更换烙铁芯，这就需要按照一定的步骤来拆卸电烙铁。先将电烙铁手柄上的螺丝松开，再旋出手柄，然后更换电烙铁芯。

二、焊接技能训练

在规定时间内，进行手工电烙铁焊接，要求待焊元器件、导线等待焊材料预加工到位，各焊点有较强的机械强度，导电性能良好，外形光洁圆润，大小适中，无虚焊、拉尖、孔洞等缺陷。

三、拆焊训练

对在万能板上已经焊接好的元件用拆焊工具拆焊，比如吸锡器、捅针等拆焊。

四、考核标准

表 6-2 电烙铁拆装训练考核评定标准

训练内容	配分	扣分标准	扣分	得分
外观检查	30 分	1．装配不到位 扣 10 分 2．导线绝缘层损坏 扣 10 分 3．元器件损坏 扣 15 分 4．元器件丢失 扣 20 分 5．烙铁头形状不规范 扣 10 分		
静态检测	40 分	1．烙铁芯损坏 扣 20 分 2．接线柱、插头非正常短路、开路 扣 15 分 3．烙铁头与电源线短路 扣 15 分		
通电检测	30 分	1．出现短路、打火 扣 20 分 2．烙铁不发热 扣 15 分 3．烙铁头镀锡不良 扣 10 分		
总评（注：各项内容中扣分总值不应超过对应各项内容所配分数）				

表 6-3 焊接、拆焊训练考核评定标准

训练内容	配分	扣分标准	扣分	得分
元件整形和焊接	30 分	1．电烙铁使用不正确 扣 10 分 2．元器件布置不符合要求 扣 10 分 3．元器件损坏 扣 15 分 4．元器件丢失 扣 20 分		
印制板焊接	50 分	1．焊点有缺陷 每处扣 5 分 2．焊点大小一致性差 扣 15 分 3．元器件摆放不规范 每只扣 5 分 4．元器件摆放不整齐、不一致 扣 10 分 5．元器件引脚预加工不好 每只扣 5 分		
拆焊练习	20 分	1．元器件损坏 每只扣 5 分 2．引线绝缘层损坏 每根扣 5 分 3．印制线路板铜箔起泡剥离 每处扣 5 分		
总评（注：各项内容中扣分总值不应超过对应各项内容所配分数）				

6.5 实习内容拓展

在万能板上装配调频收音机，要求布线美观，焊接良好，能够收到电台信号。

实习项目 7 电工应用识图

实习要求

（1）熟悉电气制图的基本知识

（2）掌握电气图纸识读的基本方法

（3）熟练识读电气原理图、电气接线图

电气图纸是各种电工用图的统称，种类繁多。电气图纸是电工对电气设备进行安装、配线、分析判断电路故障等各方面工作的主要依据，同时又是设计人员与电工之间进行技术交流的共同语言。

如果按照电气设备实物外形，用线条代表连接用的导线进行连接，构成一台电动机的接线图，画起来是相当麻烦、困难的。对于没有专业知识的人员，只要看到这种实物接线图讲一遍，就能大致明白是什么器件，但面对电气图纸则没有那么简单，尤其是对刚刚接触电气设备的工作原理的在校学生来说是难以看懂的。

如果把电动机控制线路实物接线图中的刀闸开关、空气开关、接触器、端子板、热继电器、控制按钮，按照统一规定的图形符号、线型符号、文字符号绘制出一种实际接线图，用这样的图表示电气器件之间的连接关系及其特征，就容易表达了，学生也就更容易掌握了。

通过图 7-1，可以清楚看出电路图主要由图形符号、线型、文字符号、数字构成。由于图形符号不能明确地表示出电气设备的名称与特征，如交流接触器及各种继电器线圈的图形符号（一般符号）是相同的，所以要区别相同图形符号表示的不同电气设备，必须配以相应的文字符号，线圈的图形符号上面加上字母 KM，表明这是交流接触器的线圈，在触点符号旁边加上字母 KM，表示触点是接触器 KM 上所带的触点。

由于图形符号不能明确地表示出电气设备的名称与特征，如交流接触器及各种继电器线圈的图形符号（一般符号）是相同的，所以要区别相同图形符号表示的不同电气设备，必须配以相应的文字符号。线圈的图形符号上面加上字母 KM，表明这是交流接触器的线圈；在触点符号旁边加上字母 KM，表示触点是接触器 KM 上所带的触点。如果线圈的图形符号上面加上字母 KT，表明这是时间继电器的线圈；在触点符号旁边加上字母 KT，表示触点是时间继电器所带的触点。

把图 7-1 所示的实际接线图，画成另一种形式的控制电路图，这就是电工在分析电路时常用的一种电路图。这种图画法简单、层次清晰、容易看出电路的工作原理，如图 7-2 所示。

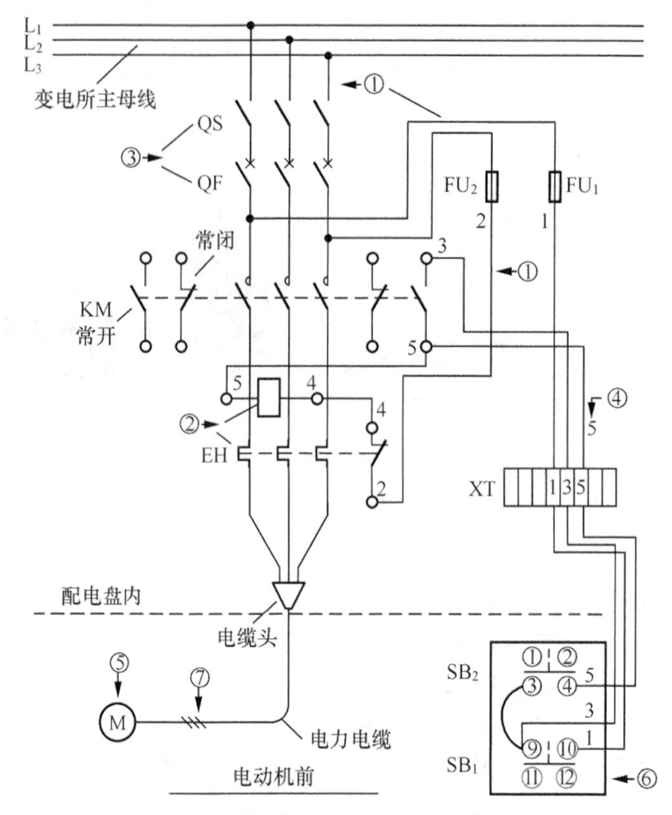

图 7-1 单方向转动的电动机实际接线图

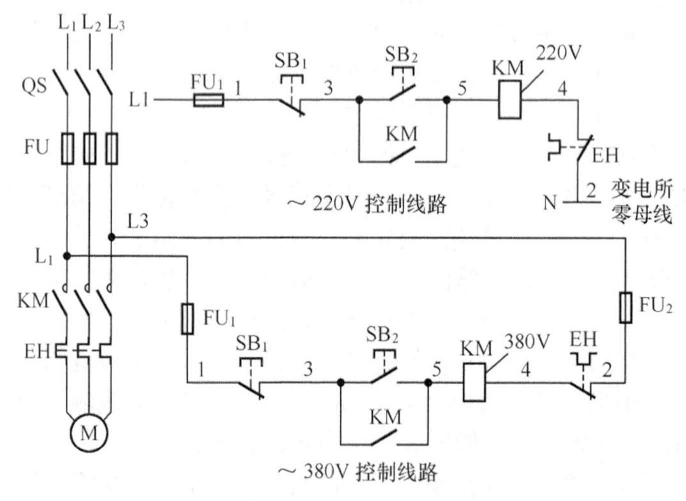

图 7-2 单方向转动的电动机控制电路图

图的主电路与～220V 控制电路是分开画出的，～380V 控制电路采用与主电路连接的画法。控制电路一般称之原理展开图，主电路一般称之系统图。用这样的图来表示电气器件之间的连接关系及其特征，读者比较容易看懂电路工作原理。

图形符号、文字符号和回路符号在电路图中表示的是什么电气设备、附件、器件，是必须熟悉和掌握的基本知识。

7.1 电气制图的基本知识

一、电路图中的文字符号

文字符号是一些用来标明电气设备、装置和元器件的种类和功能的代号，包括基本文字符号和辅助文字符号。下面简要介绍一下文字符号及其组合方式。

1. 基本文字符号

基本文字符号可以用单字母符号或双字母符号表示。单字母符号是用大写的拉丁字母表示，每一个专用字母表示一种电气设备或电器元件，如“M”表示电动机，“G”表示发电机，“R”表示电阻，“K”表示接触器或继电器，“C”表示电容器，“T”表示变压器。如需将大类作进一步分类时，则用双字母符号组合的形式，以单字母在前的次序列出，如“K”代表继电器，“KT”表示时间继电器，“KM”表示交流接触器，“KA”表示电流继电器，“KV”表示电压继电器。

2. 辅助文字符号

辅助文字符号常加在基本文字符号之后，可以进一步表示电气设备装置和元器件的功能、特征和状态等，如“RD”表示红色，“SP”表示压力传感器。辅助符号也可单独使用，如“ON”表示接通，“M”表示中间，“PE”表示保护接地等。

3. 数字符号

它是用数字来表示回路中相同设备的排列顺序的编号，可以写在设备名称符号的前面或后面，如下所示。

其中“3”就是数字符号，“KT”表示时间继电器，数字 3 表示的是 3 个时间继电器。

4. 补充文字符号的原则

基本文字符号和补助文字符号如不敷使用，可按本标准中文字符号组成规律和下述原则予以补充。

① 在不违背 GB7159—87 标准编制原则的条件下，可采用国际标准中规定的电气技术文字符号。

② 在优先采用 GB7159—87 标准中规定的单字母符号、双字母符号和补助文字符号的前提下，可补充本标准为列出的双字母符号和辅助字母符号。

③ 文字符号应按照有关电器名词术语国家标准或专业标准中规定的英文术语缩写而成。同一设备若有几种名称时，应选用其中一个名称。当设备名称、功能、状态或特征为一个英文单词时，一般采用该单词的第一位字母构成文字符号，需要时也可以用前两位字母，或前两个音节的首位字母，也可以采用常用缩略语或规定俗成的习惯用法构成。当设备名称、功能、状态或特征为两个或三个英文单词时，一般采用该两个或三个单词的第一个字母，或者采用缩略语或约定俗成的习惯用法构成文字符号。基本文字符号不得超过两位字母，辅助文字符号一般不能超过三位字母。

二、电路图中表示电气设备的文字符号

电路图中表示电气设备的文字符号见表 7-1～表 7-6 所示。

表 7-1　　电气设备的常用基本文字符号

设备、装置和元器件，中文名称	基本文字符号单字母	双字母	设备、装置和元器件，中文名称	基本文字符号单字母	双字母	设备、装置和元器件，中文名称	基本文字符号单字母	双字母
电动机			自耦变压器		TA	差动继电器		KD
同步电动机		MS	整流变压器		TR	时间继电器		KT
笼型电动机		MS	电力变压器		TM	极化继电器		KP
异步电动机		MA	降压变压器	T	TD	接地继电器		KE
力矩电动机	M	MT	电压互感器		TV	逆流继电器		KR
定子绕组		WS	电流变压器		TA	簧片继电器		KR
转子绕组		WR	控制电源变压器		TC	交流继电器		KA
励磁线圈		LF	晶体管	V		信号继电器	K	KS
发电机			电磁制动器		YB	热继电器		KH EH
异步电动机		GA	电磁离合器		YC	瓦斯继电器		KB
同步电动机	G	GS	电磁铁		YA	电压继电器		KV
测速发电机		BR	电动阀	Y	YXJM	电流继电器		
逆变器	U		电磁阀		YV	差动继电器		KD
控制开关		SA	电磁吸盘		YH	温度继电器		
选择开关	S	SA	气阀		Y	压力继电器		KPF
按钮开关		SB	电容器			指示灯		HL
刀闸开关		QS QA	电力电容器	C	CE	光指示器	H	HL
行程开关		LS	电抗器、电感器	L		声响指示器		HA
限位开关		SQ	熔断器		FU			
接近开关		SP	快速熔断器	F	PP	真空断路器		QY
脚踏开关		SF	跌落式熔断器		FF	温度传感器	S	ST

续表

设备、装置和元器件，中文名称	基本文字符号单字母 双字母		设备、装置和元器件，中文名称	基本文字符号单字母 双字母		设备、装置和元器件，中文名称	基本文字符号单字母 双字母	
自动开关		QA	热敏电阻器		RT	转速传感器		SR
转换开关			电位器	R	RP	接地传感器	S	SE
负荷开关		QL	电阻器			位置传感器		SQ
终点开关			变阻器			压力传感器		SP
蓄电池		GB	压敏电阻器	R	RV	蓄电池		GB
避雷器	F		测量分路表		RS	端子板		XT
限流保护器件		FA	液位标高传感器	S	SL	插头		XP
限压保护器件		FV	低电压保护			插座	X	XS
电流表		PA	隔离开关	Q	QS	连接片		XB
电能表		PJ	电动机保护开关		QM	测试插孔		XJ
电压表	P	PV	断路器		QF	激光器	A	
（脉冲）计数器		PC	接触器		KM	电桥		AB
操作时间表（时钟）		PT	压力变换器		BP	晶体管放大器		AD
发热器件		EH	位置变换器		BQ	磁放大器		AM
照明灯	E	EL	旋转变换器	B	BR	电子管放大器		AV
空气调节器		EV	温度变换器		BT	印制电路板		AP
电子管		VE	速度变换器		BV	抽屉柜		AT
变频器	U		旋转变压器		B	支架盘		AR

表 7-2　电路图中常用的辅助文字符号

序号	文字符号	名称	序号	文字符号	名称
1	A	电流	12	BL	蓝
2	A	模拟	13	BW	向后
3	AC	交流	14	C	控制
4	A，AUT	自动	15	CW	顺时针
5	ACC	加速	16	CCW	逆时针
6	ADD	附加	17	D	延时
7	ADJ	可调	18	D	差动
8	AUX	辅助	19	D	数字

续表

序号	文字符号	名称	序号	文字符号	名称
9	ASY	异步	20	D	降
10	B，BRK	制动	21	DC	直流
11	BK	黑	22	DEC	减
23	E	接地	48	R	记录
24	EM	紧急	49	R	右
25	F	快速	50	R	反
26	FB	反馈	51	RD	红
27	FW	正，向前	52	R，RST	复位
28	GN	绿	53	RES	备用
29	H	高	54	RUN	运转
30	IN	输入	55	S	信号
31	INC	增	56	ST	启动
32	IND	感应	57	S，SET	置位，定位
33	L	左	58	SAT	饱和
34	L	限制	59	STE	步进
35	L	低	60	STP	停止
36	LA	闭锁	61	SYN	同步
37	M	中间线	62	T	温度
38	M，MAN	手动	63	T	时间
39	N	中性线	64	TE	无噪声（防干扰）接地
40	OFF	断开	65	V	真空
41	ON	闭合	66	V	速度
42	OUT	输出	67	V	电压
43	P	压力	68	WH	白
44	P	保护	69	YE	黄
45	PE	保护接地	70	M	主
46	PEN	温度	71	M	中
47	PU	不接地保护	72		

表 7-3　　外文电路图中电气设备的文字符号（一）

设备名称	文字符号	设备名称	文字符号	设备名称	文字符号
液压开关	FLS	接触器	MCtt	电动阀	MY

续表

设备名称	文字符号	设备名称	文字符号	设备名称	文字符号
发电机	G	变阻器	RHEO	电磁阀	SV
电压表	V	电容器	C	调节阀	CV
压力开关	PRS	移相电容器	SC	低压电源	LVPS
速度开关	SPS	硅三极管	SRS	信号监视灯	PL
按钮开关	PBS，PB	辅助继电器	AXR	逆流继电器	RR
选择开关	COS	电流继电器	OCR	电压表转换开关	VS
控制开关	CS	电源开关	PS	电压继电器	VR
刀闸开关	KS	气动开关	POS	热继电器	OL
负荷开关	ACB	励磁开关	FS	极化继电器	PR
转换开关	RS	光敏开关	LAS	信号继电器	KS
自动开关	NFB，MCB	隔离开关	DS	辅助继电器	AXR
行程开关	LS	倒顺开关	TS	接地继电器	ER
温度开关	TS	熔断器	F	蓄电池	EPS

表 7-4　　外文电路图中电气设备的文字符号（二）

设备名称	文字符号	设备名称	文字符号	设备名称	文字符号
事故停机	ESD	压敏电阻器	VDR	电力电容器	SC
交流继电器	KA	电压电流互感器	MOF	零序电流互感器	ZCT
电压互感器	PT	电流互感器	CT	星—三角启动器	YDS
限时继电器	TLR	信号灯	PL	励磁线圈	FC
电流表转换开关	AS	消弧线圈	PC	脱扣线圈	TC
差动继电器	DR	保持线圈	HC	磁吹断路器	MBB
接地限速开关	SLS	避雷器	LA	真空断路器	VS
脚踏开关	FTS	油断路器	OCB	限位开关	SL
电动机	M	变压器	Tr	柱上油开关	POS

表 7-5　　外文电路图中电气设备的文字符号（三）

设备名称	文字符号	设备名称	文字符号	设备名称	文字符号
高压开关柜	AH	高压电源	HTS	接线盒	JB
低压配电柜	AA	安装作业	IX	引线盒	PB
动力配电柜	AP	检修与维修	RM	控制板	BC
控制箱	AS	试验/测试	TST	照明回路	LDB
照明配电箱	AS	安装图	ID	瞬时接触	MC
直流电源	DCM	控制装置	CF	常开触点	NO

续表

设备名称	文字符号	设备名称	文字符号	设备名称	文字符号
交流电源	ACM	动力设备	PE	常闭触点	NC
控制用电源	CVCF	双接点	DC	延时闭合	TC

表 7-6 外文电路图中电气设备的文字符号（四）

设备名称	文字符号	设备名称	文字符号	设备名称	文字符号
润滑油泵	LOP	给油泵	FP	操纵台	C
油泵	OP	循环水泵	CWP	保险箱	SL
主油泵	MOP	抽油泵	OSP	程序自动控制	ASC
辅助油泵	AOP	控制箱	CC	电流试验端子	CT.T
盘车油泵	TGOP				

三、图形符号

1. 图形符号的定义

图形符号是电气图纸或其他文件中用来表示电气设备或概念的图形记号或符号。

（1）图形符号。

通常用于图样或其他文件，以表示一个设备或概念的图形、标记或字符。

（2）符号要素。

一种具有确定意义的简单图形,必须同其他图形组合以构成一个设备或概念的完整符号。例如灯丝、栅极、阳极、管壳等符号组成电子管的符号。符号要素组合使用时，其布置可以同符号表示的设备的实际结构不一致。

（3）一般符号。

用以表示一类产品和此类产品特征的一种通常很简单的符号。

（4）限定符号。

用以表示提供附加信息的一种加在其他符号上的符号。

注：限定符号通常不能单独使用。但一般符号有时也可用作限定符号。如电容器的一般符号加到传声器符号上即构成电容式传声器的符号。

（5）方框符号。

用以表示元件、设备等组合及其功能，既不给出元件、设备的细节也不考虑所有连接的一种简单的图形符号。可用在使用单线表示法的图中，也可用在表示全部输入和输出列接线的图中。

《电气制图及图形符号国家标准汇编》标准中，导线符号可以用不同宽度的线条表示。有些符号具有几种图形形式，“优选形”是供优先采用的。在同一张电气图样中只能选用一种图形形式，图形符号的大小和线条的粗细亦应基本一致。

2. 电气设备图形符号

（1）表示导线连接敷设的图形符号。

将电气设备图形符号用粗或细的线条进行连接后，就构成了一个完整的电路图。我们看到的粗或细的线条称为线型符号。线型符号用来表示各种导线，如不同的绝缘导线、电缆，不同形状的母线等。

线型符号在电路上使用非常普遍，适用于各种线路。除绝缘导线外还有各种电缆、母线。在电路图上都是用线型符号与文字符号（汉语拼音字母、数字）共同来表示，包括导线名称、型号、规格、数量、敷设方式、连接方法等信息。各类型符号见表 7-7～表 7-12。

表 7-7 表示导线、母线线路敷设方式的图形符号

图形符号	说明	图形符号	说明
	电缆穿金属管保护		挂在钢索上的线路
	电缆穿非金属管保护		水下（海底）线路
	柔软导线		地下线路
	星形接线 三角形连接		架空线路 电缆穿管保护
	母线伸缩接头		电缆铺砖保护
	事故照明 屏蔽导线		装在吊钩上的封闭母线
	中途穿线盒或分线盒		装在支柱上的封闭母线
M	封闭式母线		

表 7-8 表示导线、母线线路的图形符号

图形符号	说明	图形符号	说明
	电线、导线、母线线路一般符号 斜线表示三根导线 斜线上数字表示导线根数		母线一般符号 直流母线 交流母线 滑触线
	中性线		保护和中性共用线
	保护线		具有保护线和中性线的三相配线

表 7-9 表示设备内部连接与绕组连接用的图形符号

图形符号	说明	图形符号	说明
	两相绕组		两个绕组 V 型（60）连接的三相绕组
	1：星形连接的三相绕组 2: 中性点引出的星形连接的三相绕组		连接的六相绕组
	T 形连接的三相绕组 中性点引出的四相绕组		三角形连接的三相绕组 开口三角形连接的三相绕组

表 7-10 表示导线敷设方向的图形符号

图形符号	说明	图形符号	说明
	引上		引下

续表

图形符号	说明	图形符号	说明
	由下引来		由上引来
	引上并引下		由上引来再引下
	由下引来再引上		

表 7-11　　表示端子和导线连接的图形符号

图形符号	说明	图形符号	说明
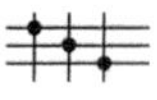	示例： 导线的交叉连接		示例： 导线的交叉连接单线表示法
	导线的不连接（跨越）	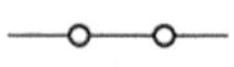	导线直接连接
	导线的连接	 n	导线的交换 相序的变更或极性的反向（示出用单线表示 n 根导线）
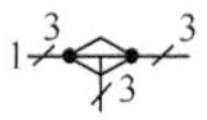 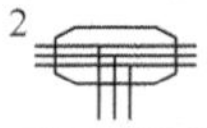 1 3 3 3 2	电缆接线盒，电缆分线盒 1：单线表示 2：多线表示	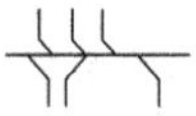	端子 可拆卸的端子 导线或电缆的分支和合并
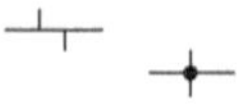	导线的多线连接	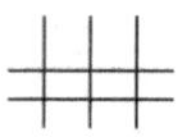	导线的不连接 （跨越） 多线表示法
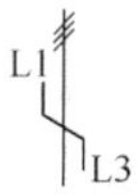  L1 L3	导线的交换（换位） 示例： 示出相序的变更 导线的不连接 （跨越） 单线表示法	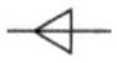 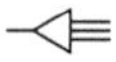  	电缆密封终端头 不需要示出电缆芯线的终端头 多线表示 （示出带一根三芯电缆） 单线表示

表 7-12　　交流接触器触点的图形符号

图形符号	说明	图形符号	说明
 1	1：接触器主触点	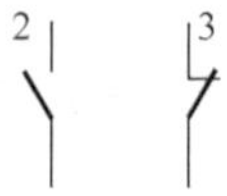 2　3	接触器辅助触点 2：（常开触点） 3：（常闭触点）

（2）执行器件的图形符号。

表 7-13～表 7-26 所示出的图形符号，用于系统图、原理接线图、控制电路中。不同的图形符号，分别代表不同的电气设备元件名称、性能、特征，与图形边上标注的文字符号共同表达。

表 7-13 电动机发电机测速发电机的图形符号

图形符号	说明	图形符号	说明
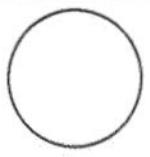	电机一般图形符号	 M ~	交流电动机
 M —	直流电动机	 G —	直流发电机
 G ~	交流发电机	 TG ~	交流测速发电机
 TG —	直流测速发电机	 M 3~	三相绕线转子异步发电机
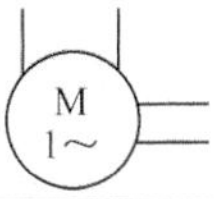 M 1~	单相笼型，有分相端子的异步电动机	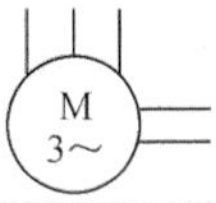 M 3~	三相笼型异步电动机

表 7-14 表示熔断器、热继电器的图形符号

图形符号	说明	图形符号	说明
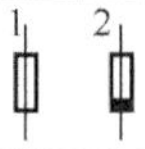 1 2	1：熔断器一般符号 2：供电端由粗线表示的熔断器	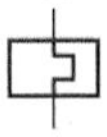	热继电器的驱动器件
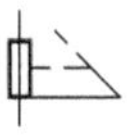	具有报警触点的三端熔断器		热继电器 常闭触点
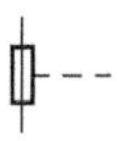	带机械连杆的熔断器 撞击器式熔断器		热继电器 常开触点

表 7-15 表示各种控制开关操作器件的图形符号

图形符号	说明	图形符号	说明
	启动按钮 （常开触点） 按钮开关 （不闭锁）		停止按钮 （常闭触点）
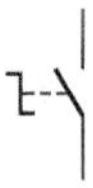	旋转开关 旋钮开关 （闭锁）	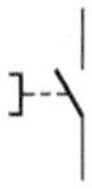	拉拔开关 （不闭锁）
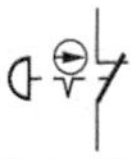	紧急开关 蘑菇头安全按钮	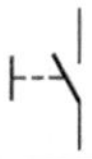	手动开关的一般符号

表 7-16 表示开关触点状态的图形符号

图形符号	说明	图形符号	说明
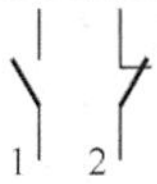 1 2	1：动合（常开）触点 2：动断（常闭）触点	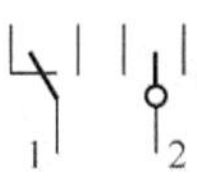 1 2	1：先断后合的转换触点 2：中间断开的双向触点

续表

图形符号	说明	图形符号	说明
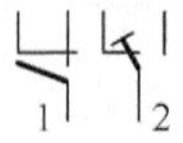 1 2	先合后断的转换触点（桥接）	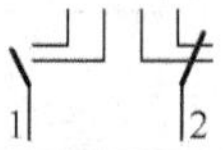 1 2	双动合触点 动合触点
	有弹性返回的动合触点		无弹性返回的动合触点
	有弹性返回的动断触点	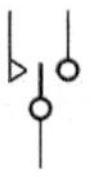	左边为弹性返回动合触点，右边为无弹性返回的中间断开的双向触点

表 7-17 表示主电路中开关设备的图形符号

图形符号	说明	图形符号	说明
	刀闸开关	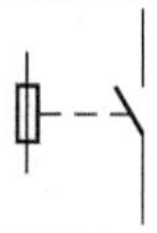	具有独立报警电路的熔断器
	具有自动释放的负荷开关		隔离开关
	负荷开关（负隔离开关）		跌开式熔断器
	熔断器式 负荷开关		熔断器式 隔离开关
	断路器		熔断器式开关

表 7-18 表示继电器、接触器线圈的图形符号

图形符号	说明	图形符号	说明
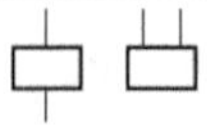	操作器件一般符号	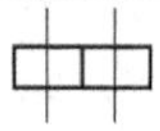	具有两个绕组的操作器件组合表示法
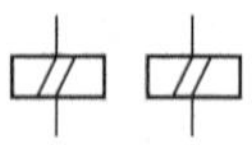	具有两个绕组的操作器件的分离表示法	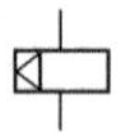	机械保持继电器的线圈
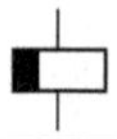	缓慢释放（缓放）继电器的线圈	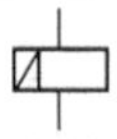	剩磁继电器的线圈
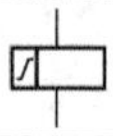	剩磁继电器的线圈	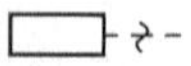	机械谐振继电器的线圈
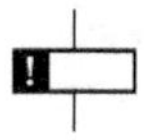	极化继电器的线圈	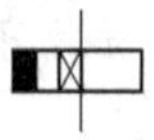	缓吸和缓放继电器的线圈
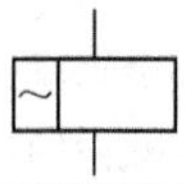	交流继电器的线圈	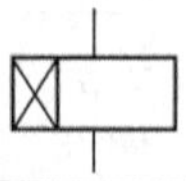	缓慢吸合（缓吸）继电器的线圈

续表

图形符号	说明	图形符号	说明
	对交流不敏感继电器的线圈	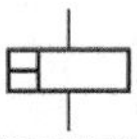	快速继电器（快吸和快放）的线圈

表 7-19 表示各种信号设备的图形符号

图形符号	说明	图形符号	说明
	电喇叭 蜂鸣器	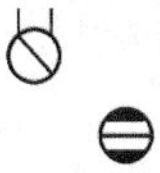	机电型指示器 信号元件
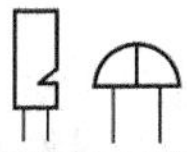	电动气笛 单打电铃		电铃 一般符号
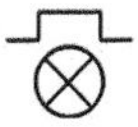	闪光灯信号灯		电警笛 报警笛

表 7-20 表示各种操作方式的图形符号

图形符号	说明	图形符号	说明
	一般情况下手动控制	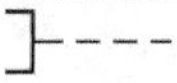	拉拔操作
	杠杆操作		手轮操作
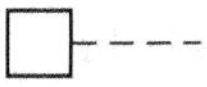	储存机械能操作		脚踏操作
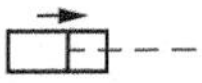	单向作用的气动或液压控制操作	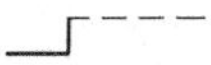	曲柄操作
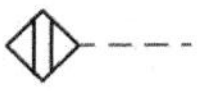	接近效应操作		旋转操作
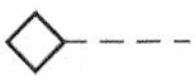	可拆卸的手柄操作		推动操作
	滚动（滚柱）操作		凸轮操作 示例： 仿形凸轮
	钥匙操作	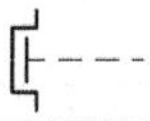	受限制的手动操作

表 7-21 表示半导体管交流、逆变、整流器的图形符号

图形符号	说明	图形符号	说明
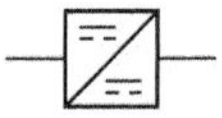	直流变流器		整流器
	逆变器		整流器/逆变器
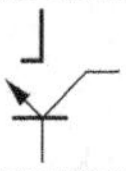	NPN 雪崩半导体管		具有 p 型双基极的单结半导体管
	具有 N 型的单结型半导体管	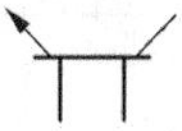	具有横向偏压基极的 NPN 半导体管

续表

图形符号	说明	图形符号	说明
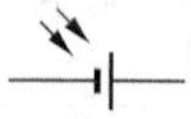	光电池	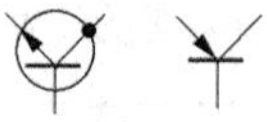	左：NPN 型半导体管，集电极接管壳 右：PNP 型半导体三极管

表 7-22 表示操作器件受机械控制的图形符号

图形符号	说明	图形符号	说明
	脱离定位		自动复位
	两器件间的机械联锁		机械联轴器、离合器
	联接的机械联轴器		手工操作带有阻塞器件的隔离开关
			齿轮啮合 液压的连接
	定位 非自动复位 维持给定位置的器件		液压的连接 机械的连接 气动的连接
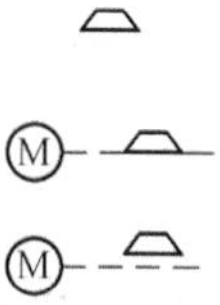	制动器 示例： 带制动器并已制动的电动机 带自动器未制动的电动机		具有指示旋转方向的机械连接
	进入定位		脱开的机械联轴器

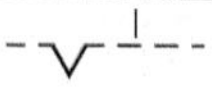

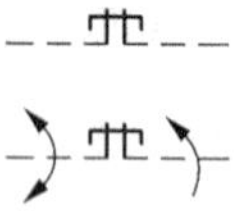

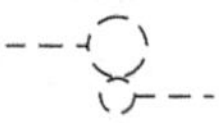

表 7-23 表示各种压力温度计数等控制操作器件的图形符号

图形符号	说明	图形符号	说明
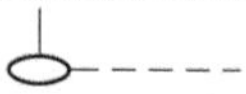	液位控制	 M	电动机操作
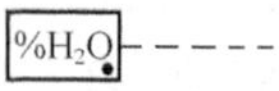 $\%H_2O$	相对湿度控制	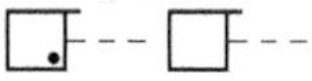	液体控制
	双向作用的气动或液压控制操作	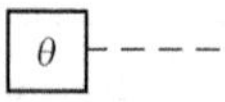 θ	温度控制
	热执行器操作		操作器件 一般符号（1）
	电磁执行器操作		操作器件 一般符号（2）
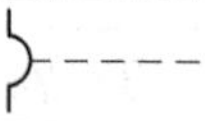	电磁器件操作，例如过电流保护	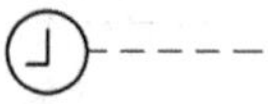	电钟操作
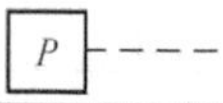 P	压力控制	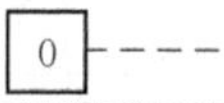 0	计数控制

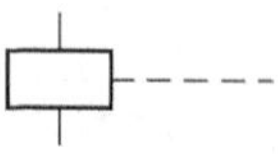

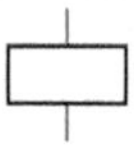

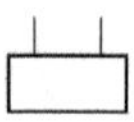

表 7-24 表示电容、电阻、蓄电池、自耦变压器的图形符号

图形符号	说明	图形符号	说明
	带抽头的原电池或蓄电池组		电池或蓄电池
1 2	蓄电池组或原电池组		极性电容器
	电阻器一般符号		滑动触点电位器
	可变电阻器 可调电阻器		电抗器 扼流圈
	微调电容器		压敏极性电容器
	压敏电阻器 变阻器		可变电容器 可调电容器
	桥式全波整流器		

表 7-25 表示电流互感器、变压器等绕组接线的图形符号

a. 变压器绕组接线图形符号

图形符号	说明	图形符号	说明
	铁芯 带间隙铁芯	形式（1） 形式（2）	双绕组变压器 注：瞬时电压的极性可以在形式（2）中表示 示例：示出瞬时电压极性标记的双绕组变压器，流入绕组标记端的瞬时电流产生辅助磁通
	三相绕组变压器		单相自耦变压器
	电抗器、扼流圈		电流互感器 脉冲变压器
	耦合可变的变压器		在一个绕组上有中心点抽头的变压器
	三相变压器 星形-星形-三角形连接		绕组间有屏蔽的双绕组单相变压器

续表

图形符号	说明	图形符号	说明
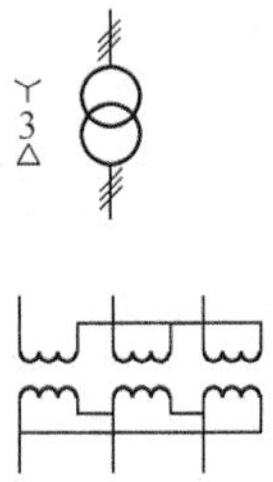 Y 3 △	单相变压器组成的三相变压器 星形-三角连接	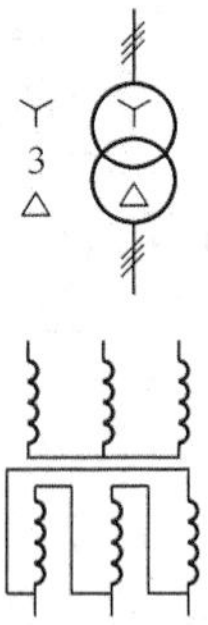 Y 3 △	三相变压器 星形-三角形联结

b. 电流互感器绕组接线图形符号

图形符号	说明	图形符号	说明
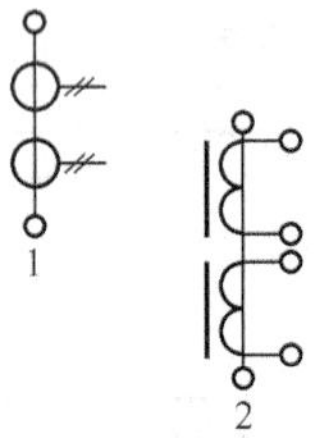 1 2	具有两个铁芯和两个次级绕组的电流互感器 注 1：在 2 中铁芯符号可以略去 注 2：在初级电路每端示出的接线端子符号表示只画出一个器件	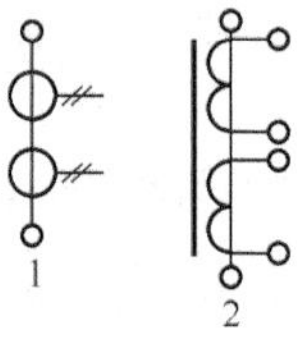 1 2	在一个铁芯上具有两个次级绕组的电流互感器 注：2 中的铁芯符号必须示出
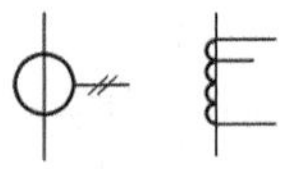	次级绕组有三个抽头（包括主抽头）的电流互感器	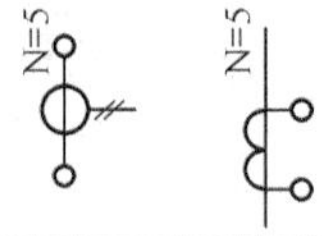 N=5 N=5	次级绕组为五匝的电流互感器
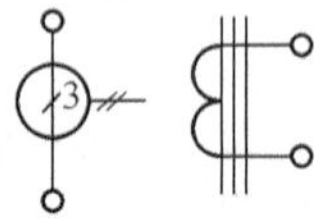 3	具有一个固定绕组和三个穿通绕组的电流互感器或脉冲变压器	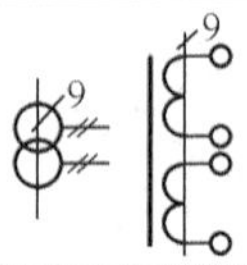 9 9	在同一个铁芯上有两个固定绕组并有 9 个穿通绕组的电流互感器或脉冲变压器

表 7-26　表示各种半导体管晶闸管等的图形符号

图形符号	说明	图形符号	说明
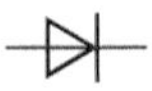	半导体二极管一般符号		光敏电阻 具有对称导电性的光电器件
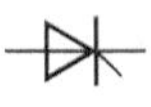	反向阻断三级晶体闸流管 P 型控制极（阴极侧受控）	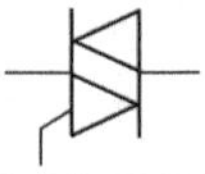	双向三级晶体闸流管 三端双向晶体闸流管
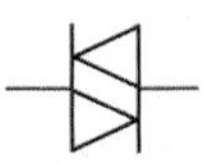	双向二极管 交流开关二极管	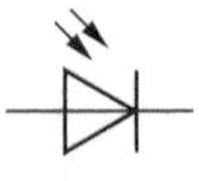	光电二极管 具有非对称导电性的光电器件
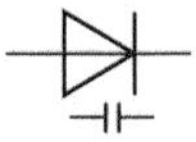	用作电容性器件的二极管	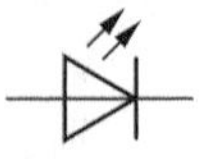	发光二极管一般符号
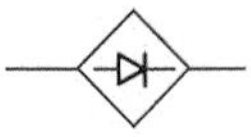	全波桥式整流器	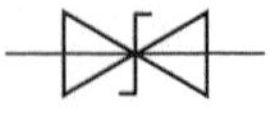	双向击穿二极管

续表

图形符号	说明	图形符号	说明
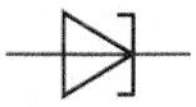	隧道二极管	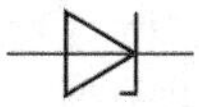	单向击穿二极管 电压调整二极管
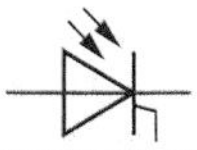	光控晶体闸流管		

四、电气图其他方面的基本知识

1. 图面的基本知识

（1）图幅。

A 类图纸图幅的尺寸规格有 0 号、1 号、2 号、3 号、4 号，其具体尺寸如表 7-27 所示。

表 7-27 **图纸图幅的尺寸规格表**

幅面代号 尺寸代号	A0	A1	A2	A3	A4
B×L	841×1189	594×841	420×594	297×420	210×297
C	10	10	10	5	5
A	25	25	25	25	25

（2）图标。

图标又称标题栏，如表 7-28 所示。它一般放在图的右下方，其主要内容是图纸的名称（或工程名称、项目名称）、图号、比例、设计单位、设计人员、制图、专业负责人、工程负责人、审定人及完成日期等。

表 7-28 **标题栏**

修改	修改内容	日期	设计	核对	审核
DQSJ ××××××设计院		×××公司 ××××××装置及配套工程			
职别	签字	日期	×××装置 ××变电部分 6KV 部分	设计阶段	
设计				设计日期	
校对			进线柜 控制保护电路图	图纸比例	
审核				第 1 页	共 1 页
批准				S17800-DQ00-01	0

（3）比例和方位标志。

电气工程图常用的比例是 1∶200、1∶100、1∶60、1∶50。而大样图的比例可用 1∶20、1∶10 或 1∶5。外线工程图常用小比例，图中的方位按国际惯例通常是上北下南，左西右东，但有时可能采用其他方位，这时必须标明指南针。

（4）标高。

标高指的是在图纸上标出电气设备的安装高度或线路的敷设高度。在建筑图中用相对高度，如以建筑物室内的地平面为标高的零点。

（5）图例。

以电气工程相关的建筑平立面图、剖面图为条件图画出的电气工程图中是采用统一的图形符号，表示线路和各种电气设备，以及敷设方式与安装方式等。

某些电气工程平面图中，为明确图形符号所表示的电器名称。

（6）尺寸标注。

在工程图中尺寸标注常用毫米（mm）为单位，在总平面图中或特大设备中采用米（m）为单位。

（7）平面图定位轴线。

凡是有建筑物承重墙、柱子、主梁及房架都应该设置轴线。其定位轴线分为纵轴编号和横轴编号。

它的表示方法是：纵轴编号用阿拉伯数字从左起往右表示；横轴编号用大写英文自下而上标注。而轴线间距是由建筑结构尺寸来确定的。在电气平面图中，通常以外墙外侧为基准画出横竖轴线，目的是为了突出电气线路。

2. 设计说明与设备材料表

（1）设计说明。

电气图纸说明也是电气工程图中不可缺少的内容。它用文字叙述的方式说明一个电气工程中的供电方式、电压等级、主要线路敷设形式，及在图中表达的各种电气安装高度、工程主要技术数据、施工和验收要求，以及有关事项。例如一个照明工程图纸中就线路敷设方式用文字简要叙述了施工的要求。

① 线路敷设方式的说明。

进户线一层配电干线，层间配电干线采用钢管沿地、墙暗配（SC），各楼层分回路线采用阻燃塑料管暗配线，阻燃塑料管氧指数应大于 27。

钢管按规定规程要求作防腐处理，平面图中未标线数者为 2 根 2.5mm^2 铜芯导线。所有导线均采用 2.5mm^2 铜芯线，穿二根线用 FPC15 管，穿三根用 FPC20 管，穿 4~6 根线用 FPC25 管（钢管与塑料管均为内径）。

② 接地。

接地方式采用 TN-C-S 系统，在电缆进户处作 N 线重复接地装置一组（与防雷共用接地装置），接地电阻小于 10Ω。如果大于 10Ω 时须增加接地极数，接地极采用 50mm×50mm×5mm 角钢三根，长 2.5m，间距 5m，距建筑物 3m，极顶埋深 1.1m，从重复接地装置用 25mm×4mm 镀锌扁钢引至第一个配电箱内与 N、PE 接线端子板相接，从总配电箱分别配出的 N、PE 线后不许再接。接头处用 Φ6 圆钢连接（焊接），进出建筑物各种金属管道，在进出处与重点接地装置连接，凡与电绝缘的金属零件均应与 PE 线相接。

（2）设备材料表。

设备材料表示电气工程图中不可缺少的内容。电气工程图所列出的全部电气设备材料的规格、型号、数量以及有关的重要数据，要求与图纸一致，且按照序号编写。这是为了便于施工单位计算材料、采购电气设备、编制施工组织计划等方面的需要。设备材料表，如表 7-29 所示。

表 7-29　　设备材料表

序号	符号	名称	型号	技术特性	数量	备注
安装在主整流桥板上的设备						
1	1.3.5KGZ	可控硅	KP-500	500A　600V	3	
2	KQ	启动可控硅	KP-200	200A　600V	1	
3	2.4.6GZ	硅整流器	ZP-300	300A　600V	3	
4	ZQ	启动整流管	ZP-300	300A　600V	1	
安装在电阻容保护板上的设备						
1	1~6Ra	电阻	RxYC	15W 5.1k±10%	6	
2	1~6Rb	电阻	RxYC	10W 30Ω±10%	6	
3	Ra.b.c	电阻	RxYC	30W 10Ω±10%	3	
4	1~6Cb	电容	CJ48A	~750V 0.47μ±10%	6	
5	Ca.b.c	电容	CJ48A	~250V 10μ±10%	3	
6	R2.13R.2R	电阻	RxYC	30W 22k±5%	3	
7	COS	功率因数变换器		~100V 5A	1	与 COSφ 对号配套
8	SBJ	电流继电器	DL-13/2	0.5~2A	1	
安装在仪表板 V 单元上的设备						
1	A-	直流电流表	44C1-A	200A	1	
2	A~	交流直流表	44L1-A	600A/5A	1	
3	V-	直流电压表	44C1-V	50V	1	
4	COSφ	三相功率因数表	44L1-COSφ		1	与变换器对号配套
5	WHK	控制开关	LW5	LW-15-/	1	自提线路
6	JA.2LA2MA	按钮	LA19-11		3	红 2 绿 1
7	5W	电位器	WX3-12	680Ω 3W	1	配旋钮
8	LD.XD.SD1.2HD	信号灯	NXD4	220V	5	红 2 绿 1 白 2
9	3HD	信号灯	NXD4	220V 红色	1	电压值见注 1
10	Xa	按钮	LA18-44XZ		1	黑

3. 电气图的分类

电气接线图是以电气线路的连接为基本内容的，为表明一项电气工程，只有电气接线图是不行的，而且还要有电气设备安装位置的平面图等，甚至几种图配合起来用于一个目的，也有的则是一种接线图用于多种目的。

按照当前电气图纸中的各种电路图、配置图等应用场所的差异，电路图可分为电气原理图、原理展开图、实际接线图。就拿电气接线图来讲，常规电气设备的接线图一般分为两大部分。

① 主回路接线（称之为一次线路图）。

② 控制回路接线图（也称二次线路图）。

其中主回路图可画成单线图也可以画成多线图。还有一种用中断线表示（在断线的中断处必须标识导线的走向）画成的电路图，一般用于成套开关设备厂内部配线与现场施工，安装电工配线。

电气图纸可分为以下几种。

（1）简图。

用来表示电路的一种简图——方框接线，用于控制回路接线图或用于规划设计阶段；用来表示电路连接的图——单线连接图，也称系统图，分为下面 3 类。

① 变、配电系统图（反映变配电系统一次线的接线方法）。

② 动力配线系统图（反映机动设备配置的主要电气设备）。

③ 照明工程系统图。

简图用于表示某一工厂车间系统的回路概况，用于主回路路线和规划阶段。

变、配电系统图在变电所投入运行后，供值班人员依照系统图进行倒闸操作和维修时参考。

（2）电气接线图。

表示电路接线的图——复线接线图，分为下面 3 类。

① 用于设备主回路接线。

② 用于施工阶段的接线图。

③ 施工结束向用户方交付阶段的接线图。

表示电路运行的图，也称为展开接线图。用于控制回路与保护监测回路，是规划、施工、试验、运行、维修时使用的接线图。本书中大部分设备电路图均属于这种图，因为它能够清楚地表示出设备动作的顺序，容易看懂其电路的工作原理，是使用最普遍的一种电路图。

（3）表示电路布线（配线）的图。

① 内部接线图，是指某电气设备进行内部接线用的图。

② 外部接线图，表示除电气设备本身以外进行接线用的图。

③ 正面接线图，用于控制回路，以及试验、运行、维护用的接线图。

④ 综合接线图，外部用于控制加上内部接线图。

7.2 电工识图的基本方法

1. 阅读电气工程图的一般规律

在了解了电气工程图与建筑工程之间的联系后，我们知道，成套的电气工程图中往往还包括一部分土建工程图，阅读电气工程图还应该按照一定的顺序进行，才能较迅速全面地实现看图的目的。一般应按照以下的顺序依次进行看图。

看标题栏和图纸目录。拿到图纸后，首先要仔细阅读图纸和主标题及有关说明，如图纸目录（见表 7-30）、技术说明、元件明细表、施工说明书等，结合已有的电工知识，对该电气图纸类型、性质、作用有一个明确的认识，从整体上理解图纸的概况和表述的内容。

表 7-30 BKL-Ic 型图纸目录

序号	图纸名称	编号
1	图纸封面	电机 BKLIc-1
2	图纸目录	1MZ-Ic
3	BKL-Ic 型励磁装置电气原理图	1MZ-Ic
4	BKL-Ic 型励磁装置失步保护及控制信号电气原理图	电机 BKLIc-1-1-1
5	BKL-IB 励磁装置整流柜	电机 BKLIB-1-2-1
6	BKL-Ic 型励磁装置整流柜电气接线图	电机 BKLIc-1-2-2
7	BKL-IB 型励磁装置启动单元接线图	电机 1-BKLIB-1-2-3
8	BKL-IB 型励磁装置风机单元接线图	电机 1-BKLIB-1-2-4
9	BKL-IB 型励磁装置控制柜	电机 1-BKLIB-1-3-1A
10	BKL-Ic 型励磁装置控制柜失步保护信号电气接线图	电机 BKLIc-1-3-2G
11	BKL-IB 型励磁装置电源板外部接线图	电机 1-BKLIB-1-3-2-1
12	BKL-IB 型励磁装置控制柜灭磁单元电气接线图	电机 1-BKLIB-1-3-3
13	BKL-IB 型励磁装置控制柜插件单元电气接线图	电机 BKLIc-1-3-4-1
14	II 型投励插件	电机 1-BKLIB-1-3-4-2
15	I 型灭磁插件	电机 1-BKLIB-1-3-4-3
16	I 型给定放大插件	电机 1-BKLIB-1-3-4-4A
17	I 型给定放大插件设备接线图	电机 1-BKLIB-1-3-4-5A
18	I 型触发插件	电机 1-BKLIB-1-3-4-6
19	I 型励磁状态插件	电机 1-BKLIB-1-3-4-7
20	III型失控插件	电机 1-BKLIB-1-3-4-8

看成套图纸的说明书。目的是了解工程总体概况及设计依据，了解图纸中能够表达清楚的各有关事项、供电电源、电压等级、线路和敷设方式、设备的安装高度和安装方式、各种补充的非标准设备及规范、施工中应考虑的有关事项等。分项工程的图纸上有说明的，在看分项工程图纸时，也要先看设计说明。

看系统图。各分项工程的图纸中都包括有系统图，如变配电工程的供电系统图、电力工程的电力系统图、电气照明的照明系统图、电气电缆等系统图等。看系统图的目的是了解电气系统的基本组成，主要的电气设备、元件等的连接关系，以及它们的规格、型号、参数等，掌握该系统的基本情况。

看电路图和接线图。电路图是电气图的核心，也是内容最丰富、最难懂的电气图纸。看电路图首先要看那些图形符号和文字符号，了解电路图的各组成部分的作用和原理，分清主电路和控制电路、保护电路、测量电路，熟悉有关控制线路的走向，按照主电路、电源侧、负荷的顺序进行。

主电路一般用较粗的线条画出，画在电路图的左侧。看控制电路图时，则自上而下、从左至右看，先看各条回路，分析各回路元器件的情况及与主电路的关系，以及机械机构的连接关系。

对电工来讲，不仅要会看主电路图，而且要看懂二次接线图。要根据回路编号，端子标号，同一台回路设备编号（是相同的）进行连接。一般通用的回路线号的标号是相同的。通过学习以下各章节的控制电路图就能理解。

看平面布置图。平面布置图是电气工程中的重要图纸之一，如变配电设备安装平面图、剖面图、电力线路架设与电缆的敷设平面图、照明平面图、机械设备的平面布置图、防雷工程的平面布置图、接线平面图，等等，都是用来表示设备的安装位置、线路敷设部位、敷设方法，和所用的导线型号、规格、数量、穿管管径大小。平面布置图是电气工程施工过程中的主要依据，必须学会。

看材料设备表。电工从设备材料表中应当可看出该回路所使用的设备名称、材料型号、规格和数量，当设备损坏后，选择与材料表给出的型号、规格相同的设备进行更换。

能阅读电气图纸是提高电工技能的第一步，只有学会看图才能完成电气安装、接线、查线与分析处理故障的任务。

2. 电路图中部分触点的定义

（1）电路图中的触点状态。

电路图中的触点图形符号都是按电气设备在未接通电源前的状态下的实际位置画出的，表示的触点是静止状态。

（2）常开触点与常闭触点。

操作器件（线圈）得电动作时，所附属的触点闭合；操作器件线圈断电时，附属的触点从闭合状态中断开，这样的触点称为常开触点。

操作器件（线圈）得电动作时，附属的触点从闭合状态中断开；操作器件线圈断电时，所附属的触点从断开状态中闭合（复归原始位置），这样的触点称为常闭触点。常开触点与常闭触点的图形符号如图 7-3 和图 7-4 所示。

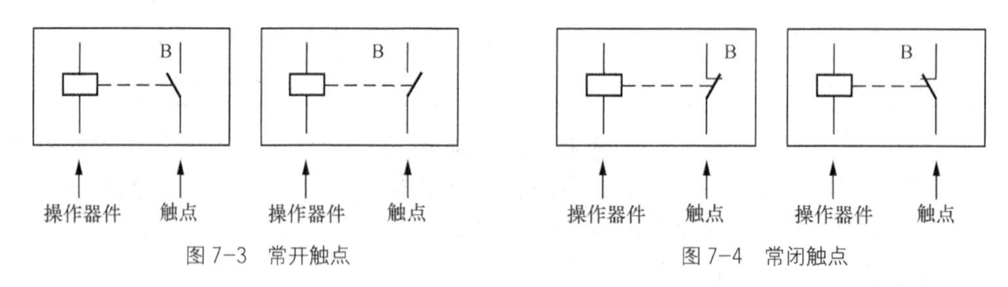

图 7-3 常开触点　　图 7-4 常闭触点

（3）时间性触点。

操作器件（线圈）得电动作时，所附属的触点按照设计（整定）的时间闭合或断开，这样的触点就称为时间性触点。整定的时间长短可以调节。

① 延时闭合（延时动合）触点。

操作器件（线圈）得电动作时，附属的常开触点不能立即闭合，必须到整定时间，触点才能闭合，这样的触点称之为延时闭合的（延时动合）触点。其图形符号见图 7-5 所示。

② 延时断开的常开（动合）触点。

操作器件（线圈）得电动作时，触点“B”立即闭合，但这个触点“B”在操作器件（线圈）断电后不能立即断开而是达到整定的时间，触点才能断开（复归原始位置），这样的触点称为延时断开的常开（动合）触点。其图形符号见图 7-6 所示。

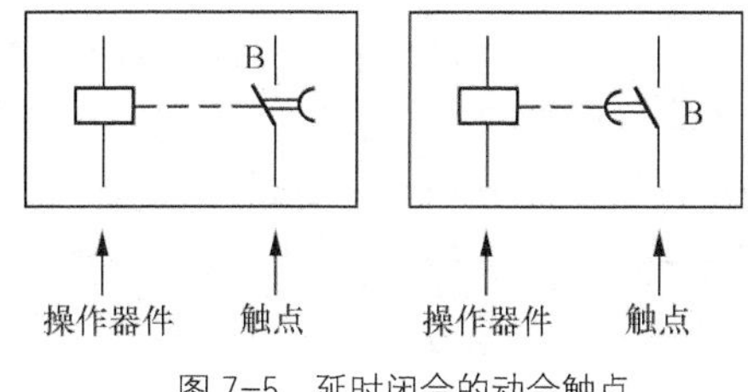

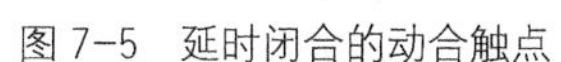
图 7-5 延时闭合的动合触点

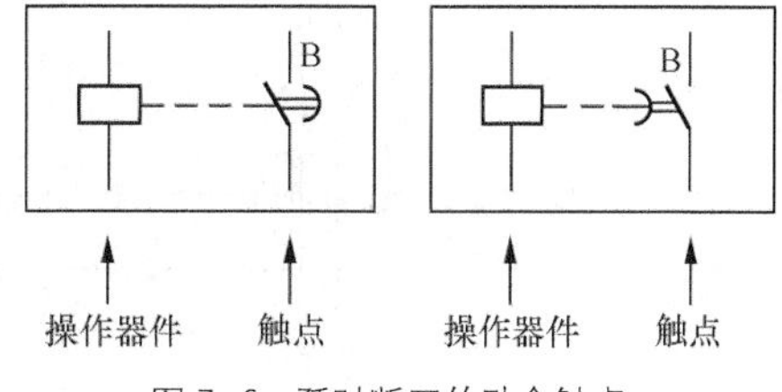

图 7-6 延时断开的动合触点

③ 延时断开的动断触点。

操作器件（线圈）断电释放时，所附属的触点“B”立即闭合，但这个触点“B”在操作器件（线圈）得电后不能立即断开，必须到整定的时间，才由闭合状态断开，这样的触点称为延时断开的动断触点。其图形符号见图 7-7 所示。

④ 延时闭合的动断触点。

操作器件（线圈）得电动作时，所附属的触点“B”不能立即断开，而是达到整定时间才能断开常闭触点。这时的常闭触点称之为延时闭合的动断触点。其图形符号见图 7-8 所示。

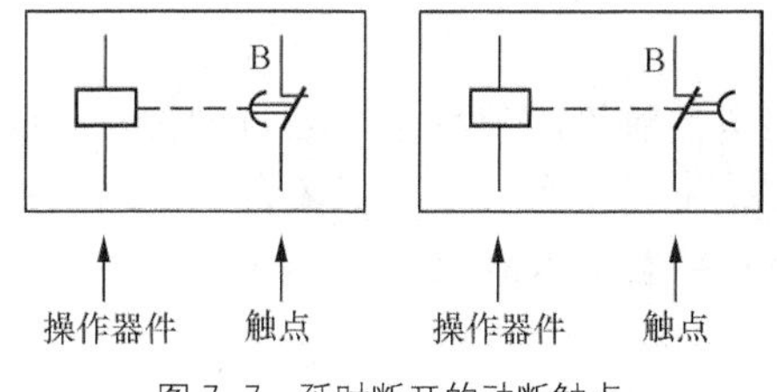

图 7-7 延时断开的动断触点

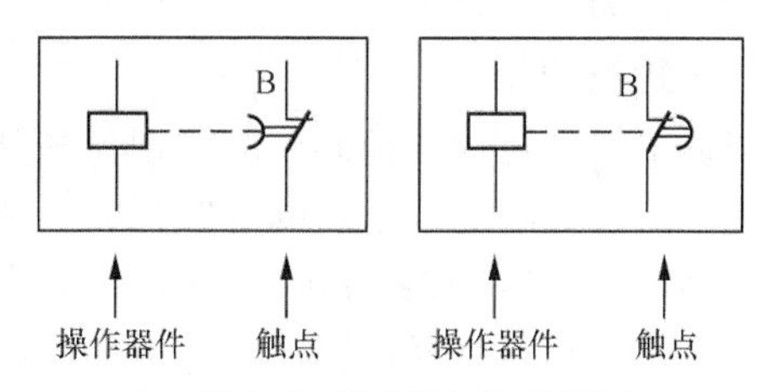

图 7-8 延时闭合的动断触点

（4）自锁（自保）触点。

操作器件（线圈）得电动作时，所附属的常开触点闭合，保证电路接通，使操作器件“线圈”维持闭合状态。换句话说，就是依靠自身附属的触点作为辅助电路，维持操作器件（线圈）的吸合状态，所用触点称之为自锁（一般称自保）触点。这一回路称之为自锁或自保回路。如图 7-9 所示。

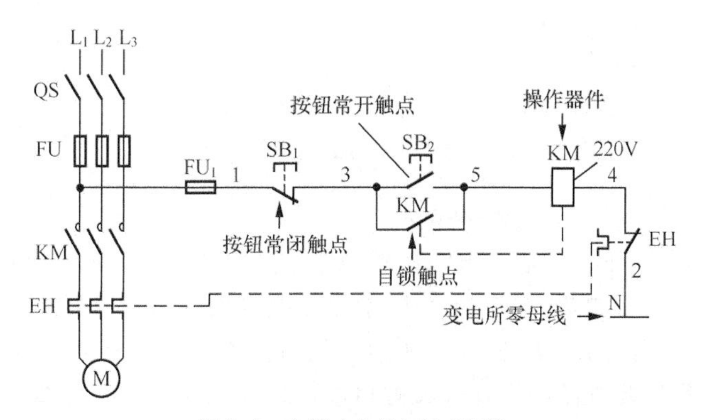

图 7-9 自锁（自保）触点回路

（5）旁路保持触点。

依靠另外操作器件的触点来维持电路的闭合状态，这个触点称之为旁路保持触点。这一回路称之为旁路保持回路，如图 7-10 所示。旁路保持触点在控制电路中应用较多。

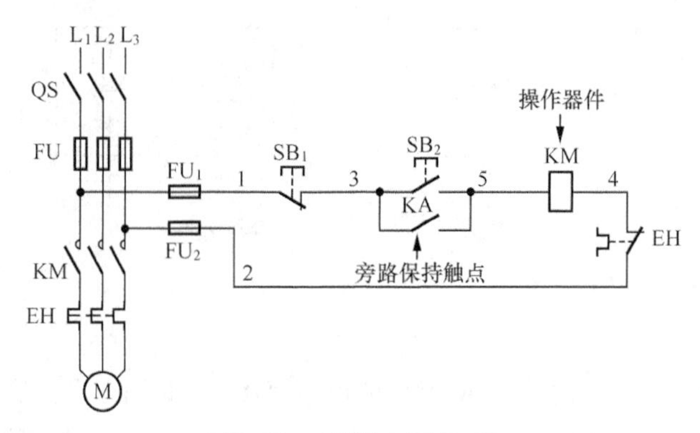

图 7-10 旁路触点保持回路

（6）触点的串联。

根据电气（机械）控制要求，把一些开关或继电器触点的末端与另一个触点的前端相连接的方式称之为触点的串联回路。在这一回路中只要有一个触点不闭合，线路的最终设备就不能动作，如图 7-11 所示。

（7）触点的并联。

根据电气（机械）控制要求，把一些开关或继电器触点的前端末端与另一触点的前端末端相连接的方式称之为触点的并联回路。在这一回路中只要有一个触点闭合，线路的最终设备就能动作。图 7-9 和图 7-10 中按钮 SB_2 常开触点与接触器 KM 常开触点及继电器 KA 常开触点，就是触点的并联连接。

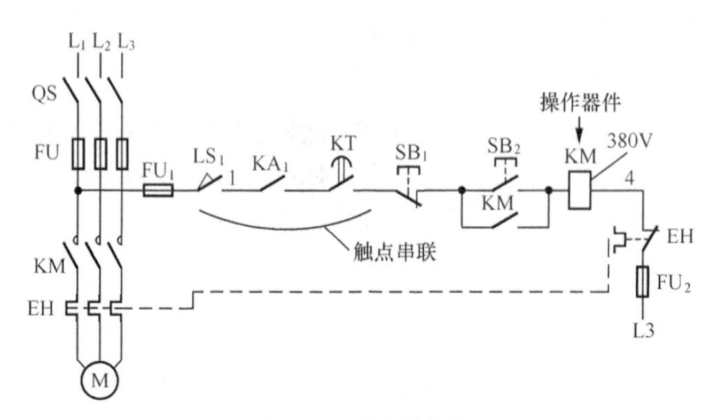

图 7-11 触点的串联

3. 电气设备（器件）动作的外部条件

电气设备（器件）动作必须要有电的物理现象或外力的作用。如由于人工触动，如图 7-12（a）所示，或机械触动，如图 7-12（b）所示的使电气设备（器件）的触点动作，或在线路感应电压、电流作用下，如图 7-12（c）所示，从而使器件的线圈得电动作。

电工看图时，首先要看懂操作开关或触点，接通什么设备，与什么触点或线圈连接，才能进一步搞清设备的动作情况。

4. 看图方法与顺序

要看懂电路图不仅要认识文字符号和图形符号，而且要能与电气设备的工作原理结合起来，这样才能看懂电路图。

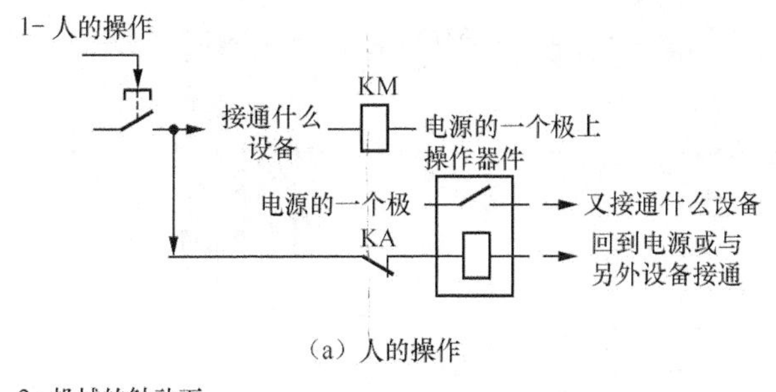

（a）人的操作

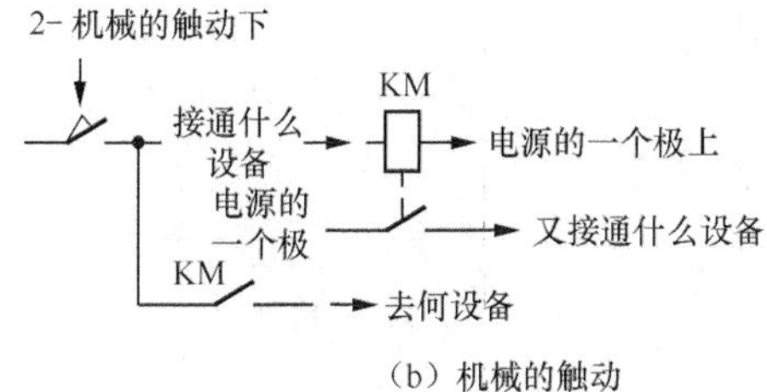

（b）机械的触动

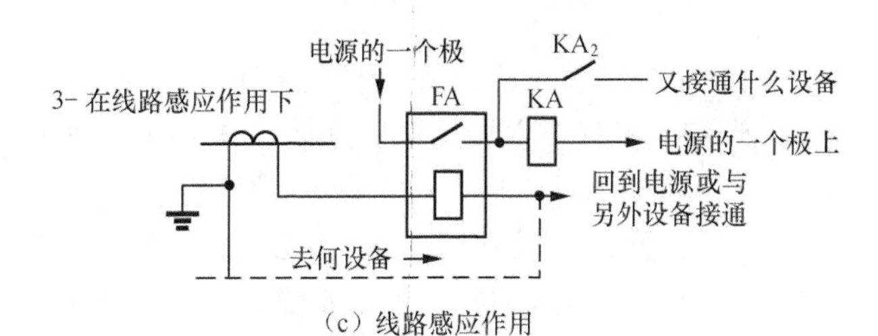

（c）线路感应作用

图 7-12 电气设备（器件）动作的条件示意图

（1）按文字符号看图。

电路图是按照规定的符号绘制的，图形符号旁边的文字符号用来表示设备的名称，看图前首先要弄清图中的图形符号、文字符号代表什么电器，要看符号说明表，而这些符号必须熟记。下面举两个例子来说明如何按文字符号看图。

① 图形符号和文字符号的含义。

如图 7-13 所示，图形符号旁边有文字符号“KM”，图形符号表示的是线圈，具体是何种线圈要看文字符号。“KM”代表接触器，与图形符号合在一起，表示这是接触器的线圈。

除知道符号所代表的意义外，还要知道电气设备的动作状态与原理。图 7-13 中“SB_1”旁边的图形是停止按钮，所示的状态是闭合的。按下时，触点断开，将电路切断，松手后触点（回归）闭合。“SB_2”旁边的图形符号是启动按钮，按下时，触点闭合，使电路接通，松手后触点（回归）断开。

② 电动机控制电路（线圈~380V）的实际接线图。

图 7-13 所示的电动机控制电路图中画出了经过端子排与外部电器连接的线，很容易看出电器元件之间的连接关系，从图上看，端子排 XT 右侧的线条是与配电盘上电器连接的线，端子排 XT 左侧的线条是与配电盘外部电器连接的线。按此图进行接线要比图 7-9 方便、容易。

图 7-13 所示的电动机电路也可称实际接线图。工作原理如下。

● 启动运转。合上三相闸刀开关 QS，合上主电路熔断器 FU（3 只），合上控制熔断器 FU_1、FU_2。按下启动按钮 SB_2，电源 L_1 相→操作熔断器 FU_1→端子排上的 1 号线→停止按钮 SB_1 常闭接点→启动按钮 SB_2 常开接点（按下时闭合）→端子排上的 5 号线→接触器 KM 线圈→4 号线→热继电器 EH 的常闭接点→2 号线→操作熔断器 FU_2→电源 L_3 相，构成 380V 电压。

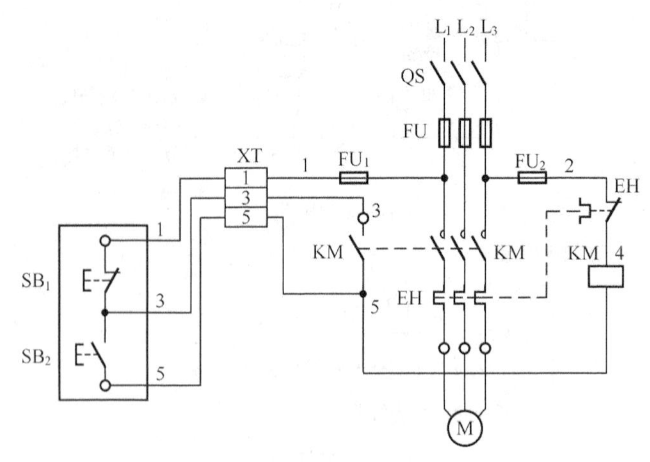

图 7-13　电动机控制电路（线圈~380V）的实际接线图

接触器 KM 线圈得到 380V 的工作电压动作，接触器 KM 常开接点闭合自保，维持接触器 KM 的吸合状态，接触器 KM 的三个主触头同时闭合，电动机 M 绕组获得 L_1、L_2、L_3 三相 380V 交流电源，电动机 M 启动运转，所驱动的机械设备运行。

接触器 KM 自保电路的工作原理：松开启动按钮 SB_2 时，闭合中的按钮 SB_2 常开接点断开，从图上看接触器 KM 线圈的 5 号线与接触器 KM 的常开接点（5）的一端连接→接点的另一端 3 号线→端子排上的 3 号线→停止按钮 SB_1 常闭接点与启动按钮 SB_2 间的连线。写有 3、5 号的接触器 KM 常开接点闭合，将启动按钮 SB_2 的 3、5 号常开触点短接。

接触器 KM 常开接点闭合后，接触器 KM 线圈的电路工作电流不能通过启动按钮 SB_2 常开接点，而是经过接触器 KM 的常开接点。

电源 L_1→操作熔断器 FU_1→端子排上的 1 号线→停止按钮 SB_1 常闭接点→3 号线→已经闭合的接触器 KM 常开接点→5 号线→接触器 KM 线圈→4 号线→热继电器 EH 的常闭接点→2 号线→操作熔断器 FU_2→电源 L_3 相上，构成 380V 电压，维持接触器 KM 的工作状态。

接触器 KM 线圈获电动作所属的触点也随之变化，吸合之前是接通触点，吸合后断开；吸合前断开的触点，吸合之后变为闭合（接通）的触点。

在电路图中凡是同一设备上的元器件，采用相同的文字符号表示，即线圈是 KM，触点也用 KM 表示。

● 停止运转。如果要使电动机停止运转，只需将停止按钮 SB_1 按下即可。停止按钮 SB_1 常闭接点断开，切断接触器 KM 线圈的控制线路，接触器 KM 线圈断电并释放，接触器 KM 三个主触头同时断开，电动机 M 绕组脱离三相 380V 交流电源，停止转动，驱动的机械设备停止运行。

● 电动机过负荷故障停机。电动机如出现过负荷时，主回路中热继电器 EH 动作，常闭接点 EH 断开，切断接触器 KM 线圈电路，接触器 KM 线圈断电并释放，接触器 KM 三个主触头同时断开，电动机 M 绕组脱离三相 380V 交流电源，停止转动，驱动的机械设备停止运行。

（2）按动作回路顺序看图。

简单的电路图一看就明白，但对于比较复杂的电路图要看懂就不那么容易了。如 6KV、450kW 电动机控制保护电路图，就是由于许多回路构成的，动作回路可分为以下几种。

① 主电路（一般称系统图）。

② 控制保护电路（一般称二次回路图）。

- 分闸回路
- 合闸回路
- 过电流保护回路
- 接地保护回路
- 低电压保护回路
- 工艺联锁保护回路

③ 信号回路。

- 分闸信号灯回路
- 合闸信号灯回路
- 回路断线监视
- 事故报警信号回路
- 故障预告合信号回路

450kW 电动机的过电流保护部分回路如图 7-14 所示。

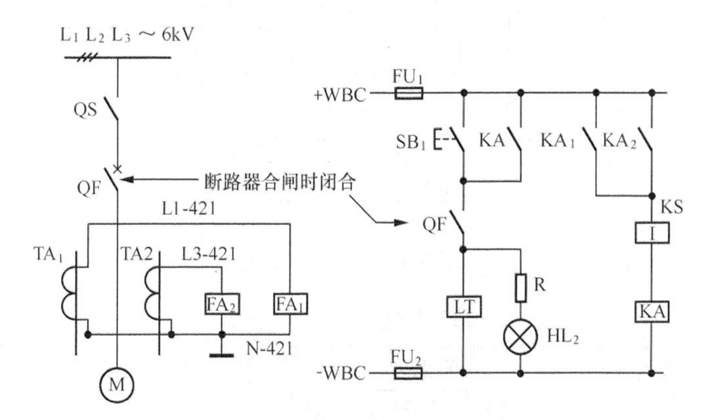

图 7-14 过电流保护回路

电动机因某些原因发生过负荷或短路故障时，电流器互感器 TA_1、TA_2 的二次感应电流增加，达到电流继电器 FA_1、FA_2 的整定值时，电流继电器 FA_1、FA_2 动作。

按文字符号在图中找到电流继电器 FA_1、FA_2 所带的触点，看这个触点又接通什么设备。看图 7-14 可知电流继电器 FA_1、FA_2 所带的常开触点另一端与信号继电器 KS 线圈相连，中间继电器 KA 线圈另一端与控制熔断器 FU_2 相连。

当电流继电器 FA_1、FA_2 吸合后，可使中间继电器 KA 线圈得电动作之后，在图中找到中间继电器 KA 所带的触点，触点 KA 闭合后，断路器 QF 的分闸线圈 LT 得电，分闸铁芯向上冲击断路器，使其跳闸，从而达到过电流保护的目的。

7.3 电气设备接线图和配线图

一、电气设备接线图

接线图是电气设备施工过程中的电气图纸中的一种。什么是接线图？接线图是能够表示成套装置设备和装置的连接关系的一种简图，用于电气设备的安装接线、线路检查、线路维修和故障处理。

接线图分为如下三种。

1. 单元接线图

单元接线图和单元接线表是表示成套装置或设备中一个结构单元件内的连接关系的一种连接图或接线表，如图 7-15 所示和表 7-31 所示。单元接线图或单元接线表表示单元内部的连接情况，通常不包括单元之间的外部连接，但可给出与之有关的互联图的图号。

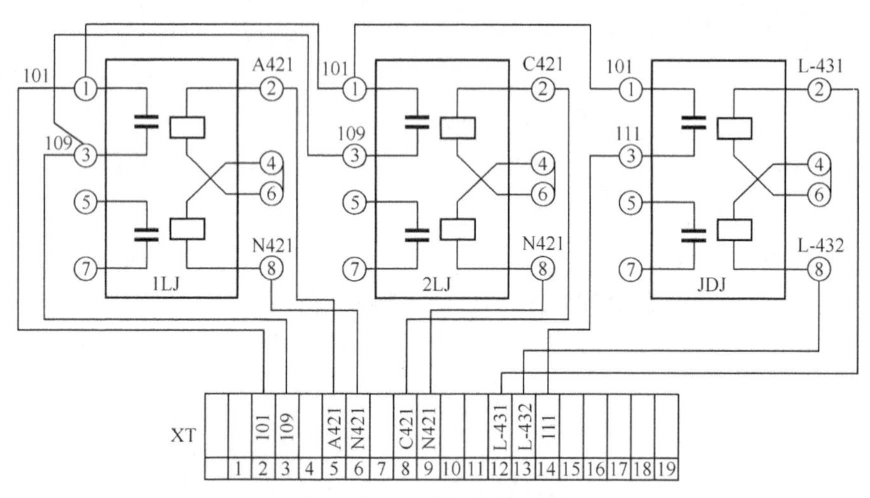

图 7-15 单元接线图

单元接线图通常应按各个项目的相对位置进行布置。

表 7-31 单元接线表的一般格式

线缆号	线号	线缆型号及规格	连接点 I			连接点 II			附注
			项目代号	端子号	参考	项目代号	端子号	参考	
	101		1LJ	1		XT	2		
	109		1LJ	3		XT	3		
	A421		1LJ	2		XT	5		
	N421		1LJ	8		XT	6		
	101		2LJ	1		1LJ	1		
	109		2LJ	3		1LJ	3		
	C421		2LJ	2		XT	8		
	N421		2LJ	8		XT	9		
	L-431		JDJ	2		XT	12		
	L-432		JDJ	8		XT	13		
	111		JDJ	3		XT	14		

单元接线表一般包括线缆号、线号、导线的型号和长度、连接点号、所属项目的代号和其他说明等内容。表 7-31 给出了单元接线表的一般格式。

2. 互连接线图

互连接线图或互联接线表是表示成套设备或不同单元之间连接关系的一种接线图或接线表。图 7-16 是用连接线表示的互连接线图。图 7-17 是部分用中断线表示的互连接线图。表

7-32 表示互联接线表。

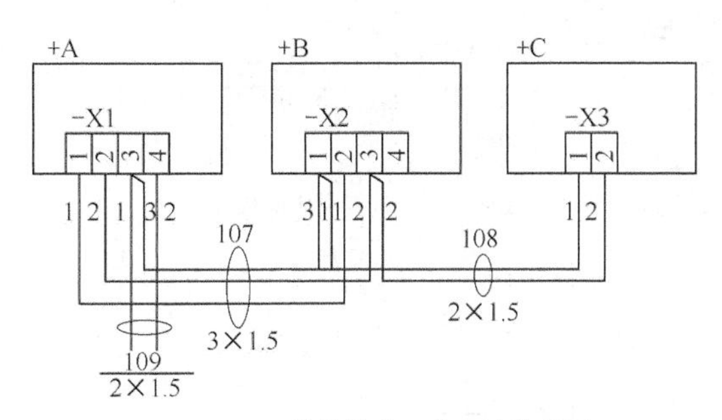

图 7-16 用连续线表示的互连接线图

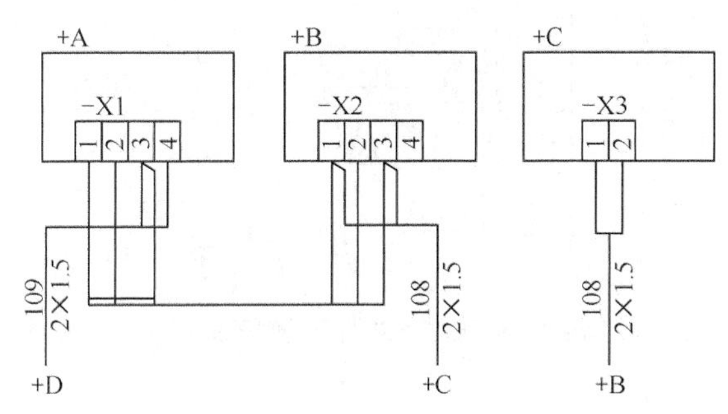

图 7-17 用中断线表示的互连接线图

表 7-32 **互联接线表**

线缆号	线号	线缆型号规格	连接点 I			连接点 II			附注
			项目代号	端子号	参考	项目代号	端子号	参考	
107	1 2 3		+A-X1 +A-X1 +A-X1	1 2 3	 109.1				
108	1 2		+B-X2 +B-X2	1 3	107.3 107.2				
109	1 2		+A-X1 +A-X1	3 4					

在单元接线图和互连接线图中，导线可用连续线、中断线两种方法表示，如图 7-18（a）和 7-18（b）所示。注意在中断线的中断处必须标识导线的趋向。

导线、电缆、缆型线束等可用加粗的线条表示，在不致引起误解的情况下也可部分加粗。单线表示法见图 7-18（c）。

3. 端子接线图

端子接线图和端子接线表是表示成套装置或设备的端子用以接在端子上的外部接线的一种接线图或接线表。端子接线图或端子接线表表示单元或设备的端子与外部导线的连接关系，通常不包括单元或设备的内部连接，但可提供与之有关的图号。端子接线图的视图应与接线面的视图一致，各端子应基本按其相对位置表示，带有本端标记的端子接线图如图 7-19 所示。带有远端标记的端子接线图如图 7-20 所示。

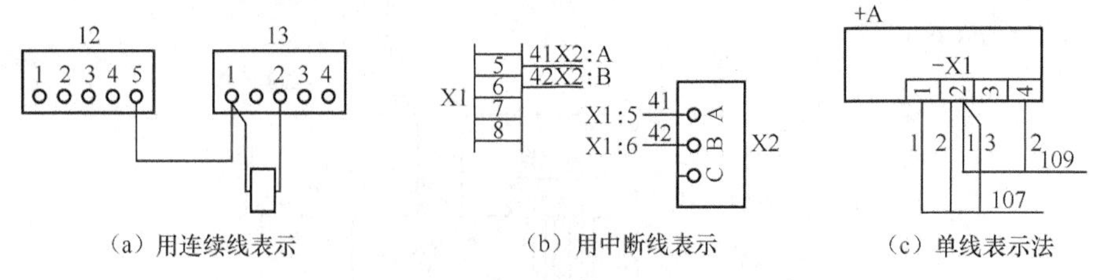

(a) 用连续线表示 (b) 用中断线表示 (c) 单线表示法

图 7-18 导线表示法

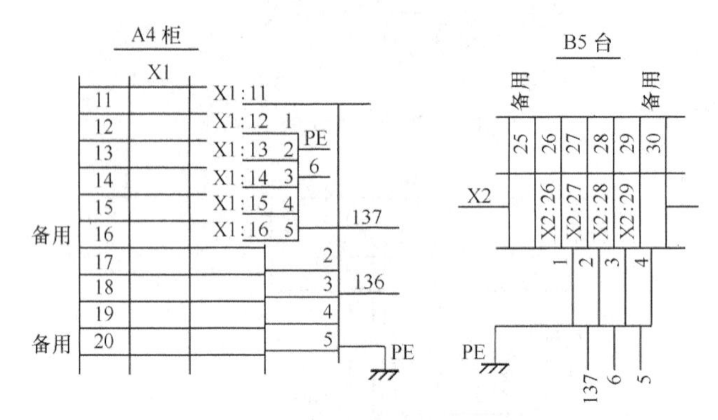

图 7-19 带有本端标记的端子接线图

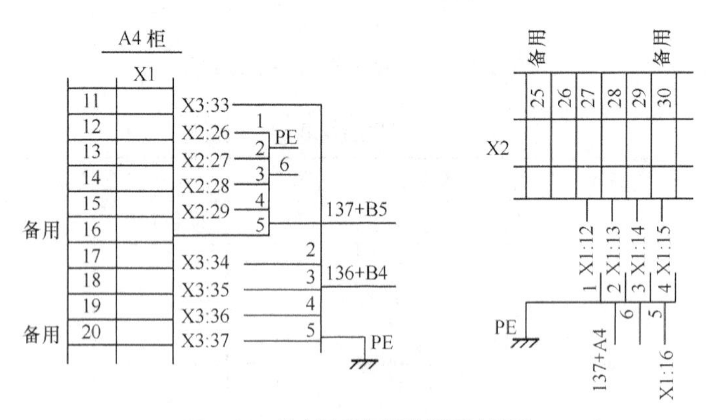

图 7-20 带有远端标记的端子接线图

端子接线表内电缆应按单元（例如柜或屏）集中填写。端子接线表的格式见表 7-33 和表 7-34。

表 7-33　　带有本端标记的端子接线表

A4 柜			B5 台		
136		A4	137		B4
	PE	接地线		PE	接地线
	1	X1:11		1	X2:26
	2	X1:17		2	X2:27
	3	X1:11		3	X2:28
	4	X1:11		4	X2:29
备用	5	X1:11	备用	5	
			备用	6	

续表

A4 柜			B5 台		
	PE	（一）			
	1	X1:12			
	2	X1:13			
	3	X1:14			
	4	X1:15			
备用	5	X1:16			
备用	6	—			

表 7-34　　带有远端标记的端子接线表

A4 柜			B5 台		
136		A 4	137		B 4
	PE	接地线		PE	接地线
	1	×3=33		1	×1=12
	2	×3=34		2	×1=13
	3	×3=35		3	×1=14
	4	×3=36		4	×1=15
备用	5	×3=37	备用	5	×1=16
137		B 5			
	PE	接地线			
	1	×2=26			
	2	×2=27			
	3	×2=28			
	4	×2=29			
备用	5				
备用	6				

在应用中接线图通常与电路图和位置图一起使用，接线图可单独使用也可组合使用。接线图能够表示出项目的相对位置、项目代号、端子代号、导线号、导线的型号规格，以及电缆敷设方式等内容。

（1）项目。

指在图上通常用一个图形符号表示的基本件、部件、功能单元设备、系统等。如：继电器、电阻器、发动机、开关设备等都可以称为项目。

（2）项目代号。

用来识别图、图表、表格和设备上的项目种类并提供项目的层次关系、实际位置等信号的一种特定的代号，如 KM 表示交流接触器，SB 表示按钮开关，TA 表示电流互感器。

在接线图中完整的项目代号包括 4 个代号段，即：高层代号、位置代号、种类代号和端子代号。

项目代号分解如下。

-P1（M1）-	+A-	KM-	⑨	015
-P1（M1）- 高层代号 （电动机泵）	+A- 位置代号 单元或安装地点	KM- 项目代号 项目名称 （设备名称）	⑨- 端子代号 接线端子的 排列序号	5 回路标号 电路图中的线号

（3）高层代号。

系统或设备中的任何较高层次（对给予代号的项目而言）的项目代号。如石化企业生产装置中的泵、电动机、启动器和控制设备的泵装置。

（4）种类代号。

主要用以识别项目种类的代号。

种类代号中项目的种类同项目在电路中的功能无关，如各种接触器都可视为同一种类的项目。

组件可以按其在给定电路中的作用分类，如可根据开关在电力电路（作断路器）或控制电路（作选择器）中的不同作用而赋予不同的项目种类字母代码。

（5）位置代号。

项目在组件、设备系统或建筑物中的实际位置代号。

二、通用的电动机基本接线图

图 7-21 为各种工厂中驱动不同用途的泵、风机、压缩机等生产机动设备的三相交流 380V 异步电动机的基本电气原理图，这种图也可称为原理接线展开图。

主回路和控制回路中的电气设备，按现场实际需要选型安装。如电气设备的安装地点、主回路、继电保护、控制器件，一般安装在变配电所的低压配电盘上；操作器件、监视信号，安装在机前或生产装置操作室（集中控制室）的控制操作屏（台）上。

图 7-21 所示电路中的主电路控制电路、三相刀闸 QS、空气断路器 QF、交流接触器 KM、热继电器 EH、接线端子 XT，安装在低压配电盘上，主回路设备之间的连接采用铜或铝母线。

电气设备安装地址：电动机 C 安装在泵与电动机的基座上；控制按钮 SB_1、SB_2 安装在机前，方便操作的位置；信号灯安装在操作室的操作平台上。

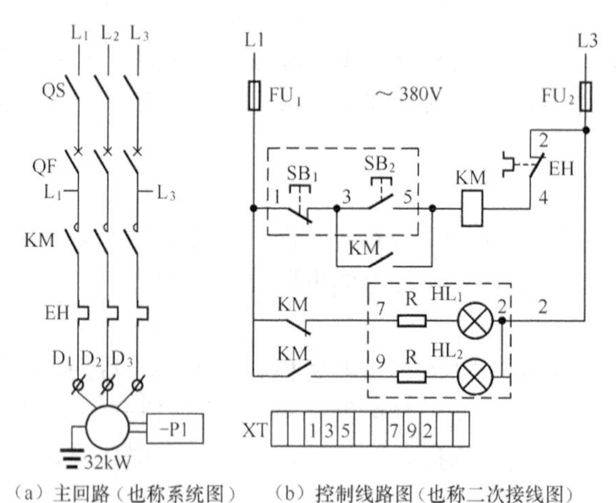

（a）主回路（也称系统图）（b）控制线路图（也称二次接线图）

图 7-21 泵机电气原理基本接线图

低压配电盘上的设备，控制线路与配电盘以外的设备，如控制按钮的连接，要经过接线端子排 XT。实际接（配）线时，要敷设两条控制电缆和一条电力电缆。

1. 实际接（配）线

① 从低压配电盘到机前控制按钮敷设一条控制电缆（ZRKVV-0.5kV-4×1.5mm^2-100m）。

② 从低压配电盘到生产装置控制屏敷设一条控制电缆（ZRKVV-0.5kV-4×1.5mm^2 -

60m)。

③ 从低压配电盘到电动机前敷设一条电力电缆（ZRVV-0.5kV-3×35mm^2-100m）。

电缆敷设后并经过认真校线，然后就可以按电路图的标号接线。将安装在三处的电气设备按图 7-21 所示的电路图，连接成完整的控制线路。

图 7-21 中线条表示的就是导线。要弄清哪些线是低压配电盘内设备器件之间的接线，哪些线需要经过端子排后再与盘外设备相连接。

将盘内设备器件之间的线连接好后，凡是要与盘外设备进行连接的线，都要先引至端子排 XT 上，然后通过电缆再与盘外设备相连接。

2. 分析方法

① 看图上说明的技术要求。

② 在电路图中，看到用虚线框起来的图形符号是配电盘外部设备，如图 7-21 中的控制按钮 SB1、SB2，在端子排图形中给出的标号 1、3、5 就是与外部设备进行连接的线号。

三、看图分线配线与连接

这里以图 7-21 所示的接线图为例进行分线。

（1）盘内设备器件相互连接的线。

盘内设备器件相互连接的线有 1、2、3、4、5、7 号线，看接触器 KM 电源侧端子引出的一根线与熔断器 FU_2 上侧连接到 L_3 相上。熔断器 FU_2 下侧引出的一根线与热继电器 EH 的常闭接点一侧端子相连接（2 号线），从这个常闭触点的另一侧端子引出的一根线与接触器 KM 线圈的两个线头中的任意一个端子连接，这根线是 4 号线。从线圈的另一个线头端子引出的一根线就是 5 号线。看接触器 KM 电源侧 L_1 相端子引出的一根线与熔断器 FU1 的上侧连接，这根线是 L_1 号线（也可称为 1 号线）。

（2）引至端子排的线。

在图 7-21 电路图中，有哪些导线需要先引至端子排上后，再与外部器件相连接，有经验的师傅一眼就能看出盘上设备需要与外部设备相连接的线有 1、3、5、2、7、9 号线。

图 7-21 中虚线框内的线号，其中 1、3、5 号线是去电动机前的控制按钮的线。2、7、9 号线是去控制室信号灯的线。

从盘上熔断器 FU_1 下侧引出的一根线先到端子排 1 上。从接触器 KM 辅助常开触点引出两根线，线的两头分别先穿上写有 5 的端子号，一根与接触器 KM 线圈的 5 号线相连接，另一根线接到端子排写有 5 的端子上，这时就会看到常开触点端子上为两个线头，如果这个 5 号线头压在线圈端子上，同样看到线圈这个端子上有两个线头。接触器 KM 辅助常开触点的另一侧引出的一根线（两头分别穿上写有 3 的端子号）接到端子排 3 上，到此完成了所有配电盘上设备到端子排上的 1、3、5 号线的连接。

四、外部设备的连接

1. 主回路电缆的连接

低压盘到电动机前敷设一条三芯的电力电缆。如果是 4 芯电缆，其中一芯为保护接地。选用三芯线电缆时不用校线，将变电所内的一头分别与热继电器负载侧端子相连后，电缆的另一端与电动机绕组引出线端子相连接。

2. 控制电缆走向

从低压盘到机前按钮敷设两条4芯的控制电缆，先将电缆芯线校出，同一根线的两端穿上相同的端子号，打开控制按钮的盖穿进电缆。

① 将穿有1的端子号的线头，接在停止按钮 SB_1 的常闭触点一侧端子上。

② 将穿有5的端子号的线头，接在启动按钮 SB_2 的常开触点一侧端子上。

③ 将停止按钮的另一侧端子和启动按钮的另一侧端子，先用导线连接后，再把穿有3号端子的线头，接到其中任意一个端子上即可。

④ 信号灯的连接：先将电缆的芯线校出穿好线号，从熔断器 FU_1 下侧再引出一根线（1号线）引到接触器KM的辅助触点上，首先确定接触器上的一对常开、一对常闭作为信号触点使用，将两个触点的一侧用线并联。

常开触点的另一侧端子引出的9号线接到端子排9上，常闭触点的另一侧引出的7号线接到端子排7上。熔断器 FU_2 下侧再引出一根线（2号线）与端子排上的2连接。

在端子排2上引出的一根线，通过电缆接到操作室控制屏上的端子排2上，把操作室控制屏上两个信号灯的一侧用线并联（平时这种接法称为跨接）。然后用线与端子排2连接好，再与电缆芯线2号线连接。

由端子排7和9引出的（两根）线，分别与电缆芯线中的7号线和9号线连接，电缆芯线7号线和9号线分别接到操作室控制屏端子排7号端子和9号端子上。从操作室控制屏端子排7号端子引出的一根线接到绿色信号灯 HL_1 的电阻R上。从操作室控制屏端子排9号端子引出的一根线接到红色信号灯 HL_2 的电阻R上。到目前为止，这台电动机的接线全部完成。

五、接线图不同的表达方式

图7-21的电路原理展开图也可画成另一种实际接线的形式，这就是平常所说的实际接线图，如图7-22所示。这种图用于简单的电路中是明显而直观的，能够看清线路的走向，方便接线。但应用于回路设备较多，构成复杂的线路时会显得图面上都是线条，重复交叉、零乱，容易看花眼也难看懂。

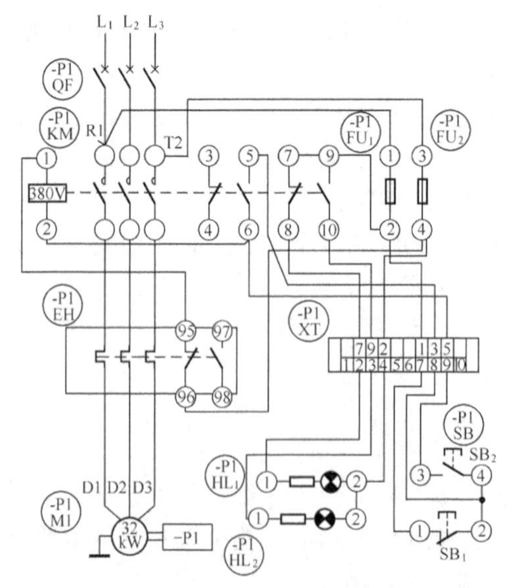

图7-22 实际接线图

图 7-22 可以画成另一种接线图，如图 7-23 所示，它是采用中断线表示的互连接线图，这种接线图也称配线图，使用相对编号法，不具体画出各电气元件之间的连线，而是采用中断线和文字、数字符号表示导线的来龙去脉。

只要能认识元件名称、触点的性质、排列编号，不用理解其电路工作原理就可进行接线（配线）。

相对编号的方法如下。

在 A 的设备上编 B 的号，在 B 的设备上编 A 的号。如图 7-23 中，按钮 SB_1（停止按钮）常闭触点①边上的-P1：XT：7-1，7-1 不是按钮开关 SB_1 的编号，而是另一台设备元件的编号，即表示从这台设备上的这个端子引出的线，要接到另一台设备上的某个触点（线圈）端子上。

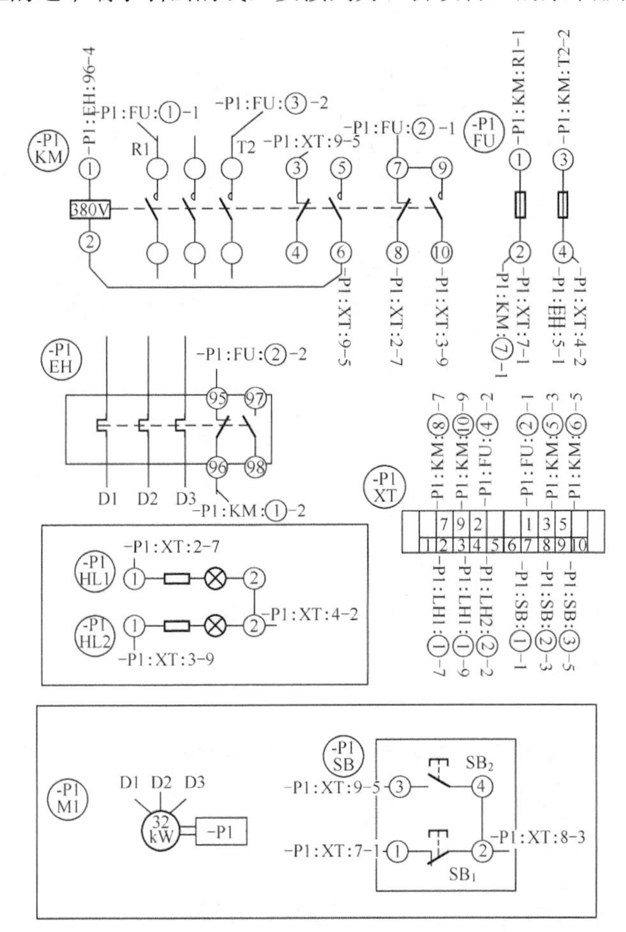

图 7-23 采用中断线表示线路走向的接线图

-P1：XT：7-1，表示由停止按钮常闭触点的一侧①端子引出的线要与低压配电盘+A 上的端子排 XT 的第一号端子连接。

看端子排上第一个端子边上的-P1：SB：①-1，表示由端子排 7 引出的线接到停止按钮 SB_1 一侧端子①上（连接）。

可以看出，-P1-SB：①-1 和-P1：XT：7-1 是一根线，在线的两端（线头）分别穿出写有 1 的端子号。一端接在端子排（1）上，另一端（头）接在停止按钮端子①上，其他依此类推，直到把线接完。

图7-24采用回路标号的配线图也是一种常用的配线图，若能够看懂控制原理接线图就能按此图进行接线。图7-24中的接触器KM线圈端子②下斜线所指的数字5是电路图中的回路标号。

在图中，接触器KM线圈端子②下有数字5，接触器KM辅助触点端子⑥下也有数字5，这是一根导线，表示导线一头接在接触器KM线圈端子②上，另一头接到辅助触点端子⑥上。

在接触器KM辅助触点端子⑥下有数字5，端子排⑨上也有数字5，这又是一条导线，表示用一根导线一头接在辅助触点端子⑥上，另一头接到端子排⑨上。其他依此类推，直到把线接完。

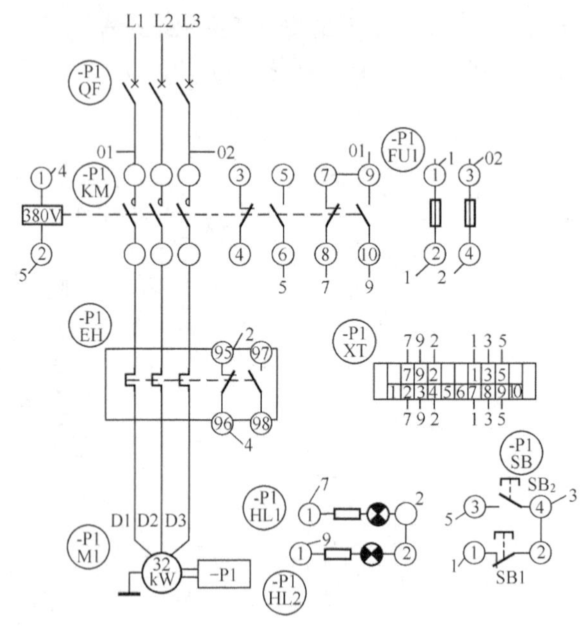

图7-24 采用回路标号的配线图

7.4 电气测绘基本知识

电气测绘是根据现有的电气线路、机械控制线路或电气装置进行现场测绘，然后经过整理绘制出电气控制原理图和安装接线图。

一、测绘前的准备

在测绘前，首先要了解测绘对象，了解原线路或设备的控制过程、控制顺序、控制方法、布线规律、连接方式等内容，根据测绘需要准备相应的工具和仪器。

二、电气测绘的一般要求

1. 手绘草图

为了便于绘制出电路的原理图，可以先对测绘对象绘制安装接线示意图，用简单明了的符号和线条徒手汇出各电气元件之间的位置关系、连接关系、线路的走向等。

2. 测绘原则

测绘时一般都是先测绘主电路，后测绘控制电路；先测绘输入端，再测绘输出端；先测绘主干线，再依次按节点测绘各支路；先简单后复杂，最后再一个回路一个回路地进行。

三、电气测绘注意事项

① 电气测绘前要检验被测设备或装置是否带电，不能带电作业。如果必须带电作业的，一定要采取防范措施。

② 要避免大拆大卸，对在电路中断开的线头要做记号。

③ 两人以上共同操作时，要注意协调一致、及时沟通，预防事故的发生。

④ 由于测绘判断的需要，确定要开动机床或设备时，一定要先断开执行元件或由熟练的操作工操作，同时安排专人监护。对于可能发生的人身和设备事故，要有安全防范措施防患于未然。

⑤ 测绘过程中如发现有掉线或错线时，先做好记录，不要随意把掉线接到某个电气元件上，要先进行测绘工作，等原理图整理好后再解决问题。

7.5 实习内容

一、根据电动机控制电路绘制接线图

二、识读所给接线图并绘制电气原理图，写出电路工作原理

三、考核标准

表 7-35 电路元器件的识别和质量判别训练考核评定标准

训练内容	配分	扣分标准	扣分	得分
接线图绘制	50分	1．控制电路中标号漏标、错标　每处扣10分 2．接线图绘制漏、错导线　每根扣20分 3．接线图中标号漏标、错标　每处扣10分		
电气原理图绘制	50分	1．电路图绘制漏、错导线　每根扣20分 2．电路图中标号漏标、错标　每处扣10分		
总评（注：各项内容中扣分总值不应超过对应各项内容所配分数）				

四、实习内容拓展

识读给定开关柜的一次、二次接线图，并根据实物连接绘制出电气原理图。

实习项目 8 配电板的安装

实习要求

（1）熟悉在配电板（箱）线路中常用上电器元件的作用、基本原理及使用，能正确选用相关器件

（2）熟练掌握家用配电板（箱）的安装与检测技能

（3）了解动力配电箱的安装检测方法

实习工具及材料

表 8-1　　实习工具及材料

名称	型号或规格	数量	名称	型号或规格	数量
电工工具	套	1	闸刀开关		1 个
网孔板	个	1	漏电断路器		1 个
三相电能表		1 个	熔断器		2 个
单相电能表		1 个	双芯护套线		
电流互感器		1 个	单股铜芯线		若干

配电板（箱）是一种连接在电源和多个用电设备之间的电气装置。它主要用来分配电能和控制、测量、保护用电电器等，一般由进户总熔丝盒、电度表、电流互感器、控制开关、过载或短路保护电器等组成，容量较大的还装有隔离开关。总熔丝盒一般装在进户管的户内侧墙上，而电度表、电流互感器、仪表、控制开关、保护电器等均装在同一块配电板（箱）上。通常配电板的组成如图 8-1 所示。

配电箱按用途可分为照明配电箱和动力配电箱；按材料可分为木质、铁质和塑料等；按安装方式分为明装和暗装两种方式；按制造方式分为自制配电箱和成品配电箱，自制配电箱根据具体施工情况而制作，它主要有盘面和箱体两大部分组成，不要箱体只要盘面板的配电装置称为配电盘或配电板，成品配电箱由制造厂家按一定的配电系统方案制作。

8.1　电能表

计量电能使用电能表（又称电度表）。它是专门用来测量电能的积算式仪表，日常应用最多的是感应系电能表。目前电子式电能表发展十分迅速。根据被测电路的不同，电能表又可分为单相电能表、三相三线电能表和三相四线电能表。电能表还有有功电能表和无功电能表之分。

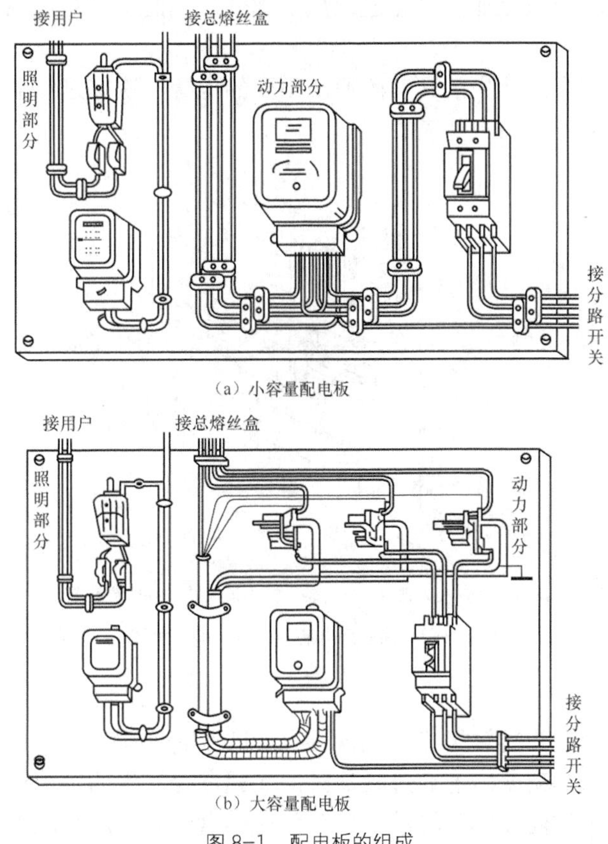

（a）小容量配电板

（b）大容量配电板

图 8-1 配电板的组成

一、单相电能表的结构

单相电能表用于测量单相交流电用户的用电量，多为感应式电能表。感应式电能表的种类、型号很多，但它们的基本结构都是相似的，主要由测量机构、补偿、调整装置和辅助部件所组成。

1. 测量机构

测量机构是电能表实现电能测量的核心部分，由驱动元件、转动元件、制动元件、轴承、计数器等部分组成，图 8-2 是感应系电能表测量机构的示意图。

（1）驱动元件。

驱动元件由电压元件和电流元件组成，其作用是通过被测电路的电流和电压，建立交变磁通，与其在铝盘中产生的感应电流相互作用，进而产生驱动力矩，使铝盘转动。

① 电压元件。电压元件是由硅钢片叠成的电压铁芯和绕在上面的电压线圈制成的，电压线圈通常用 0.08～0.17mm 的漆包线绕制，其匝数一般按 25～50 匝/伏来选择。电压线圈产生的交变磁通分两个部分，一部分在铁芯中自成回路，不穿过铝盘，称为电压线圈非工作磁通，另一部分由下往上穿过铝盘一次，称为电压线圈工作磁通 Φ_U。

② 电流元件。电流元件是由硅钢片叠成的“U”形电流铁芯和绕在上面的电流线圈制成

的，电流线圈分为匝数相等的两部分，分别绕在U形铁芯的两柱上，其绕向相反。电流线圈由少而粗的导线制成，匝数通常为60～150之间。电流线圈产生的交变磁通也分成两部分，一部分不穿过铝盘，称为电流非工作磁通，另一部分从不同位置穿过铝盘两次，称为电流工作磁通 Φ_I。

如上所述，电压和电流产生的交变磁通从不同的位置三次穿过铝盘，所以，我们把感应系电能表又称为“三磁通”型电能表。

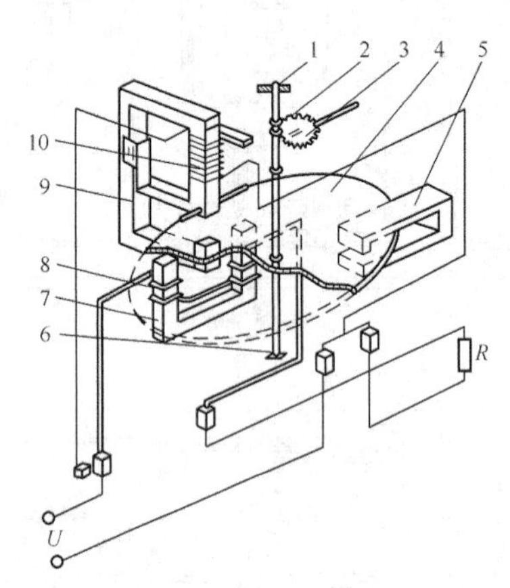

1-轴承 2-蜗杆 3-蜗轮 4-铝盘 5-永久磁钢 6-转轴 7-电流铁芯 8-电流线圈 9-电压磁芯 10-电压线圈

图8-2 感应系电能表测量机构示意图

（2）转动元件。

转动元件由铝制圆盘和转轴组成，铝盘具有灵敏度高、质量轻、电阻小的特点。铝盘的作用是由驱动元件建立的交变磁通通过铝盘时，在铝盘上产生的感应电流与磁通相互作用，产生电磁力（驱动力矩）而使铝盘转动。转轴装在铝盘中心，用轴承支撑。转轴上还装有传递转数的蜗杆和蜗轮，为使下轴承减小摩擦，通常采用双宝石轴承或磁力轴承以构成长寿命电能表。

（3）制动元件。

制动元件由永久磁钢和调整装置组成，作用是产生与驱动力矩方向相反的制动力矩，以便使铝盘的转动与被测电路的功率成正比。

（4）计数机构。

计数机构又称为计度器，它是电能表的指示部分，用来计算电能表铝盘的转数，以实现电能的计量。常见的计度器为字轮式，其工作原理是当铝盘转动时，通过转轴上的蜗杆、蜗轮和各齿轮的传动作用，带动字轮转动，以达到电能积累的目的。

2. 补偿、调整装置

补偿、调整装置是改善电能表的工作特性和满足准确度要求不可缺少的组成部分，每只单相电能表都装有满载、轻载、相位角调整装置和防潜装置。某些电能表还装了过载和温度补偿装置，三相电能表还装有平衡调整装置。

3. 辅助部件

辅助元件由外壳、基架、端子盒和铭牌组成，铭牌可以固定在计度器的框架上，也可附在表盖上。铭牌上应注明电能表的型号、额定电压（U_N）、标定电流（I_b）、额定最大电流（I_{max}）、频率、相数、准确度等级、电能表常数等主要技术指标，还要标明生产厂家、出厂年月等。

我国电能表型号的表示方式是用字母和数字的排列来表示的，内容如下。

类别代号（字母）+组别代号（字母）+设计序号（数字）+派生号

以上各字母含义，参见表 8-2。

表 8-2　国产部分电能表型号中字母的含义

类别代号	组别代号						
D	D	S	T	X	B	Z	J
电能表	单相	三相	三相四线	无功	标准表	最大需量表	直流

二、电能表的工作原理

单相电能表接入交流电源，接通负载，电压线圈并联在电源两端，电流线圈中流过交流电流，两个线圈产生交变磁场，在转盘中产生涡流，涡流在交变磁场的作用下，产生转矩，驱使转盘转动起来。转盘转动后，在转动磁铁的磁场作用下也产生涡流，该涡流在磁场的作用下产生与转盘转动方向相反的制动力矩，使转盘的转速与负载功率的大小成正比，从而体现出负载所消耗的电能的多少。

三、单相电能表的选用与安装

（1）单相电度表的规格选用应根据用户的负载总电流确定。根据公式 $P=IU$（U=220V）计算出用电总功率，再选择相应规格的电度表。

（2）电度表一般安装在配电盘的左边或上方，开关装在右边或下方。安装时要注意电度表必须与地面垂直，以保证电度表计数的准确性。

（3）单相电能表的接线。单相电度表共有四个接线桩，从左到右按 1、2、3、4 接电编号。接线方法一般是号码 1、3 接电源进线，2、4 接电源出线，接线示意图如图 8-3 所示。

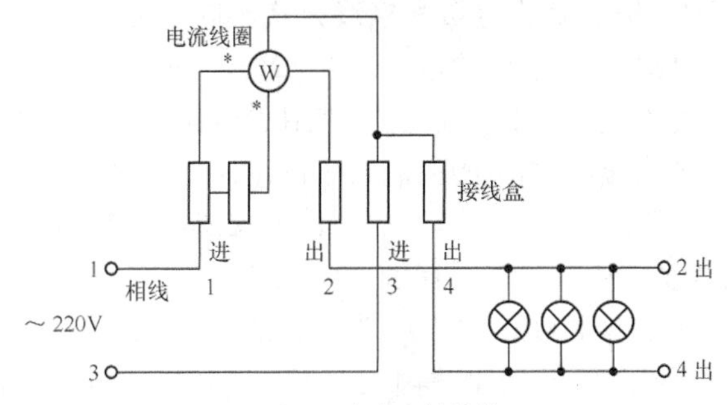

图 8-3　电度表的接线

但也有些电度表的接线方法是号码 1、2 接电源进线，3、4 接电源出线，所以具体的接线方法应参照电度表接线桩盖子上的接线图而定。

（4）电能表的安装要求。

① 正确选择电能表的容量。电能表的额定电压要与用电器的额定电压相一致，负荷的最大工作电流不得超过电能表的最大额定电流。

② 电能表应安装在箱体内或涂有防潮漆的木制底盘、塑料底盘上。

③ 电能表不得安装过高，一般以距地面 1.8～2.2 m 为宜。

④ 单相电能表一般应装在配电盘的左边或上方，而开关应装在右边或下方。与上、下进

线间的距离大约为 80 mm，与其他仪表左右距离大约为 60 mm。

⑤ 电能表的安装场所，一般应在走廊、门厅、屋檐下，切忌安装在厨房、厕所等潮湿或有腐蚀性气体的地方。表的周围环境应干燥、通风，安装应牢固、无震动。其环境温度不可超出-10～50℃的范围，过冷过热都会影响其准确度。现在的住宅多采用集表箱安装在室外走廊或过道处。

⑥ 电能表的进线、出线应使用铜芯绝缘线，线芯截面不得小于 1.5 mm^2。接线要牢固，不可焊接，裸露的线头部分不可露出接线盒。

⑦ 电能表的安装必须垂直于地面，不得倾斜，其垂直方向的偏移角度不得大于 1°，否则会增大计量误差，影响电能表计数的准确性。

⑧ 电能表总线必须明线敷设或线管明敷，接入电能表时，一般以“左进右出”为原则接线。

⑨ 对于同一电能表只有一种接线方法是正确的，具体如何接线一定要参照电能表接线盒上的电路进行接线。因此接线前，一定要看懂接线图，按图接线。

⑩ 目前家庭住宅家用电器多、电流大，小区多层住宅或景区等场所，必须采用三相四线制供电。对于三相四线电路，可以用三只单相电能表进行分相计费，将三只电能表的读数相加则可以算出总的电量读数。但是，这样多有不便，所以一般采用三相电能表。

⑪ 由供电部门直接收取电费的电能表，一般由其指定部门验表，然后由验表部门在表头盒上封铅封或塑料封，安装完后，再由供电局直接在接线桩头盖上或计量柜门封上铅封或塑料封。未经允许，不得拆掉铅封。

四、三相电能表

三相电度表用于测量三相交流电路中电源输出（或负载消耗）的电能。它的工作原理与单相电度表完全相同，只是在结构上采用多组驱动部件和固定在转轴上的多个铝盘的方式，以实现对三相电能的测量。三相电度表主要用于动力配电线路中，按接线方式不同分为三相四线制和三相三线制两种。根据负载容量和接线方式不同又分为直接式和互感器式两种。直接式常用于容量较小的电路中，常用规格有 10A、20A、50A、100A，互感式三相电度表基本量程为 5A，可按电流的不同比率扩大量程，常用于电流容量较大的电路。

三相电度表的接线方式根据三相电源的制式来确定，具体接线如图 8-4 所示。对于直接式三相三线制电度表，从左至右有 8 个接线柱，1、4、6 接进线，3、5、8 接出线，2、7 可空着；对直接式三相四线制电度表，从左至右共有 11 个接线柱，1、4、7 为 A、B、C 三相进线，10 为中性线进线，3、6、9 为 3 根相线出线，11 为中性线出线，2、5、8 可空着。对于大负荷电路，必须采用间接式三相电度表，接线时需配 2～3 个同规格的电流互感器，图 8-4（d）所示接线图即采用了三个电流互感器，电度表的 11 个接线柱接法为：1、4、7 接电流互感器二次侧 S_1 端，即电流进线端；3、6、9 接电流互感器二次侧 S_2 端，即电流出线端；2、5、8 分别接三相电源；10、11 是接零端。为了安全，应将电流互感器 S_2 端连接后接地。需要注意的是各电流互感器的电流测量取样必须与其电压取样保持同相，即 1、2、3 为一组；4、5、6 为一组；7、8、9 为一组。带电流互感器的三相四线电表接线图的电表孔号 2、5、8 分别接 ABC 三相电源，1、3 接 A 相互感器，4、6 接 B 相互感器，7、9 接 C 相互感器，10、11 接零线。

使用三相电度表时要注意：不允许将电度表安装在负载小于 10%额定负载的电路中；不允许电度表经常在超过额定负载位 125%的电路中使用；使用电压互感器、电流互感器时，其实际功耗应乘以相应的电流互感器及电压互感器的变比。

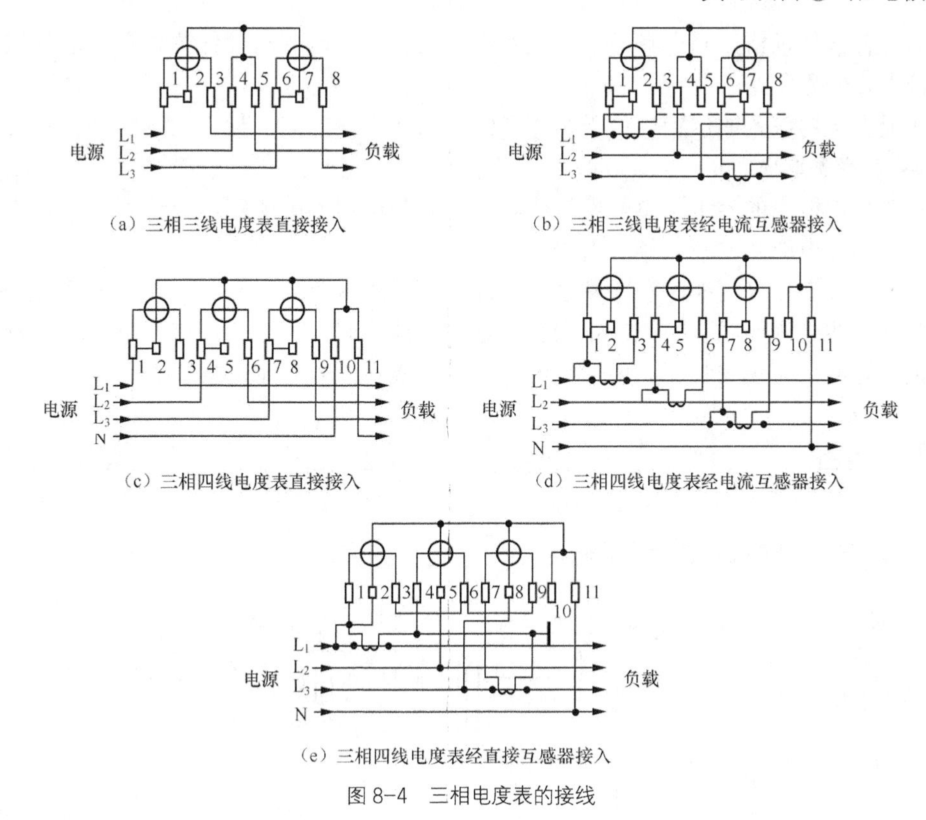

（a）三相三线电度表直接接入

（b）三相三线电度表经电流互感器接入

（c）三相四线电度表直接接入

（d）三相四线电度表经电流互感器接入

（e）三相四线电度表经直接互感器接入

图 8-4 三相电度表的接线

8.2 配电板的安装

室外交流电源线通过进户装置进入室内，再通过量电和配电装置才能将电能送至用电设备。量电装置通常由进户总熔丝盒、电能表等组成；配电装置一般由控制开关、过载、短路保护电器等组成，容量较大的还装有隔离开关。

1. 总熔丝盒的安装

常用的总熔丝盒分铁皮盒式和铸铁壳式。一般装在进户管的墙上，总熔丝盒有防止下级电力线路的故障蔓延到前级配电干线上而造成更大区域的停电的作用，且能加强计划用电的管理（因低压用户总熔丝盒内的熔体规格，由供电单位置放，并在盖上加封）。安装总熔丝盒时必须注意以下几点。

总熔丝盒应安装在进户管的户内侧。

总熔丝盒必须安装在实心木板上，木板表面及四沿必须涂以防火漆。安装时，铁皮盒式和铸铁壳式的木板，应用穿墙螺栓或膨胀螺栓固定在建筑物墙面上，其余各种木板，可用木螺钉来固定。

总熔丝盒内熔断器的上接线柱，应分别与进户线的电源相线连接，接线桥的上接线桩应与进户线的电源中性线连接。

总熔丝盒后如安装多个电度表，则在每个电度表前级应分别安装分熔丝盒。

2. 盘面板的组装

盘面板一般固定在配电箱的箱体里，是安装电器用的。一般家用的配电板可根据配电线路的组成及各器件规格来确定盘面板的长宽尺寸，盘面板四周与箱体边要有一定缝隙，以便在配电箱内安装固定。

盘面板上电器放置的位置要便于操作和维护，各电器之间的最小间距应符合有关规定。

3. 安装注意事项

正确选择电能表的容量。电能表的额定电压要与用电器的额定电压一致，负载的最大工作电流不得超过电能表的最大额定电流。

电能表总线必须采用铜芯塑料硬线，其最小截面不应小于 1.5mm^2，中间不得有接头。

电能表总线必须明线敷设或线管明敷，进入电能表时，一般为左进右出。电能表的安装必须垂直于地面，避免安装在易燃、高温、潮湿、震动或有灰尘的场所。

8.3 实习内容

一、家用小型配电箱的安装

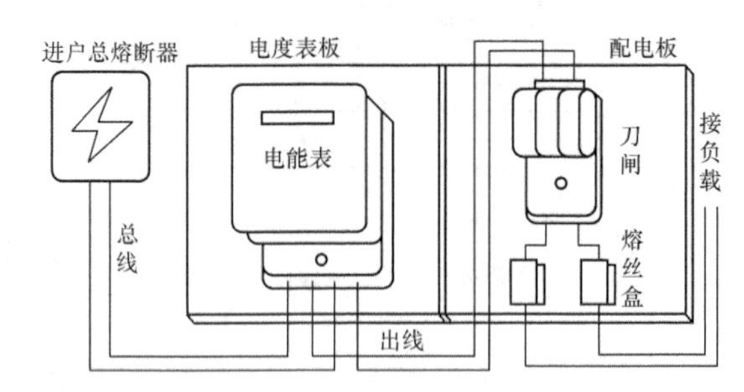

1. 根据所给电路画出接线原理图
2. 按规范完成所给电路的安装接线

二、考核标准

表 8-3 配电板安装训练考核评定标准

训练内容	配分	扣分标准		扣分	得分
作图	10 分	1. 电路画错 2. 电气符号、文字符号错	扣 10 分 每个扣 10 分		
配电板安装	70 分	1. 电能表接线错误 2. 护套线不平直 3. 护套线转角不圆 4. 接线桩连接露铜	扣 20 分 每根扣 10 分 每个扣 10 分 每处扣 10 分		
安全文明操作	20 分	1. 违反操作规程 2. 工作场地不整洁	每次扣 5 分 每次扣 5 分		
总评（注：各项内容中扣分总值不应超过对应各项内容所配分数）					

三、实习内容拓展

设计一个小型工厂供配电总线路，要求：电源的进线、出线清楚，有控制开关、有大容量电表等。

实习项目 9 室内线路的敷设与安装

实习要求

（1）了解国家关于室内配线的有关规定
（2）掌握室内配线的一般要求和工序
（3）熟悉槽板、线管、护套线的安装要求

实习工具及材料

表 9-1　　实习工具及材料

名称	型号或规格	数量	名称	型号或规格	数量
电工工具	套	1	护套线		若干
1000mm×800mm 配电板	块	1	塑料卡钉		若干
			绝缘胶布		若干

在建筑物或构筑物内，给用电器具或设备敷设供电和控制线路统称室内配线。根据房屋建筑结构及要求的不同，室内配线又分为明敷和暗敷两种，导线沿墙壁、天花板、横梁及柱子等表面敷设线路称为明敷；导线穿入塑料（PVC）管或钢管埋设在墙壁内、地坪内或装设在顶棚内敷设线路称为暗敷。配线方式通常有瓷夹板配线、瓷瓶配线、槽板配线、钢（塑料）管配线以及塑料护套线配线等。目前在室内线路安装中，采用较多的是钢（塑料）管配线、槽板配线和塑料护套线配线。

9.1　内线安装的基本知识

一、内线工程的范围

电力内线（简称内线）工程包括从电力网接至用户的接户线进户线装置、计量用户耗用电能的量电装置、控制和保护用电设备的与电气线路的各类配电装置、建筑物内部线路装置、电缆线路装置、照明装置、电力装置以及防雷与接地装置等的施工安装。

二、室内配线的技术要求

室内配线不仅要使电能传送安全可靠，而且要使线路布置合理、整齐、安装牢固，其技术要求如下。

① 使用导线的额定电压应大于线路的工作电压，导线的绝缘应符合线路安装方式和敷设的环境条件；导线截面应能满足供电和机械强度要求。

② 配线时应尽量避免导线有接头。因为常常由于导线接头质量不好而造成事故。若必须接头时，应采用压接或焊接。

③ 明配线路在建筑物内应水平或垂直敷设，当明配线路水平敷设时，导线距地面应不低于 2.5 m，垂直敷设时，导线距地面不低于 2m，否则要穿管保护。配线位置应便于检查和维修。

④ 当导线穿过楼板时，应设钢管加以维护，钢管长度应从离楼板面 2m 处，到楼板下出口处为止。

当导线穿墙时要用瓷管保护，瓷管两端的出线口，伸出墙面不小于 10 mm。穿向室外应一管一线，同一回路的可以一管多线，但管内导线的总面积（包括绝缘层）不应超过管内截面的 40%。

当导线沿墙壁或天花板敷设时，在通过伸缩缝的地方，导线敷设应稍有松弛，对于钢管配线，应装设补偿盒。

当有导线互相交叉时，为了避免碰线。在每根导线上套上塑料管或其他绝缘管，并将套管牢靠地固定，使其不能移动。

⑤ 为确保安全用电，室内电气管线和配电设备与其他管道、设备间的最小距离应满足相关要求。详见表 9-2。如施工时不能满足表中所列要求的最小距离，则需应采取其他的保护措施。

表 9-2　　室内电气管线和配电设备与其他管道、设备之间的最小距离

类别	管线及设备各称	管内导线	明敷绝缘导线	裸母线	滑触线	配电设备
平行	煤气管	0.1	1.0	1.0	1.5	1.5
	乙炔管	0.1	1.0	2.0	3.0	3.0
	氧气管	0.1	0.5	1.0	1.5	1.5
	蒸汽管	1.0/0.5	1.0/0.5	1.0	1.0	0.5
	暖水管	0.3/0.2	0.3/0.2	1.0	1.0	0.1
	通风管	—	0.1	1.0	1.0	0.1
	上、下水管	—	0.1	1.0	1.0	0.1
	压缩气管	—	0.1	1.0	1.0	0.1
	工艺设备	—	—	1.5	1.5	—
交叉	煤气管	0.1	0.3	0.5	0.5	—
	乙炔管	0.1	0.5	0.5	0.5	—
	氧气管	0.1	0.3	0.5	0.5	—
	蒸汽管	0.3	0.3	0.5	0.5	—
	暖水管	0.1	0.1	0.5	0.5	—

续表

类别	管线及设备各称	管内导线	明敷绝缘导线	裸母线	滑触线	配电设备
交叉	通风管	—	0.1	0.5	0.5	—
	上、下水管	—	0.1	0.5	0.5	—
	压缩气管	—	0.1	0.5	0.5	—
	工艺设备	—	—	1.5	1.5	—

三、配线的工序

室内配线主要包括以下7道工序。

① 根据施工图样，确定电器安装位置，导线敷设途径及导线穿过墙壁和楼板的位置。

② 若线管暗配线，要埋设好支持构件，最好配合土建搞好预埋留工作；若采用线管明配或其他配线方式，将配线所有的固定点打好孔洞。

③ 装设绝缘支持物、线夹、支架或保护管。

④ 敷设导线。

⑤ 安装灯具及电气设备。

⑥ 测试导线绝缘，连接导线、分支和封端，并将导线出线接头和设备连接。

⑦ 校验、自检、试通电。

9.2 瓷夹板配线

一、瓷夹板配线方法

瓷夹板配线的线路结构简单，布线费用少，安装和维修较方便，但由于瓷夹板较薄，机械强度也小，容易损坏，因此该种配线方法已逐渐被护套线线路所取代。瓷夹板配线的步骤如下：①定位；②划线；③凿眼；④安装木榫或埋设缠有铁丝的木螺钉；⑤埋设穿墙瓷管或楼板钢管；⑥固定瓷夹；⑦敷设导线。

二、瓷夹板配线的注意事项

① 铜导线面积不应小于1mm^2，铝导线面积不应小于1.5mm^2。

② 转弯时，应在转弯处装两副瓷夹板。

③ 导线分路时，应在连接处分装三副瓷夹。

④ 两条电路的四根导线相互交叉时，应在交叉处分装四副瓷夹，压在下面的两根导线上应各套一根瓷管，管的两端都要靠住瓷夹。

⑤ 三根导线平行时，每一支持点应装两副瓷夹。

⑥ 导线进入木台前，应加一副瓷夹，同时，进入木台的线头应留长些。

9.3 绝缘子配线

绝缘子配线也称瓷瓶配线，是利用绝缘子支持导线的一种配线，用于明配线。绝缘子较高，机械强度大，适用于用电量较大而又较潮湿的场合。绝缘子一般分为鼓形、蝶形、针式和悬式绝缘子等。鼓形绝缘子，常用以截面较细导线的配线；蝶形绝缘子、针式绝缘子和悬式绝缘子，常用以截面较粗的导线配线。

一、绝缘子配线的方法

① 定位。定位工作在土建未抹灰前进行。根据施工图确定用电器的安装地点、导线的敷设位置和绝缘子的安装位置。

② 画线。画线可用粉线袋或边缘有尺寸的木板条进行。在需固定绝缘子处画一个“×”号，固定点间距主要考虑绝缘子的承载能力和两个固定点之间导线下垂的情况。

③ 凿眼。按画线定位进行凿眼。

④ 安装木榫或埋设缠有铁丝的木螺钉。

⑤ 埋设穿墙瓷管或过楼板钢管。此项工作最好在土建时预埋。

⑥ 固定绝缘子。在木结构墙上只能固定鼓形绝缘子，可用木螺丝直接拧入；在砖墙上或混凝土墙上，可利用预埋的木榫和木螺钉固定鼓形绝缘子，也可用环氧树脂粘合剂来固定鼓形绝缘子，也可用预埋的支架和螺栓来固定绝缘子。

⑦ 敷设导线及导线的绑扎。先将导线校直，将一端的导线绑扎在绝缘子的颈部，然后在导线的另一端将导线收紧，绑扎固定，最后绑扎固定中间导线。

二、绝缘子配线的注意事项

① 在建筑物的侧面或斜面配线时，必须将导线绑扎在绝缘子上方，如图 9-1 所示。

② 在同一平面内曲折时，绝缘子必须装设在导线曲折角的内侧，如图 9-2 所示。

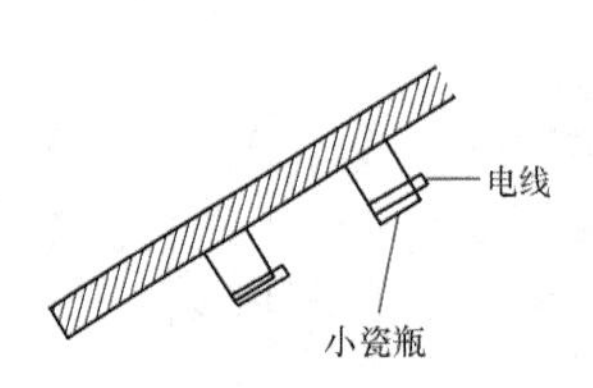

图 9-1 瓷瓶在侧面或斜面

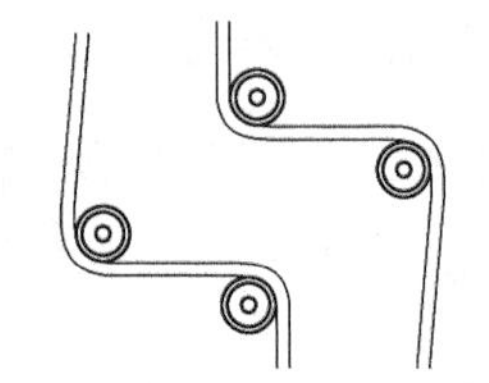

图 9-2 瓷瓶在同一平面内弯曲

③ 导线在不同的平面上曲折时，在凸角的两个面上应装设两个绝缘子，如图 9-3 所示。

④ 导线分支时，必须在分支点处设置绝缘子，用以支撑导线；导线相互交叉时，应在距建筑物近的导线上套瓷管保护，如图 9-4 所示。

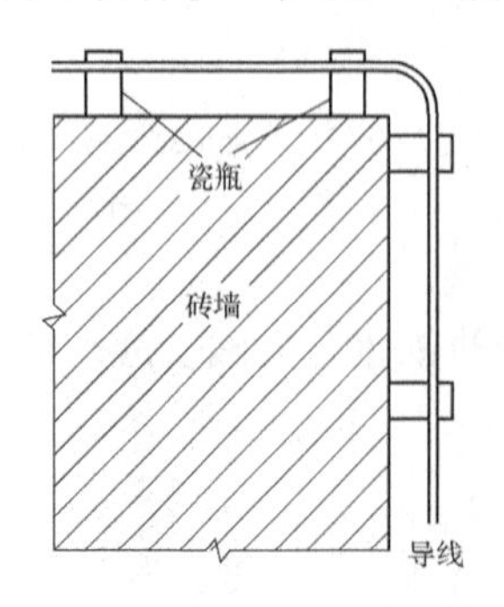

图 9-3 瓷瓶在不同平面内弯曲

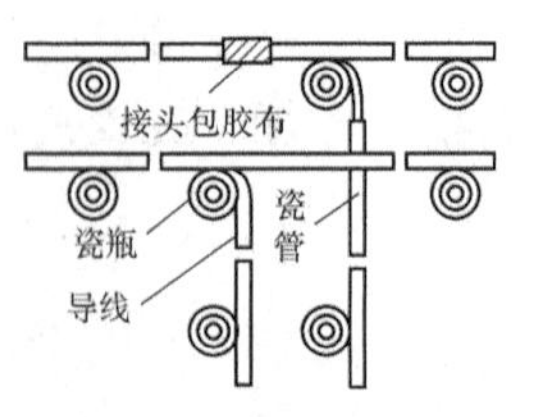

图 9-4 瓷瓶的分支做法

⑤ 平行的两根导线，应放在两绝缘子的同一侧或在两绝缘子的外侧，不能放在两绝缘子的内侧。

⑥ 绝缘子沿墙壁垂直排列敷设时，导线弛度不得大于 5mm；沿屋架或水平支架敷设时，导线弛度不得大于 10mm。

9.4 塑料护套线配线

塑料护套线是在两根或多根塑料绝缘线外再加套一层公用塑料护套层的导线。它具有防潮、耐腐蚀、造价低、安装工艺简单等优点，可用于比较潮湿、有腐蚀性的特殊场合。塑料护套线多用于照明线路，可以直接敷设在楼板、墙壁等建筑物表面，用塑料卡钉作为导线的支持物，但护套线不适合在墙体、楼板及抹灰层内暗敷，不适合在露天场所明敷，也不适用于大容量电路。

一、塑料护套线配线的方法

塑料护套线配线施工程序及方法如下。

1. 划线定位

塑料护套线的敷设应横平竖直。敷设导线前，先用粉线按照设计弹出正确的水平线和垂直线。确定起始点的位置，再按塑料护套线截面的大小每隔 150～200mm 画出塑料卡钉的固定位置。导线在距终端、转弯中点、电气器具或接线盒边缘 50～100mm 处都要设置塑料卡钉进行固定。

2. 塑料卡钉的固定

塑料卡钉由塑料卡和水泥钉组成，外形有圆形和方形两种。配线时，根据所敷设的护套线的外形是圆形的还是扁形的，选用圆形卡槽或方形卡槽的钉。卡钉的规格有很多，可用于外径为 43～420mm 的护套线。常用的塑料卡钉的规格有 4、6、8、10、12 号等，号码的大小表示塑料卡钉卡口的宽度。10 号及以上为双钢钉塑料卡钉。配线时，用塑料卡钉卡住电线，用锤子将水泥钉直接钉在墙上。

3. 敷设导线

在水平方向敷设塑料护套线时，如果导线很短，为便于施工，可按实际需要长度先将导线剪断，把它盘起来，然后再一手持导线，一手将导线用塑料卡钉固定。如果线路较长，且又有几根导线平行敷设，可用绳子先把导线挂起来，然后将护套线轻轻地整理平整后用塑料卡钉固定，并轻轻拍平，使其紧贴墙面。垂直敷设时，应自上而下操作。

弯曲护套线时用力要均匀，不应损伤护套和芯线的绝缘层，其弯曲半径不应小于导线外径的 3 倍，弯曲角度不小于 90°。当导线通过墙壁和楼板时应加保护管，保护管可以是钢管、瓷管或塑料管。当导线水平敷设距离地面低于 2.5m 或垂直敷设距离地面低于 1.8m 时应加管保护。

塑料护套线的接头最好放在开关、灯头或插座处，以求整齐美观。如果接头不能放在这些地方，在分支接头和中间接头处，应装置接线盒，接头应采用焊接或压接，如图 9-5 所示。当护套线与接地体、发热管道接近或交叉时，应加强绝缘保护。容易机械损伤的部位，应穿钢管保护。护套线在空心楼板内敷设，则不用其他保护措施，但楼板孔内不应有积水和损伤导线的杂物。

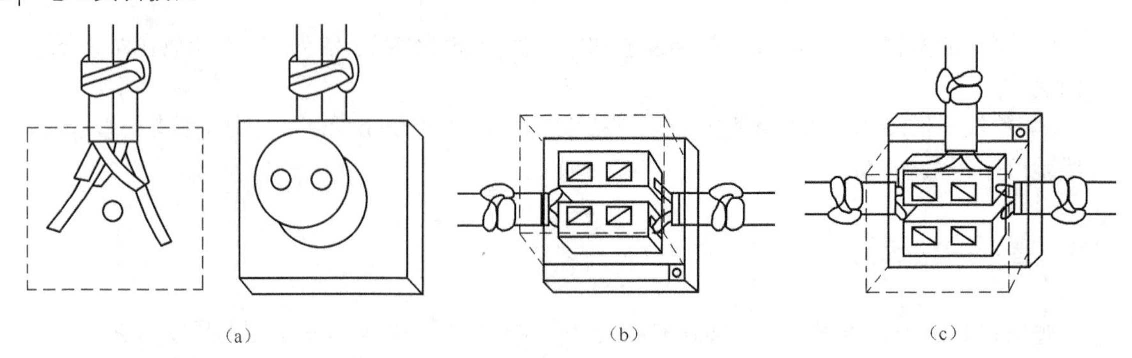

图 9-5 护套线线头连接方法

二、塑料护套线配线时的注意事项

① 室内使用护套线配线时，规定其铜芯截面不得小于 $0.5mm^2$，铝芯不得小于 $1.5mm^2$；室外使用时，铜芯不得小于 $1.0mm^2$，铝芯不得小于 $2.5mm^2$。

② 塑料护套线转弯时，转弯角度要大，以免损伤导线，转弯前后应各用一个塑料卡钉固定住，如图 9-6（a）所示。

③ 塑料护套线配线不可在线路上直接连接，可通过瓷接头、接线盒，或借用其他电器的接线桩来连接线头。

④ 塑料护套线进入木台前应用一个塑料卡钉固定。

⑤ 两根护套线相互交叉时，交叉处要用四个塑料卡钉固定，如图 9-6（b）所示。护套线尽量避免交叉。

⑥ 护套线路的离地最小距离不得小于 0.5m，在穿透楼板及离地低于 0.15m 的一段护套线，应加电线管保护。如图 9-6（c）所示

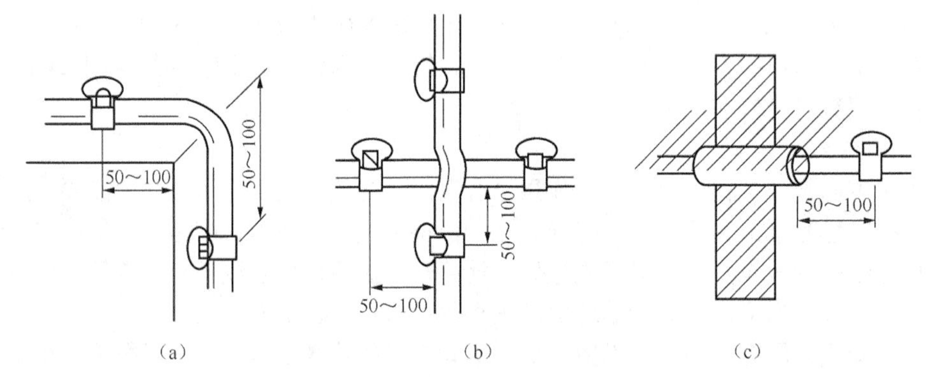

图 9-6 塑料护套线配线的注意事项

9.5 槽板配线

槽板配线是把绝缘导线敷设在槽板的线槽内，上面用盖板把导线盖住。这种配线方式适用于干燥的室内或无法安装暗配线的工程，也适用于工程改造线路时采用。常用的槽板有两种，一种是木槽板，一种是塑料槽板。槽板有双线的，也有三线的。线槽具有阻燃、质轻的

特点，安装维修方便。

槽板配线的施工步骤如下。

1. 定位划线

根据施工电路图的要求，先在建筑物上确定并标出照明灯具、插座、控制电路、配电板等电气设备的位置，并按图样上电路的走向划出槽板敷设线路。按规定划出槽底的固定点位置，特别要注意标明导线穿墙、穿楼板、起点、转角、分支等处固定点间的距离不大于 50mm。

2. 槽板固定

可用钉子、木螺钉或膨胀螺栓等将槽板固定在预埋件上。钉子或木螺钉等的长度不应小于槽板厚度的 1.5 倍。在混凝土建筑物上，预埋固定件有困难时，可采用黏接技术，将槽板底部黏接在混凝土建筑物上，黏接前对混凝土的黏接面进行洗净并晾干。

底板拼接时，线槽要对准，拼接应紧密。如遇分支需 T 形拼接时，在拼接点上把底部的钢筋用锯子锯掉后铲平，使导线在线槽中能够顺利通过。如在凹凸不平的墙面上安装槽板，应把槽底锯成适合墙面凹凸的形状，使它紧贴墙面。

槽板在转角处连接时应把两根槽板端部各锯成 45° 斜角，并把转角处的线槽内侧削成弧形，以免碰伤导线绝缘。直线处两底槽连接时应各自锯成 45° 角相并接。线槽封端处，将槽底锯成斜角。

3. 敷设导线

槽板底板固定好后，即可沿线槽敷设导线。敷设导线时要注意，一条槽板内只能敷设同一回路的导线，槽板内的导线不能受到挤压，不应有接头。如果必须有接头和分支，应在接头或分支处装设接线盒，接头放在接线盒里，便于维修。导线伸出槽板与灯具、插座、开关等电器连接时，应留出 100mm 左右的余量。

4. 固定盖板

在线路安装中，固定盖板和敷线应同时进行，边敷线边将盖板固定在底槽上。固定盖板可用钉子直接钉在底槽的中心线上。钉子要垂直钉入，否则会伤及导线。钉子与钉子之间的距离不应大于 300mm。最末一个钉离槽板端应不大于 40mm。盖板的接口和底槽的接口应错开，其间距一般为槽板宽度。接口处锯成 45° 斜角，使衔接紧密，不留空隙。

9.6 线管配线

把绝缘导线穿在管内配线称为线管配线。线管配线具有安全可靠、耐潮湿、耐腐蚀、导线不易遭受机械损伤等优点，但安装和维修不便，且造价较高。这种配线适用于室内外要求较高的照明和动力线路的配线。

线管配线有明配和暗配两种。明配是把线管敷设在墙壁表面以及其他明露处，尽管敷设要求横平竖直、整齐美观，且管路短，弯头少，但也影响室内美观，一般多用于潮湿、多尘的车间。暗配是把线管埋设在墙内、楼板或地坪内以及其他看不见的地方，不要求横平竖直，只要求管路短，弯头少，以便于穿线。暗配不影响室内美观、防水防潮、导线不易受损伤，使用年限长，但预埋工作量大，需与土建施工密切配合，造价高、维修不便。

线管配线，首先应根据敷设的场所来选择线管的类型。如在潮湿和有腐蚀气体的场所内明设或埋设，一般采用管壁较厚的钢管；干燥场所内明敷或暗敷，一般采用管壁较薄的电线管；腐蚀性较大的场所内明敷或暗敷，一般采用 PVC 硬管，但不得在高温、易燃易爆和易受机械损伤的场所敷设。PVC 可挠管或 PVC 波纹管适用于一般民用建筑的照明工程暗敷设，管壁厚度不应小于 1mm，但不得在高温场所内敷设。软金属管多用来作为钢管和设备的连接。

线管配线主要包括线管选择、线管加工、线管敷设和穿线等工序。

一、钢管配线

钢管配线适用于潮湿、易燃易爆、承受外力及埋于地下的场所，有明配和暗配两种。

首先应根据穿管导线截面和根数来选择线管的管径，一般要求穿管导线的总截面积（包括绝缘层）不应超过线管内径截面积的 40%。另外应检查线管的质量，有裂缝、凹陷及管内有毛刺、杂物等均不能使用。为保证安全，钢管应可靠接地，与钢管配套的接线盒、开关盒、插座盒等应配铁盒。

1. 钢管暗敷

在工厂车间、各类办公场所，特别是现代城乡住宅，大量运用暗管在墙壁内、地坪内、天花板内敷线。各种灯具的灯头盒、线路接线盒、开关盒、电源插座盒等，都嵌入墙体或天花板内。这样可以使整个房间显得清爽、整洁和美观。

（1）钢管的选择。

一般在潮湿、易腐蚀和直埋于地下的场所，应采用 3mm 的厚壁钢管；在干燥场所，可采用经过镀锌处理的管径 1.5mm 的薄壁钢管（电线管）；直接浇注在混凝土中时，可采用管径略大于 1.5mm 的薄壁钢管（电线管）；直埋于土层中的钢管管径应不小于 20mm，管子不宜超过设备基础，在穿过建筑物基础时，必须另加保护管保护；穿过设备基础很大时，管径不小于 25mm。

（2）钢管加工。

需要敷设的钢管，应在敷设前进行一系列的加工，如除锈、切割套丝和弯曲等。

① 除锈涂漆：敷设之前，需将所选用钢管内外的灰渣、油污与锈斑等清除。在钢丝刷两端各绑一根长度适合的铁丝，将铁丝与钢丝刷穿过钢管，来回拉动，即可除去钢管内壁的锈块。钢管外壁除锈很容易，可直接用钢丝刷或电动除锈机除锈。为防止除锈后重新氧化，应迅速涂漆。埋入混凝土内的钢管不许刷防腐漆；埋入道渣垫层和土层内的钢管应刷两遍沥青或使用镀锌钢管；埋入砖墙内的钢管应刷红丹漆等防腐漆；明敷钢管应刷一道防腐漆，一道面漆；埋入有腐蚀性土层中的钢管，应按设计规定进行防腐处理。

② 锯割套丝：在配管时，应根据实际需要长度对管子进行切割。管子的切割应使用钢锯、管子切割刀或电动切管机，严禁用气割。下锯时，锯架要扶正，向前推动时，适当加压力，但不得用力过猛，以防折断锯条。钢锯回拉时，应稍微抬起，减小锯条磨损。管子快锯断时要放慢速度，使断口平整。

管子和管子连接，管子和接线盒、配电箱的连接，都需要在管子端部进行套丝。焊接钢管套丝，可用绞管板牙或电动套丝机；电线管和硬塑料管套丝，可用圆丝板。套完丝后，应随即清扫管口，将管口端面和内壁的毛刺用锉刀锉光，使管口保持光滑，以免割破导线绝缘。

③ 弯管：线路敷设中，由于走向的改变，管道必须随之弯曲。弯管的工具常用弯管器、木架弯管器、滑轮弯管器、电动或液压弯管机。

细钢管的弯曲一般要用弯管器操作，先将管子弯曲部位的前段放在弯管器内，用脚踩着钢管，手臂慢慢往下压，即可将管子弯曲。操作过程中应注意控制管子的弯曲角度，使管子的弯曲处呈圆弧形，如图 9-7 所示。

对于管壁较厚或管径较大的钢管，可用气焊加热弯曲。在用氧炔焰加热时要注意火候，若火候不到，无法使其弯曲；加热过度，又容易弯瘪。最好在加热前，先用干燥砂粒灌入管内并捣实，管两端用木塞封堵，然后再加热弯曲，即可避免弯瘪现象发生，如图 9-8 所示。对于薄壁大口径管道，灌砂显得更为重要。

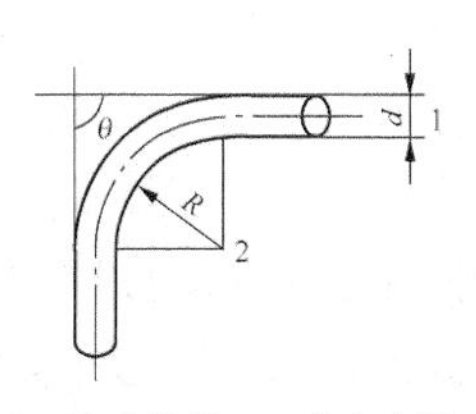

1-管子外径　2-曲率半径

图 9-7　钢管的弯度

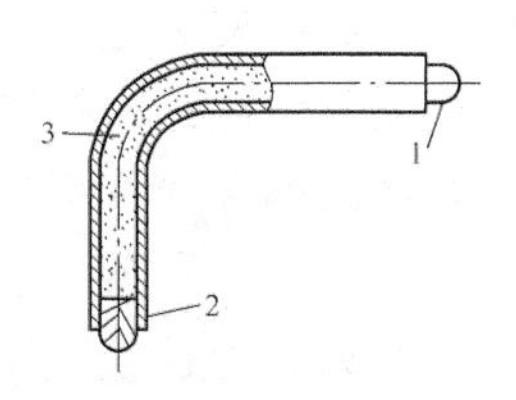

1、2-木塞　3-黄砂

图 9-8　钢管灌砂弯曲

（3）钢管连接。

钢管与钢管之间的连接，一般采用管箍连接。为了保证管接口的严密性，管子螺纹部分应顺螺纹方向缠上麻丝，并在麻丝上涂一层白漆，然后拧紧，并使两端面吻合，如图 9-9 所示。

钢管的端部与各种接线盒连接时，应在接线盒内外各用一个薄形螺母或锁紧螺母来夹紧线管。安装时，先在线管管口拧入一个螺母，管口穿入接线盒后，在盒内再拧入一个螺母。然后用两把扳手把两个螺母反向拧紧。如果需密封，则在两螺母之间各垫入封口垫圈。如图 9-10 所示。

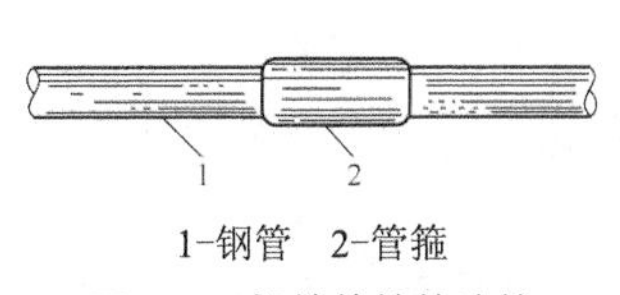

1-钢管　2-管箍

图 9-9　钢管的管箍连接

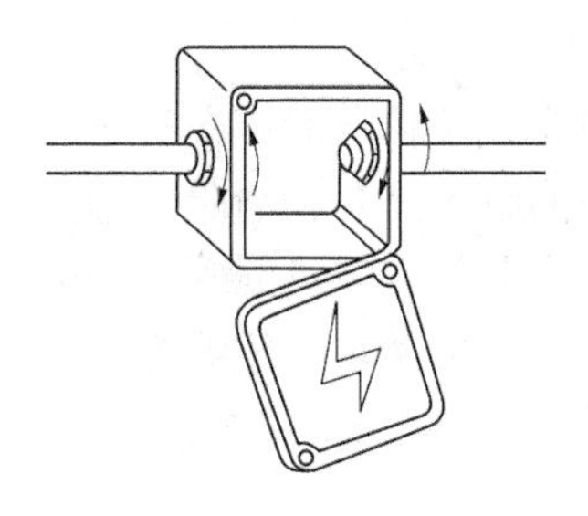

图 9-10　钢管与接线盒的连接

（4）暗线管道敷设工艺。

在现浇梁柱或现浇混凝土楼板内敷设管道时，应在浇灌混凝土前，将钢管与接线盒按已确定的位置连接起来，固定于楼板模板上，先用石、砖等在模板上将管垫高 15mm 以上，使管子与模板保持一段距离，然后用铁丝将管子固定在钢筋上或用钉子将其固定在模板上。浇灌混凝土时，可将石、砖取出。

在砖墙内敷设线管应在土建砌砖时预埋，边砌砖边预埋并用水泥砂浆、砖屑等将管子塞进。若在砌砖时未预埋管道，应在墙体上预留线管槽和接线盒等盒体穴，并在相应固定点预埋木砖，在木砖上钉入钉子。敷设时将管道用铁丝绑扎在钉子上，再将钉子进一步钉入木砖，使管子与墙壁贴紧。然后用水泥砂浆覆盖槽口，恢复建筑物表面平整。

在混凝土楼板垫层内配管时，在浇灌混凝土前放入一个木桩，以便留出接线盒的位置。当混凝土硬化后再把木桩取下，进行配管。配管完毕，焊好地线。如果垫层是焦渣，应先用水泥砂浆对配管进行保护，再铺焦渣垫层作地面。

2. 钢管明敷

明管配线要求整齐美观、安全可靠。一般管路应沿着建筑物水平或垂直敷设，2m 以内的管路其允许偏差均为 3mm，全长误差不应超过管子内径的 1/2。

当管子沿墙、柱或屋架等处敷设时，可用管卡或管夹固定，固定点的直线距离应均匀。管卡可用膨胀螺栓或弹簧螺钉直接固定在墙上，也可以固定在支架上。当管子沿建筑物的金属构件敷设时，若金属构件允许点焊，可把厚壁管用电焊直接点焊在钢构件上。

对于薄壁管（电线管）和塑料管只能应用支架和管卡固定。管卡距始端、终端、转角中点、接线盒边缘的距离和跨越电气器具的距离为 150～500mm。在有弯头的地方，弯头两边也应用管卡固定。管子贴墙敷设进入开关、灯头、插座等接线盒内时，要适当将管子弯成双弯，不能使管子斜插到接线盒内。同时要使管子平整地紧贴于建筑物表面，在距接线盒 300mm 处，用管卡将管子固定，如图 9-11 所示。

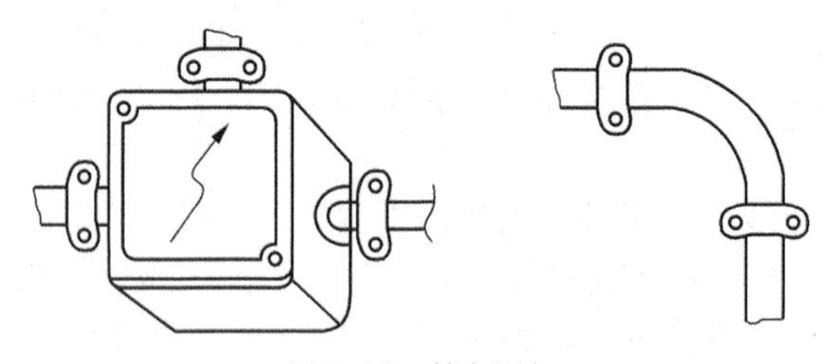

图 9-11　管卡固定

3. 线管穿线

管内穿线工作一般应在管子全部敷设完毕及土建地坪和粉刷工程结束后进行。在穿线前应将管中的积水及杂物清除干净。

导线穿入线管前，线管口应先套上护圈，接着按线管长度加上两端连接所需的长度余量截取导线，削去两端导线绝缘层，同时在两端头标出同一根导线的记号，然后一个人将所有导线理成平行束，选用直径为 1.2mm 的钢丝做引线往管内送，另一个人在另一端慢慢抽拉钢丝引线。

穿线时应严格按照规范要求进行，不同回路、不同电压和交流与直流的导线，不得穿入同一根管子内。同一交流回路的导线必须穿于同一根钢管内。导线在管内不得有接头和扭结，其接头应放在接线盒内。

二、塑料管配线

硬塑料管配线具有施工方便、节约钢材、防腐、防潮和低价等优点，应用非常普遍。其中 PVC 电线管因具有阻燃和冷弯特性，在民用和工业建筑物中的应用越来越广泛。它可以暗敷设，也可以明敷设。其敷设的一般顺序与钢管基本相同。明敷设时管壁厚度不小于 2mm，暗敷设时管壁厚度不小于 3mm。

1. 塑料管暗敷

① 按施工图确定接线盒、灯头盒、开关盒、插座盒等在墙体或天花板上的具体位置，测

出线路和管道敷设长度。可尽量走捷径，尽量减少弯头。

② 根据被穿导线的线径、根数，按室内配线技术要求，选取电线管的标称直径和各种预埋件，妥善分类和保管。

③ 确定灯头盒、接线盒和线管的位置。

④ 切割、弯曲：按所需线管长度使用手钢锯或专用剪钢钳切割。普通塑料管的弯曲通常用加热弯曲法。加热时要掌握好火候，既要使管子软化，又不得烤伤、烤变色管子或使管壁出现凸凹状。弯曲半径可作如下选择：明敷线管不能小于管径的 6 倍，暗敷线管不能小于管径的 10 倍。

⑤ 管子连接。如果线管长度不够或需要转弯，应通过管接头连接。连接时，将管口接合表面涂上专用接口胶后，插入套管。如果套管稍大，可在管头上缠塑料胶布并涂胶插入。若没有管接头，可用直接加热连接法、模具胀管插入法、套管连接法连接。

⑥ 硬塑料管的敷设。硬塑料管的敷设与钢管在建筑物上（内）的敷设基本相同，但要注意以下两个问题。

- 硬塑料管热胀系数比钢管大 5～7 倍，敷设时应考虑加装热胀冷缩的补偿装置，尤其是线管经过建筑物伸缩缝时，应在伸缩缝的两旁装设补偿盒（接线盒）。在施工中，每敷设 30m，应加装一只塑料补偿盒，将两塑料管的端头伸入补偿盒内，由补偿盒提供热胀冷缩余地。
- 与塑料管配套的接线盒、灯头盒不能用金属制品，只能用塑料制品。而且塑料管与接线盒、灯头盒之间一般不固定；或线管的一端用螺母紧固在接线盒上，另一端不要固定，以便其伸缩；或采用胀扎管头绑扎。

2. 塑料管明敷

硬塑料管的明敷与钢管在建筑物上的明敷基本相同，但要注意以下两个问题。

① 硬塑料管明敷时，固定管子的管卡距始端、终端、转角中点、接线盒或电气设备边缘的距离为 150～500mm，中间直线部分间距均匀。

② 明敷的硬塑料管在易受机械损伤的部分应加钢管保护。如埋地敷设引向设备时，对伸出地面 200m 处、伸入地下 50m 处，应用同一钢管保护。

9.7 实习内容

一、塑料护套线配线训练

图 9-12 所示为白炽灯照明线路的工作原理图，根据此图完成接线图的绘制，并根据护套线的配线要求完成此电路的连接。

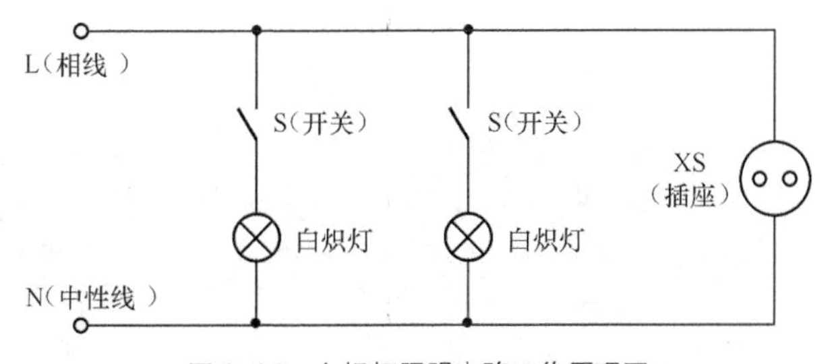

图 9-12 白炽灯照明电路工作原理图

二、考核标准

表 9-3　　塑料护套线配线训练考核评定参考

训练内容	配分	扣分标准		扣分	得分
接线图绘制	10 分	无接线图或接线图绘制错误	扣 10 分		
安装元器件	20 分	1．元器件质量漏检或错检 2．元器件安装不合理 3．元器件损坏	每只扣 5 分 每只扣 10 分 每只扣 10 分		
电路连接接线	30 分	1．连接点松动 2．布线不美观、不规范，连接错误 3．导线绝缘或线芯受损伤	每处扣 5 分 每根扣 5 分 每处扣 5 分		
通电测试	40 分	1．第一次通电不成功 2．第二次通电不成功 3．第三次通电不成功	扣 20 分 扣 30 分 扣 40 分		
总评（注：各项内容中扣分总值不应超过对应各项内容所配分数）					

三、实习内容拓展

图 9-13 所示为两地控制一灯的照明线路的工作原理图，根据此图完成接线图的绘制，并根据护套线的配线要求完成此电路的连接。

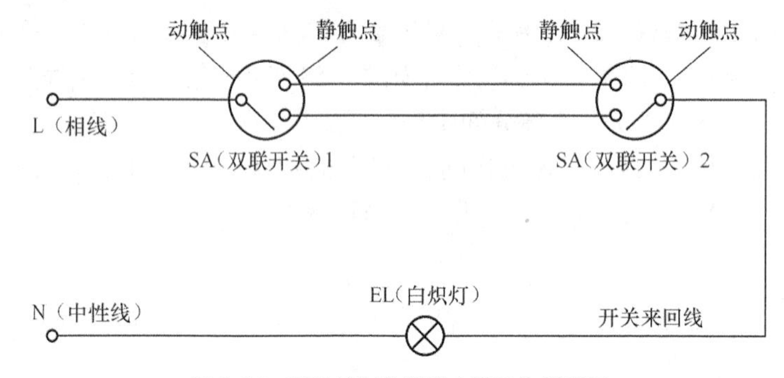

图 9-13　两地控制的照明电路工作原理图

实习项目 10 灯具及电气照明电路的安装

实习要求

（1）了解电气照明的基本知识
（2）掌握白炽灯的安装与维修
（3）熟悉日光灯原理图，掌握日光灯的安装与维修

实习工具及材料

表 10-1 实习工具及材料

名称	型号或规格	数量	名称	型号或规格	数量
电工工具	套	1	漏电断路器		1 个
1000mm×800mm 配电板	块	1	单联开关		1 个
万用表		1 个	双联开关		2 个
护套线		若干	螺口灯座		1 个
绝缘胶布		若干	日光灯具		1 个

建筑物的采光一般分为自然采光和电照采光，其中电照采光是通过一定的装置和设备将电能转换成光能，也称为电气照明。在电气安装与维修中，照明电路的安装与维修占着十分重要的地位。要从事照明电路的安装与维修，必须懂得有关电气照明的基本知识。

10.1 电气照明的基本知识

一、电气照明的基本概念

1. 电气照明的光源

电气照明的光源（电光源）有白炽灯、荧光灯、高压汞灯、卤钨灯、高压钠灯及金属卤化物灯等灯具，这些电光源的发光效率、光色、寿命等性能指标大致为排列在后者的优于前者。其中白炽灯和荧光灯应用最广泛，其他几种灯的构造复杂、发光强、表面温度高，常用于室内外的大面积照明。

2. 电气照明的方式

按照明方式来划分，电气照明通常可分为以下三类。

（1）一般照明。

整个场所或场所的某部分要求基本均匀的照明，称为一般照明，也就是普通照明。

（2）局部照明。

局部照明是供某一局部工作部位的专用照明，对于局部地点照明要求高，而且对光线有方向要求时，宜采用局部照明，如黑板照明、工作台照明。

（3）混合照明。

当一般照明和局部照明同时应用时，就是混合照明。对于在工作部位有较高的照明要求，而在其他部位又要求一般照明时，宜采用混合照明。

按照明的性质来分，照明还可以分为正常照明、事故照明、值班照明、警卫照明和障碍照明等。

3. 电气照明的组成

电气照明主要由照明装置（光源与照明器具）、电源及配电装置、保护装置和线路等组成。照明装置的作用是将电能转换成光能；电源的作用是供给电能；配电装置和线路是分配和输送；电能保护测量装置是保护设备和测量电能。

二、电气照明的基本线路

常用的电气照明基本线路有单处控制单灯线路、单处控制多灯线路、两处控制单灯线路和三处控制单灯线路。

1. 单处控制单灯线路

这种线路由一个单极单控开关控制一盏灯。接线时应将相线接入开关，零线接入灯头，使开关切断后灯头不带电。这是电气照明中最基本也是使用最普遍的一种线路，如图 10-1 所示。

2. 单处控制多灯线路

这种线路由一个开关控制多盏灯线路，如图 10-2 所示。图中的连接点在灯头或接线盒内的接线端子上，导线没有接头，所以比较安全，但用线较多。灯较多时，应注意灯的总容量，不能超过开关的额定电流。

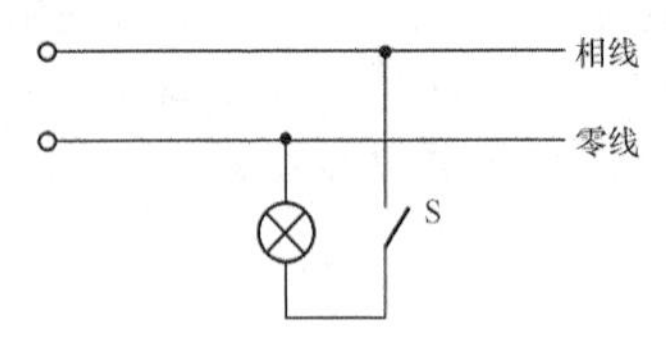

图 10-1　单处控制单灯线路

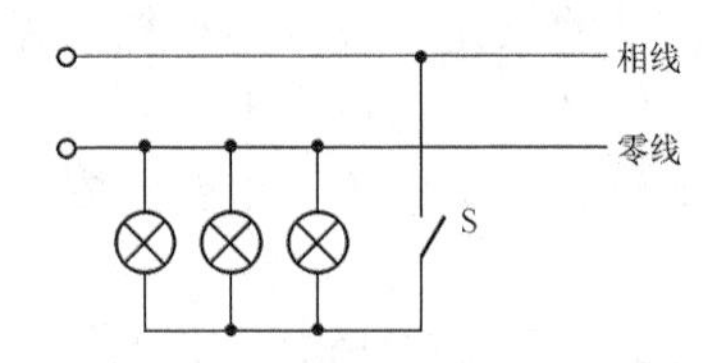

图 10-2　单处控制多灯线路

3. 两处控制单灯线路

这种线路有两个单极双控开关在两处同时控制一盏灯。常用于楼梯或走廊的照明，在楼上、楼下或走廊两端均可独立控制一盏灯，如图 10-3 所示。

4. 三处控制单灯线路

这种线路由两只双控开关之间加装一只双刀双掷开关组成，即可在三个地方控制一盏灯，常用于三层楼梯和较长的走廊上，如图 10-4 所示。

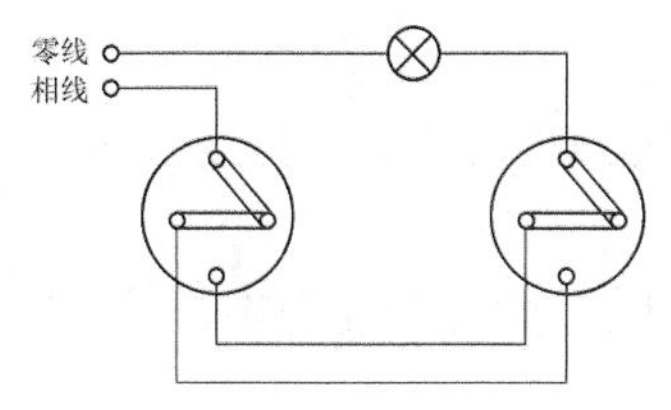

图 10-3 两处控制多灯线路

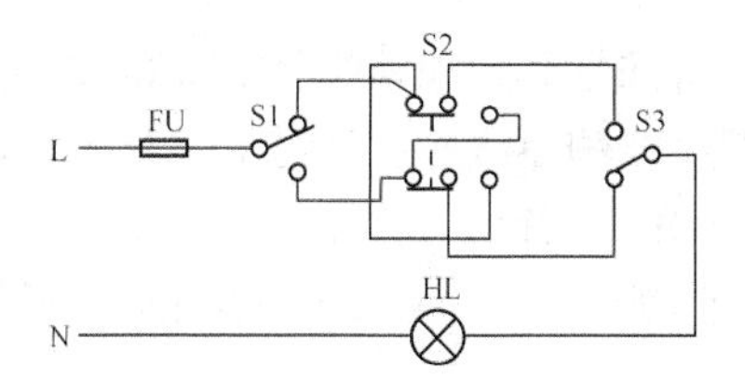

图 10-4 三处控制单灯线路

三、照明灯具与照明灯安装要求

电气照明是室内外供电的一个重要组成部分，良好的照明是保护人们在工作学习时视力健康和保证安全生产、提高劳动生产率的必要条件。

1. 照明基本要求

① 电光源发光要使照度达到照明标准。

② 要考虑到使空间亮度得到合理的分布，以达到柔和的视觉环境。

③ 要兼顾经济、安全、美观、便于施工及维修。

④ 电光源要提高光效，延长寿命，改善光色，增加品种和减少配件。

⑤ 灯具要配光合理，能满足不同环境和各种光源的配套需要，轻型化、系列化和标准化。

2. 照明灯具

灯具的作用是将光源加以固定、控制光线的方向，把光线分配到需要的方向。同时还可以使光线集中以提高照度，并可防止光线炫目，以及保护光源不受潮湿及有害气体的侵蚀。

（1）灯具的型号。

常用的灯具包括普通灯具、荧光灯具、工厂灯具、投光灯具、机床工作灯具及碘钨灯具、金属卤化物灯具等。其形式有开启式、防水式和防爆式等。

（2）灯具的选用。

选用灯具时，可根据照明的照度要求、安装场所的环境等，由有关手册中找到合适的灯具及光源。如卧室和办公室以白炽灯、荧光灯具为最常用，工厂的一般车间则通常选用配照型或广照型工厂灯，而对油漆车间等则应选用防爆灯具。灯具所用的光源可根据灯具所允许的功率大小、灯头形式和尺寸等来选择。

3. 照明灯安装要求

照明灯按其配线方式、建筑结构、环境条件及对照度的要求不同，有吸顶式、壁式和悬吊式等安装方式。不论选用何种安装方式，都必须遵守下列各项基本要求。

① 灯具安装应牢固，灯具重量超过 3kg 时，必须固定在预埋的吊钩或螺钉上。

② 灯具的悬吊管应由直径不小于 10mm 的电线管或水煤气管制成。

③ 灯具固定时，不应该因灯具自重而使导线受力。

④ 灯架及管内的导线不应有接头。

⑤ 导线在引入灯具处，应有绝缘保护以免磨损导线的绝缘，也不应使其受力。

⑥ 灯具外壳有接地要求的，必须和地线妥善连接。

⑦ 各种悬吊灯具离地面的距离不应小于 2.5m。低于 2.5m 的灯具宜用安全电压供电。

⑧ 各种照明开关应距离地面 1.3m 以上。开关扳手往上时，电路接通；扳手向下时，电路切断。

⑨ 特殊灯具（如防爆灯具）的安装应符合有关规定。

⑩ 相线和零线应严格区分，开关一律控制相线。安装螺口灯座时，相线一律按灯座中心接线，不允许接错。

⑪ 接线时，先将导线拧紧，以免松散，再结成圆口，圆口的方向需与螺钉拧紧方向一致。

10.2 常用照明灯具、开关和插座的安装与维修

照明灯具、开关和插座的安装是室内线路安装中的一项重要工作，要根据原理图及施工图的要求，严格按电工操作规程进行安装，不可违章操作，留下隐患。

一、白炽灯照明的安装

白炽灯结构简单，使用可靠，价格低廉，其结构和安装都很简单。

1. 结构

白炽灯主要由灯丝、玻璃泡和灯头三部分组成。灯泡的灯丝一般都是由钨丝制成，当钨丝通过电流时，就被燃至白炽而发光。白炽灯泡按工作电压，可分为6、12、24、36、110、220V等多种。在安装灯泡时，应注意使灯泡的工作电压与线路电压保持一致。灯泡的灯头有插口式和螺口式两种。灯头又称为灯座，其品种较多。常用的灯座有插口吊灯座，插口平灯座，螺口吊灯座，螺口平灯座，防水螺口吊灯座，防水螺口平灯座等多种，如图10-5所示，可按使用场所进行选择。

（a）插口吊灯座

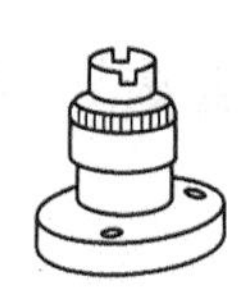
（b）插口平灯座

（c）螺口吊灯座

（d）螺口平灯座

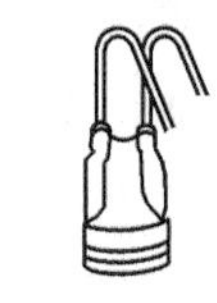
（e）防水螺口吊灯座

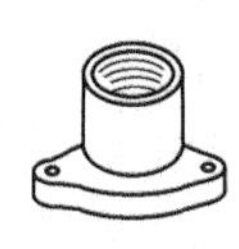
（f）防水螺口平灯座

图10-5 常用灯座

2. 白炽灯的安装

（1）平座式灯的安装。

① 木（塑料）台的安装：在安装绝缘木台时，先用电钻在木台中间钻三个孔，孔的大小应根据导线的截面积确定。如果是护套线明配线，应在木台正对导线的底面用电工刀刻一个豁口（若线管暗敷不进行此项操作），将导线卡入圆木的豁口中，用木螺钉穿过圆木固定在事先做好的预埋木桩上，如图10-6所示。

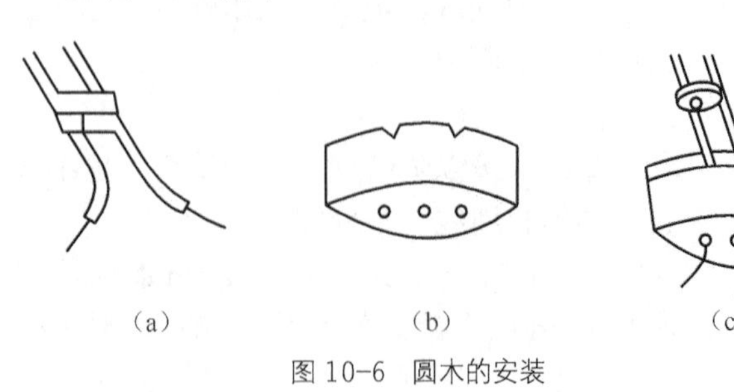
（a） （b） （c）

图10-6 圆木的安装

② 接线：将两根电源线端头从两边小孔穿出，中间小孔用木螺钉将木台固定在木枕上，平灯式灯座上有两个接线柱，一个与电源中性线连接，另一个与来自开关的相线连接。对于插口式平灯座，它的两个接线柱可任意连接上述两个线头；而对于螺口式平灯座，为了使用安全，必须把电源中性线连接在接通螺纹圈的接线柱上，把来自开关的相线接在连通中心簧片的接线柱上，而且螺纹部分不得外露，如图 10-7 所示。

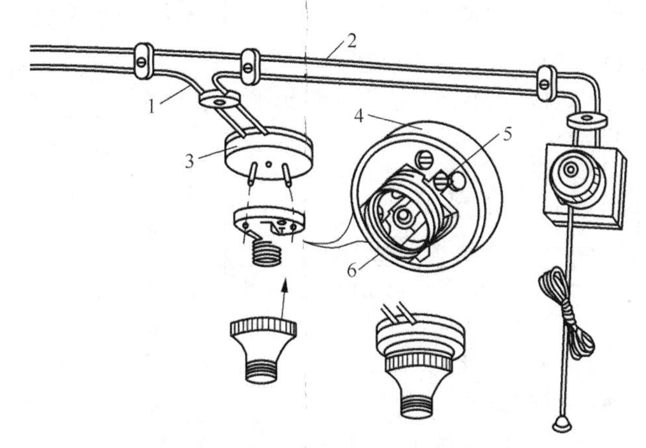

1-中性线 2-相线 3-木台 4-螺口式灯座 5-灯头与开关的接线螺钉 6-螺旋套

图 10-7 螺口式平灯座的安装

（2）悬吊灯的安装。

吊灯灯座必须用两根绞合的塑料软线或花线作为吊线盒与灯头之间的连接线，且导线两端均应将绝缘层剥去，上端接吊线盒内的接线桩，下端接灯头接线桩。为了不使接线桩承受灯具重力，吊灯电源线在进入吊线盒盖后打一个结，这个结正好卡在吊线盒孔里，承受悬吊灯具的重量。在灯头座里的电线，基于同样的原因，也要打一个结扣，他们的装配接线情况如图 10-8 所示。

3. 白炽灯照明线路的常见故障及其分析

白炽灯照明线路的常见故障及检修方法见表 10-2。

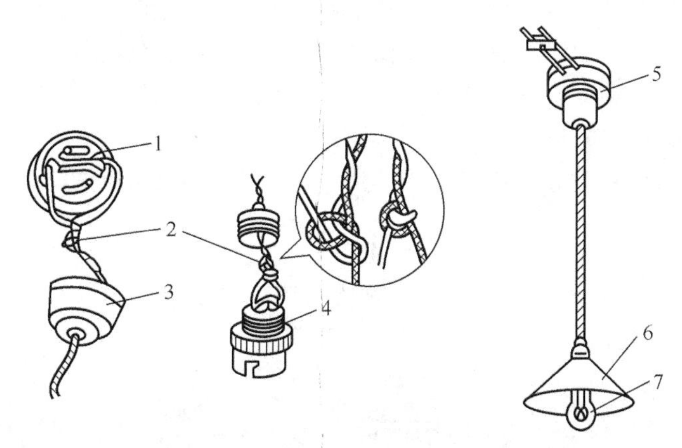

1-吊线盒底座 2-导线结 3-吊线盒灯罩 4-吊灯底座 5-吊线盒木台 6-灯罩 7-灯泡

图 10-8 吊线盒及灯座与电线的连接安装

表 10-2　白炽灯照明线路的常见故障及检修方法

故障现象	产生原因	检修方法
灯泡不亮	（1）灯泡钨丝烧断 （2）电源熔断器的熔丝烧断 （3）灯座或开关接线松动或接触不良 （4）线路中有断路故障	（1）调换新灯泡 （2）检查熔丝烧断的原因并更换熔丝 （3）检查灯座和开关的接线并修复 （4）用电笔检查线路的断路处并修复
开关合上后熔断器熔丝烧断	（1）灯座内两线头短路 （2）螺口灯座内中心铜片与螺旋铜圈相碰短路 （3）线路中发生短路 （4）用电器发生短路 （5）用电量超过熔丝容量	（1）检查灯座内两线头并修复 （2）检查灯座并扳回中心铜片 （3）检查导线绝缘是否老化或损坏并修复 （4）检查用电器并修复 （5）减少负载或更换熔断器
灯泡忽亮忽暗或忽亮忽熄	（1）灯丝烧断，但受震动后忽接忽离 （2）灯座或开关接线松动 （3）熔断器熔丝接头接触不良 （4）电源电压不稳定	（1）更换灯泡 （2）检查灯座和开关并修复 （3）检查熔断器并修复 （4）检查电源电压
灯泡发出强烈白光，并瞬间（或短路时）烧坏	（1）灯泡额定电压低于电源电压 （2）灯泡钨丝有搭丝，从而使电阻减小，电流增大	（1）换与电源电压相符合的灯泡 （2）更换新灯泡
灯光暗淡	（1）灯泡内钨丝挥发后积累在玻璃壳内，表面透光度减低，同时由于钨丝挥发后变细，电阻增大，电流减小，光通亮减小 （2）电源电压过低 （3）线路因年久老化或绝缘损坏有漏电现象	（1）正常现象，不必修理 （2）提高电源电压 （3）检查线路，更换导线

二、日光灯照明线路的安装

日光灯电路又称为荧光灯电路，是日常生活中应用最普遍的一种照明灯具。其寿命较长，一般为白炽灯的 2～3 倍。发光效率也比白炽灯高得多，但电路较复杂，价格较高，功率因素比白炽灯低 0.6 左右，故障率高于白炽灯，且安装维修比白炽灯难度大。

1. 日光灯照明线路的结构

日光灯电路有日光灯管、镇流器、启辉器、灯架、灯座五部分组成，如图 10-9 所示。

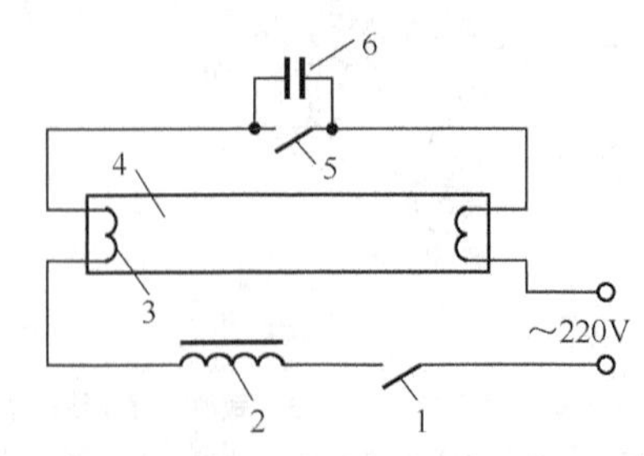

1-开关　2-镇流器　3-灯丝　4-灯管　5-倒 U 形触片　6-启辉器电容

图 10-9　日光灯照明线路的结构

（1）灯管。

日光灯管是一根普通的玻璃管，管内壁涂有一层均匀的荧光粉（卤磷酸钙）。在抽掉管内空气后注入氩气。灯管两端各有一根钨丝烧成的螺旋状灯丝，灯丝上涂有金属氧化物（如氧化钡、氧化锶等）。灯丝的作用：当通过电流后因受热而发射电子。在灯管两端高电压的作用下，高速电子流将氩气电离而产生弧光放电。水银蒸气在弧光放电下发出紫外线，管壁上的荧光粉因受紫外线激发而发出频谱接近于阳光的光线，因而称为日光灯。

（2）镇流器。

① 电感式镇流器。

电感式镇流器是一个绕在硅钢片铁芯上的电感线圈，其作用有二：一是当启辉器两触头突然断开瞬间在灯管两端产生足够高的自感电动势，使灯管内气体被电离导电；二是在管内气体电离而呈低阻状态时，由于镇流器的降压和限流作用而限制灯管电流，防止灯管损坏。

② 电子镇流器。

在日光灯电路中，现已逐渐较多地采用电子镇流器来取代传统的电感式镇流器，它节能低耗（自身损耗通常在 1W 左右），效率高，电路连接简单，不用启辉器，工作时无蜂音，功率因素高（大于 0.9，甚至接近于 1），使用它可使灯管寿命延长一倍。图 10-10 所示为采用电子镇流器的日光灯接线电路原理图。

电子镇流器种类繁多，但其基本原理大多基于使电路产生高频自激振荡，通过谐振电路使灯管两端得到高频高压点燃。

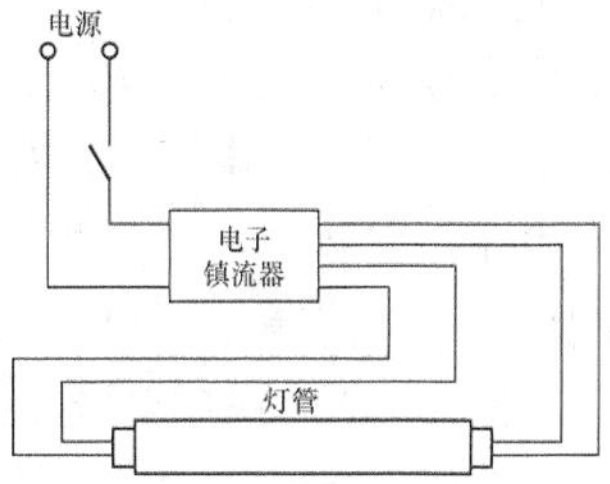

图 10-10　采用电子镇流器的日光灯接线电路原理图

③ 启辉器。

启辉器俗称启动器、别火、跳泡，是启动灯管发光的器件。它是一个很小的充气放电管（氖管），由氖泡、纸介电容引线和铝质外壳组成，其组成如图 10-11（a）所示。氖泡内有一个固定的静止触片和一个双金属片制成的倒 U 形触片。金属片由两种膨胀系数差别很大的金属薄片粘合而成，动触片与静触片平时分开，两者相距 0.5mm 左右。与氖泡并联的纸介电容，容量在 5000pF 左右，电容主要用来吸收干扰电子设备的杂波。若电容被击穿，去掉后仍可使灯管正常发光，但会失去吸收干扰杂波的性能。启辉器的装配如图 10-11（b）所示。

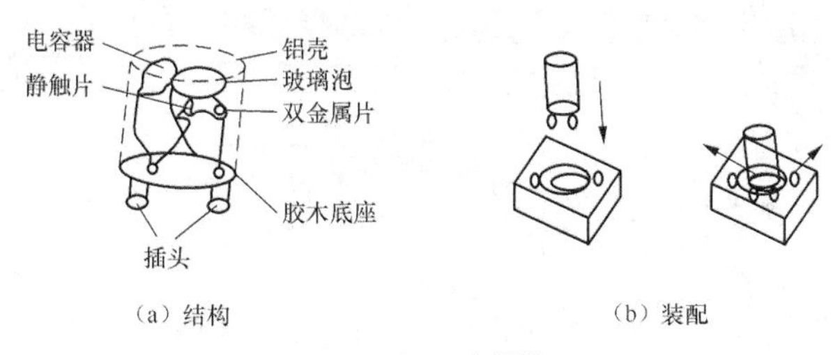

图 10-11　启辉器

④ 灯座。

灯架两端的一对绝缘灯座将日光灯管支承在灯架上，再连入导线接成日光灯的完整电路。灯座有开启式和插入弹簧式两种。开启式灯座还有大型和小型两种，如 6W、8W、12W、13W 等的细灯管用小型灯座，15W 以上的灯管用大型灯座。在灯座上安装灯管时，对插入式灯座，先将灯管一端灯脚插入带弹簧的一个灯座，稍用力使弹簧灯座活动部分向外退出一小段距离，另一端趁势插入不带弹簧的灯座；对开启式灯座，先将灯管两端灯脚同时卡入灯座的开缝中，再用手握住灯管两端头旋转约 90°，灯管的两个引出脚被弹簧片卡紧使电路接通。

⑤ 灯架。

灯架用来装置日光灯电路的各零部件，分为木制、铁皮制、铝皮制等几种。在选用灯架时其规格应配合灯管长度、数量和光照方向，灯架的长度应比灯管稍长，反光面应涂白色或银色油漆，以增强光线反射。

2. 日光灯的工作原理

当开关闭合，电源电压首先加载于灯管并联的启辉器两触头之间，在辉光管中引起辉光放电，产生大量热量，加热了双金属片，使其膨胀伸展与静触头接触，灯管被短路，电源电压几乎全部加在镇流器线圈上，一个较大的电流流经镇流器线圈、灯丝及辉光管。电流通过灯丝，灯丝被加热，并发出大量电子，灯管处于“待导电”状态。启辉器动静二触头接触电压下降为零，辉光放电停止，不再产生热量，双金属片冷却，两触头分开，切断了镇流器线圈中的电流，在镇流器线圈两端产生一个很高的电压，此电压与电源电压叠加作用在灯管两端，使管内电子形成高速电子流，撞击气体分子电离而产生弧光放电，日光灯便点燃。点燃后，电路中的电流以灯光为通路，电源电压按一定比例分配于镇流器及灯管上，灯管上的电压低于启辉器辉光放电电压，启辉器不再产生辉光放电，日光灯进入正常工作，此时，镇流器起电感器的作用，限制灯管中的电流不至过大，当电源电压波动时，镇流器起限定电流变化之用。

3. 日光灯照明线路的安装

安装日光灯，先是对照电路图连接电路，组装灯具的配件，通电试亮，然后在建筑物上固定，并与室内的控制电源线接通。组装灯具应检查灯管、镇流器、启辉器、灯座有无损坏，是否相互配套，然后按下列步骤安装，如图 10-12 所示。

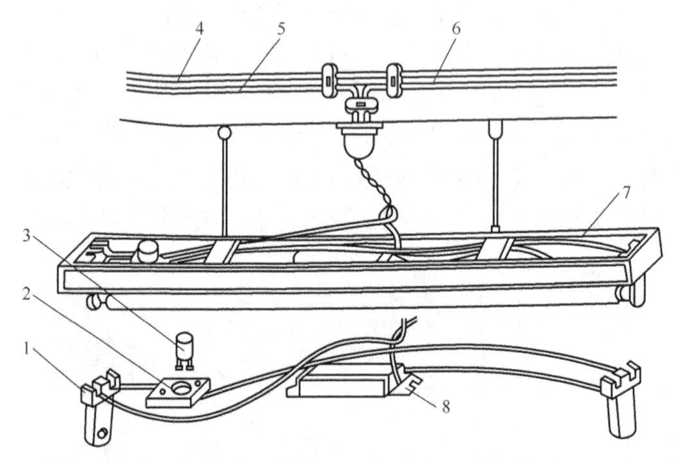

1-灯座 2-启辉器底座 3-启辉器 4-相线 5-中性线 6-与开关连接线 7-灯架 8-镇流器

图 10-12 日光灯线路的安装

① 启辉器座上的两个接线柱分别与两个灯座中的一个接线柱连接。

② 一个灯座中余下的另一个接线柱与电源的中性线相连接，另一灯座中余下的另一接线柱与镇流器的一个接头连接。

③ 镇流器另一个接头与开关的一个接线柱连接，而开关另一个接线柱与电源相线连接。

4. 日关灯照明线路的常见故障及其分析

日光灯照明线路的常见故障及检修方法见表 10-3。

表 10-3 日光灯照明线路的常见故障及检修方法

故障现象	产生原因	检修方法
不能发光或发光困难，灯管两头发亮或灯光闪烁	（1）电源电压太低 （2）接线错误或灯座与灯脚接触不良 （3）灯管衰老 （4）镇流器配用不当或内部接线松脱 （5）气温过低 （6）启辉器配用不当、接线断开、电容器短路或触点熔焊	（1）不必修理 （2）检查线路和接触点 （3）更换新灯管 （4）修理或调换镇流器 （5）加热或加罩 （6）检查后更换
灯管两头发黑或生黑斑	（1）灯管陈旧，寿命将终 （2）电源电压太高 （3）镇流器配用不合适 （4）如是新灯管，可能是启辉器损坏而使灯丝发光物质加速挥发 （5）灯管内水银凝结，属正常现象	（1）调换灯管 （2）测量电压并适当调整 （3）更换适当的镇流器 （4）更换启辉器 （5）将灯管旋转 180° 安装
灯管寿命短	（1）镇流器配合不当或质量差，使电压失常 （2）受到剧振，致使灯丝振断 （3）接线错误致使灯管烧坏 （4）电源电压太高 （5）开关次数太多或各种原因引起的灯光长时间闪烁	（1）选用适当的镇流器 （2）换新灯管，改善安装条件 （3）检修线路后使用新管 （4）调整电源电压 （5）减少开关次数，及时检修闪烁故障
镇流器有杂声或电磁声	（1）镇流器质量差，铁芯未夹紧或沥青未封紧 （2）镇流器过载或其内部短路 （3）启辉器不良，启动时有杂声 （4）镇流器有微弱声响 （5）电压过高	（1）换镇流器 （2）检查过载原因，调换镇流器，配用适当灯管 （3）换启辉器 （4）属于正常现象 （5）设法调整电压
镇流器过热	（1）灯架内温度太高 （2）电压太高 （3）线圈匝间短路 （4）过载，与灯管配合不当 （5）灯光长时间闪烁	（1）改进装接方式 （2）适当调整 （3）修理或更换 （4）检查调换 （5）检查闪烁原因并修复

三、照明开关的安装

1. 开关的选用

（1）开关额定电压和电流的选择。

住宅供电电源电压均为 220V，用于一般照明时，开关的额定电压应选择 250V，开关的额定电流由负载（灯或其他家用电器）的额定电流决定。

（2）开关颜色的选择。

无论明装还是暗装开关，开关的面板均有多种颜色可供选择，选择时应考虑与房间墙面的颜色相配合。

2. 开关的安装要求

① 开关通常装在门旁边或其他便于操作的位置。拉线开关距地面高度应为 2～3m，若室内净高低于 3m，拉线开关可安装在距天花板 0.2～0.3m 处。扳把式开关或跷板式开关离地

面高度低于 1.3m。拉线开关、扳把式开关和跷板式开关与门框的距离以 150～200mm 为宜。室内安装的多个开关，高度应一致。

② 暗装开关或明装开关安装后，应端正、严密，且与墙面齐平。拉线开关应安装在厚度不小于 15mm 的塑料圆台、木台上。

③ 厨房、浴室等多尘、潮湿的房间尽量不要安装开关，一定要安装时，应采用防潮、防水型开关。室外场所的开关，应用防水开关。

④ 照明开关必须串联在相线上。开关的进线和出线颜色应一致。导线端头应紧压在接线端子内，外部应无裸露的导线。

3. 开关的安装

（1）拉线开关的安装。

在墙上安装拉线开关的居中位置塞牢木榫，用电工刀在选用的木台或塑料台上钻两个孔，导线应能从其内部穿出，用一个木螺钉将木台或塑料台固定在木榫上，用两个木螺钉将开关底座固定在木台或塑料台的中间位置，再将两根导线分别接在开关底座的两个接线柱上。注意，来电侧电线应接拉线开关的静触头接线柱。明装拉线开关拉线开口应垂直向下，以防接线与开关底座发生摩擦而磨断，如图 10-13 所示。

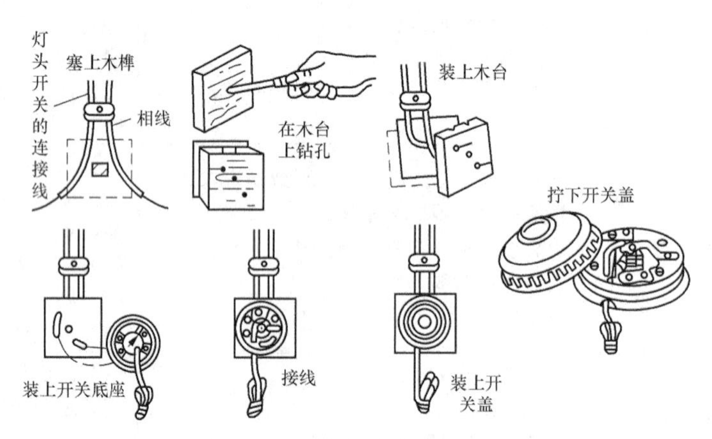

图 10-13 拉线开关的安装方法

（2）暗扳把式开关的安装。

暗扳把式开关必须安装在铁皮开关盒内，铁皮开关盒如图 10-14（a）所示。开关接线时，开关的静触头接线柱与来自电源的一根相线连接，另一个动触头接线柱与去灯具的一根导线相接，且应接成扳把向上时开灯，向下时关灯，然后把开关芯连同支持架固定到预埋在墙内的铁皮盒上，如图 10-14（b）所示。安装时，应注意将开关扳把上的白点朝下面安装，扳把必须放正，且不卡在盖板上。再盖好开关盖板，用螺栓将盖板固定牢固，盖板应紧贴建筑物表面。

（3）跷板式开关的安装。

跷板式开关的安装常用的是跷板式塑料开关与配套的塑料开关盒一起安装。安装时应根据跷板式开关面板上的标志确定面板的装置方向，即装成按下跷板下部时，开关处在接通的位置，按下其上部时，开关处在断开的位置。开关接线时，应使开关切断相线，如图 10-15 所示。

（4）声光双控照明延时灯开关的安装。

声光双控照明延时灯开关目前广泛用于楼梯、走廊照明，白天自动关闭，夜间有人走动时，其脚步声或谈话声可使电灯自动点亮，延时 30 余秒，电灯又会自行熄灭。该照明灯有两个显著特点：一是电灯点亮时为软启动，点亮后为半波交流电，可以大大延长灯泡的使用寿命；二是自身开关照射在开关的光敏电阻上不会发生自动亮灯现象。一般的脚步声就能使电灯点亮发光，灯泡宜用60W以下的白炽灯泡。

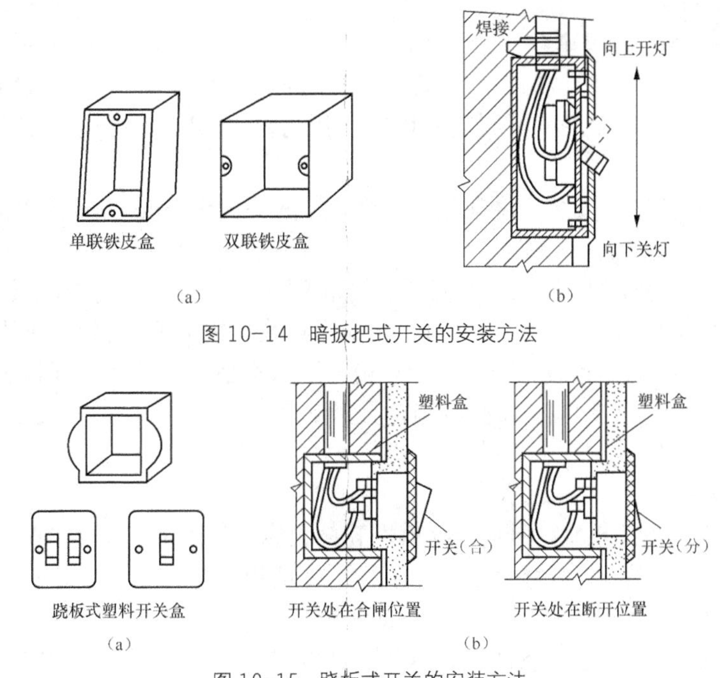

图10-14 暗扳把式开关的安装方法

图10-15 跷板式开关的安装方法

声光双控照明楼梯延时灯开关一般安装在走廊的墙壁上或楼梯正面的墙壁上，要与所控制的电灯就近安装，如图10-16所示。安装时，将开关固定到预埋在墙内的接线盒内，开关盖板应端正且紧贴墙面。该开关对外只有两根引出线，与要控制的电灯串联后接入220V交流电即可。

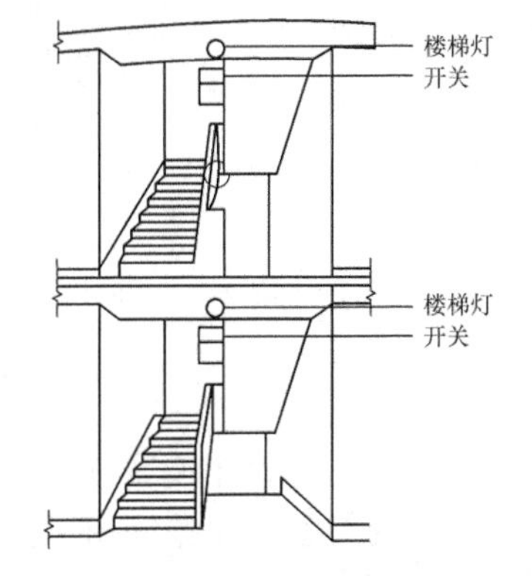

图10-16 声光双控照明延时灯开关的安装方法

四、插座的安装

1. 插座的类型

插座分类方法有多种，按安装方式分有明插座和暗插座两种；按用途分有单相双孔式插座、单相三孔式插座和三相四孔式插座；按防护形式分有普通型插座和防溅型插座；另外有扁孔插座、圆孔插座、扁孔和圆孔通用插座等。

2. 插座的选择

目前家用电器的插头大都采用单相两极扁插头和单相三极扁插头，因此相应的插座有单相双孔扁极插座和单相三孔扁极插座。对于实行保护接地（接零）供电系统的楼房，双孔插座是不带接地（接零）桩头的单相插座，用于不需要接地（接零）保护的家用电器，如电视机、计算机、音响、灯具、排气扇等电器；三孔插座是带接地（接零）桩头的单相插座，用于需要接地（接零）保护的家用电器，如电冰箱、洗衣机、空调器、电风扇等电器。

在用电设备较多的室内，可采用多联插座，比如选择有一个单相三孔插座带一个或两个双孔通用插座，以满足不同电器的需要。

若要在厨房、卫生间等较潮湿的场所安装插座，最好选用有罩盖的防溅型插座，可防止水滴进入插孔。

3. 插座的安装要求

① 普通插座应安装在干燥、无尘的场所。

② 插座应安装牢固。明装插座的安装高度距地面应不低于1.3m，一般为1.5～1.8m；安装插座允许低装，但距地面高度不应低于0.3m。托儿所、幼儿园和小学等儿童集中的场所禁止低装。

③ 同一场所的插座，安装高度应相同，高度差应不大于5mm，成排安装的插座不应大于2mm。

④ 空调器、电热器等大功率家用电器用的插座电源线，应与电灯电源线分开敷设，其插座不宜与其他家用电器共用。电源线应直接由配电箱或总线上单独引出，所用导线一般采用截面积不小于2.5mm^{2}的铜芯线。空调器应采用截面积不小于4 mm^{2}的铜芯线。

⑤ 安装的插座应用专用盒，盖板应端正且紧贴墙面。明装插座应安装在木台板上，且要用两只木螺钉固定。

4. 插座的接线

单相双孔插座在双孔水平排列时，插座右孔接相线，左孔接零线（左零右火）。双孔插座垂直排列时，上孔接相线，下孔接零线（下零上火）。单相三孔插座下方两个孔是接电源线的，右孔接相线，左孔接零线，上面一孔接保护接地线（或保护零线）。接线时，决不允许在插座内将保护接地孔与插座内引进电源的那根零线直接相连，因为一旦电源的零线断开，或者是电源的相线与零线接反，电器外壳等金属部分也将带有与电源相同的电压，这是相当危险的。这种错误接法非但不能保证故障情况下起到保安作用，相反，在正常情况下却可能导致触电事故的发生。单相三孔插座的正确接法如图10-17所示。

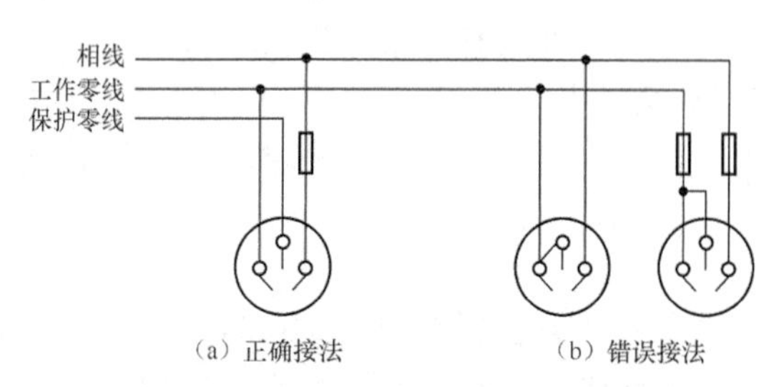

图10-17 单相三孔插座接线法

三相四孔插座接线时，上面一孔接保护接地线（或保护零线）。接地（或接零）的目的是为了避免电器设备绝缘损坏漏电而引起触电事故，如图10-18所示。

5. 插座的安装方法

（1）双孔插座的明装。

明装插座一般安装在明敷线路上，其安装方法与明装拉线开关基本相同，安装步骤如图10-19所示。

（2）三孔插座的安装。

三孔插座的安装步骤与跷板式开关的安装步骤基本相同，不同的是经暗埋线管穿入暗盒的导线有三条，即相线、零线和地线，将导线剥去15mm左右绝缘层后，接入插座接线桩中，将插座用平头螺钉固定在开关暗盒上，压入装饰钮，如图 10-20 所示。

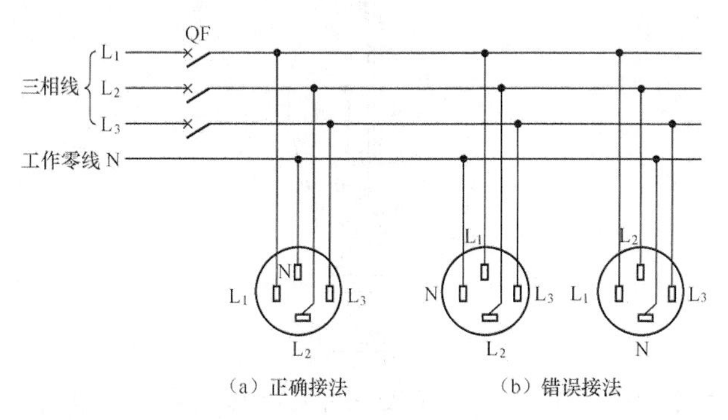

图 10-18 三相四孔插座接线法

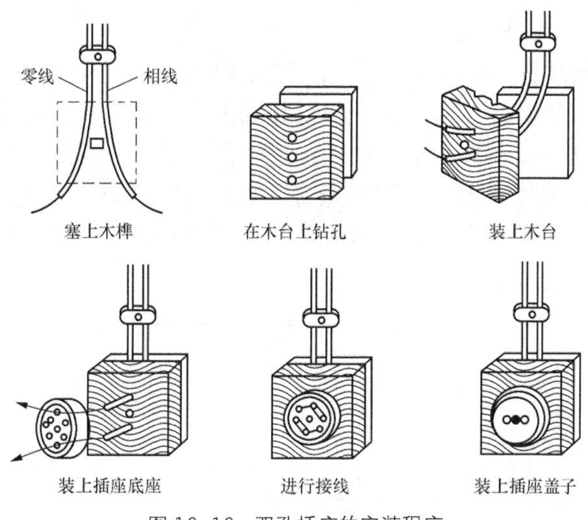

图 10-19 双孔插座的安装程序

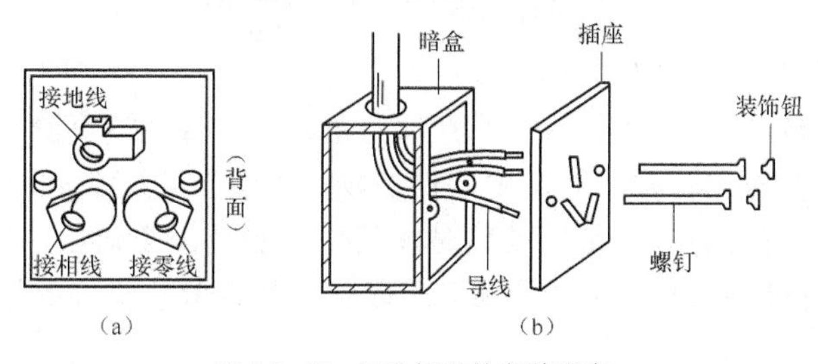

图 10-20 三孔插座的安装程序

10.3 其他照明灯具的选用、安装

一、高压汞灯照明线路

1. 高压汞灯的结构

高压水银汞灯的结构如图 10-21 所示。它主要由放电管、玻璃外壳和灯头组成，放电管内有上电极、下电极和引燃极，管内充有水银和氩气。

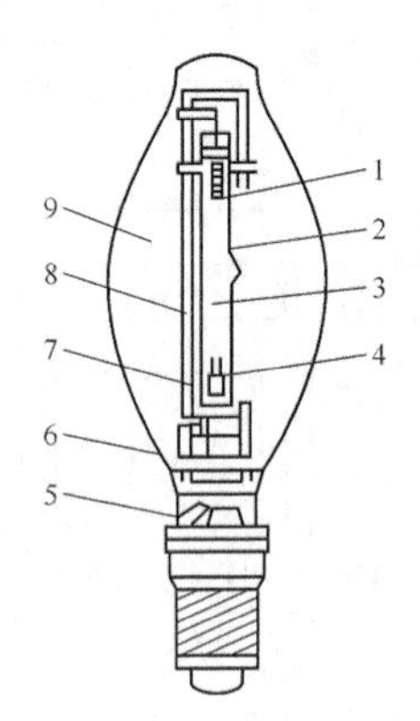

1-上电极　2-放电管　3-充有水银和氩气　4-下电极　5-电阻　6-玻璃外壳　7-引燃极　8-支架　9-充有氮气

图 10-21　高压汞灯

2. 高压水银汞灯的工作原理

高压汞灯的安装接线图如图 10-22 所示。当电源接通后，电压加在引燃极和相邻的下电极之间，也加在上下电极之间。由于引燃极与相邻的下电极靠近，电压加上后即产生辉光放电，使放电管温度上升，接着在上下电极之间产生弧光放电，使放电管内的水银汽化而产生紫外线，紫外线激发玻璃外壳内壁上的荧光粉，发出近似日光的光线，灯管随即稳定工作。此时，由于引燃极上串联着一个很大的电阻，当上下电极间产生弧光放电时，引燃极和下电极间电压不足以产生辉光放电。

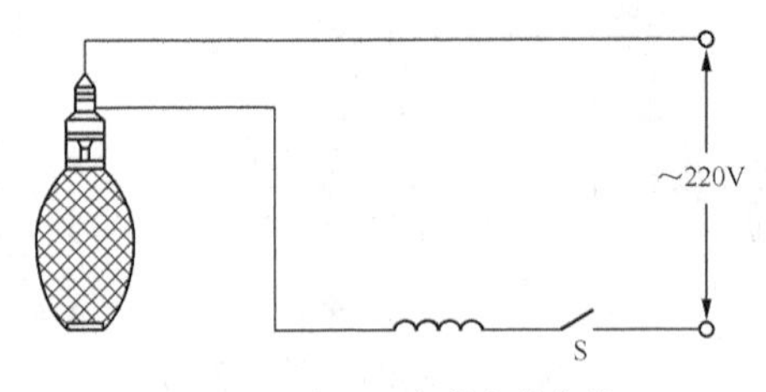

图 10-22　高压汞灯的安装接线图

3. 高压汞灯安装的注意事项

① 安装前要检查镇流器的规格应与高压汞灯的功率一致。镇流器宜安装在灯具附近，人体触及不到的地方，并应在其接线柱上覆盖保护物，镇流器装在室外时应有防雨措施。

② 高压汞灯要垂直安装。当水平安装时，其亮度要减少 5%且容易自灭。

③ 由于高压汞灯的外玻璃壳温度很高，所以必须装置散热良好的灯具，否则会影响灯泡的性能与亮度。

4. 高压汞灯线路常见故障的维修

（1）不能点亮。

一般是由于电源电压过低、镇流器选配不当、开关接线松动或灯泡内部构件损坏等原因引起的。解决方法是更换灯泡和镇流器，电压过低则可提高电压。

（2）亮后突然熄灭。

一般是由于电源电压下降、熔丝熔断、镇流器线圈短路或灯泡损坏等原因造成的。可更换熔断器和灯泡，用万用表检查镇流器的好坏。

（3）忽亮忽灭。

一般是由于电压波动、灯座接线桩接触不良等原因造成的。可提高电压，修理接线桩。

二、碘钨灯照明线路

1. 碘钨灯的结构

碘钨灯一般制成圆柱状玻璃管，两端灯脚为电源触头，管内中心的螺旋状灯丝（钨丝）放置在灯丝支架上，管内充有微量的碘，在高温下，利用碘循环来提高发光效率和延长灯丝寿命，其结构如图 10-23 所示。

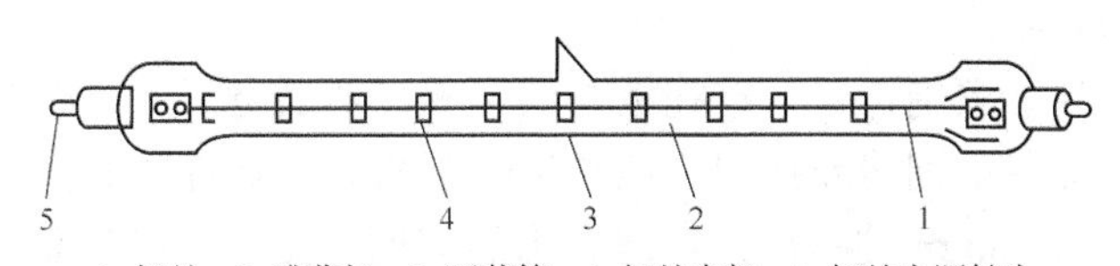

1-灯丝 2-碘蒸气 3-石英管 4-灯丝支架 5-灯丝电源触头

图 10-23 碘钨灯

2. 碘钨灯的工作原理

碘钨灯的接线原理比较简单，与普通白炽灯接线原理相同。碘钨灯的发光原理与白炽灯的发光原理也相同，都由灯丝作为发光体，所不同的是碘钨灯内充有碘。当管内温度升高后，碘和灯丝蒸发出来的钨化合成挥发性的碘化钨，碘化钨在靠近灯丝的高温处又分解为碘和钨，钨留在灯丝上，而碘又回到温度较低的位置，如此循环，从而提高了发光效率和灯丝寿命。

3. 碘钨灯照明线路的安装

碘钨灯的安装方法如图 10-24 所示。在安装时要注意以下几点。

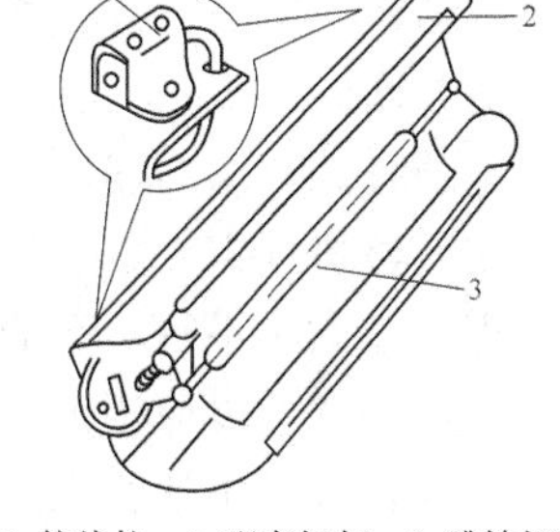

1-接线柱 2-配套灯架 3-碘钨灯管

图 10-24 碘钨灯的安装

① 碘钨灯在安装时必须保持水平位置，水平线偏角应小于±4°，否则会影响碘的循环，缩短灯管的寿命。

② 碘钨灯发光时，灯管周围温度很高，因此，灯管必须装在专用的有隔热装置的金属灯架上，切不可装在易燃的木质灯架上，同时不可在灯管周围放置易燃物品，以免发生火灾。

③ 碘钨灯不可装贴在墙上，以免散热不好而影响灯管的寿命；碘钨灯装在室外时，应有防雨措施。

④ 功率在 1000W 及以上的碘钨灯，不应安装一般的电灯开关，而应安装开启式负荷开关。

4. 碘钨灯常见故障的维修

（1）灯丝寿命短。

其主要原因是安装灯管时，没有保持在水平位置，故应重新安装灯架，保持水平。

（2）灯脚密封松动。

其主要原因是在使用时灯管过热，反复热胀冷缩。需重新拧紧，必要时更换灯管。

（3）熔丝熔断、供电线路短路、开关失灵或动静触头松脱等。

应及时更换熔丝、开关，检修供电线路。

三、霓虹灯

霓虹灯是一种不用于照明的特种用途电灯，主要用于作广告或指示性标志等。

1. 霓虹灯的工作原理

霓虹灯装置由灯管和变压器两部分组成，在灯管两端置有电极，施加高电压后，电极发射电子，激发管内惰性气体或金属蒸气游离，使电流导通而发光。管内通常置有氖、氩、氦、氪、钠、汞、镁等，不同元素能发出不同颜色的光，管内若置有几种元素，则如同调配颜料一样能发出复合色调的光，也可在灯管内壁喷涂颜色来获得所需的色光。

2. 霓虹灯的安装

（1）霓虹灯管的安装。

一般应先根据设计要求确定灯管在托板上的位置，然后将灯管支架固定在托板上，再将灯管固定在支架上，最后用铜线或镀锡金属丝捆扎牢固。霓虹灯管和高压线路不能直接放在建筑物上，至少需保持 50mm 的距离，可用专用的玻璃支持头支撑来获得安全距离。

（2）变压器的安装。

霓虹灯变压器应尽量靠近霓虹灯安装，一般装在角钢、槽钢等材料制成的金属支架上，以减短高压接线，并用密封箱子做防水保护，变压器的中性点和外壳、金属箱、角钢支架必须可靠接地。

（3）电子灯管控制器的安装。

为防止雨水和尘埃的侵蚀，电子灯管控制器应安装在保护箱内。

控制箱一般装在与霓虹灯广告牌邻近的房间内，为了防止在检修霓虹灯时触及高压电，在霓虹灯广告牌现场应加装电源隔离开关。在检修时，先断开控制箱的开关，然后再断开现场的隔离开关，这样便可以避免误合闸，而造成霓虹灯管带电的危险状况。

（4）接线。

容量较小的霓虹灯直接接于单相市电；容量较大的霓虹灯，为使三相负载平衡，霓虹灯变压器要均匀分配于三相市电。为了方便控制和安全需要，霓虹灯应装设控制箱，控制箱一般由电源开关、熔断器、接触器、保护元件组成。

（5）整机固定。

霓虹灯大小不等，有的在街道两侧门面房前安装，有的在建筑物墙壁上安装，有的在楼顶层上安装，所以应根据安装位置和安装高度确定安装方案。无论采用哪种安装，下面一定要有专人看管，不让行人经过，以免发生意外。

10.4 实习内容

一、白炽灯照明线路安装技能训练

1. 训练目的

了解白炽灯照明安装的过程，熟练掌握白炽灯接线原理图，掌握白炽灯照明安装的方法。

2. 训练步骤与工艺要求

（1）画出白炽灯接线原理图；

（2）定位、安装元件；

（3）按图正确接线；

（4）用万用表检查接线；

（5）注意安全用电。

二、日光灯照明线路安装技能训练

1. 训练目的

了解日光灯照明安装的过程，熟练掌握日光灯接线原理图，掌握日光灯照明安装的方法。

2. 训练步骤与工艺要求

（1）画出日光灯接线原理图；

（2）定位、安装元件；

（3）按图正确接线；

（4）用万用表检查接线；

（5）注意安全用电。

三、考核标准

表 10-4 白炽灯照明线路安装技能训练考核评定标准

训练内容	配分	扣分标准		扣分	得分
作图	10 分	（1）电路画错 （2）符号画错	扣 10 分 扣 5 分		
元件安装	10 分	（1）元件安装布置不合理 （2）元件安装不牢固	扣 5 分 扣 5 分		
配线工艺	30 分	（1）不按电路图接线 （2）布线不符合要求 （3）接头不符合要求 （4）露芯过长或过短	扣 10 分 扣 5 分 扣 5 分 扣 5 分		
通电试验	40 分	（1）第一次通电不成功 （2）第二次通电不成功 （3）螺口灯头中心接线柱未接相线	扣 20 分 扣 20 分 扣 20 分		
安全文明生产	10 分	（1）发生安全事故 （2）工具、材料摆放零乱 （3）浪费材料，工位不清洁	扣 10 分 扣 5 分 扣 5 分		
总评（注：各项内容中扣分总值不应超过对应各项内容所配分数）					

表 10-5 日光灯照明线路安装技能训练考核评定标准

训练内容	配分	扣分标准		扣分	得分
作图	10 分	（1）电路画错 （2）符号画错	扣 10 分 扣 5 分		
元件安装	10 分	（1）元件安装布置不合理 （2）元件安装不牢固	扣 5 分 扣 5 分		
配线工艺	30 分	（1）不按电路图接线 （2）布线不符合要求 （3）接头不符合要求 （4）露芯过长或过短	扣 10 分 扣 5 分 扣 5 分 扣 5 分		

续表

训练内容	配分	扣分标准	扣分	得分
通电试验	40分	（1）第一次通电不成功　扣20分 （2）第二次通电不成功　扣20分 （3）灯具接触不良　扣5分		
安全文明生产	10分	（1）发生安全事故　扣10分 （2）工具、材料摆放零乱　扣5分 （3）浪费材料，工位不清洁　扣5分		
总评（注：各项内容中扣分总值不应超过对应各项内容所配分数）				

四、思考题

1.常用的电光源有哪几种？它们各自有哪些优缺点？常用的照明方式又有哪三种？它们对光通量有什么要求？

2．插座的安装有哪些要求？

3．白炽灯通电后不亮，可能有哪些原因造成？怎样检查故障点？

4．日光灯有哪些部件组成？各部件的主要结构和作用是什么？

5．日光灯灯光闪烁，可能有哪些原因造成？

6．试述高压汞灯的工作原理和使用注意事项。

实习项目11 接地、接零与防雷

实习要求

（1）掌握接地的连接方法

（2）掌握电气接零的方法

（3）掌握避雷器的连接方法

实习工具及材料

表11-1 实习工具及材料

名称	型号或规格	数量	名称	型号或规格	数量
接地装置		1套	三眼插座		1个
漏电保护器		2个	三相四线插座		1个
绝缘导线		若干			

11.1 接地、接零概述

1．接地

接地是利用大地为正常运行、发生故障及遭受雷击等情况下的电气设备等提供对地电流构成回路的需要，从而保证电气设备和人身安全的一种用电安全措施。因此，所有电气设备或装置的某一点（接地点）与大地之间有着可靠而符合技术要求的电气连接。

2．接地短路与接地短路电流

运行中的电气设备或线路因绝缘损坏或老化使其带电部分通过电气设备的金属外壳或架构与大地直接短路时，称为接地短路。发生接地短路时，由接地故障点经接地装置而流入大地的电流，称为接地短路电流（接地电流）I_d。

3．接地装置的散流现象

当运行中的电气设备发生接地短路故障时，接地电流I_d通过接地体以半球面形状向大地流散，形成流散电场。由于球面积与半径的平方成正比，所以半球形的面积随着远离接地体而迅速增大。因此与半球面积对应的土壤电阻随着远离接地体而迅速减小，至离接地体20m处半球面积已相当大，土壤电阻已小到可以忽略不计。就是说，距接地体以外，电流不再产生电压降，或者说该处的电位已降到为零。通常将这电位等于零的地方，称为电气上的“地”。

运行中的电气设备发生接地短路故障时，电气设备的金属外壳、接地体、接地线与零电位之间的电位差，称为电气设备接地时的对地电压。接地的散流现象及地面各类电位的分布如图 11-1 所示。

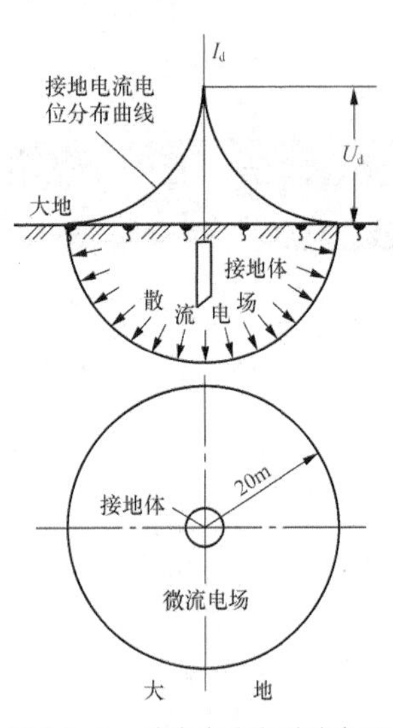

图 11-1 地中电流和对地电压

4. 散流电阻、接地电阻、工频接地电阻、冲击接地电阻

接地线电阻和接地体的对地电阻的总和称为接地装置的接地电阻。

接地体的对地电压与接地电流之比称为散流电阻。

电气设备接地部分的对地电压与接地电流之比，即为接地电阻。由于接地线和接地体本身电阻很小，可忽略不计，故一般认为接地电阻就是散流电阻。

工频电流流过接地装置时呈现的电阻称为工频接地电阻。

当有冲击电流（如雷击的电流值很大，为几十至几百 kA，时间很短，为 3～6μs）通过接地体流入地中，土壤即被电离，此时求得的接地电阻为冲击接地电阻。任一接地体的冲击接地电阻都比工频接地电阻小。

5. 中性点与中性线

在星形联结的三相电路中，其中三个绕组连在一起的点称为三相电路的中性点。由中性点引出的线称为中性线，如图 11-2 所示。

6. 零点与零线

当三相电路中性点接地时，该中性点称为零点。此时，由零点引出的线称为零线，如图 11-3 所示。

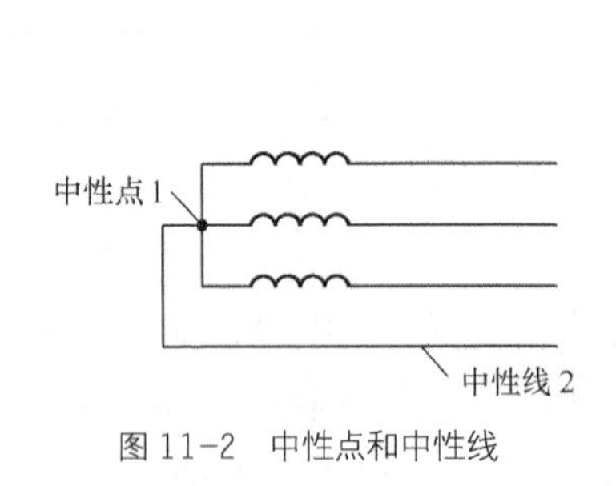

图 11-2 中性点和中性线

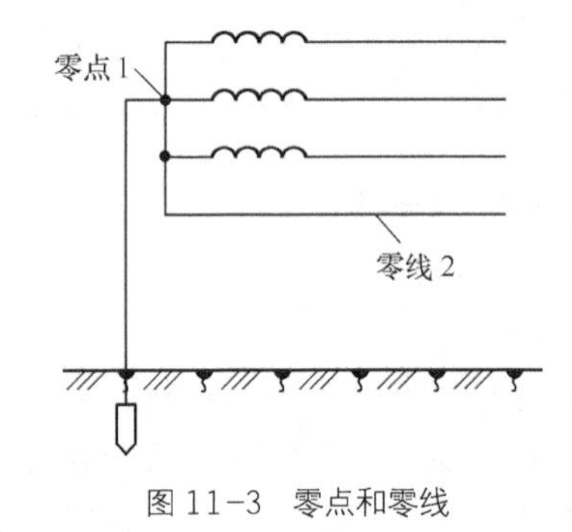

图 11-3 零点和零线

11.2 保护接地

按照接地的形成情况，可以将其分为正常接地和故障接地两大类。前者是为了某种需要而人为地设置的，后者则是由各种外界或自身因素自然地形成的，应当设法避免。

按照接地的不同作用，又可将正常接地分为工作接地和安全接地两大类。

一、工作接地

为了保证电气设备的正常工作，将电路中的某一点通过接地装置与大地可靠的金属性连接称为工作接地。如变压器低压侧的中性点、电压互感器和电流互感器的二次侧某一点接地等，其作用是为了降低人体的接触电压。

1. 工作接地形式

工作接地通常有以下三种情况。

① 利用大地作回路的接地。此时，正常情况下也有电流通过大地，如直接工作接地、弱电工作接地等。

② 维持系统安全运行的接地。正常情况下没有电流或只有很小的不平衡电流通过大地，如 110 kV 以上系统的中性点接地、低压三相四线制系统的变压器中性点接地等。

③ 为了防止雷击和过电压对设备及人身造成危害而设置的接地。

图 11-4 为减轻高压窜入低压所造成的危险的最简单方法。

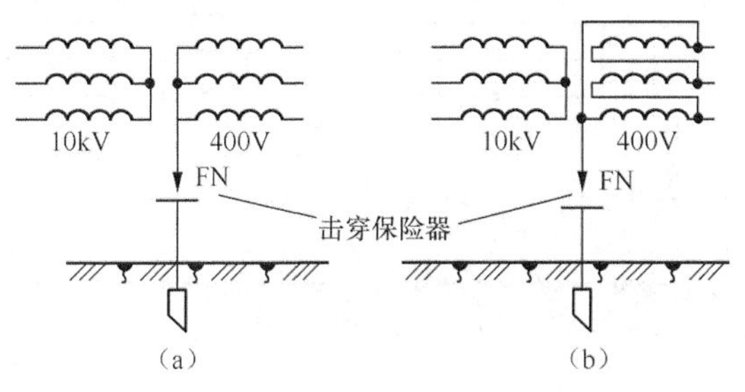

图 11-4 带击穿保险器的工作接地

2. 低压配电网工作接地的作用

① 正常供电情况下能维持相线的对地电压不变，以满足单相 220 V 用电需要。

② 变压器，或发电机的中性点经消弧线圈接地，能在发生单相接地故障时，消除接地短路点的电弧及由此可能引起的危害。

③ 互感器，如电压互感器一次侧线圈的中性点接地，主要是为了对一次侧系统中的相对地电压进行测量。

④ 若中性点不接地，则当发生单相接地时，另两相的对地电压便为线电压；而中性点接地后，另两相的对地电压便仍为相电压。这样，既能减小与人体的相对接地电阻，同时还可适当降低对电气设备的绝缘要求，利于制造及降低成木。

⑤ 在变压器供电时，可防止出现高压电窜至低压用电侧的危险。如果因高低压线圈间绝缘损坏而引起严重漏电甚至短路时，高压电便可经该接地装置构成闭合回路，使上一级保护跳闸切断电源，从而避免低压侧工作人员遭受高压电的伤害及造成设备损坏。

二、保护接地

1. 安全接地

主要包括：为防止电力设施或电气设备绝缘损坏，危及人身安全而设置的保护接地；为消除生产过程中产生的静电积累，引起触电或爆炸而设置的静电接地；为防止电磁感应而对设备的金属外壳、屏蔽罩或屏蔽线外皮所进行的屏蔽接地。其中保护接地应用最为广泛。

为了保障人身安全，避免发生触电事故，将电气设备在正常情况下不带电的金属外壳以及与它连接的金属部分与接地装置作良好的金属连接，如图 11-5（b）所示，这种方式便称为保护接地，简称接地。它是一种防止静电的基木技术措施，使用相当普遍。

2. 保护接地原理

在中性点不直接接地的低压系统中带电部分意外碰壳，通过人体和电网与大地之间的电容形成回路，此时流过故障点的接地电流 I_d 通过人体和电网与大地之间的电容形成回路，此时流过故障点的接地电流主要是电容电流。当电网对地绝缘正常时，此电流不大；如果电网分布很广，或者电网绝缘性能显著下降，这个电流可能上升到危险程度，造成人员的触电事故，如图 11-5（a）所示。图中 R_r 为人体电阻。

为避免出现上述的危险，可采用图 11-5（b）所示的保护接地措施，图中 R_r 为人体电阻，R_b 为保护接地电阻。这时通过人体的电流仅是全部接地电流 I_d 的一部分 I_r。由于 R_b 与 R_r 是并联关系，在 R_r 一定的情况下，接地电流主要取决于保护接地电阻 R_b 的大小。只要适当控制 R_b 的大小（在 4Ω 以下）即可以把接地电流限制在安全范围以内，保证操作人员的人身安全。

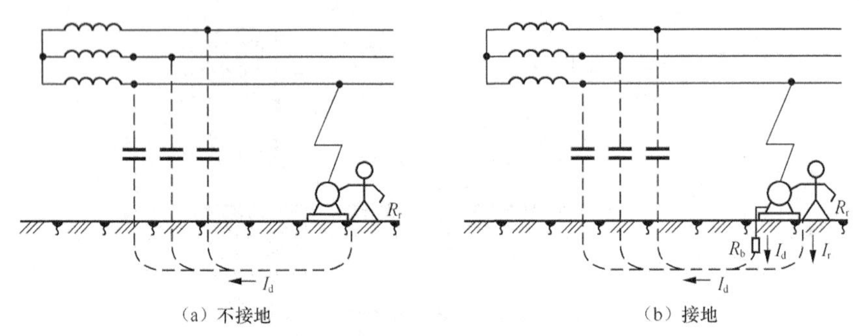

图 11-5 保护接地原理

当电气设备由于各种原因出现绝缘损坏或是带电导线碰触机壳时，都会使本不带电的金属外壳等带上电或等于电源电压的电位，人碰触时便会发生触电；如果采用了保护接地，此时金属外壳已与大地有了可靠而良好的连接，便能让绝大部分电流通过接地体流散到地下。

人若触及漏电的设备外壳，因人体电阻与接地电阻相并联，且人体电阻比接地电阻大 200 倍以上，由于分流作用，通过人体的故障电流将比流经接地电阻的故障电流小得多，对人体的危害程度也就极大地减小了，如图 11-5（b）所示。

此外，在中性点接地的低压配电网络中，假如电气设备发生了单相碰壳故障，若实行了保护接地，由于电源相电压为 220 V，如按工作接地电阻为 4Ω，保护接地电阻为 4Ω 计算，则故障回路将产生 27.5 A 的电流。一般情况下，这么大的故障电流肯定会使熔断器的熔体熔断或自动开关跳闸，从而切断电源，保障了人身安全。

但保护接地也有一定的局限性，这是由于为保证能使熔体熔断或自动控制开关跳闸，一般规定故障电流必须分别大于熔体或开关额定电流的 2.5 倍或 1.25 倍，因此，27.5 A 故障电流便只能保证使额定电流为 11 A 的熔体或 22 A 的开关动作。若电气设备容量较大，所选用的熔体与开关的额定电流超过了上述数值，此时便不能保证切断电源，进而也就无法保障人身安全了。所以保护接地存在着一定的局限性，即中性点接地的系统不宜再采用保护接地。

3. 保护接地的应用范围

保护接地适用于中性点不直接接地的电网，在这种电网中，在正常情况下与带电体绝缘的金属部分，一旦绝缘损坏漏电或感应电压就会造成人员触电的事故，因此除有特殊规定外均应保护接地。应采取保护接地的设备如下。

① 电机、变压器、照明灯具、携带式及移动式用电器具的金属外壳和底座。

② 电器设备的传动机构。

③ 室内外配电装置的金属构架及靠近带电体部分的金属围栏和金属门，以及配电屏、箱、柜，和控制屏、箱、柜的金属框架。

④ 互感器的二次线圈。

⑤ 交/直流电力电缆的接线盒、终端盒的金属外壳和电缆的金属外皮。

⑥ 装有避雷线的电力线路的杆和塔。

11.3 保护接零

所谓保护接零就是在中性点直接接地系统中，把电气设备正常情况下不带电的金属外壳以及与它相连接的金属部分与电网中的零线作紧密连接，这样可有效地起到保护人身和设备安全的作用。

一、保护接零原理

在中性点直接接地系统中，当电气设备发生某相碰壳故障时，通过设备外壳形成该相对零线的单相电路，短路电路 I_d 能使线路上的保护装置（如熔断器、低压断路器等）迅速动作，从而把故障部分的电源断开，消除触电危险，如图 11-6（b）所示。

若设备外壳与地和零线未做任何电气连接，外壳故障带电时，故障电流将沿阻值低的工作接地（配电系统接地）构成回路，由于工作接地的接地电阻小（一般不超过 4Ω），若人体触及外壳时，人体电阻以 1500Ω 计算，则约有 0.15A（220 V/1500Ω）的电流流过人体，此电流值较大，超出容许安全电流值，从而发生触电事故。如图 11-6（a）所示。

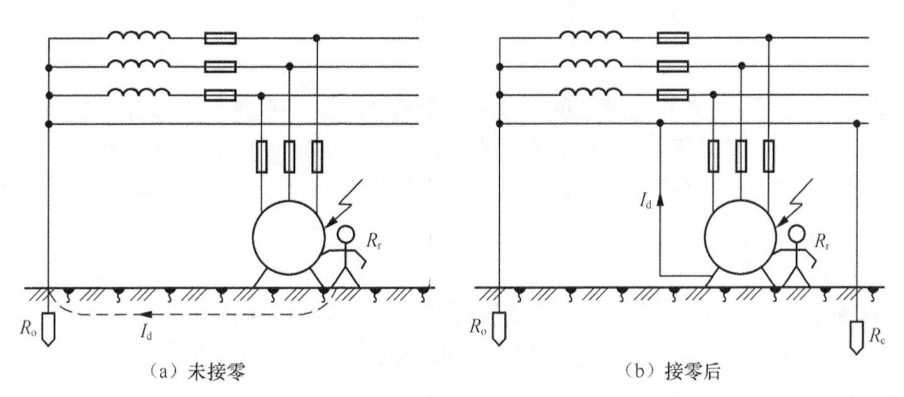

图 11-6 保护接零原理

二、重复接地

1. 重复接地的概念

为确保接零保护方式的安全可靠，防止中性线断线所造成的危害，系统中除了工作接地外，还必须在中性线的其他部位再进行必要的接地，称为重复接地。

2. 重复接地的作用

重复接地是保护接零系统中不可缺少的安全技术措施。

① 降低漏电设备的对地电压。对采用保护接零的电气设备，当其带电部分碰壳时，短路

电流经过相线和零线形成回路。此时电气设备的对地电压等于中性点对地电压和单相短路电流在零线中产生电压降的相量和。显然，零线阻抗的大小直接影响到设备对地电压，而这个电压往往比安全电压高出很多。为了改善这一情况，可采用重复接地，以降低设备碰壳时的对地电压。

② 减轻零线断线后的危险。当零线断线时，在断线后边的设备如有一台电气设备发生碰壳接地故障，就会导致断点之后所有电气设备的外壳对地电压都为相电压，这是非常危险的，如图 11-7 所示。

若装设了重复接地，这时零线断线处后面各设备的对地电压 $U_c=I_dR_c$，其中 R_c 为重复接地电阻，而零线断线处前面各设备的对地电压 $U_o=I_dR_o$。若 $R_o=R_c$，则零线断线处前后各设备的对地电压相等，且为相电压的一半，即 $U_c=U_o=U_x$，U_x 为相电压，如图 11-8 所示，这样可均匀各设备外壳的对地电压，减轻危险程度。当 $R_o\neq R_c$ 时，总有部分电气设备的对地电压将超过 $U_x/2$，这将是危险的。因此，零线的断线是应当尽量避免的，必须精心施工，注意维护。

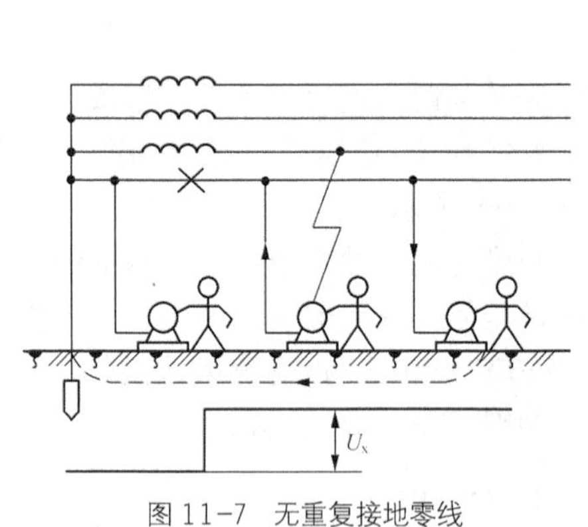

图 11-7 无重复接地零线

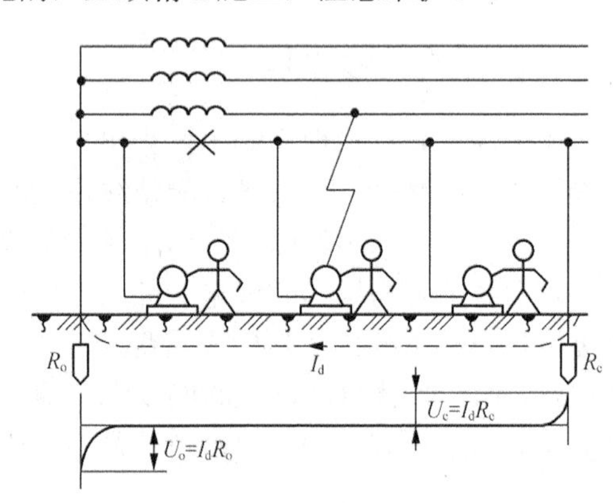

图 11-8 有重复接地零线

③ 缩短碰壳短路故障的持续时间。因为重复接地、工作接地和零线是并联支路，所以发生短路故障时增加短路电流，加速保护装置的动作，从而缩短事故持续时间。

④ 改善低压架空线路的防雷性能。在架空线路零线上重复接地，对雷电有分流作用，有利于限制雷电过电压。

3. 重复接地的地点

重复接地有集中重复接地和环形重复接地两种，前者用于架空线路，后者用于车间。在装设重复接地装置时，应选择合适的地点。为此规程规定在采用保护接零系统中，零线应在下列各处进行重复接地。

电源的首端、终端，架空线路的干线和分支线路的终端，沿线路的每 1km 处应进行重复接地。

架空线路和电缆线路引入到车间或大型建筑物内的配电柜应进行重复接地。

采用金属管配线时，将零线与金属管连接在一起做重复接地；采用塑料管配线时，在管外敷设的不小于 $10mm^2$ 的钢线与零线连接在一起做重复接地。

三、保护接零的应用范围

在变压器中性点直接接地的供电系统中，在电压 380/220V 的三相四线制电网中，因绝缘损坏而可能呈现危险对地电压的电气设备金属外壳均应采用保护接零。应注意，在中性点直接接地的系统中采用保护接地不能防止人体遭受触电的危险。

另外，在采取保护接零时应特别注意以下几点。

① 保护接零只能用在中性点直接接地的供电系统中，工作接地电阻值应符合要求。

② 分支线的截面线的导线截面积应足够大（干线截面积不小于相线截面积的1/2，分支线的截面积不小于相线截面积的1/3），应保证在低压电网内任何一相短路时，能够承受大于熔断器额定电流2.5～4倍及自动开关额定电流1.25～2.5倍的短路电流。

③ 零线上不允许加装刀闸、自动空气断路器、熔断器等保护电器。

零线或零线连接线的连接应牢固可靠、接触良好；零线连接线与设备的连接应采用螺栓压接。

④ 采用接零保护时，除电源变压器的中性线必须采取工作接地外，对零线也要在规程规定的位置采取重复接地。

⑤ 采用保护接零时，保护零线与工作零线应分开，所有电气设备的保护接零线应以“并联”方式连接到零线上。

⑥ 在同一变压器供电系统的电气设备不允许一部分设备采用保护接地，另一部分设备采用保护接零。

11.4 接地装置

接地装置由接地体和接地线组成。埋入土壤内并与大地直接接触的金属导体或导体组，称为接地体，也称为接地极。接地体是接地装置的主要组成部分，其选择与装设是能否获得合格接地电阻的关键。它按设置结构可分为人工接地体与自然接地体两类。按具体形状可分为管形与带形等多种。自然接地体是利用与大地有可靠连接的金属管道和建筑物的金属结构作为接地体；人工接地体是利用钢材制成不同形状打入地下而形成的接地体。连接接地体与电气设备应接地部分的金属导体称为接地线，它同样有人工接地线与自然接地线之分。

一、自然接地体与自然接地线

1. 自然接地体

在设计与选择接地体时，可先考虑利用自然接地体以节省投资。若所利用的自然接地体经测量其接地电阻及热稳定性符合要求时，一般就不必另行装设人工接地体。不论是城乡工矿企业还是工业与民用建筑，凡与大地有可靠而良好接地的设备或结构件，大都可以用来作为自然接地体。它们主要有以下几种。

① 与大地有可靠连接的建筑物的钢结构件。

② 敷设于地下而数量不小于两根的电缆金属外皮。

③ 建筑物钢筋混凝土基础的钢筋部分。

④ 敷设在地下的与土壤有紧密接触的金属管道。输送可燃性气体或液体的金属管道（包括自来水管）不宜直接用来作为自然接地体。

⑤ 包有绝缘物及分布较广的水管不宜用作自然接地体。

利用自然接地体时要采用不少于两根的导体，且在不同地点与接地干线相连接。

2. 自然接地线

为减少基建投资、降低工程造价并加快施工进度，实际工程中可充分利用下述设施作为自然接地线。

① 建筑物的金属结构。凡用螺栓连接或铆钉焊接的地方都要采用跨接线，保证它们成为连续的导体。

② 生产用的金属结构。如吊车轨道、配电装置的外壳、起重机或升降机的构架等。

③ 配线的钢管。钢管管壁厚度不应小于 1.5mm，以免产生锈蚀而不能成为连续导体。使用时在管接头和接线盒处，都要采用跨接线连接，以保证其成为连续的导体。当钢管直径为 40mm 及以下时，跨接线采用 6mm 圆钢；钢管直径为 50mm 以上时，跨接导线采用 25mm×4mm 的扁钢。

④ 电缆的金属构架及铅、铝包皮（通信用电缆除外）。利用电缆的铅包皮作为接地线时，接地线卡箍的内部需垫以 2mm 厚的铅带；电缆与接地线卡箍相接触的部分要刮擦干净，以保证两者接触可靠。卡托、螺栓、螺母及垫圈均应镀锌。

⑤ 电压 1000 V 以下的电气设备，可利用各种金属管道作为自然接地线。但不得利用可燃液体、可燃或爆炸性气体的管道，金属自来水管道也不宜直接利用。

二、人工接地体与人工接地线

1. 人工接地体

① 人工接地体所采用的材料，垂直埋设时常用直径为 50mm、管壁不小于 3.5mm 的钢管，或采用 40mm×40mm×4mm 或 50mm×50mm×5mm 的等边角钢；水平埋设时，其长度应为 5～20mm。若采用扁钢，其厚度应不小于 4mm，截面积不小于 48mm^2；用圆钢时，则直径应不小于 8mm。如果接地体是安装在有强烈腐蚀性的土壤中，则接地体应镀锡或镀锌并适当加大截面积，注意不准采用涂漆或涂沥青的办法防腐蚀。

② 确定接地体安装位置时，为减小相邻接地体之间的屏蔽作用，垂直接地体的间距不应小于接地体长度的两倍；水平接地体的间距一般不小于 5 m。

③ 接地体打入地下时，角钢的下端要加工成尖形；钢管的下端也要加工成尖形或将钢管打扁后再垂直打入地下；扁钢埋入地下时则应竖直放置。

④ 为减少自然因素对接地电阻的影响并取得良好的接地效果，埋入地中的垂直接地体顶端，距地面应不小于 0.6 m；若水平埋设时，其深度也应不小于 0.6m。

⑤ 埋设接地体时，应先挖一条宽 0.5m，深 0.8～1m 的地沟，然后再将接地体打入沟内，上端露出沟底 0.1～0.2m，以便对接地体上的连接扁钢接地线进行焊接。焊接好后，经检查认为焊接质量和接地体埋设均符合要求，方可将沟填平夯实。为以后测量接地电阻方便，应在合适的位置加装接线卡子，以备测量接用。

2. 人工接地线

接地线是接地装置中的另一组成部分。实际工程中应尽可能利用自然接地线，但要求它要具有良好的电气连接。为此在建筑物钢结构的结合处，除已焊接者外，都要采用跨接线焊接。跨接线一般采用扁钢，作为接地干线时，其截面面积不得小于 100 mm^2，作为接地支线的不得小于 48 mm^2。管道和作为接中性线的明敷管道，其接头处的跨接线可采用直径不小于 6mm 的圆钢。

采用电缆的金属外皮作接地线时，一般应有两根。若只有一根，则应敷设辅助接地线。若不能符合规定时，则应另设人工接地线。其施工安装要求如下。

① 一般应采用钢质扁钢和圆钢材料，当施工困难或移动式电气设备、三相四线制照明电

缆的接地芯线，可采用有色金属做人工接地线。

② 必须有足够的截面积，连接可靠及有一定的机械强度。扁钢厚度不小于 3mm，其截面积不小于 24 mm^2；圆钢直径不小于 5mm；电气设备的接地线用绝缘导线时，铜芯线截面积不小于 25 mm^2；铝芯线截面积不小于 35 mm^2；架空线路的接地引线用钢铰线时，截面积不小于 35 mm^2。

③ 接地线与接地体之间的连接应采用焊接或压接，连接应牢固可靠。采用焊接时，扁钢的搭接长度应为宽度的两倍且至少焊接 3 个棱边；圆钢的搭接长度应为直径的 6 倍。采用压接时，应在接地线端加金属夹头与接地体夹牢，接地体连接夹头的地方应擦拭干净。

④ 接地线应涂漆以示明显标志。明敷的接地干线涂黑色漆，三芯四芯塑料护套线中的黑色线规定作接地用。

用作接地线的裸铝导体，严禁埋入大地。如用电设备需保护接地时，其接地装置的埋设深度及要求与上述相同。

3. 接地装置维护与检查

接地装置的良好与否，直接关系到人身及设备的安全，关系到系统的正常与稳定运行，切勿以为已经装设了接地装置，便太平无事了。实际中，应对各类接地装置进行定期维护与检查，平时也应根据实际情况需要，进行临时性检查及维护。

接地装置维护检查的周期一般是：对变配电所的接地网或工厂车间设备的接地装置，应每年测量一次接地电阻值，看是否符合要求，并对比上次测量值分析其变化。对其他的接地装置，则要求每两年测量一次。根据接地装置的规模、在电气系统中的重要性及季节变化等因素，每年应对接地装置进行 1～2 次全面性维护检查。具体检查内容如下。

① 接地线有否折断或严重腐蚀；

② 接地支线与接地干线的连接是否牢固；

③ 接地点土壤是否因外力影响而有松动；

④ 重复接地线、接地体及其连接处是否完好无损；

⑤ 检查全部连接点的螺栓是否有松动，并逐一加以紧固。

三、接地电阻测量

各种接地装置的接地电阻应当定期测量，以检查其可靠性，一般应当在雨季前或土壤最干燥的季节进行测量，雨天一般不应测量接地电阻，雷雨天不得测量防雷装置的接地电阻。接地电阻可用电流表-电压表法测量或用接地电阻测量仪测量。下面介绍接地电阻测量仪的测量方法。

最常见的接地电阻测量仪是电位差计型接地电阻测量仪，现常用的有传统的手摇式接地电阻测量仪和数字式接地电阻测量仪，它由自备 110～115 Hz 的交流电源（手摇发电机或电子电源）和电位差计式测量机构组成。它本身能产生交变的接地电流，不需外加电源，接地电阻测量仪的主要附件是三条测量电线和两支测量电极。它有 C_2、P_2、P_1、C_1 四个接线端子或 E、P、C 三个接线端子。测量时，在离被测接地体一定的距离向地下打入电流极和电压极，将 C_2、P_2 端并接后（或将 E 端）接于被测接地体、将 P_1 端（或 P 端）接于电压极，将 C_1 端（或 C 端）接于电流极。测量时外部接线见图 11-9。被测接地体与电流极、电流极与电压极之间的距离不得小于 20 m。

水平放置仪表，手摇式测量仪选好倍率后以大约 120 r/min 的转速转动摇把，同时调节电位器旋钮，使仪表指针保持在中心位置，即可直接由电位器旋钮的位置（度盘读数）乘以所选倍率，读出被测接地电阻阻值。若使用的是数字式电阻仪，则开启电阻仪电源开关，选择合适挡位轻按一下键，该挡指标灯亮，表头 LCD 显示的数值即为被测得的接地电阻。

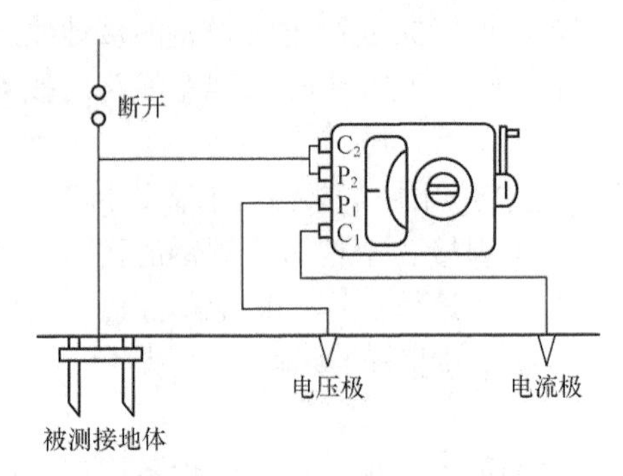

图 11-9 接地电阻测量仪接线图

测量接地电阻应当注意以下问题。

① 对于与配电网有导电性连接的接地装置，测量前最好与配电网断开，以保证测量的准确性，并防止测量电源反馈到配电网上造成其他危险。

② 测量连线应避免与邻近的架空线平行，防止感应电压的危险。

③ 测量距离应选择适当，以提高测量的准确性。如测量电极直线排列，对于单一垂直接地体或占地面积较小的组合接地体，电流极与被测接地体之间的距离可取 40 m，电压极与被测接地体之间的距离可取 20 m；对于占地面积较大的网络接地体，电流极与被测接地体之间的距离可取为接地网对角线的 2～3 倍，电压极与被测接地体之间的距离可取为电流极与被测接地体之间距离的 60%左右。

④ 测量电极的排列应避免与地下金属管道平行，以保证测量结果的真实性。

⑤ 如被测接地电阻很小，且测量连接线较长，应将 C_2 与 P_2 分开，分别引出连线与被测接地体连接，以减小测量误差。

11.5 防雷保护

雷击是严重的自然灾害之一。在电子产品的应用进入高速发展的今天，电子设备的防雷击则显得尤为重要。雷击的产生主要有两种形式。

1. 直接雷击

雷云之间或雷云对地面某一点（包括建筑物、构架、树木、动植物等）的迅速放电的现象即为直接雷击，由此产生的电效应、热效应、机械力效应等会对物体、人员造成损害，甚至伤亡。

2. 感应雷击

雷云放电时，在附近导体上（包括架空电缆、埋地电缆、钢轨、金属管道等）产生的静电感应和电磁感应现象等称为感应雷击。由此产生的过电压、过电流容易对微电子设备造成损坏、伤害工作人员、使传输或储存的信号或数据受到干扰或丢失。

雷电过电压可以分成三种。

1. 直击雷过电压

直击雷经过接闪器（如避雷针、避雷带、避雷网等）直接进入大地，导致地网地电位上升，高压电由设备接地线引入电子设备造成地电位反击。

2. 感应雷过电压

电流经引下线进入大地时，在引下线周围产生磁场，引下线周围的各种金属管道产生的电磁感应过电压。

3. 侵入雷电波过电压

大楼或机房的电源线、通信线等在大楼外受直击雷或感应雷而加载的雷电压及过电流沿线窜入到电子设备。

针对过电压的不同种类，不同场合有不同的防护要求，其基本的防护系统都应包括直击雷、感应雷、雷电波侵入的防护。防雷装置有三部分组成。一是接受雷电流的金属导体，称为接闪器，也就是通常所说的避雷针、避雷带、避雷网。二是避雷针、带、网与接地装置的导体，称为引下线，引下线一般敷设在建筑物的顶部或墙上，将接闪器接收到的电流引到接地装置。三是埋在地下的接地导体和接地极，统称为接地装置，它的作用是将雷电流散发到地下的土壤中。

11.6 实习内容

一、制作并安装接地装置

正确选择所给材料制作接地体并安装，焊接接地线，测量接地电阻。

二、考核标准

表 11-2 接地装置的制作与安装训练考核评定标准

训练内容	配分	扣分标准	扣分	得分
接地体	20 分	1．接地体材料选择错误 扣 10 分 2．接地体制作工艺、尺寸错误 扣 10 分		
接地装置安装	30 分	1．接地体埋藏深度不符合要求 扣 10 分 2．接地线焊接不牢固 扣 10 分 3．接地体安装位置不正确 扣 10 分		
测量接地电阻	50	1．拆接地干线与接地体的连接点、插接地棒、置表、接线操作不正确 每处扣 10 分 2．调节接地电阻摇表粗调旋钮不正确 扣 5 分 3．测试，包括移动接地棒、第二次调试操作不正确 每次扣 10 分 4．读数、记录不正确 扣 10 分		
总评（注：各项内容中扣分总值不应超过对应各项内容所配分数）				

实习项目 12 常用低压电器

实习要求

（1）了解低压电器的分类及作用
（2）能够识别各种低压电器
（3）能够熟练使用各种低压电器

实习工具及材料

表 12-1　　实习工具及材料

名称	型号或规格	数量	名称	型号或规格	数量
断路器		若干	接触器		若干
刀开关		若干	启动器		若干
转换开关		若干	控制器		若干
主令电器		若干	继电器		若干
熔断器		若干	电磁铁		若干

凡是用来接通和断开电路，以达到控制、调节、转换和保护目的的电气设备都称为电器。工作在交流 1000V 及以下与直流 1200V 及以下电路中的电器称为低压电器。低压电器作为基本元器件，广泛应用于发电厂、变电所、工矿企业、交通运输和国防工业等的电力输配电系统和电力拖动控制系统中。随着工农业生产的不断发展，供电系统的容量不断扩大，低压电器的额定电压等级范围有相应提高的趋势，同时，电子技术也将日益广泛地用于低压电器中。

12.1　常用低压电器的分类及选用

一、低压电器的分类

1．按照用途不同分类

按照用途不同，低压电器可分为低压配电电器和低压控制电器两大类。低压配电电器主要有刀开关、转换开关、熔断器、断路器等，对低压配电电器的主要技术要求是分断能力强、限流效果高、动稳定和热稳定性高、操作过电压低；低压控制电器主要有接触器、控制继电器、启动器、主令电器等，对低压控制电器的主要技术要求是适当的转换能力、操作频率高、电寿命和机械寿命长等。低压电器的分类及用途如下。

（1）低压配电电器。

① 刀开关：包括大电流刀开关、熔断器式刀开关、开关板用刀开关、负荷开关。主要用于电路隔离，也能接通和分断额定电流。

② 转换开关：包括组合开关、换向开关。用于两种以上电源或负载的转换和通断电路。

③ 断路器：即框架式断路器。用于线路过载、短路或欠压保护，也可用作不频繁接通和分断电路。

④ 熔断器：包括无填料熔断器、有填料熔断器、快速熔断器、自复熔断器。用于线路或电气设备的短路和过载保护。

（2）低压控制电器。

① 接触器：包括交流接触器和直流接触器。主要用于远距离频繁启动或控制电动机，接通和分断正常工作的电路。

② 控制继电器：包括电流继电器、电压继电器、时间继电器、中间继电器、热继电器。主要用于控制其他电器或做主电路的保护。

③ 启动器：包括磁力启动器和减压启动器。主要用于电动机的启动和正反向控制。

④ 控制器：包括凸轮控制器和平面控制器。主要用于电气控制设备中转换主回路或励磁回路的接法，以达到电动机启动、换向和调速的目的。

⑤ 主令电器：包括按钮、限位开关、微动开关、万能转换开关。主要用于接通和分断控制电器。

⑥ 电阻器：即铁基合金电阻。用于改变电路的电压、电流等参数或变电能为热能。

⑦ 变阻器：包括励磁变阻器、启动变阻器、频敏变阻器。主要用于发电机调压以及电动机的减压启动和调速。

⑧ 电磁铁：包括起重电磁铁、牵引电磁铁、制动电磁铁。用于起重、操纵或牵引机械装置。

2. 按照动作方式不同分类

低压电器按它的动作方式可分为自动切换电器和非自动切换电器。前者是依靠本身参数的变化或外来信号的作用，自动完成接通或分断等动作；后者主要是用手直接操作来进行切换。低压电器按它的有无触点的结构特点又可分为有触点电器和无触点电器两大类。目前有触点的电器仍占多数，随着电子技术的发展，无触点电器的应用也会日趋广泛。

目前我国低压电器产品主要有 12 大类：刀开关和转换开关、熔断器、自动开关、控制器、接触器、启动器、继电器、主令电器、电阻器、变阻器、调整器和电磁铁。目前均采用汉语拼音字母及阿拉伯数字来表示这些产品。低压电器产品的结构和用途各种各样，每一种产品都有它的型号，具体如下所示。

1 2 3-4 5/6 7

其中：1——类组代号（用字母表示，最多 3 个）

2——设计代号（用数字表示，位数不限）

3——特殊派生代号（用汉语拼音字母表示，一般情况无此代号）

4——基本规格代号（用数字表示，位数不限）

5——通用派生代号（用汉语拼音字母表示）
6——辅助规格代号（用数字表示，位数不限）
7——特殊环境条件派生代号（用汉语拼音字母表示）

二、低压电器选用原则

1. 安全原则

保证电路和用电设备的可靠运行是正常生活与生产的前提。例如用手操作的低压电器要确保人身安全；金属外壳要有明显接地标志等。

2. 经济原则

经济性包括电器本身的经济价值和使用该种电器产生的价值。前者要求合理适用，后者必须保证电器运行可靠，不致因故障而引起各类经济损失。

3. 选用低压电器的注意事项

① 控制对象（如电动机）的分类和使用环境。

② 确认有关的技术数据，如控制对象的额定电压、额定功率、操作特性、启动电流倍数等。

③ 了解电器的正常工作条件，如周围温度、湿度和防御有害气体等方面的能力。

④ 了解电器的主要技术性能，如用途、种类、控制能力、通断能力和使用寿命等。

12.2 常用低压配电电器

一、负荷开关

负荷开关是手动控制电器中最简单而使用却很广泛的一种低压电器。在电路中起着隔离电源、分断负载的作用。是能在正常的导电回路条件或规定的过载条件下关合、承载和开断电流，也能在异常的导电回路条件（例如短路）下按规定的时间承载电流的开关设备。按照需要，负荷开关也可具有关合短路电流的能力。负荷开关分为开启式负荷开关和封闭式负荷开关两种。负荷开关的电气图形符号和文字符号如图 12-1 所示。

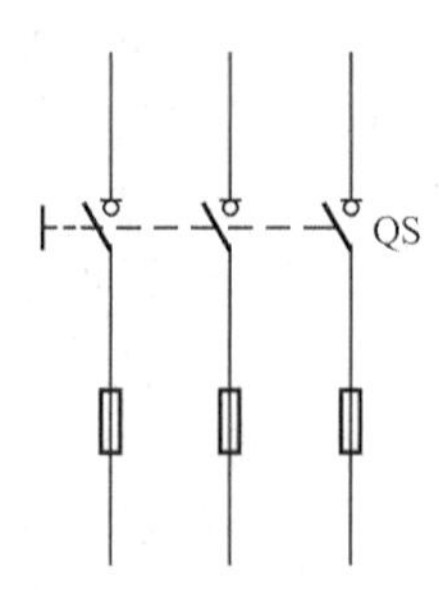

图 12-1　负荷开关电气图形符号和文字符号

（一）开启式负荷开关（闸刀开关）

1. HK 系列开启式负荷开关的组成

开启式负荷开关又称为胶盖瓷底闸刀开关。开启式负荷开关内部装设了熔体，因此当其控制的电路发生短路故障时，可通过熔体的熔断而迅速切断故障电路。用于照明电路时，可选用额定电压为 250 V，额定电流等于或大于电路最大工作电流的二极开关；用于电动机的直接启动时，可选用额定电压为 380 V 或 500 V，额定电流等于或大于电动机 3 倍额定电流的三极开关。常用的胶盖瓷底闸刀开关的型号有 HK1，HK2 等系列，三级胶盖瓷底闸刀开关的外形及内部结构如图 12-2 所示。

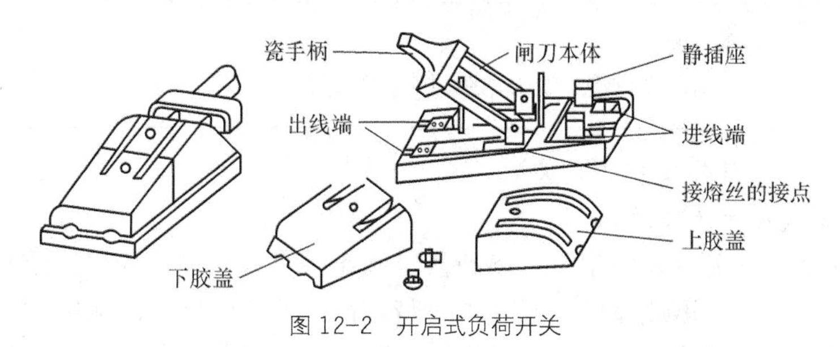

图 12-2　开启式负荷开关

2. 型号含义

开启式负荷开关型号含义如下。

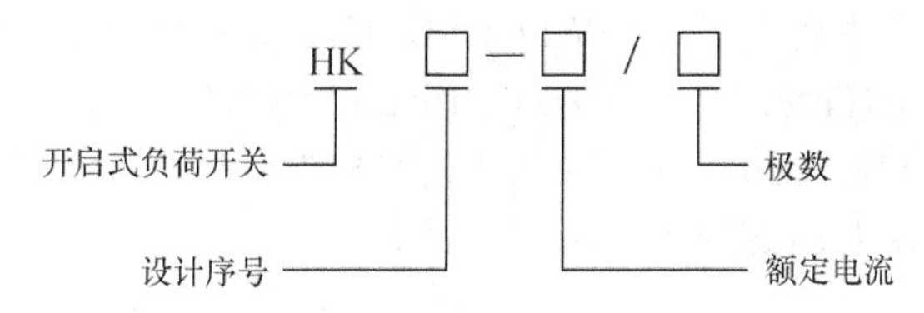

3. HK 系列开启式负荷开关的安装和使用

① 负荷开关的额定电压必须与线路电压相适应。

② 对于电阻负载或照明负载，负荷开关的额定电流应不小于各负载的额定电流之和，若控制电动机或其他电感性负载时，负荷开关的额定电流是最大一台电动机额定电流的 2.5 倍加其余电动机额定电流之和，若只控制一台电动机，则开关的额定电流是电动机额定电流的 2.5 倍。

③ 负荷开关内所配的熔体的额定电流不得大于该开关的额定电流，更换熔体时必须是原规格且断开电源。

④ 负荷开关必须垂直安装，合闸时手柄向上，不能倒装或平装，以避免刀片及手柄因自重落下，引起误合闸，造成事故。接线时螺钉旋合应紧固到位，电源进线必须接在闸刀上方的静触头接线柱，通往负载的引线接下方的接线柱。

⑤ 负荷开关在分合闸时动作要迅速、干净利落，防止产生操作电弧。

4. 常见故障及处理方法

开启式负荷开关的常见故障及处理方法见表 12-2。

表 12-2　开启式负荷开关的常见故障及处理

故障现象	可能原因	处理方法
合闸后，开关一相或两相开路	1. 静触头弹性消失，开口过大，造成动、静触头接触不良 2. 熔丝熔断或虚连 3. 动、静触头氧化或有尘污 4. 开关进线或出线线头接触不良	1. 整修或更换静触头 2. 更换熔丝或紧固 3. 清洁触头 4. 重新连接

续表

故障现象	可能原因	处理方法
合闸后熔丝熔断	1．外接负载短路 2．熔体规格偏小	1．排除负载短路故障 2．按要求更换熔体
触头烧坏	1．开关容量太小 2．拉、合闸动作过慢、造成电弧过大，烧坏触头	1．更换开关 2．修整和更换触头，并改善操作方法

（二）封闭式负荷开关（铁壳开关）

1．系列封闭式负荷开关的组成

系列封闭式负荷开关主要由闸刀、熔断器、操作机构和钢板外壳等组成。开关内有速断弹簧和凸轮机构使拉合闸迅速完成。开关内还带有简单的灭弧装置断流能力。铁壳开关有机械联锁装置，确保在合闸状态下不能打开铁壳开关，在打开盖时不能合闸。铁壳开关具有操作方便、使用安全、通断性能好等优点，一般用于电器照明、电力排灌、电热器线路的配电设备中，供手动不频繁的接通和分断负荷电路及作线路末端的短路保护；交流 50 Hz、380 V、60A 及以上等级的开关，也可用于 15kW 以下电动机不频繁全电压启动的控制开关。铁壳开关的常用型号有 HH3、HH4、HH10、HH11、Hex-30 等系列，其中 Hex-30 系列的铁壳开关还带有断相保护，当一相熔体熔断时，铁壳开关的脱扣器动作，使其跳闸断开电路，起到保护作用。铁壳开关的外形及内部结构如图 12-3 所示。

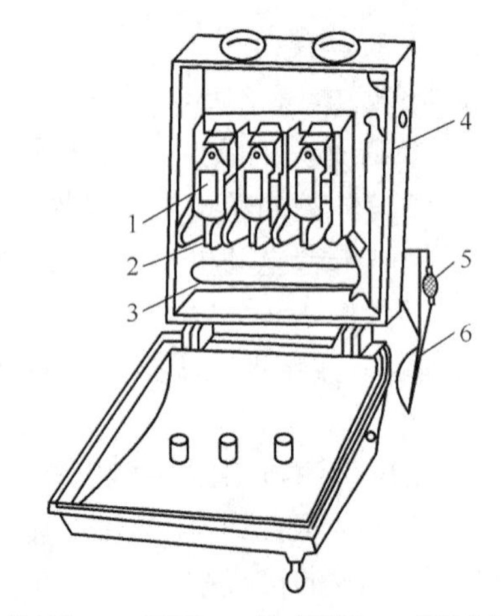

1-熔断器 2-静触点 3-动触点 4-速动弹簧 5-绝缘方轴 6-操作手柄

图 12-3 HH3 系列封闭式负荷开关的结构示意图

2．型号含义

封闭式负荷开关型号含义如下。

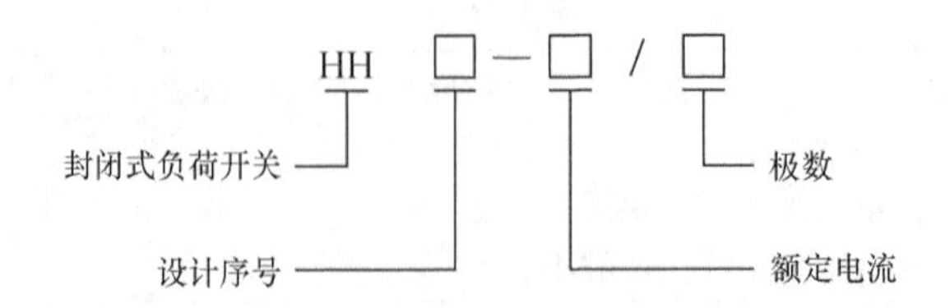

3. 系列封闭式负荷开关的安装和使用

① 封闭式负荷开关可安装在墙上、钢支架上或其他结构上。如安装在墙上时要先埋好固定螺拴；如固定在支架上要先将支架埋在墙上，然后用六角螺栓把开关固定在支架上。

② 封闭式负荷开关必须垂直于地面安装，安装的高度应以手动操作方便为宜，一般距地面 1.3～1.5 m。

③ 封闭式负荷开关的外壳接地螺栓必须可靠接地。

④ 电源和负载的进出线都必须穿过开关的进出线孔，并在进出线孔加装橡皮垫圈。

⑤ 接线时，电源进、出线都应分别穿入封闭式负荷开关的进出线孔。电源进线应接在开关的静夹座一边的接线端子上，出线接在开关的熔断器一边的接线端子上。

⑥ 一般不用额定电流 100 A 及以上的封闭式负荷开关控制较大容量的电动机，以免发生飞弧灼伤手事故。

4. 常见故障及处理方法

系列封闭式负荷开关的常见故障及处理方法见表 12-3。

表 12-3　封闭式负荷开关的常见故障及处理

故障现象	可能原因	处理方法
操作手柄带电	1．外壳未接地或接地线松脱 2．电源进出线绝缘损坏碰壳	1．检查后，加固接地导线 2．更换导线或恢复绝缘
夹座（静触头）过热或烧坏	1．夹座表面烧毛 2．闸刀与夹座压力不足 3．负载过大	1．用细锉修整夹座 2．调整夹座压力 3．减轻负载或更换大容量开关

二、低压断路器

低压断路器又称为自动空气开关，可用来接通和分断负载电路。当电路发生严重过载、短路，以及欠压、失压等故障时，低压断路器能自动分断故障电路，起到保护接在其后的电气设备的作用。在正常情况下，也可用于不频繁地接通和分断电路以及控制和保护电动机。低压断路器是一种既有手动开关作用又有自动进行欠压、失压、过载和短路保护的电器。

（一）低压断路器的分类和型号

1. 按结构型式分类

（1）万能式。

早期称框架式，万能式低压断路器的所有导电和绝缘部件都安装在钢制框架上。它的容量较大，有较多的结构变化方式，较多类型的脱扣器、较多数量的辅助触头和多种操动机构，因此较适合于主保护断路器。对于小容量的（如 600A 以下）常采用电磁操动机构；大容量的（如 1000A 以上）常采用电动机操动；有较高极限通断能力的常采用储能操动机构，以提高分合速度。各类操动机构均装有手动操作手柄。当传动机构故障或检修时可方便使用。

（2）塑壳式。

即塑料外壳式，早期称装置式，它具有安全保护作用的塑料外壳，结构紧凑，体积小，重量轻，安全可靠，便于独立安装。对于小容量的（一般 100 A 以下）多采用手动，即板式和按键式。大容量的常采用储能方式。随着断路器技术的发展，塑壳式与万能式的区别正在缩小。塑壳式已生产出具有短延时功能，额定电流达 4000A 的产品。

2. 低压断路器的型号和含义

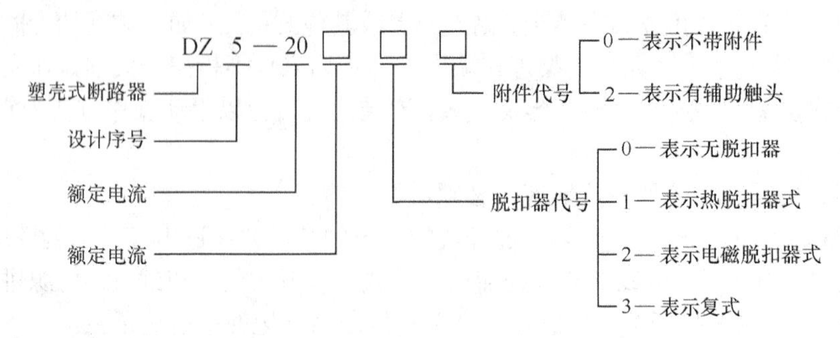

（二）低压断路器的结构及工作原理

1. DZ 5-20 型低压断路器

其外形和结构如图 12-4 所示。断路器主要由动触头、静触头、灭弧装置、操作机构、热脱扣器、电磁脱扣器及外壳等部分组成。其结构采用立体布置，操作机构在中间，上面是由加热元件和双金属片等构成的热脱扣器，作过载保护，配有电流调节装置，调节整定电流。

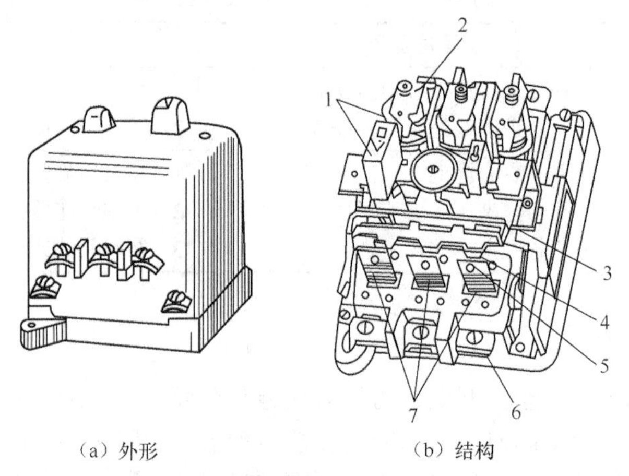

（a）外形　　（b）结构

1-按钮　2-电磁脱扣器　3-自由脱扣器　4-动触头　5-静触头　6-接线柱　7-热脱扣器

图 12-4　DZ 5-20 型低压断路器

主触头在操作机构后面，由动触头和静触头组成，配有栅片灭弧装置，用以接通和分断主回路的大电流。另外，还有常开和常闭辅助触头各一对。主、辅触头的接线柱均伸出壳外，以便于接线。在外壳顶部还伸出接通（绿色）和分断（红色）按钮，通过储能弹簧和杠杆机构实现断路器的手动接通和分断操作。

2. 断路器的工作原理

断路器的工作原理如图 12-5 所示。使用时断路器的三副主触头串联在被控制的三相电路中，按下接通按钮时，外力使锁扣克服反作用弹簧的反力，将固定在锁扣上面的动触头与静触头闭合，并由锁扣锁住搭钩使动静触头保持闭合，开关处于接通状态。

当线路发生过载时，过载电流流过热元件产生一定的热量，使双金属片受热向上弯曲，通过杠杆推动搭钩与锁扣脱开，在反作用弹簧的推动下，动、静触头分开，从而切断电路，使用电设备不致因过载而烧毁。

当线路发生短路故障时，短路电流超过电磁脱扣器的瞬时脱扣整定电流，电磁脱扣器产生足够大的吸力将衔铁吸合，通过杠杆推动搭钩与锁扣分开，从而切断电路，实现短路保护。低压断路器出厂时，电磁脱扣器的瞬时脱扣整定电流一般设定为 $10I_n$（I_n 为断路器的额定电流）。

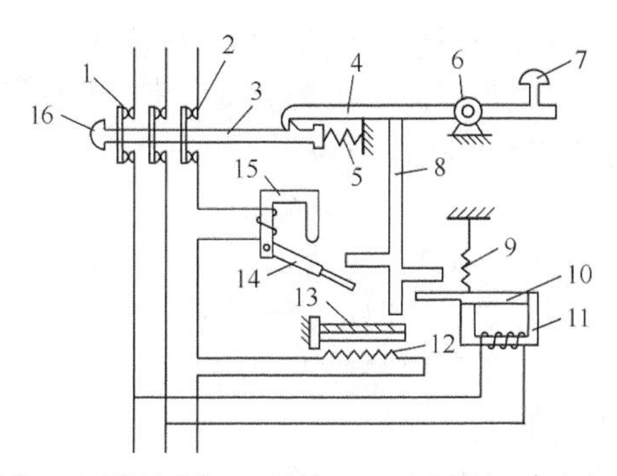

1-动触头 2-静触头 3-锁扣 4-搭钩 5-反作用弹簧 6-转轴座 7-分断按钮 8-杠杆 9-拉力弹簧 10-欠压脱扣器衔铁 11-欠压脱扣器 12-热元件 13-双金属片 14-电磁脱扣器衔铁 15-脱扣器衔铁 16-接通按钮

图 12-5 低压断路器的工作原理示意图

欠压脱扣器的动作过程与电磁脱扣器恰好相反。当线路电压正常时，欠压脱扣器的衔铁被吸合，衔合与杠杆脱离，断路器的主触头能够闭合；当线路上的电压消失或下降到某一数值时，欠压脱扣器的吸力消失或减小到不足以克服拉力弹簧的拉力时，衔铁在拉力弹簧的作用下撞击杠杆，将搭钩顶开，使触头分断。由此可看出，具有欠压脱扣器的断路器在欠压脱扣器两端无电压或电压过低时，不能接通电路。

需手动分断电路时，按下分断按钮即可。

低压断路器在电路图中的符号如图 12-6 所示。

在需要手动不频繁地接通和断开容量较大的低压网络或控制较大容量电动机（40～100 kW）的场合，经常采用框架式低压断路器。这种断路器有一个钢制或压塑的框架，断路器的所有部件都装在框架内，导电部分加以绝缘。它具有过电流脱扣器和欠电压脱扣器，可对电路和设备实现过载、短路、失压等保护。它的操作方式有手柄直接操作、杠杆操作、电磁铁操作和电动机操作四种。其代表产品有 DW 10 和 DW 16 系列，外形如图 12-7 所示。

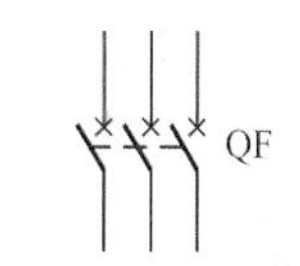

图 12-6 低压断路器在电路图中的符号

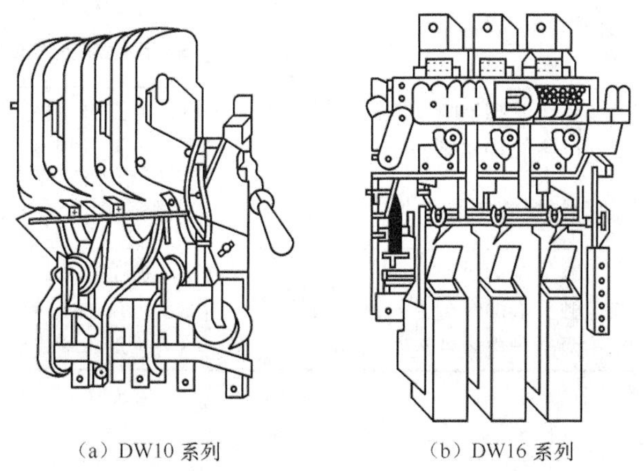

（a）DW10 系列 （b）DW16 系列

图 12-7 框架式低压断路器外形

（三）低压断路器的选用原则

① 低压断路器的额定电压和额定电流应小于线路的正常工作电压和计算负载电流。

② 热脱扣器的整定电流应等于所控制负载的额定电流。

③ 电磁脱扣器的瞬时脱扣整定电流应大于负载正常工作时可能出现的峰值电流。用于控制电动机的断路器，其瞬时脱扣整定电流可按下式选取：

$$I_Z > KI_{ST}$$

式中 K 为安全系数，可取 1.5～1.7；I_{ST} 为电动机的启动电流。

④ 欠压脱扣器的额定电压应等于线路的额定电压。

⑤ 断路器的极限通断能力不小于电路最大短路电流。

（四）低压断路器的安装与使用

① 低压断路器应垂直于配电板安装，电源引线接到上端，负载引线接到下端。

② 低压断路器用作电源总开关或电动机的控制开关时，在电源进线侧必须加装刀开关或熔断器等，以形成明显的断开点。

③ 低压断路器在使用前应将脱扣器工作面的防锈油脂擦干净。各脱扣器动作值一经调整好，不允许随意变动，以免影响其动作值。

④ 在使用过程中若遇到分断短路电流，应及时检查触头系统，若发现电灼烧痕迹，应及时修理或更换。

⑤ 断路器上的积尘应定期清除，并定期检查各脱扣器的动作值，给操作机构添加润滑剂。

（五）低压断路器的常见故障及处理

低压断路器的常见故障及处理见表 12-4。

表 12-4　　低压断路器的常见故障及处理

故障现象	可能原因	处理方法
不能合闸	1．欠压脱扣器无电压或线圈损坏 2．储能弹簧变形 3．反作用弹簧力过大 4．机构不能复位再扣	1．检查电压或更换线圈 2．更换储能弹簧 3．重新调整 4．调整再扣接触面至规定值
电流达到整定值，断路器不动作	1．热脱扣器双金属片损坏 2．电磁脱扣器的衔铁与铁芯距离太大或电磁线圈损坏 3．主触头熔焊	1．更换双金属片 2．调整衔铁与铁芯的距离或更换断路器 3．检查原因并更换主触头
电动机启动时断路器立即分断	1．电磁脱扣器瞬动整定值过小 2．电磁脱扣器某些零件损坏	1．调整整定值至规定值 2．更换脱扣器
断路器闭合后经一定时间自行分断	热脱扣器整定值过小	调整整定值至规定值
温升过高	1．触头压力过小 2．触头表面过分磨损或接触不良 3．两个导电零件连接松动	1．调整触头压力或更换弹簧 2．更换触头或修整接触面 3．重新拧紧螺钉

三、熔断器

熔断器是起安全保护作用的一种电器，是根据电流超过规定值一段时间后，以其自身产生的热量使熔体熔化，从而使电路断开这种原理制成的一种电流保护器。

熔断器广泛应用于电网保护和用电设备保护，当电网或用电设备发生短路故障或过载时，可自动切断电路，避免电器设备损坏，防止事故蔓延。熔断器也广泛应用于高低压配电系统和控制系统以及用电设备中，作为短路和过电流的保护器。

熔断器具有结构简单、使用方便、价格低廉等优点，是应用最普遍的保护器件之一。

（一）熔断器的种类和型号

1. 熔断器的种类

常用的熔断器主要有瓷插式熔断器、螺旋式熔断器、螺旋式快速熔断器及有填料封闭管式熔断器等类型。

瓷插式熔断器是一种常见的机构简单的熔断器，它由瓷底座、瓷插件、动触点、静触点和熔体组成，电弧声光效应较大，一般用于低压分支电路的短路保护。常用的瓷插式熔断器的型号有 RC1A 等。

螺旋式熔断器由瓷底座、瓷帽、瓷套、熔管等组成，熔管有熔体、石英砂填料等，将熔管安装在底座内，旋紧瓷帽，就接通了电路。当熔体熔断时，熔管端部的红色指示器跳出，旋开瓷帽，更换整个熔管。熔管内的石英砂热容量大、散热性能好，当产生电弧时，电弧在石英砂中迅速冷却而熄灭，因而有较强的分断能力。螺旋式熔断器常用于电气设备的短路和严重过载保护，常用的型号有 RL1、RL6、RL7 等系列。

螺旋式快速熔断器的结构与螺旋式熔断器的完全相同，主要用于半导体元件，如硅整流元件和晶闸管的保护，常用的型号有 RLS1、RLS2 等系列。

有填料封闭管式熔断器是一种具有大分断能力的熔断器，广泛用于供电线路和要求分断能力强的场合，无声光现象，使用安全，分断能力强；当熔体熔断后，有红色熔断指示；它还附有活动绝缘手柄，可以在带电的情况下更换熔体，使用方便。常见的型号有 RT0、RT12、RT14、RT15、RT17 等系列。

上述几种熔断器的熔体一旦熔断，需要更换以后才能重新接通电路。现在有一种新型熔断器——自复式熔断器，它用金属钠制成熔体，因为常温下钠的电阻很小，因此在常温下具有高电导率，当电路发生短路时，短路电流产生高温，使钠汽化，而汽态钠的电阻很大，从而限制了短路电流。当短路电流消失后，温度下降，汽化钠又变成固态钠，恢复原有的良好的导电性。自复式熔断器的优点是不必更换熔体，可重复使用。但它只能限制故障电流，不能分断故障电路，因而常与断路器串联使用，提高分断能力。常用的型号有 RZ1 系列。

图 12-8 列出了几种常见的熔断器。

2. 低压熔断器的型号含义

低压熔断器的型号含义如下。

R12—3

其中：R 代表熔断器；

1 代表组别、结构代号：C-插入式、L-螺旋式、M-无填料封闭式、T-有填料封闭式、S-快速式、Z-自复式；

2 代表设计序号；

3 代表熔断器额定电流。

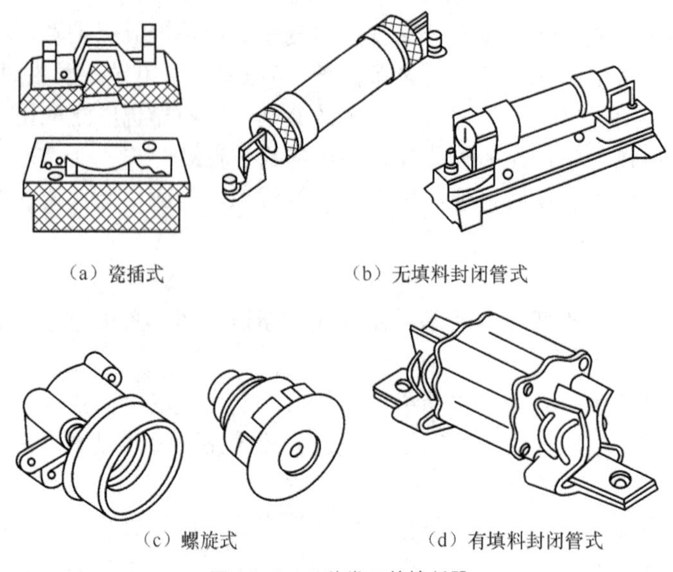

（a）瓷插式　（b）无填料封闭管式

（c）螺旋式　（d）有填料封闭管式

图 12-8　几种常用的熔断器

（二）熔断器的结构特点和工作原理

① 熔断器由绝缘底座（或支持件）、触头、熔体等组成，熔体是熔断器的主要工作部分，它相当于串联在电路中的一段特殊的导线，当电路发生短路或过载时，电流过大，熔体因过热而熔化，从而切断电路。熔体常做成丝状、栅状或片状。熔体材料具有相对熔点低、特性稳定、易于熔断的特点，一般使用铅锡合金、镀银铜片、锌、银等金属。在熔体熔断切断电路的过程中会产生电弧，为了安全有效地熄灭电弧，一般将熔体安装在熔断器壳体内，采取措施，快速熄灭电弧。

② 熔体额定电流不等于熔断器额定电流，熔体额定电流按被保护设备的负荷电流选择，熔断器额定电流应大于熔体额定电流，与主电器配合确定。

熔断器主要由熔体、外壳和支座 3 部分组成，其中熔体是控制熔断特性的关键元件。熔体的材料、尺寸和形状决定了熔断特性。熔体材料分为低熔点和高熔点两类。低熔点材料如铅和铅合金，其熔点低，容易熔断，由于其电阻率较大，故制成熔体的截面尺寸较大，熔断时产生的金属蒸气较多，只适用于低分断能力的熔断器。高熔点材料如铜、银，其熔点高，不容易熔断，但由于其电阻率较低，可制成比低熔点熔体更小的截面尺寸，熔断时产生的金属蒸气少，适用于高分断能力的熔断器。熔体的形状分为丝状和带状两种。改变截面的形状可显著改变熔断器的熔断特性。

熔断器具有反时延特性，即过载电流小时，熔断时间长；过载电流大时，熔断时间短。所以，在一定过载电流范围内，当电流恢复正常时，熔断器不会熔断，可继续使用。熔断器有各种不同的熔断特性曲线，可以适用于不同类型保护对象的需要。

③ 安秒特性：熔断器的动作是靠熔体的熔断来实现的，当电流较大时，熔体熔断所需的时间就较短。而电流较小时，熔体熔断所需用的时间就较长，甚至不会熔断。因此对熔体来说，其动作电流和动作时间特性即熔断器的安秒特性，为反时限特性。

每一熔体都有一最小熔化电流。相应于不同的温度，最小熔化电流也不同。虽然该电流受外界环境的影响，但在实际应用中可以不加考虑。一般定义熔体的最小熔断电流与熔体的额定电流之比为最小熔化系数，常用熔体的熔化系数大于 1.25，也就是说额定电流为 10A 的熔体在电流 12.5A 以下时不会熔断。

从这里可以看出，熔断器只能起到短路保护作用，不能起过载保护作用。如确需在过载保护中使用，必须降低其使用的额定电流，如 8A 的熔体用于 10A 的电路中，作短路保护兼作过载保护用，但此时的过载保护特性并不理想。

选择熔断器时主要依据负载的保护特性和短路电流的大小来选择熔断器的类型。对于容量小的电动机和照明支线，常采用熔断器作为过载及短路保护，因而希望熔体的熔化系数适当小些。通常选用铅锡合金熔体的 RQA 系列熔断器。对于较大容量的电动机和照明干线，则应着重考虑短路保护和分断能力。通常选用具有较高分断能力的 RM10 和 RL1 系列的熔断器。当短路电流很大时，宜采用具有限流作用的 RT0 和 RTl2 系列的熔断器。

（三）熔断器的选择

熔断器和熔体只有经过正确的选择，才能起到应有的保护作用。

（1）熔断器类型的选择。

一般应根据使用环境和负载性质选择适当类型的熔断器。例如，用于容量较小的照明线路，可选用 RC1A 系列插入式熔断器；在开关柜或配电屏中可选用 RM10 系列无填料封闭管式熔断器；对于短路电流相当大或有易燃气体的地方，应选用 RT10 系列有填料封闭管式熔断器；在机床控制线路中，多选用 RL1 系列螺旋式熔断器；用于半导体功率元件及晶闸管保护时，则应选用 RLS 或 RS 系列快速熔断器等。

（2）熔体额定电流的选择。

① 对照明、电热等电流较平稳、无冲击电流的负载短路保护，熔体的额定电流应等于或稍大于负载的额定电流。

② 保护单台长期工作的电动机，熔体电流可按最大启动电流选取，也可按下式选取：

$$I_{RN} \geqslant (1.5\sim2.5)I_N$$

式中 I_{RN} 为熔体额定电流；I_N 为电动机额定电流。如果电动机频繁启动，式中系数可适当加大至 3～3.5，具体应根据实际情况而定。

③ 保护多台长期工作的电动机（供电干线）的额定电流为：

$$I_{RN} \geqslant (1.5\sim2.5)I_{Nmax}+\Sigma I_N$$

其中，I_{Nmax} 为容量最大单台电动机的额定电流；ΣI_N 为其余电动机额定电流之和。

在电动机的功率较大而实际负载较小时，熔体额定电流可适当小些，小到电动机启动时熔体不熔断为准。

（3）熔断器额定电压和额定电流的选择。

熔断器的额定电压必须等于或大于线路的额定电压；熔断器的额定电流必须等于或大于所装熔体的额定电流。

（4）熔断器的分断能力应大于电路中可能出现的最大短路电流。

（四）熔断器的安装和使用

① 熔断器应完整无损，安装时应保证熔体和夹头以及夹头和夹座接触良好，并具有额定电压、额定电流值标志。

② 插入式熔断器应垂直安装，螺旋式熔断器的电源线应接在瓷底座的下接线座上，负载线接在螺纹壳的上接线座上。这样在更换熔断管时，旋出螺帽后螺纹壳上不带电，保证了操作者的安全。

③ 熔断器内要安装合格的熔体，不能用多根小规格熔体并联代替一根大规格熔体。

④ 安装熔断器时，各级熔体应相互配合，上下级熔断器的熔断体额定电流只要符合国标和 IEC 标准规定的过电流选择比为 1.6∶1 的要求，即上级熔断体额定电流不小于下级的该值的 1.6 倍，就视为上下级能有选择性切断故障电流。

⑤ 安装熔丝时，熔丝应在螺栓上沿顺时针方向缠绕，压在垫圈下，拧紧螺钉的力应适当，以保证接触良好，同时注意不能损伤熔丝，以免减小熔体的截面积，产生局部发热而产生误动作。

⑥ 更换熔体或熔管时，必须切断电源。尤其不允许带负荷操作，以免发生电弧灼伤。

⑦ 对 RM10 系列熔断器，在切断过三次相当于分断能力的电流后，必须更换熔断管，以保证能可靠地切断所规定分断能力的电流。

⑧ 熔断器兼做隔离器件使用时应安装在控制开关的电源进线端；若仅做短路保护用，应装在控制开关的出线端。

（五）熔断器的常见故障及处理

熔断器的常见故障及处理见表 12-5。

表 12-5 **熔断器的常见故障及处理**

故障现象	可能原因	处理方法
电路接通瞬间，熔体熔断	1．熔体电流等级选择过小 2．短路故障或过载运行 3．熔体安装时受损伤 4．熔体因受氧化或运行中温度高	1．更换熔体 2．排除故障 3．更换熔体 4．更换熔体
熔体未熔断，但电路不通	熔体或接线座接触不良	重新接线

12.3 常用低压控制电器

一、交流接触器

接触器是一种用来自动地接通或断开大电流电路的电器。大多数情况下其控制对象是电动机，但也可用于其他电力负载，如电阻炉、电焊机等。接触器不仅能自动地接通和断开电路，还具有控制容量大、低电压释放保护、寿命长、能远距离控制等优点，所以在电气控制系统中应用十分广泛。

1．接触器的型号、图形符号和文字符号

接触器的种类很多，按驱动力的不同可分为电磁式、气动式和液压式，其中以电磁式的应用最广泛；按接触器主触点通过电流的种类，可分为交流接触器和直流接触器两种；按冷却方式的不同，可分为自然空气冷却、油冷和水冷 3 种，其中以自然空气冷却的应用最多。

由于交流接触器的结构不同，其型号命名方式也不同，如有 CJ10、NC1、B、CJX1 等系列。接触器主要用于交流 50Hz 或 60Hz、额定的工作电压 380V、660V、1140V 的电路中。接触器额定工作电流各有规定，选择时应不超过接触器额定工作电流。对于一般的控制电路，可选择任何一种型号的交流接触器，但对于频繁启动、频繁切换电动机旋转方向的场合，如用于冶金、轧钢及码头装卸的各种起重设备，其远距离接通和分断电路，通常选用 CJ12 系列及其派生的 CJ12A、CJ12B、CJ12S 系列交流接触器。

接触器的型号及含义如下。

C12-3/4

其中：C——接触器；

1——接触器类别：J 表示交流，Z 表示直流；

2——设计序号；

3——主触点额定电流；

4——主触点数。

接触器的图形符号和文字符号如图 12-9 所示。

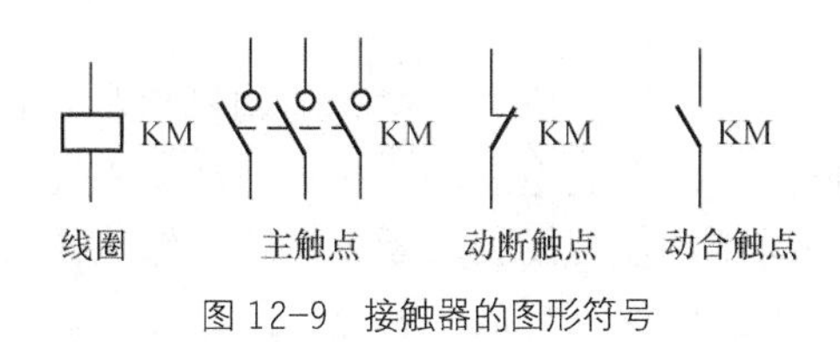

图 12-9 接触器的图形符号

2. 交流接触器的结构与工作原理（以 CJ0-20 型为例）

图 12-10 所示为交流接触器的外形与结构示意图。交流接触器由以下 4 部分组成。

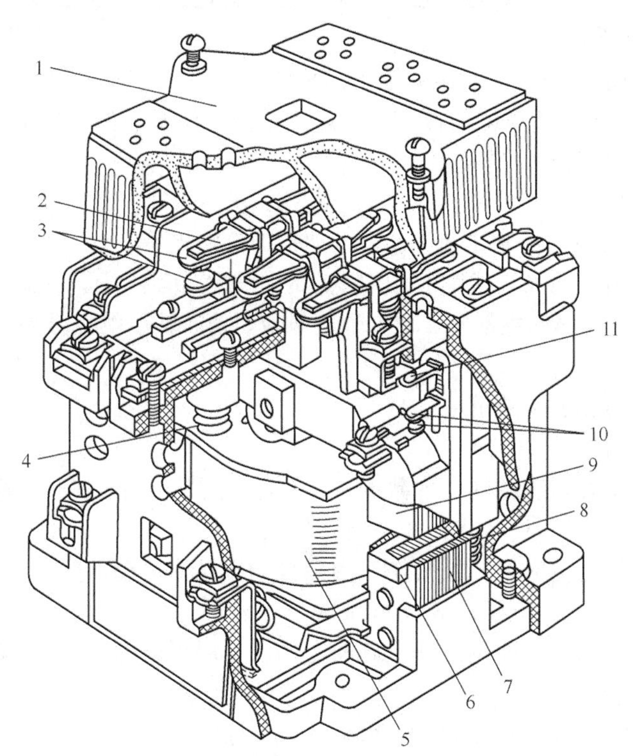

1-火弧罩 2-触头压力弹簧片 3-主触头 4-反作用弹簧 5-线圈 6-短路环 7-静铁芯 8-弹簧 9-动铁芯 10-辅助常开触头 11-辅助常闭触头

图 12-10 CJ0-20 型交流接触器

（1）电磁机构。

电磁机构由线圈、动铁芯（衔铁）和静铁芯组成。对于 CJ0、CJ10 系列交流接触器，大都采用衔铁直线运动的双 E 型直动式电磁机构，而 CJ12、CJ12B 系列交流接触器采用衔铁绕轴转动的拍合式电磁机构。

（2）触头系统。

它包括主触头和辅助触头。主触头用于通断主电路，通常为三对（三极）常开触头。辅助触头用于控制电路，起电气连锁作用，故又称连锁触头，一般常开、常闭各两对。

（3）灭弧装置。

容量在 10A 以上的接触器都有灭弧装置，对于小容量的接触器，常采用双断口触头灭弧，电动力灭弧、相间弧板隔弧及陶土灭弧罩灭弧；对于大容量的接触器，采用纵缝灭弧罩及栅片灭弧。

（4）其他部件。

包括反作用弹簧、缓冲弹簧、触头压力弹簧、传动机构及外壳等。

交流接触器的工作原理：当线圈通电后，线圈电流产生磁场，使静铁芯产生电磁吸力将衔铁吸合。衔铁带动动触头动作，使常闭触头断开，常开触头闭合。当线圈断电时，电磁吸力消失，衔铁在反作用弹簧力的作用下释放，各触头随之复位。

3. 接触器的选择

接触器应合理选择，一般根据以下原则来选择接触器。

① 接触器类型：交流负载选交流接触器，直流负载选直流接触器，根据负载大小不同，选择不同型号的接触器。

② 接触器额定电压：接触器的额定电压应大于或等于负载回路电压。

③ 接触器额定电流：接触器的额定电流应大于或等于负载回路的额定电流。对于电动机负载，可按下面的经验公式计算：

$$I_j=1.3I_e$$

式中：I_j为接触器主触点的额定电流；I_e为电动机的额定电流。

④ 吸引线圈的电压：吸引线圈的额定电压应与被控回路电压一致。

⑤ 触点数量：接触器的主触点、动合辅助触点、动断辅助触点数量应与主电路和控制电路的要求一致。

4. 交流接触器的安装和使用

（1）安装前的检查。

① 检查接触器铭牌与线圈的技术数据（如额定电压、电流、操作频率等）是否符合实际使用要求。

② 检查接触器外观，应无机械损伤；用手推动接触器可动部分时，接触器应动作灵活，无卡阻现象；灭弧罩应完整无损，固定牢固。

③ 将铁芯表面上的防锈油脂或粘在芯面上的铁垢用煤油擦净，以免多次使用后衔铁被粘住，造成断电后不能释放。

④测量接触器的线圈电阻和绝缘电阻。

（2）交流接触器的安装。

① 交流接触器一般应安装在垂直面上，倾斜度不超过 5°；若有散热孔，则应将有孔的一面放在垂直方向上，以利散热，并按规定留有适当的飞弧空间，以免飞弧烧坏相邻电器。

② 安装和接线时，注意不要将零件失落或掉入接触器内部。安装孔的螺钉应装有弹簧垫圈和平垫圈，并拧紧螺钉以防震动松脱。

③ 安装完毕，检查接线正确无误后，在主触头不带电的情况下操作几次，然后测量产品

的动作值和释放值，所测数值应符合产品的规定要求。

（3）日常维护。

① 应对接触器作定期检查，观察螺钉有无松动，可动部分是否灵活等。

② 接触器的触头应定期清扫，保持清洁，但不允许涂油，当触头表面因电灼作用形成金属小颗粒时，应及时清除。

③ 拆装时应注意不要损坏灭弧罩。带灭弧罩的交流接触器绝不允许不带灭弧罩或带破损的灭弧罩运行，以免发生电弧短路故障。

5. 接触器常见故障分析

（1）触头过热。

造成触头过热的主要原因有：触头接触压力不足，触头表面接触不良，触头表面被电弧灼伤烧毛等。以上原因都会使触头接触电阻过大，使触头过热。

（2）触头磨损。

触头磨损有两种：一种是电气磨损，由触头间电弧或电火花的高温使触头金属气化和蒸发所造成；另一种是机械磨损，由于触头闭合时的撞击，触头表面的相对滑动摩擦等造成。

（3）线圈断电后触头不能复位。

其原因有：触头熔焊在一起；铁芯剩磁太大，反作用弹簧弹力不足，活动部分机械上被卡住，铁芯端面有油污等等。上述原因都会使线圈断电后衔铁不能释放，致使触头不能复位。

（4）衔铁振动和噪声。

产生振动和噪声的主要原因有：短路环损坏或脱落，衔铁歪斜或铁芯端面有锈蚀、尘垢，使动、静铁芯接触不良；反作用弹簧弹力太大，活动部分机械上卡阻而使衔铁不能完全吸合等。

（5）线圈过热或烧毁。

线圈中流过的电流过大时，就会使线圈过热甚至烧毁。发生线圈电流过大的原因有以下几个方面：线圈匝间短路，衔铁与铁芯闭合后有间隙，操作频繁，超过了允许操作频率，外加电压高于线圈额定电压等。

二、继电器

继电器是一种根据电气量（电压、电流等）或非电气量（热、时间、转速、压力等）的变化接通或断开控制电路，以完成控制或保护任务的电器。继电器一般由感测机构、中间机构和执行机构 3 个基本部分组成。感测机构把感测到的电气量或非电气量传递给中间机构，将它与预定的值（整定值）进行比较，当达到整定值（过量或欠量）时，中间机构便执行机构动作，从而接通或断开电路。

虽然继电器与接触器都是用来自动接通或断开电路，但是它们仍有很多不同之处，其主要区别如下。

① 继电器一般用于控制小电流的电路，触点额定电流不大于 5A，所以不加灭弧装置，而接触器一般用于控制大电流的电路，主触点额定电流不小于 5A，有的加有灭弧装置。

② 接触器一般只能对电压的变化作出反应，而各种继电器可以在相应的各种电量或非电量作用下动作。

继电器的种类和形式很多，主要按以下方法分类。

① 按用途可分为控制继电器、保护继电器。

② 按动作原理可分为电磁式继电器、感应式继电器、热继电器、机械式继电器、电动式

继电器和电子式继电器等。

③ 按输入信号的性质可分为电流继电器、电压继电器、时间继电器、速度继电器、压力继电器等。

④ 按动作时间可分为瞬时继电器、延时继电器。

⑤ 按输出形式可分为有触点和无触点两类。

1. 电磁式电流、电压和中间继电器

电磁式继电器是电气控制设备中用得最多的一种继电器。其结构有两种类型，一种电磁系统是直动式，它和小容量的接触器相似；另一种电磁系统是拍合式，如图 12-11 所示，这种磁系统的铁芯 7 和铁扼为一整体，减少了非工作气隙；极靴 8 为一圆环，套在铁芯端部；衔铁 6 制成板状，绕棱角（或绕轴）转动；线圈不通电时，衔铁靠反力弹簧 2 作用而打开。衔铁上垫有非磁性垫片 5。装设不同的线圈后可分别制成电流继电器、电压继电器和中间继电器。这种继电器的线圈有交流的和直流的两种，直流的继电器再加装铜套 11 后可以构成后面介绍的电磁式时间继电器。

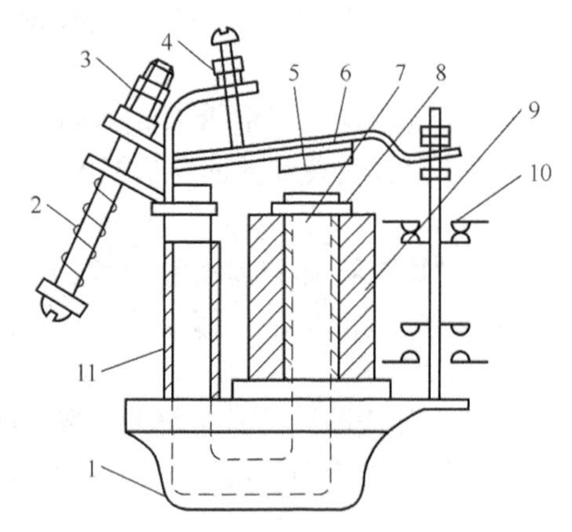

1-底座 2-反力弹簧 3、4-调节螺钉 5-非磁性垫片 6-衔铁 7-铁芯 8-极靴 9-电磁线圈 10-触点系统 11-铜套

图 12-11 电磁式继电器结构图

（1）电流继电器。

根据线圈中电流大小而接通或断开电路的继电器称为电流继电器。这种继电器线圈的导线粗，匝数少，串联在主电路中。当线圈电流高于整定值时动作的继电器称为过电流继电器，低于整定值时动作的称为欠电流继电器。

过电流继电器在正常工作时电磁吸力不足以克服反力弹簧的力，衔铁处于释放状态；当线圈电流超过某一整定值时，衔铁动作，于是常开触点闭合，常闭触点断开。瞬动型过电流继电器常用于电动机的短路保护；延时动作型常用于过载兼具短路保护。有的过电流继电器带有手动复位机构。当过电流时，继电器衔铁动作后不能自动复位，只有当操作人员检查并排除故障后，采用手动松掉锁扣机构，衔铁才能在复位弹簧作用下返回，从而避免重复过电流事故的发生。过电流继电器的符号如图 12-12 所示。

欠电流继电器是当线圈电流降到低于某一整定值时释放的继电器，所以在线圈电流正常时衔铁是吸合的。这种继电器常用于直流电动机和电磁吸盘的失磁保护。欠电流继电器的符号如图 12-13 所示。

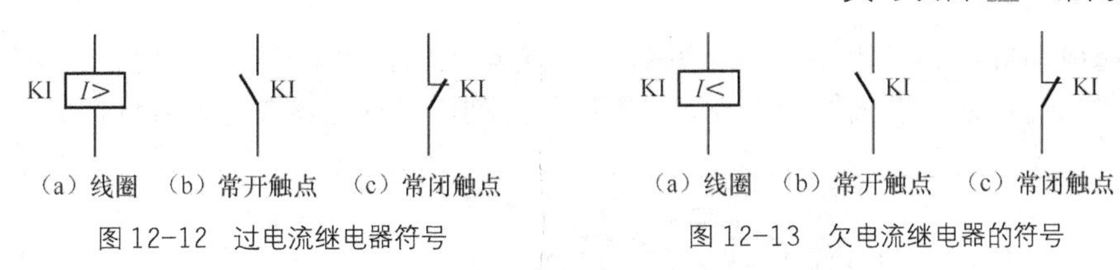

（a）线圈 （b）常开触点 （c）常闭触点

图 12-12 过电流继电器符号

（a）线圈 （b）常开触点 （c）常闭触点

图 12-13 欠电流继电器的符号

在选用过电流继电器时，对于小容量直流电动机和绕线式异步电动机，继电器线圈的额定电流按电动机长期工作的额定电流选择；对于启动频繁的电动机，继电器线圈的额定电流应更大一些。

（2）电压继电器。

根据线圈两端电压大小而接通或断开电路的继电器称为电压继电器。这种继电器线圈的导线细，匝数多，并联在主电路中。电压继电器有过电压继电器和欠电压（或零压）继电器之分。

一般来说，过电压继电器在电压为 1.1～1.15 倍额定电压以上时动作，对电路进行过电压保护；欠电压继电器在电压为 0.4～0.7 倍额定电压时动作，对电路进行欠电压保护；零压继电器在电压降为 0.05～0.25 倍额定电压时动作，对电路进行零压保护。过电压继电器和欠电压继电器的符号分别如图 12-14 和图 12-15 所示。

（a）线圈 （b）常开触点 （c）常闭触点

图 12-14 过电压继电器符号

（a）线圈 （b）常开触点 （c）常闭触点

图 12-15 欠电压继电器符号

（3）中间继电器。

中间继电器是传输或转换信号的一种低压电器元件，它可将控制信号传递、放大、翻转、分路、隔离和记忆，以达到一点控制多点、小功率控制大功率的目标，主要用于解决触点容量、数目与继电器灵敏度的矛盾。

常用的中间继电器有 JZ7 系列交流中间继电器和 JZ8 系列直流中间继电器。JZ7 系列中间继电器的结构如图 12-16 所示。与交流接触器相似，它由电磁系统、触头系统、反作用弹簧和复位弹簧等组成。它的触头较多，一般有 8 对，可组成 4 对常开、4 对常闭或 6 对常开、2 对常闭或 8 对常开 3 种形式。中间继电器与交流接触器相比，除中间继电器的触头对数较多外，不同处还在于没有主辅之分，各对触头允许通过的电流大小是相同的，其额定电流均为 5A，对于额定电流不超过 5A 的电动机也可用它代替接触器使用，所以中间继电器也可看成是小容量的接触器。

中间继电器的选用，对电磁式系列，主要依据被控电路电压等级、交直流情况、触头数目、容量等方面综合考虑，要注意下面几点。

① 满足吸引线圈电压、电流要求。

② 要区别被控对象性质，按负荷及控制要求选触点数目、容量、种类（常开或常闭），触点依据需要可串并联使用。

2. 热继电器

电动机在运行过程中，如果长期过载、频繁启动、欠电压运行或者断相运行等都可能使电动机的电流超过它的额定值。如果超过额定值的量不大，则熔断器在这种情况下不会熔断。

这样将引起电动机过热，损坏绕组的绝缘，缩短电动机的使用寿命，严重时甚至烧坏电动机。因此必须对电动机采取过载保护措施。最常用的是利用热继电器进行过载保护。

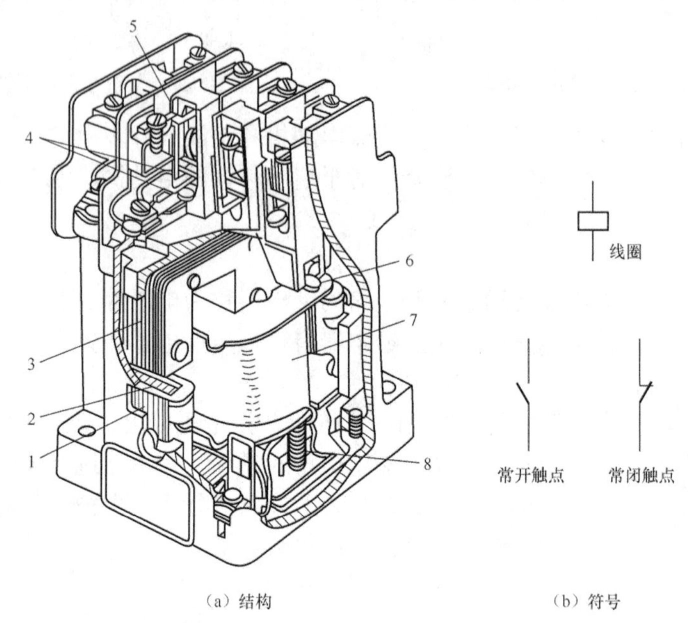

（a）结构　　（b）符号

1-静铁芯　2-短路环　3-动铁芯　4-常开触头　5-常闭触头　6-复位弹簧　7-线圈　8-反作用弹簧

图 12-16　JZ7 系列交流中间继电器

热继电器是一种利用电流的热效应来切断电路的保护电器。

热继电器按动作方式，分为 3 种。

① 双金属片式，利用双金属片受热弯曲去推动执行机构动作。

② 易熔合金式，利用过载电流的发热而使易熔合金熔化而动作。

③ 利用材料磁导率或电阻值随温度变化的特性原理制成。

这 3 种热继电器中双金属片式由于结构简单、体积小、成本较低，同时选择适当的热元件可以得到良好的反时限特性（即电流越大越容易动作，只经过较短的时间就开始动作），所以应用最广泛。双金属片式热继电器如图 12-17 所示。热继电器的符号如图 12-18 所示。

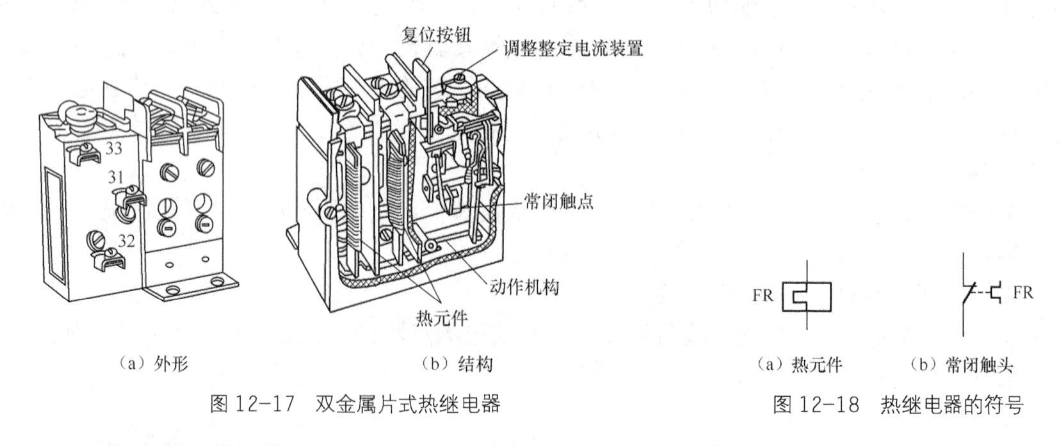

（a）外形　　（b）结构

图 12-17　双金属片式热继电器

（a）热元件　　（b）常闭触头

图 12-18　热继电器的符号

（1）热继电器的结构。

热继电器由热元件、触头系统、动作机构、复位按钮、整定电流装置、温升补偿元件等组成。其结构示意图如图 12-19 所示。

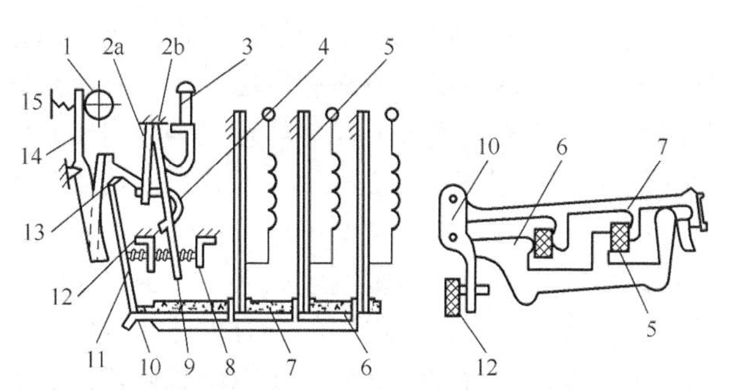

1-电流调节凸轮　2a、2b-簧片　3-手动复位按钮　4-弹簧片　5-双金属片　6-外导板　7-内导板　8-常闭静触点　9-动触点　10-杠杆　11-常开静触点　12-补偿双金属片　13-推杆　14-连杆　15-压簧

图 12-19　三相热继电器结构示意图

① 热元件。热元件是热继电器接受过载信号的部分，它由双金属片及绕在双金属片外面的绝缘的电阻组成。双金属片由两种热膨胀系数不同的金属片复合而成。

② 触头系统。触头系统具有一对常开触头和一对常闭触头。

③ 动作机构、复位按钮和整定电流装置。动作机构由导板、补偿双金属片、推杆、杠杆及弹簧等组成，用来将双金属片的热变形转化为触头的动作。补偿双金属片用来补偿环境温度的影响。热继电器动作后的复位有手动复位和自动复位两种，可通过螺钉进行调节。手动复位的功能由复位按钮来完成。整定电流装置由旋钮和偏心轮组成，用于调节整定电流的数值。

（2）工作原理。

热元件串接在电动机定子绕组中，电动机绕组电流即为流过热元件的电流。当电动机正常运行时热元件产生的热量虽能使双金属片弯曲，但还不足以使继电器动作。当电动机过载时，流过热元件的电流增大，热元件产生的热量增加，使双金属片弯曲位移增大，经过一定时间后，双金属片推动导板使继电器触头动作，从而切断电动机控制电路。

（3）热继电器的选用。

选用热继电器时应按照下列原则进行选择。

① 一般情况下可选用两相结构的热继电器，对于电网电压均衡性较差、无人看管的电动机或与大容量电动机共用一组熔断器的电动机，宜选用三相结构的热继电器。定子三相绕组作三角形接法的电动机，应采用有断相保护装置的三元件热继电器作过载和断相保护。

② 热元件的额定电流等级一般略大于电动机的额定电流。热元件选定后，再根据电动机的额定电流调整热继电器的整定电流，使整定电流与电动机的额定电流相等。对于过载能力较差的电动机，所选的热继电器的额定电流应适当小一些，并且整定电流要调到电动机额定电流的 60%～80%。目前我国生产的热继电器基本上适用于轻载启动，长期工作或间断长期工作的电动机过载保护，当电动机因带负载启动（启动时间较长）或电动机的负载是冲击性的负载（如冲床等），则热继电器的整定电流应稍大于电动机的额定电流。

③ 对于工作时间较短、间歇时间较长的电动机（例如摇臂钻床的摇臂升降电动机等），以及虽然长期工作但过载的可能性很小的电动机（例如排风机电动机等），可以不设过载保护。

④ 双金属片式热继电器一般用于轻载、不频繁启动电动机的过载保护。对于重载、频繁启动的电动机，则可用过电流继电器（延时动作型的）做它的过载和短路保护。因为热元件受热变形需要时间，故热继电器不能做短路保护。

3. 时间继电器

从得到输入信号（线圈的通电或断电）起，需经过一定的延时后才输出信号（触点的闭合或分断）的继电器称为时间继电器。延时原理有电磁的，也有机械的。它的种类很多，有电磁式、电动式、空气阻尼式（或称气囊式）和晶体管式等。电磁式时间继电器结构简单，价格低廉，但延时较短（例如 JT3 型只有 0.3～5.5s），且只能用于直流断电延时；电动式时间继电器的延时精确度较高，延时可调范围大（有的可达几十小时），但价格较贵；空气阻尼式时间继电器的结构简单，价格低廉，延时范围较大（0.4s 到 180s），有通电延时和断电延时两种，但延时误差较大；晶体管式时间继电器的延时可达几分钟到几十分钟，比空气阻尼式长，比电动式短，延时精确度比空气阻尼式好，比电动式略差，随着电子技术的发展，它的应用日益广泛。

（1）直流电磁式时间继电器。

在直流电磁式电压继电器的铁芯上增加一个阻尼铜套，即可构成时间继电器，其结构示意图如图 12-20 所示。它是利用电磁阻尼原理产生延时的，由电磁感应定律可知，在继电器线圈通断电过程中铜套内将感应电势，并流过感应电流，此电流产生的磁通总是反对原磁通变化。

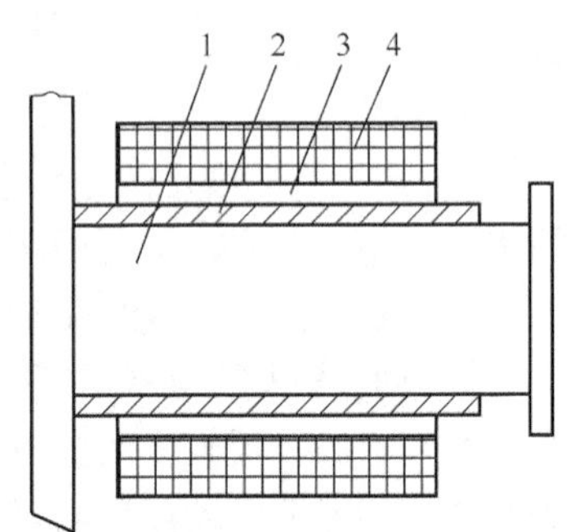

1-铁芯 2-阻尼铜套 3-绝缘层 4-线圈

图 12-20 带阻尼铜套的铁芯示意图

当继电器通电时，由于衔铁处于释放位置，气隙大，磁阻大，磁通小，铜套阻尼作用相对也小，因此衔铁吸合时延时不显著（一般忽略不计）。而当继电器断电时，磁通变化量大，铜套阻尼作用也大，使衔铁延时释放而起到延时作用。因此，这种继电器仅用作断电延时。

直流电磁式时间继电器延时较短，JT3 系列最长不超过 5s，而且其延时准确度较低，一般只用于定时精度要求不高的场合。

（2）空气阻尼式时间继电器。

空气阻尼式时间继电器是利用空气阻尼原理获得延时的。它由电磁系统、延时机构和触头 3 部分组成，电磁机构为直动式双 E 型，触头系统是借用 LX5 型微动开关，延时机构采用气囊式阻尼器。

JS7-A 系列空气阻尼式时间继电器由电磁系统、触点系统（两个微动开关）、空气室及传动机构等部分组成，如图 12-21 所示。

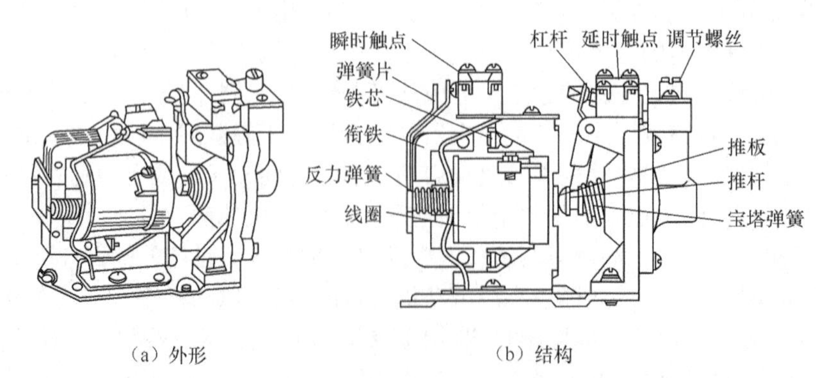

（a）外形　（b）结构

图 12-21 JS7-A 系列空气阻尼式时间继电器外形及结构图

空气阻尼式时间继电器，可以做成通电延时型，也可做成断电延时型。电磁机构可以是直流的，也可以是交流的。现以通电延时型时间继电器为例介绍其工作原理，参见图 12-22（a）。

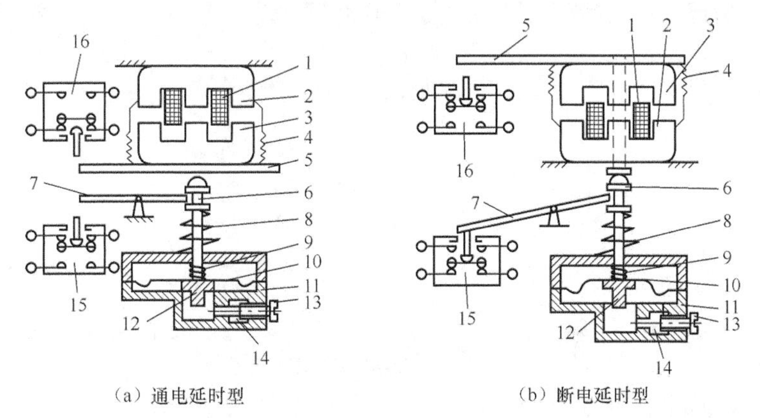

1-线圈 2-铁芯 3-衔铁 4-反力弹簧 5-推板 6-活塞杆 7-杠杆 8-塔形弹簧 9-弱弹簧 10-橡皮膜 11-空气室壁 12-活塞 13-调节螺杆 14-进气孔 15、16-微动开关

图 12-22 JS7-A 系列空气阻尼式时间继电器结构原理图

当线圈 1 通电后，衔铁 3 被铁芯 2 吸合，活塞杆 6 在塔形弹簧 8 的作用下，带动活塞 12 及橡皮膜 10 向上移动。但由于橡皮膜下方气室的空气稀薄，形成负压，因此活塞杆 6 只能缓慢地向上移动，其移动的速度视进气孔的大小而定，可通过调节螺杆 13 进行调整。经过一定的延迟时间后，活塞杆才能移到最上端，这时通过杠杆 7 将微动开关 15 压动，使其常闭触头断开，常开触头闭合，起到通电延时的作用。

当线圈 1 断电时，电磁吸力消失，衔铁 3 在反力弹簧 4 的作用下释放，并通过活塞杆 6 将活塞 12 推向下端，这时橡皮膜 10 下方气室内的空气通过橡皮膜 10、弱弹簧 9 和活塞 12 的肩部所形成的单向阀，迅速地从橡皮膜上方的气室缝隙中排掉。因此杠杆 7 和微动开关 15 能迅速复位。

在线圈 1 通电和断电时，微动开关 16 在推板 5 的作用下都能瞬时动作，即为时间继电器的瞬动触头。

图 12-22 为 JS7-A 系列空气阻尼式时间继电器的结构原理图。其中 12-22（a）为通电延时型。将其电磁机构翻转 180° 安装时，即为断电延时型，如图 12-22（b）所示。

空气阻尼式时间继电器的优点是延时范围大，结构简单，寿命长，价格低廉。其缺点是延时误差大（±10%～±20%），无调节刻度指示，难以精确地整定延时值。在对延时精度要求高的场合，不宜使用这种时间继电器。时间继电器的图形符号如图 12-23 所示。

时间继电器的选择应考虑以下三点。

① 延时性质（通电延时或断电延时）应满足控制电路的要求。

② 要求不高的场合，宜采用价格低廉的 JS7-A 系列空气阻尼式；要求很高或延时很长可用电动式；一般情况可考虑晶体管式。

③ 根据控制电路电压选择吸引线圈的电压。

使用万用表测试 JA7-1A 时间继电器触点状态的方法如下。

① 准备测试前的工作。

先将万用表机械调零，将万用表的量程开关拨至 R×100 挡，红（+）表笔和黑（−）表笔短接，然后用手转动调节旋钮，使万用表的指针准确地指零。

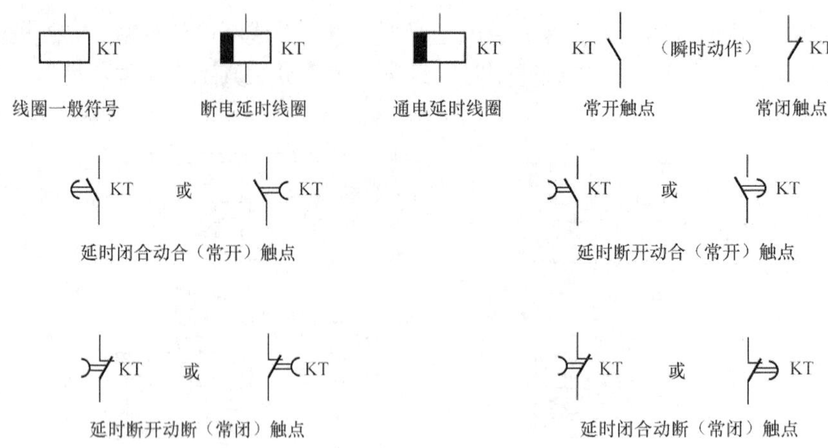

图 12-23　时间继电器的图形符号

② 触点状态的测试。

用万用表的红表笔，黑表笔分别接触微动开关两端端子。

- 表针停在无穷大、处于静止状态，这个触点是常开触点；
- 当表针由几百欧姆处摆动指零，停在零并处于静止状态，这个触点是常闭触点。

③ 触点的状态实际验证。

红表笔、黑表笔分别接到时间继电器上的微动开关两侧端子上。时间继电器的线圈两个端子，接到 220V 电源上并通过开关 SA 进行控制。

通过控制开关 SA 关合与断开，观察万用表的表针摆动情况，从中判断触点的状态。

- 常闭触点和常开触点的确认。未接通电源时，万用表的表针指零，通电后表针即指向无穷大处，断开电源时，万用表的表针立即回零，这个触点是常闭触点；未接通电源时，万用表的表针指在无穷大处，通电后表针立即指零，断开电源时，万用表的表针立即指向无穷大处，这个触点是常开触点。
- 延时断开（动断）的常闭触点。未接通电源时，万用表的表针指零，调节调节螺钉后，合上电源开关 SA，时间继电器动作，经过一定时间万用表的表针才指向无穷大处，断开电源时，万用表的表针立即指零，这个触点是延时动作的常闭触点。
- 延时闭合（动合）的常开触点。未接通电源时，万用表的表针指在无穷大处，调节调节螺钉后，合上电源开关 SA，时间继电器动作，经过一定时间万用表的表针才指向零处，断开电源时，万用表的表针立即指在无穷大处，这个触点是延时闭合（动合）的常开触点。
- 延时动作闭合的常闭触点。未接通电源时，万用表的表针指零，调节调节螺钉后，合上电源开关 SA，万用表表针立即指在无穷大处，断开电源时，万用表的表针仍指在无穷大处，经过一定时间后，万用表的表针才指零，这个触点是延时闭合（动合）的常闭触点。
- 延时断开的常开触点。未接通电源时，万用表的表针指在无穷大处，调节调节螺钉后，合上电源开关 SA，万用表的表针立即指零，断开电源开关 SA 时，万用表的表针仍指零，经过一定时间后，万用表的表针指在无穷大处，这个触点是延时断开的常开触点。

采用上述测试方法就能确认所需要的触点，调节调节螺钉，接通或断开电源开关 SA，直到符号动作为止，然后再将原线路接上。

时间继电器的正常工作条件和安装条件如下。

① 天气条件：安装地点的空气相对湿度在周围空气最高温度为-25～+40℃时，在较低

的温度下，可以允许有较高的相对湿度，例如温度 20℃时可达 90%，对由温度变化偶尔产生的凝露应采取特殊的措施予以消除。

② 正常工作条件：污染等级为 3 级。安装类别为 II 类。

③ 安装条件：继电器安装时，电磁系统应在空气室上方，底板与垂直面的倾斜度不超过 5 度。

延时时间的调节方法如下。

可调节进气孔通道的大小来获得不同的延时时间。即用螺钉旋具旋转铭牌中心之调节螺钉，往右旋得到的延时时间较短，反之则延时时间就长。

这种时间继电器刻度盘上没有时间的刻度，只有调节时间的范围（如 0～0.4s），而且只能调整后用钟表进行校对，一般要根据电动机启动情况反复调整至最佳点。

4. 速度继电器

速度继电器主要用作笼形异步电动机的反接制动控制，也称反接制动继电器。它主要由转子、定子和触头 3 部分组成。转子是一个圆柱形永久磁铁。定子是一个筒形空心圆环，由矽钢片叠成，并装有笼形绕组，如图 12-24（a）所示。

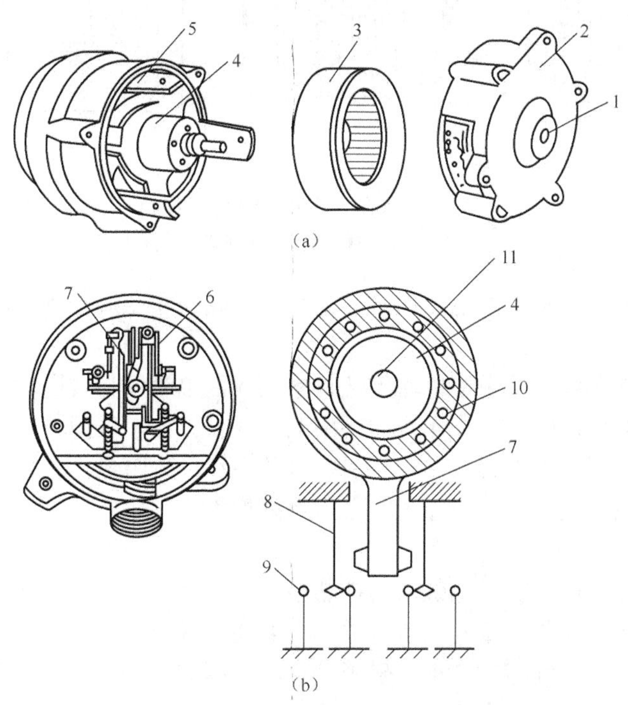

1-连接头 2-端盖 3-定子 4-转子 5-可动支架 6-触点 7-胶水摆杆 8-簧片 9-静触头 10-绕组 11-轴

图 12-24 JY1 系列速度继电器

图 12-24（b）为速度继电器的原理示意图。其转子的轴与被控电动机的轴相连接，而定子空套在转子上。当电动机转动时，速度继电器的转子随之转动，定子内的短路导体便切割磁场而感应电势并产生电流，此电流与旋转的转手磁场作用产生转矩，于是定子开始转动，当转到一定角度时，装在定子轴上的摆锤推动簧片（动触片）动作，使常闭触头分断、常开触头闭合。当电动机转速低于某一值时，定子产生的转矩减小，触头在簧片作用下复位。

常用的速度继电器有 JY1 型和 JFZ0 型。一般速度继电器的动作转速为 120r/min，触头的复位转速在 100r/min 以下，转速在 3000～3600r/min 以下能可靠地工作。

速度继电器的图形符号及文字符号，如图 12-25 所示。

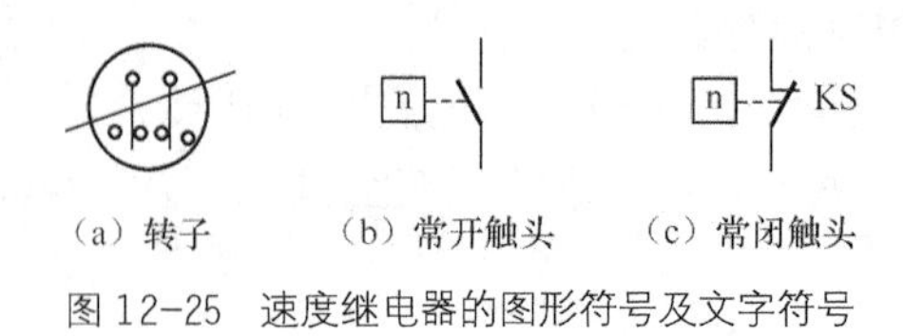

（a）转子　（b）常开触头　（c）常闭触头

图 12-25　速度继电器的图形符号及文字符号

三、电磁铁

电磁铁是利用通电的铁芯线圈吸引衔铁或保持钢铁零件于固定位置的一种电器。

电磁铁由线圈、铁芯和衔铁 3 部分组成。当线圈中通以电流时，铁芯被磁化而产生吸力，引起衔铁动作。衔铁的运动方式有直动式和转动式两种，如图 12-26 所示。

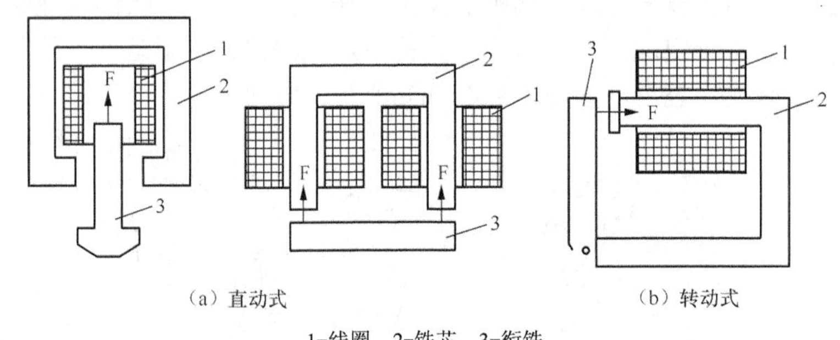

（a）直动式　（b）转动式

1-线圈　2-铁芯　3-衔铁

图 12-26　电磁铁的形式

按线圈中通过电流的种类，电磁铁可分为直流电磁铁和交流电磁铁。

1. 直流电磁铁

直流电磁铁的铁芯和衔铁用整块软磁性材料制成，电流仅与线圈电阻有关，不因吸合过程中气隙的减小而变化，所以允许操作的频率高。在吸合前，气隙较大，磁路的磁阻也大，气隙的磁通密度小，所以吸力较小。吸合后，气隙很小，磁阻最小，磁通密度最大，所以吸力也最大。因此衔铁与铁芯在吸合过程中吸力逐渐增大。

2. 交流电磁铁

为了减小涡流等损耗，交流电磁铁的铁芯用硅钢片叠成，并在铁芯端部装短路环。交流电磁铁线圈中的电流不仅与线圈的电阻有关，主要还与线圈的感抗有关。

在吸合过程中，随着气隙的减小，磁阻减小，线圈的电感和感抗增大，因而电流逐渐减小。交流电磁铁在开始吸合时电流最大，一般比衔铁吸合后的工作电流大几倍到十几倍。如果衔铁被卡住而不能吸合时，线圈将因过热而烧坏。交流电磁铁的允许操作频率较低，因为操作太频繁，线圈会不断受到启动电流的冲击，容易引起过热而损坏。

常用的电磁铁有牵引电磁铁、制动电磁铁和超重电磁铁等。其中制动电磁铁在电气控制中通常与闸瓦制动器配合组成电磁抱闸，以实现对电动机进行机械制动。

图 12-27 为电磁抱闸结构图。它的工作原理是：当电动机通电启动时，电磁抱闸线圈也通电，吸引衔铁动作，克服弹簧力推动杠杆，使闸瓦松开闸轮，电动机便能正常运转。当电源切断时，线圈也同时断电，衔铁与铁芯分离，在弹簧的作用下，使闸瓦与闸轮紧紧抱住，电动机被迅速制动而停转。

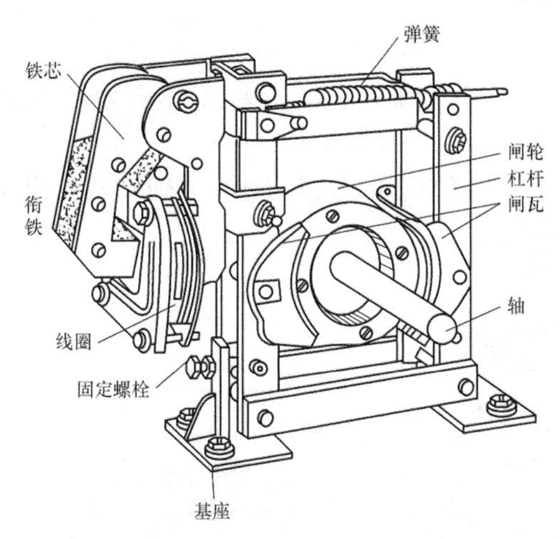

图 12-27 电磁抱闸结构图

12.4 主令电器

主令电器是主要用来接通和分断控制电路以达到发号施令目的的电器。

主令电器应用广泛，种类繁多。最常见的有按钮、行程开关、万能转换开关、主令开关和主令控制器等。

一、控制按钮

控制按钮是一种结构简单、应用广泛的主令电器。在低压控制电路中，用于发布手动控制指令。目前常用的产品有 LAl8、LAl9、LA20、LA25 和 LAY3 等系列。主要用于 50Hz、交流电压为 380V、直流电压 440V 及以下、额定电流不超过 5A 的控制电路中，不直接操纵主电路的通断，而是在控制电路中发出“指令”，去控制接触器、继电器等电器，再由它们去控制主电路；也可用于电气连锁等线路中，是一种远距离接通或分断电磁开关、继电器和信号装置、交流接触器、继电器及其他电气线路遥控的低压电器。

控制按钮根据触点结构的不同，分为常闭按钮（常用作停止）、常开按钮（常用作启动）和复合按钮（常开和常闭组合的按钮）等几种。

控制按钮由按钮帽、复位弹簧、桥式动触点/静触点和外壳等组成。图 12-28 所示为其结构示意图及其符号。当手指未按下时，常闭触点 3 是闭合的，常开触点 4 是断开的；当手指按下时，常闭触点 3 断开而常开触点 4 闭合，手指放开后按钮自动复位，常开触点断开而常闭触点闭合。按钮在外力作用下，首先断开常闭触头（或称动断触点，下同），然后再接通常开触头（或称动合触点，下同）。复位时，常开触头先断开，常闭触头后闭合。同时具有一对常开触点和一对常闭触点的按钮称为复合按钮。

选用按钮时，应注意考虑以下几个问题。

① 根据使用场合和用途选择按钮的种类，按钮必须有金属的防护挡圈，且挡圈必须高于按钮帽，这样可以防止意外触动按钮帽时产生误动作。安装按钮的按钮板和按钮盒必须是金属的，并与机械的总接地母线相连。悬挂式按钮应有专用的接地线。如镶嵌在操作面板上的按钮可选用开启式，为防止无关人员误操作宜用钥匙操作式。选用的主要指标是触点的额定

电流和额定电压。

② 根据工作状态指示和工作情况要求，选择按钮和指示灯的颜色，一般以红色表示停止按钮，绿色表示启动按钮。

③ 根据控制回路的需要选择按钮的数量，如单联钮、双联钮和三联钮等。

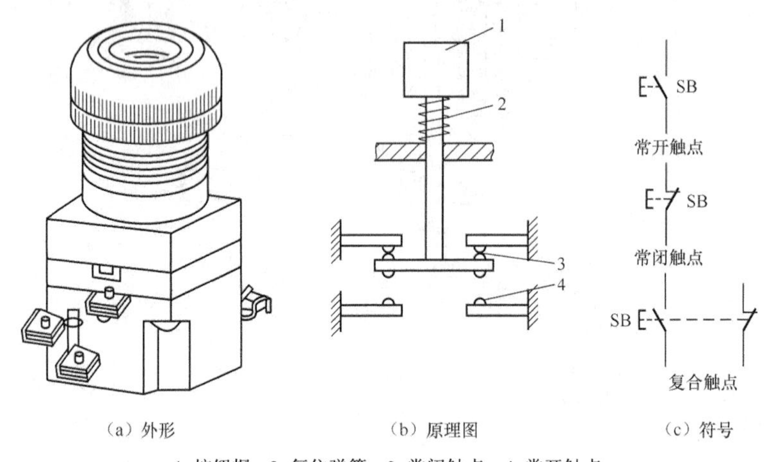

（a）外形　（b）原理图　（c）符号

1-按钮帽　2-复位弹簧　3-常闭触点　4-常开触点

图 12-28　复合按钮的外形、结构与符号

二、行程开关

在电力拖动系统中，有时希望能按照生产机械部件位置的变化而改变电动机的工作情况。

例如，有的运动部件，当它们移动到某一位置时，往往要求能自动停止、反向或改变移动速度等。我们可以使用行程开关来达到这些要求。当生产机械的部件运动到某一位置时，与它连接在一起的挡铁碰压行程开关将机械信号变换为电信号，对控制电路发出接通、断开，或变换某些控制电路的指令，以达到一定的控制要求。

行程开关又名限位开关或位置开关。它的种类很多，按运动形式可以分为直动式（又名按钮式）和转动式等；按触点的性质可以分为有触点和无触点。常用的行程开关有 LX19 和 JLXK1 等系列。

行程开关的工作原理和按钮相同，区别是它不靠手指的按压而是利用生产机械运动部件的挡铁碰压而使触点动作。

图 12-29 为 JLXK1 系列行程开关的动作原理图。当运动机械的挡铁压到行程开关的滚轮 1 上时，杠杆 2 连同转轴 3 一起转动，使凸轮 4 推动撞块 5，当撞块被压到一定位置时，推动微动开关 7 快速动作，使其常闭触点分断，常开触点闭合，滚轮上的挡铁移开后，复位弹簧 8 就使行程开关各部分恢复原始位置。这种单轮旋转式的行程开关能自动复位，还有一种直动式也是依靠复位弹簧复位的。另有一种双滚轮式的不能自动复位，当挡铁碰压其中一个滚轮时，摆杆便转动一定角度，使触点瞬时切换，挡铁离开滚轮后，摆杆不会自动复位，触点也不动，当部件返回时，挡铁碰动另一只滚轮，摆杆才回到原来的位置，触点又再次切换。这三种行程开关的外形如图 12-30 所示。

行程开关的符号如图 12-31 所示。

无触点行程开关又称为接近开关。这种开关不是靠挡块碰压开关发信号，而是在移动部件上装一金属片，在移动部件需要改变工作情况的地方装上接近开关的感应头，其“感应面”

正对金属片。当移动部件的金属片移动到感应头上面（不需接触）时，接近开关就输出一个指令信号，使控制电路改变工作情况。

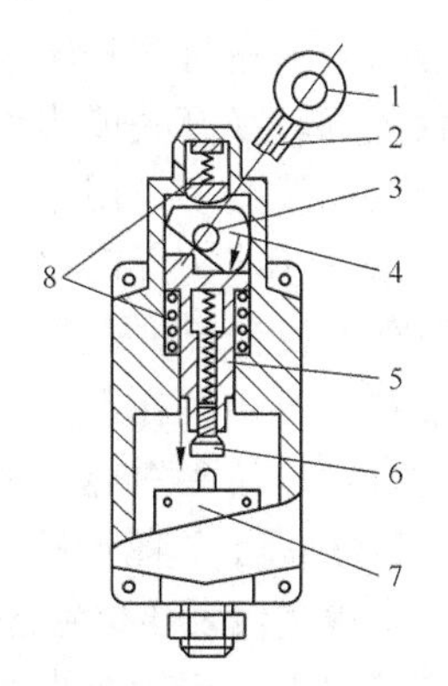

1-滚轮 2-杠杆 3-转轴 4-凸轮 5-撞块 6-调节螺钉 7-微动开关 8-复位弹簧

图 12-29 JLXK1 行程开关动作原理图

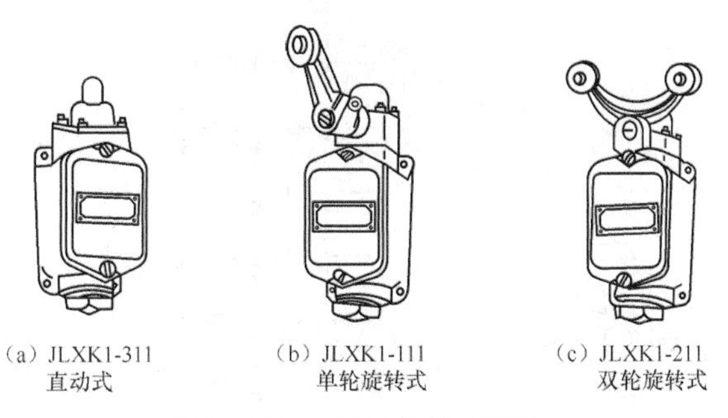

（a）JLXK1-311 直动式 （b）JLXK1-111 单轮旋转式 （c）JLXK1-211 双轮旋转式

图 12-30 JLXK1 系列行程开关

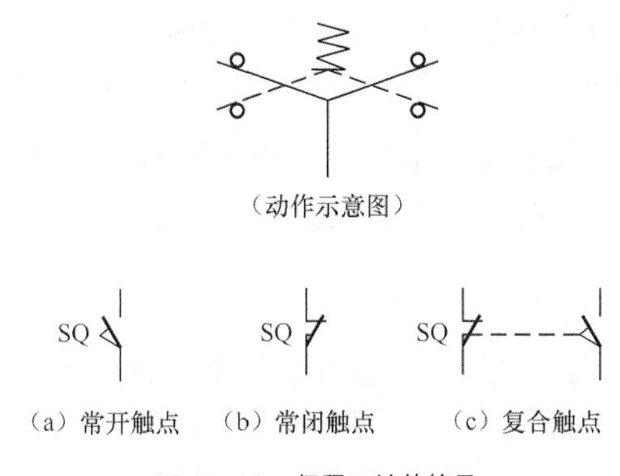

（动作示意图）

（a）常开触点 （b）常闭触点 （c）复合触点

图 12-31 行程开关的符号

无触点行程开关是根据电子技术原理而动作的开关，它的定位精确，反应迅速，寿命长，在机床电气控制系统中的应用日益广泛。

在使用中，有些行程开关经常动作，所以安装的螺钉容易松动而造成控制失灵。有时由于灰尘或油类进入开关而引起开关不灵活，甚至接不通电路。因此，应对行程开关定期检查，除去油垢及粉尘，清理触点，经常检查动作是否可靠，及时排除故障。

行程开关在选用时，应根据不同的使用场合，从额定电压、额定电流、复位方式和触点数量等方面加以考虑。

三、万能转换开关

万能转换开关是一种多挡式且能对电路进行多种转换的主令电器。它用于各种配电装置的远距离控制，也可作为电气测量仪表的转换开关或用作小容量电动机的启动、制动、调速和换向的控制。由于触点挡数多，换接的线路多，用途又广泛，故称万能转换开关。

图 12-32 为 LW5 型万能转换开关的外形结构和工作原理图。它的骨架采用热塑性材料，由多层触点底座叠装，而每层触点底座里装有一对（或三对）触点和一个装在转轴上的凸轮。操作时，手柄带动转轴和凸轮一起旋转。当手柄在不同的操作位置，利用凸轮顶开和靠弹簧恢复动触点，控制它与静触点的分与合，以达到对电路换接的目的。

万能转换开关的电气符号如图 12-33 所示。图形符号中每一横线代表一路触点，而用 3 条竖的虚线代表手柄位置。哪一路接通就在代表该位置虚线上的触点下面用黑点“・”表示。触点通断也可用通断表来表示，表中的“×”表示触点闭合，空白表示触点分断。

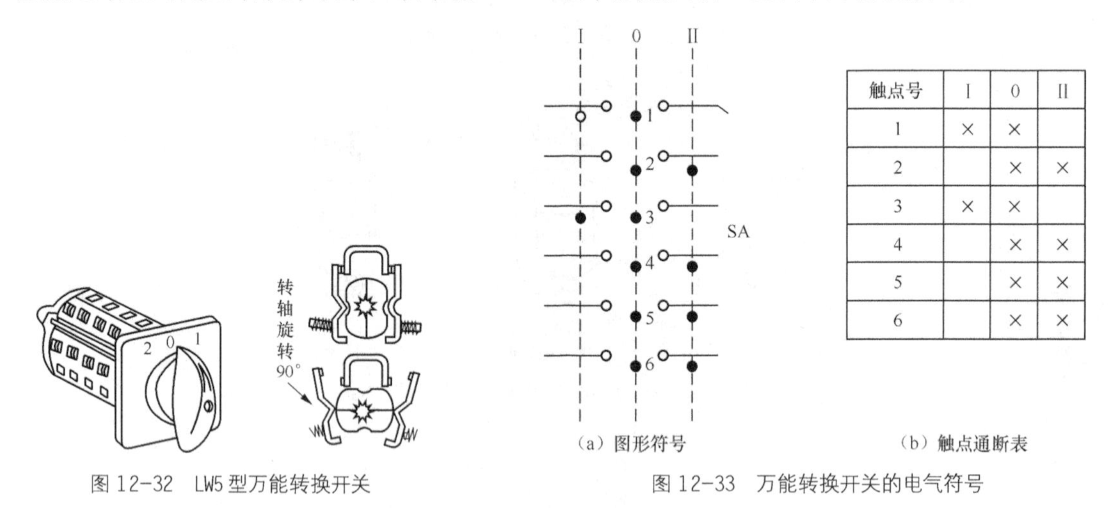

触点号	I	0	II
1	×	×	
2		×	×
3	×	×	
4		×	×
5		×	×
6		×	×

图 12-32 LW5 型万能转换开关

图 12-33 万能转换开关的电气符号

常用的 LW5 系列万能转换开关，其额定电压为交流 380V 或直流 220V，额定电流为 15A，允许正常操作频率为 120 次/小时，机械寿命为 100 万次。

四、信号灯

信号灯是用来表示电气设备和电路状态的灯光信号器件。各种信号灯在电路图中的图形符号是相同的。通过不同的颜色，表示不同的状态，如红色灯亮，表示电气设备运行正常与跳闸回路完好；黄色灯亮，表示电气设备故障状态。

XD 系列信号灯，适用于交流 50Hz～60 Hz、交流电压 380V 或直流电压 220V 的电路，作为各种电气设备中的指示信号、事故信号或其他信号指示用。

12.5 实习内容

一、识别常用低压电器

根据常用低压电器的实物，正确写出各电器的名称、型号与规格；根据电器元件清单，在上述电器系列不同规格的电器中，正确选出清单中的电器元件（陈列的电器元件数量应不少于选用数的一倍）。

二、判别低压电器的好坏

利用万用表对选出的低压电器的触点、质量好坏进行判别。

三、考核标准

表 12-6　　常用低压电器的识别训练考核评定标准

训练内容	配分	扣分标准	扣分	得分
常用低压电器识别	50 分	1．低压电器识别错误　每只扣 10 分 2．低压电器名称、型号与规格判别错误　每只扣 10 分 3．低压电器件损坏　每只扣 15 分 4．低压电器件丢失　每只扣 20 分		
常用低压电器质量	50 分	1．低压电器触点识别错误　每只扣 10 分 2．低压电器质量判别错误　每只扣 10 分 3．低压电器件损坏　每只扣 15 分 4．低压电器件丢失　每只扣 20 分		
总评（注：各项内容中扣分总值不应超过对应各项内容所配分数）				

四、实习内容拓展

（一）根据给定的三相鼠笼异步电动机的技术数据及启动、工作要求选配开关、熔断器、热继电器、接触器。

（二）热继电器、交流接触器拆装练习；时间继电器拆装与改装练习。

表 12-7　　常用低压电器的拆装训练考核评定标准

训练内容	配分	扣分标准	扣分	得分
常用低压电器识别	20 分	1．低压电器识别错误　每只扣 10 分 2．低压电器名称、型号与规格判别错误　每只扣 10 分 3．低压电器工作原理叙说不正确　扣 10 分 4．用途、适用范围叙说不正确　扣 10 分		
常用低压电器拆装	50 分	1．工具、仪表使用不正确　扣 10 分 2．拆卸、组装步骤不正确　扣 10 分 3．零件损坏、丢失　每只扣 10 分		
通电检测	30 分	1．电源接错　扣 10 分 2．有噪声　扣 10 分 3．功能不能实现　扣 30 分		
总评（注：各项内容中扣分总值不应超过对应各项内容所配分数）				

实习项目 13 三相鼠笼式异步电动机

实习要求

（1）了解电动机的结构
（2）熟悉电动机的定子绕组的接线
（3）掌握电动机的拆装与维修
（4）掌握电动机定子绕组的首尾判别方法

实习工具及材料

表 13-1　　实习工具及材料

名称	型号或规格	数量	名称	型号或规格	数量
万用表		1 个	小型三相笼型异步电动机		1 个
兆欧表		1 个	常用电工工具		1 套
直流双臂电桥		1 个	电动机拆装工具		1 套

13.1 概述

三相异步电动机主要是感应电动机，它的结构比较简单，使用维护方便，价格低廉，而且工作可靠，坚固耐用，是使用面最广、使用量最大的一种电动机。掌握有关三相异步电动机的使用与维护、修理知识，对电气类专业学生具有重要的现实意义。

一、电动机的分类

电动机的种类很多，型式各异，按电源性能分为直流电动机和交流电动机。

直流电动机主要用于需要调整转速和要求有较大启动转矩的机械上，例如电车、轧钢机等。

交流电动机主要有同步电动机和异步电动机两类。同步电动机只是在大功率负载或者要求转速必须恒定的条件下才应用，例如用以驱动大型气体压缩机、球磨机等；异步电动机应用很广泛，是现代工农业生产中的主要动力机械。

异步电动机按所用电源的相数，有三相异步电动机和单相异步电动机之分。单相异步电动机一般常用于电风扇、吹风机和洗衣机等。绝大多数作为生产动力的主要是三相异步电动机。如果不做特殊说明，一般讲的异步电动机都是指三相异步电动机。

二、三相异步电动机的用途

三相异步电动机的应用是十分广泛的，在工农业生产中和军事、科技等方面，可以说是处处离不开三相异步电动机，例如工厂里的机械设备绝大多数由三相异步电动机提供动力，煤矿的引风机、卷扬机、吊车，以及农村用的各种水泵、碾米机、制粉机等都是用三相异步电动机来驱动的，它给我们的生产和生活带来了很大的方便。

13.2 三相异步电动机的结构与铭牌

一、三相异步电动机的基本结构

三相异步电动机的结构比较简单，工作可靠，维修方便。它主要由定子和转子两大部分组成，还包括机壳和端盖等，如果是封闭式电动机，则还有起冷却作用的风扇及保护风扇的端罩，如图 13-1 所示。其中定子和转子中均有铁芯和绕组。

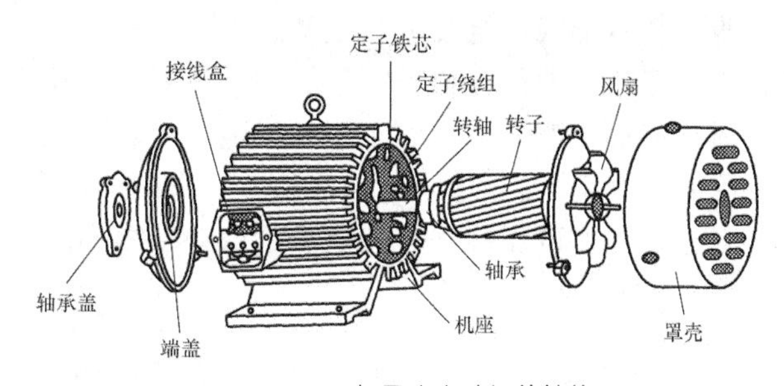

图 13-1　三相异步电动机的结构

1. 定子

定子是用来产生旋转磁场的。三相异步电动机的定子由机座和装在机座内的圆筒形铁芯以及其中的三相定子绕组组成。机座是由铸铁或铸钢组成的，在机座内装有定子铁芯，铁芯是由互相绝缘的硅钢片叠成的。铁芯的内圆周表面有均匀分布的平行槽，在槽中放置了对称的三相绕组。

定子铁芯是电动机磁路的一部分，由相互绝缘的厚度为 0.35mm 或 0.5mm 的硅钢片叠压而成。定子硅钢片的内圆上冲有均匀分布的槽，如图 13-2 所示，槽内嵌放定子绕组，其槽可分为半闭口、半开口、开口等形式。半闭口槽用于低压小型异步电动机，采用圆导线的散嵌绕组；半开口槽用于低压中型异步电动机，采用分片的成形绕组；开口槽用于高压大中型异步电动机，采用圆导线的成型绕组。

定子绕组是电动机的电路部分，是电动机实现电磁能量转换的关键部件，由三相对称的定子绕组 U_1U_2、V_1V_2、W_1W_2 组成。绕组采用聚酯漆包圆铜线或双玻璃丝包扁铜线绕制，按照一定的空间角度依次嵌入定子铁芯槽内，绕组与铁芯之间垫放绝缘材料，使其具有良好的绝缘性能。三相异步电动机的三相绕组根据需要可以接成星形，也可以接成三角形。

机座是电动机磁路的一部分，主要用于支撑定子铁芯和固定端盖。中小型异步电动机一般采用铸铁机座，大型电动机都采用钢板焊成。根据电动机冷却方式的不同，采用不同的机座形式。

2. 转子

转子是电动机的旋转部分，它的作用是输出机械转矩。转子主要由转子铁芯、转子绕组和转轴及轴承组成。

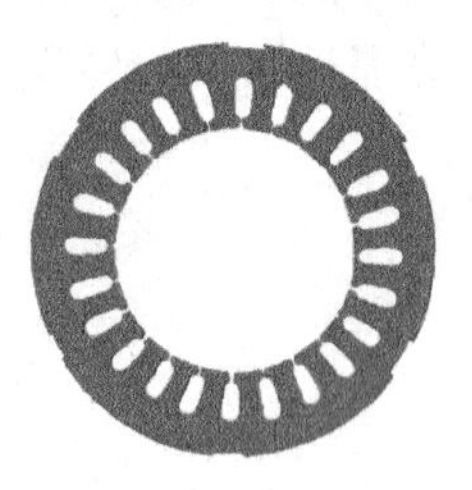

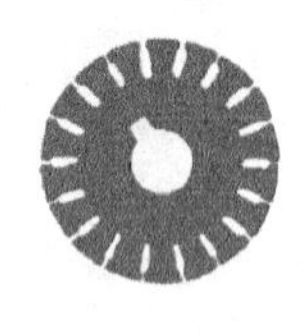

（a）定子铁芯　（b）转子铁芯

图 13-2 铁芯片

转子铁芯也是异步电动机磁路的一部分，并用来固定转子绕组。为了减小铁耗和增强导磁能力，转子铁芯也由 0.35mm 或 0.5mm 厚的硅钢片冲制叠压而成，故通常用冲制定子铁芯冲片后剩余下来的内圆部分制作，如图 13-2 所示。转子铁芯固定在转轴上（或转子支架上），在其外圆表面有均匀分布的平行槽，槽内用来嵌放转子绕组。

转轴的作用是固定转子铁芯和传递机械功率。为保证其强度和刚度，转轴一般由低碳钢或合金钢制成，轴上加机械负载。

转子绕组的作用是感应电动势和电流并产生电磁转矩。在转子铁芯的每一个槽中，插有一根裸铜导条，并在转子铁芯两端相口外用两个端环将全部导条短接，形成一个自身闭合的多相绕组。转子绕组有两种基本形式：绕线型和笼型。

笼型的转子绕组做成鼠笼状，就是在转子铁芯的槽中放铜条，其两端用端环连接，如图 13-3 所示。为了节省铜材和提高生产效率，中小型异步电动机转子绕组多采用铸铝式，用熔化的铝液将导条、端环及用以通风散热的风叶一次铸成，如图 13-4 所示。同绕线型相比，笼型转子结构简单，便于制造，工作可靠性强，其缺点是启动转矩小。

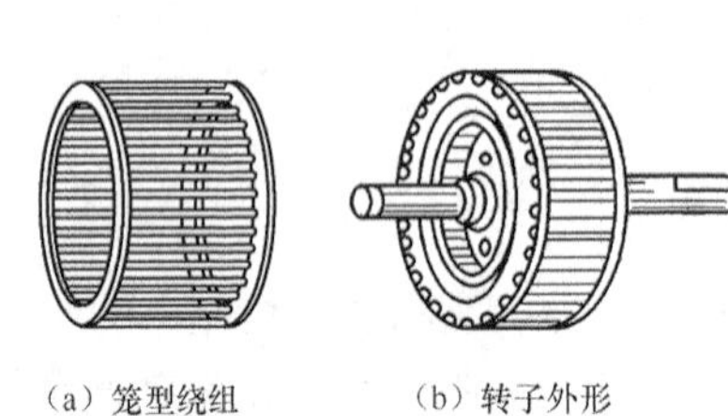

（a）笼型绕组　（b）转子外形

图 13-3 笼型转子

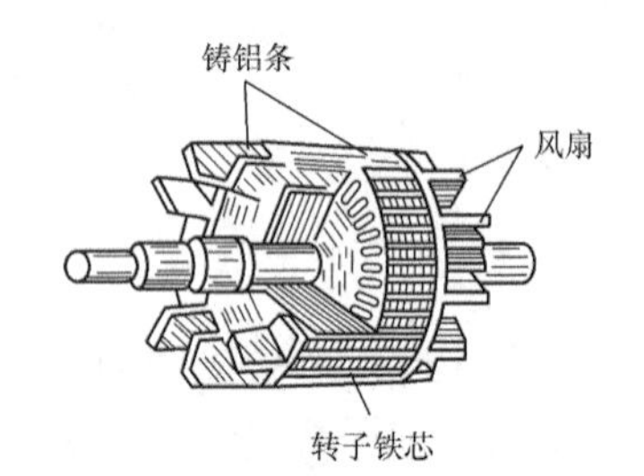

图 13-4 铸铝的笼型转子

绕线型异步电动机的构造如图 13-5 所示，它的转子绕组同定子绕组一样，也是三相的，作星形联结。它每相的始端连接在三个铜制的滑环上，滑环固定在转轴上。环与环，环与转轴都互相绝缘。在环上用弹簧压着碳质电刷。启动电阻和调速电阻是借助于电刷同滑环和转子绕组连接的。通常就是根据绕线型异步电动机具有三个滑环的构造特点来辨认它的。

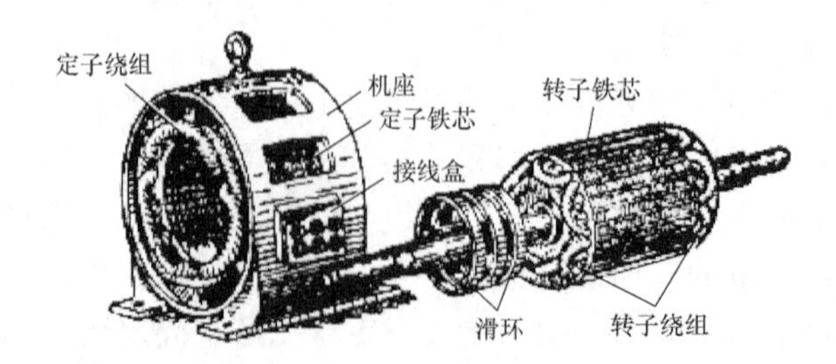

图 13-5 绕线型异步电动机的构造

笼型与绕线型只是在转子的构造上不同，它们的工作原理是一样的。笼型电动机由于构造简单，价格低廉，工作可靠，使用方便，就成为生产上应用得最广泛的一种电动机。

二、铭牌

每台异步电动机的机座上都装有一块铭牌，标明电动机的型号、额定值和有关技术数据。按铭牌所规定的额定值和工作条件运行，叫作额定运行方式。

要正确使用电动机，必须要看懂铭牌。这里以 Y132M-4 型电动机为例，来说明铭牌上各个数据的意义。

三相异步电动机					
型号	Y132M-4	功　率	7.5kW	频　率	50Hz
电压	380V	电　流	15.4A	接　法	△
转速	1440r/min	绝缘等级	B	工作方式	连续
年　月	编号			×× 电机厂	

此外，它的主要技术数据还有：功率因数 0.85，效率（%）87。

1. 型号

为了适应不同用途和不同工作环境的需要，电动机制成不同的系列，每种系列用各种型号表示。例如：

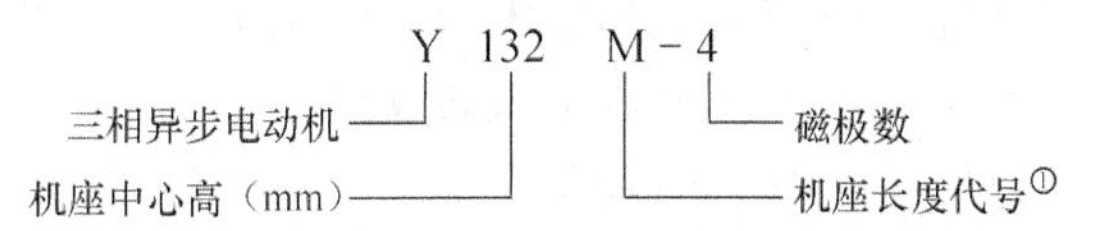

异步电动机的产品名称和代号及其汉字意义摘录于表 13-2 中。

表 13-2　异步电动机的产品名称和代号及其汉字意义

产品名称	新代号	汉字意义	老代号
异步电动机	Y，Y2，Y3	异	J，JO
绕线转子异步电动机	YR	异绕	JR，JRO
防爆型异步电动机	YB	异爆	JB，JBO
高启动转矩异步电动机	YQ	异起	JQ，JQO

S-短机座；M-中机座；L-长机座

小型 Y、Y-L 系列笼型异步电动机是 20 世纪 80 年代取代 JO 系列的新产品，采用封闭自扇冷式。Y 系列定子绕组为铜线，Y-L 系列为铝线。电动机功率是 0.55～90 kW。同样功率的电动机，Y 系列比 JO2 系列体积小，重量轻，效率高。

2. 接法

这是指定子三相绕组的接法。一般笼型电动机的接线盒中有六根引出线，标有 U_1、U_2、V_1、V_2、W_1、W_2，其中：

U_1、U_2 是第一相绕组的两端（旧标号是 D_1、D_4）；

V_1、V_2 是第二相绕组的两端（旧标号是 D_2、D_5）；

W_1、W_2 是第三相绕组的两端（旧标号是 D_3、D_6）。

如果 U_1、V_1、W_1 分别为三相绕组的始端（头），则 U_2、V_2、W_2 是相应的末端（尾）。这六个引出线端在接电源之前，相互间必须正确连接。连接方法有星形（Y）联结和三角形（△）

联结两种，如图 13-6 所示。通常三相异步电动机自 3 kW 以下者，连结成星形；自 4 kW 以上者，连结成三角形。

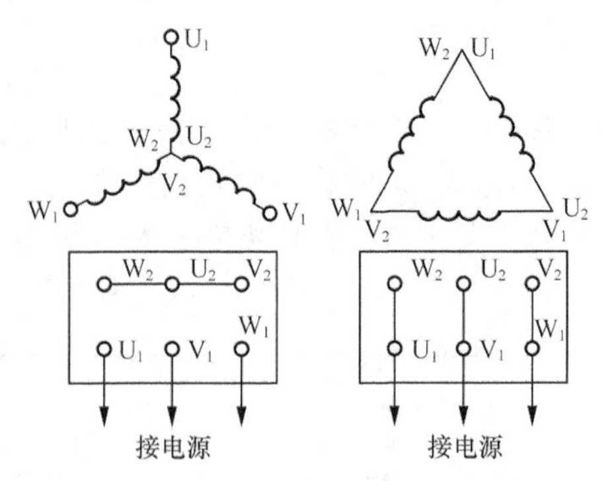

图 13-6　定子绕组的星形联结和三角形联结

3. 电压

铭牌上所标的电压值是指电动机在额定运行时定子绕组上应加的线电压值。一般规定电动机的电压不应高于或低于额定值的 5%。

当电压高于额定值时，磁通将增大（因 $U_1 \approx 4.44 f_1 N_1 \Phi$）。若所加电压较额定电压高出较多，这将使励磁电流大大增加，电流大于额定电流，使绕组过热。同时，由于磁通的增大，铁损（与磁通平方成正比）也就增大，使定子铁芯过热。

但常见的是电压低于额定值。这时引起转速下降，电流增加。如果在满载或接近满载的情况下，电流的增加将超过额定值，使绕组过热。还必须注意，在低于额定电压下运行时，和电压平方成正比的最大转矩 T_{max} 会显著地降低，这对电动机的运行也是不利的。

三相异步电动机的额定电压有 380 V、3000 V 及 6000 V 等多种。

4. 电流

铭牌上所标的电流值是指电动机在额定运行时定子绕组的线电流值。

当电动机空载时，转子转速接近于旋转磁场的转速，两者之间相对转速很小，所以转子电流近似为零，这时定子电流几乎全为建立旋转磁场的励磁电流。当输出功率增大时，转子电流和定子电流都随着相应增大，如图 13-7 中 $I_1=f(P_2)$ 曲线所示。图 13-7 是一台 10 kW 三相异步电动机的工作特性曲线。

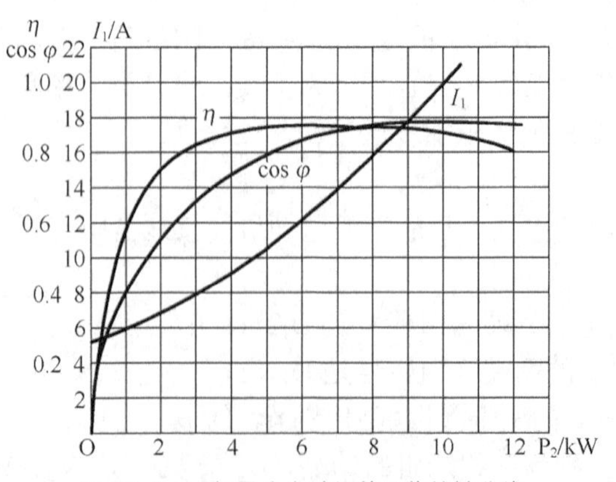

图 13-7　三相异步电动机的工作特性曲线

5. 功率与效率

铭牌上所标的功率值是指电动机在额定运行时轴上输出的机械功率值。输出功率与输入功率不等，其差值等于电动机本身的损耗功率，包括铜损耗、铁损耗及机械损耗等。所谓效率 η 就是输出功率与输入功率的比值。

如以 Y132M-4 型电动机为例：

输入功率 $P_1=\sqrt{3}U_1I_1\text{oos}\varphi=\sqrt{3}\times380\times15.4\times0.85\text{W}=8.6\text{kW}$

输出功率 P_2=7.5 kW

效率 $\eta=\frac{P_2}{P_1}=\frac{7.5}{8.6}\times100\%=87\%$

一般笼型电动机在额定运行时的效率约为 72%～93%。$\eta=f$（P_2）曲线如图 13-7 所示，在额定功率的 75%左右时效率最高。

6. 功率因数

因为电动机是电感性负载，定子相电流比相电压滞后一个 φ 角，cos φ 就是电动机的功率因数。

三相异步电动机的功率因数较低，在额定负载时约为 0.7～0.9，而在轻载和空载时更低，空载时只有 0.2～0.3。因此，必须正确选择电动机的容量，防止“大马拉小车”，并力求缩短空载的时间。

cos $\varphi=f$（P_2）曲线如图 13-7 所示。

7. 转速

由于生产机械对转速的要求不同，需要生产不同磁极数的异步电动机，因此有不同的转速等级。最常用的是四个极的（n_0=1500 r/min）。

8. 绝缘等级

绝缘等级是按电动机绕组所用的绝缘材料在使用时容许的极限温度来分级的。所谓极限温度，是指电机绝缘结构中最热点的最高容许温度。技术数据见表 13-3。

表 13-3 绝缘等级和极限温度

绝缘等级	A	E	B	F	H
极限温度（℃）	105	120	130	155	180

9. 工作方式

电动机的工作方式分为八类，用字母 S_1～S_8 分别表示。例如：

① 连续工作方式（S_1）；

② 短时工作方式（S_2），分 10min、30min、60min、90 min 4 种；

③ 断续周期性工作方式（S_3），其周期由一个额定负载时间和一个停止时间组成，额定负载时间与整个周期之比称为负载持续率。标准持续率有 15%、25%、40%、60% 4 种，每个周期为 10 min。

三、选型

1. 分类

异步电动机在工农业生产各种机械负载中被广泛采用，按照不同的特征分类如下。

① 按照转子结构形式分。

- 笼式异步电动机；
- 绕线式异步电动机。

② 按机壳防护形式分。

- 防护式电动机。能防止水滴、尘土、铁屑或其他物体从上方或斜上方落入电动机内部，适用于较清洁的场合。
- 封闭式电动机。能防止水滴、尘土、铁屑或其他物体从任意方向侵入电动机内（但不密封），适用于灰沙较多的场所，如拖动碾米机、球磨机及纺织机械等。
- 开启式电动机。电动机除必要的支撑结构外，转动部分及绕组没有专门的防护，与外界空气直接接触，散热性能较好。

③ 按相数分为三相和单相电动机。单相异步电动机一般为1kW以下的小功率电动机，分为单相电阻启动、单相电容启动、单相电容运转、单相电容启动与运转和单相罩极式等，广泛应用于工农业生产和人民日常生活的各个领域，尤其是电动工具、医疗器械、家用电器等。

④ 按通风冷却方式分有自冷式、自扇冷式、他扇冷式、管道通风式4种。

⑤ 按安装结构形式分有卧式、立式、带底脚、带凸缘4种。

⑥ 按绝缘等级分有E级、B级、F级、H级。

⑦ 按工作定额分有连续、断续、短时3种。

2. 选型

J2系列、JO2系列为一般用途的小型三相笼形异步电动机，目前已被淘汰，由Y系列三相笼形异步电动机所取代。Y系列异步电动机具有效率高、节能、堵转转矩高、噪声低、振动小和运行安全可靠等优点，安装尺寸和功率等级符合IEC标准，是我国统一设计的基本系列。Y2系列三相异步电动机是Y系列电动机的更新产品，进一步采用了新技术、新工艺与新材料，机座中心高为63～355mm，功率等级为0.12～315kW，绝缘等级为F级，防护等级为IP54，具有低振动、低噪声、结构新颖、造型美观及节能节材等优点，达到了20世纪90年代国际先进水平。

13.3 三相异步电动机的拆装与维修

对三相异步电动机进行检修和保养时，经常需要拆装电动机，如果拆装时操作不当就会损坏零部件，因此，只有掌握正确的拆卸与装配工艺，才能保证电动机的正常运行和检修质量。

一、三相异步电动机的拆卸

（一）容量及质量较小的三相异步电动机的拆卸工艺

1. 拆卸前的准备工作

① 准备好拆卸场地及拆卸电动机的专用工具，如图13-8所示。

② 做好记录或标记。在引出线、端盖、刷握等处做好标记；记录好联轴器与端盖之间的距离及电刷装置把手的行程（绕线转子异步电动机），以便装配后使电动机能恢复到原状态。不正确的拆卸，很可能损坏零件或绕组，甚至扩大故障，增加修理的难度，造成不必要的损失。

2. 电动机的拆卸步骤

操作步骤：切断电源→拆卸带轮→拆卸风扇→拆卸轴伸出端端盖→拆卸前端盖→抽出转

子→拆卸轴承。

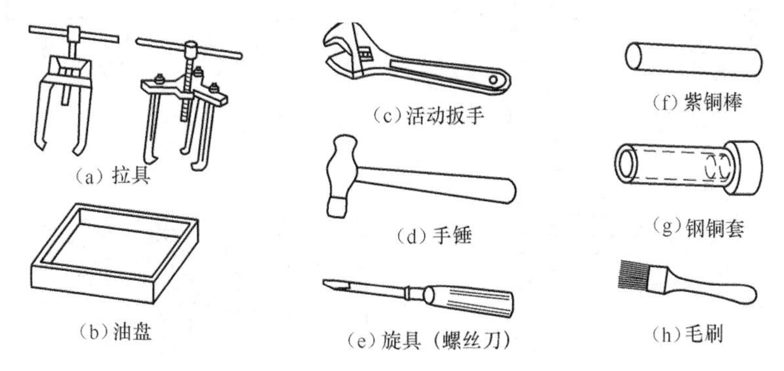

图 13-8 电动机拆卸常用工具

① 切断电源，拆卸电动机与电源的连接线，并对电源引出线做好绝缘处理。

② 脱开带轮或联轴器与负载的联接，松开地脚螺栓和接地螺栓。将各螺母、垫片等小零件用一个小盒装好，以免丢失。

③ 卸下带轮或联轴器。

④ 卸下前轴承外盖和端盖（绕线转子电动机要先提起和拆除电刷、电刷架及引出线）。

⑤ 卸下风罩和风扇。

⑥ 卸下后轴承外盖和后端盖。

⑦ 抽出或吊出转子（绕线转子电动机注意不要损伤滑环面和刷架）。

对子配合较紧的小型异步电动机，为了防止损坏电动机表面的油漆和端盖，可按如图 13-9 所示的顺序进行。

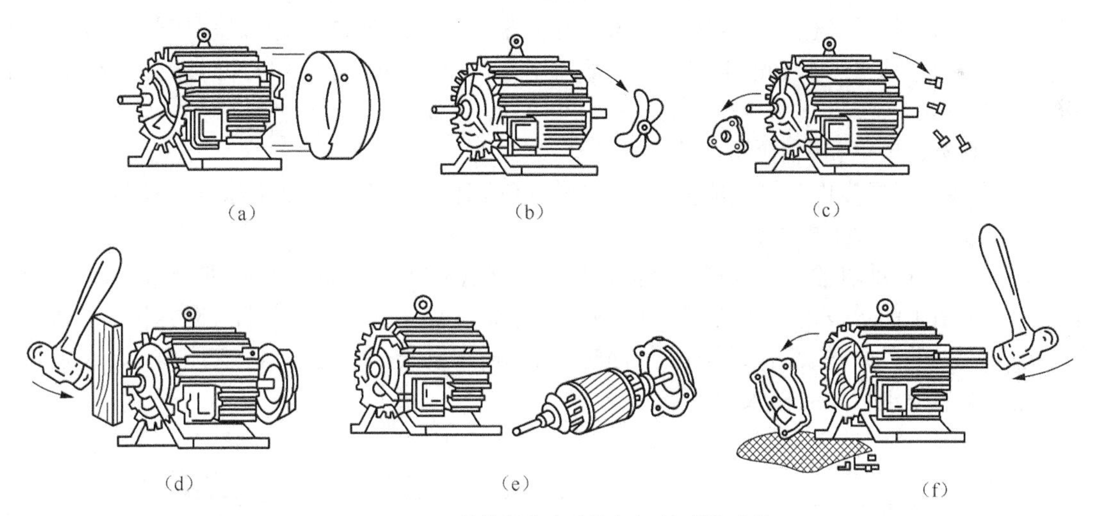

图 13-9 配合较紧的小型异步电动机拆卸步骤

3. 电动机主要零部件的拆卸方法

（1）带轮或联轴器的拆卸。

① 用粉笔标好带轮的正反面，以免安装时装反。

② 在带轮（或联轴器）的轴伸端做好标记，如图 13-10 所示。

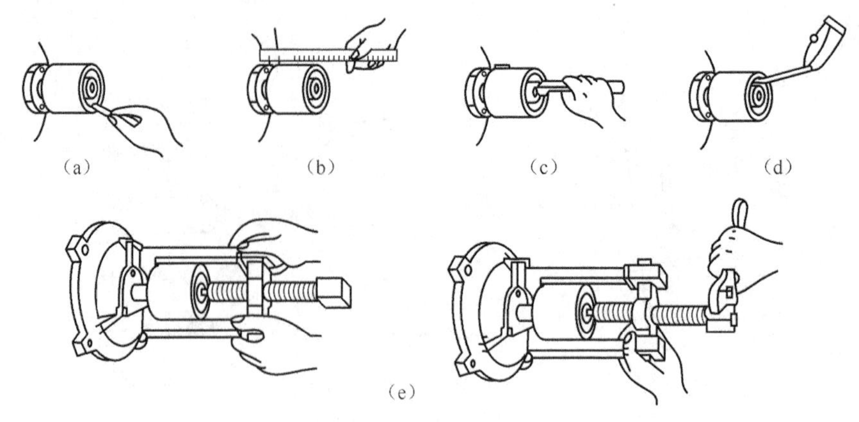
图 13-10 带轮或联轴器的拆卸

③ 松下带轮或联轴器上的压紧螺钉或销子。

④ 在螺钉孔内注入煤油。

⑤ 按图 13-10 所示的方法装好拉具，拉具螺杆的中心线要对准电动机轴的中心线，缓慢转动丝杆，把带轮或联轴器慢慢拉出，切忌硬拆。对带轮或联轴器较紧的电动机，拉出有困难时，可用喷灯等急火在带轮外侧轴套四周加热（掌握好温度，以防变形），使其膨胀就可拉出。在拆卸过程中。严禁用手锤直接敲出带轮，避免造成带轮或联轴器碎裂以及轴变形、端盖受损。

（2）轴承盖和端盖的拆卸。

① 在端盖与机座体之间打好记号（前后端盖记号应有区别），便于装配时复位。

② 松开端盖上的紧固螺栓，用一个大小适宜的旋凿插入螺钉孔的根部，将端盖按对角线一先一后地向外扳撬（也可用紫铜棒均匀敲打端盖上有脐的部位），把端盖取下，如图 13-11 所示。较大的电动机因端盖较重，应先把端盖用起重设备吊住，以免拆卸时端盖跌碎或碰伤绕组。

（3）刷架、风罩和风扇叶的拆卸。

① 绕线转子异步电动机电刷拆却前应先做好标记，便于复位。然后松开刷架弹簧，抬起刷握，卸下电刷，取下电刷架。

② 封闭式电动机的带轮或联轴器拆除后，就可以把风罩的螺栓松脱，取下风罩，再将转子轴尾端风扇上的定位销或螺栓拆下或松开。用手锤在风扇四周轻轻敲打，慢慢将扇叶拉下，如小型电动机的风扇在后轴承不需要加油时，拆卸时可随转子一起抽出。若风扇是塑料制成，可用热水加热使塑料风扇膨胀后旋下。

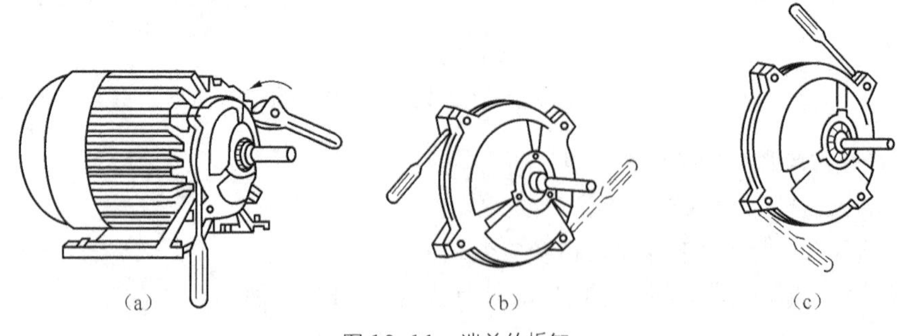
图 13-11 端盖的拆卸

（4）轴承的拆卸与检查。

① 轴承拆卸常用方法。

● 用拉具拆卸。

根据轴承的大小，选择适当的拉具，按如图 13-12 所示的方法夹住轴承，拉具的脚爪应紧扣在轴承内圈上，拉具的丝杆顶点要对准转子轴的中心，缓慢匀速地扳动挂杆。

● 放在圆桶上拆卸。

在轴的内圈下面用两块铁板夹住，放在一只内径略大于转子的圆桶上面，在轴的端面上放上铜块，用手锤轻轻敲打，着力点对准轴的中心，如图 13-13 所示。圆桶内放一些棉纱头，以防轴承脱下时转子摔坏。

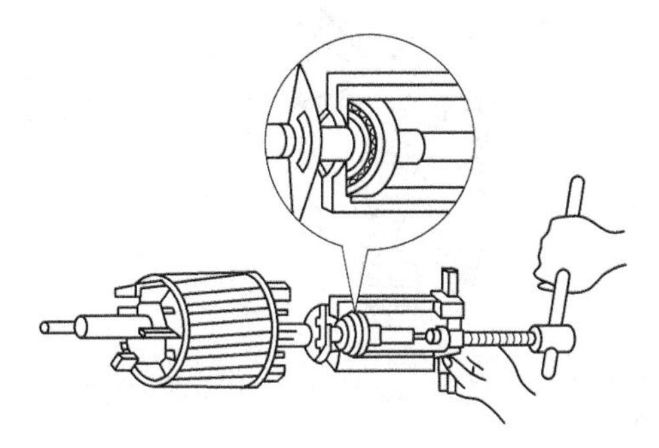

图 13-12 用拉具拆卸电动机轴承

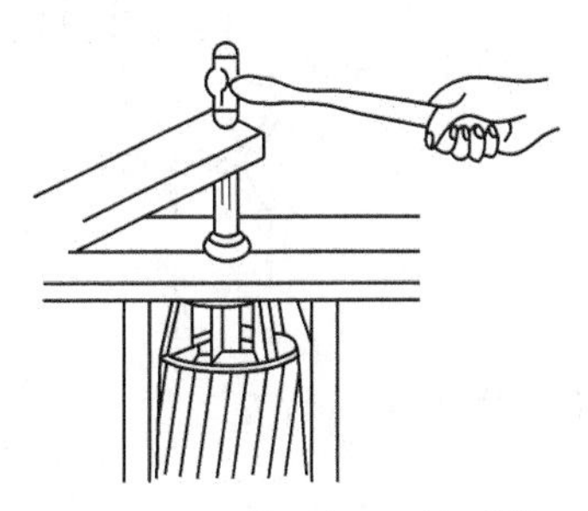

图 13-13 轴承放在圆桶上拆卸

● 加热拆卸。

因轴承装配过紧或轴承氧化锈蚀不易拆卸时，可将 100℃的机油淋浇在轴承内圈上，趁热用上述方法拆卸。为了防止热量过快扩散，可先将轴承用布包好再拆。

● 轴承在端盖内的拆卸。

拆卸电动机时，可能遇到轴承留在端盖的轴承孔内的情况，可采用如图 13-14 所示的方法拆卸。把端盖止口面朝上，平滑地搁在两块铁板上，垫上一段直径小于轴承外径的金属棒，用手锤沿轴承外圈敲打金属棒，将轴承敲出。

② 轴承的检查。

● 检查轴承有无裂纹、滚道内有无生锈等。再用手转动轴承外圈，观察其转动是否灵活、均匀，是否有卡位或过松的现象。小型轴承可用左手的拇指和食指捏住轴承内圈并摆平，用另一只手轻轻地用力推动外钢圈旋转，如图 13-15 所示。如轴承良好，外钢圈应转动平稳，并逐渐减速至停。

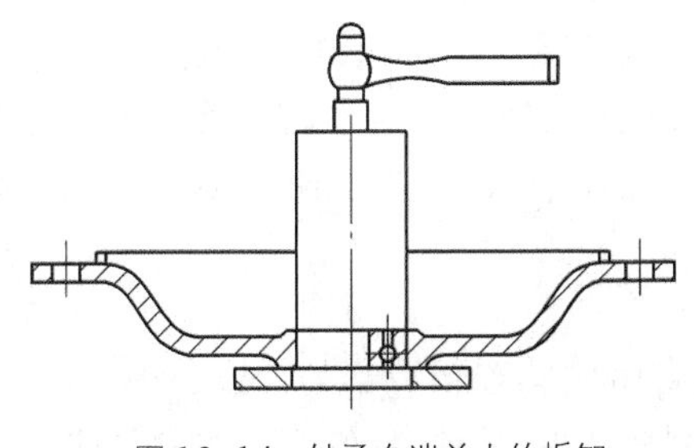

图 13-14 轴承在端盖内的拆卸

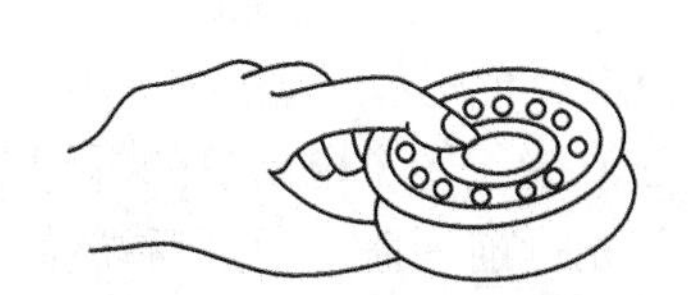

图 13-15 轴承的清洗和检查

● 用塞尺或熔体检查轴承间隙。将塞尺插入轴承内圈滚珠与滚道间隙内并超过滚珠球心，使塞尺松紧适度，此时塞尺的厚度即为轴承的径向间隙。也可用一根直径为 1～2 mm 的熔体将其压扁（压扁的厚度应大于轴承间隙），将这根熔体塞入滚珠与滚道的间隙内，转动轴承外圈将熔体进一步压扁，然后抽出，用千分尺测量熔体弧形方向的平均厚度，即为该轴承的径向间隙，如图 13-16 所示。

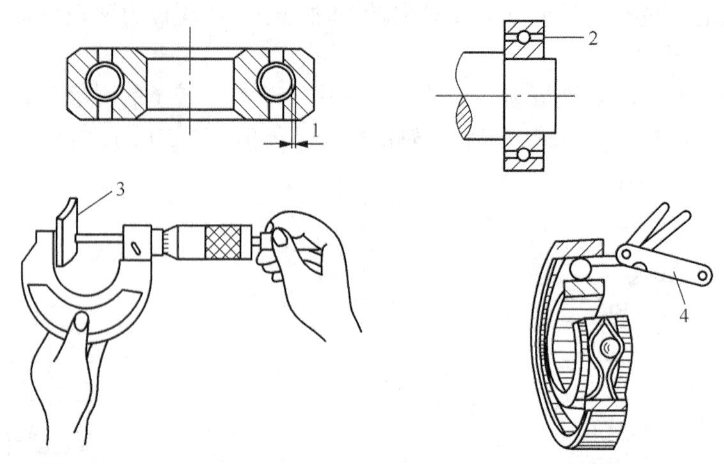

1-径向间隙　2-熔体　3-压扁后的熔体　4-塞尺

图 13-16　小型轴承的检查方法

- 滚动轴承磨损间隙如超过表 13-4 的许可值，就应更换轴承。

表 13-4　**滚动轴承的磨损间隙允许值**　（单位：mm）

轴承内径	径向间隙		
	新滚珠轴承	新滚柱轴承	磨损最大允许值
20～30	0.01～0.02	0.03～0.05	0.10
35～50	0.01～0.02	0.05～0.07	0.10
55～80	0.01～0.02	0.06～0.08	0.25
85～120	0.02～0.04	0.08～0.10	0.30
130～150	0.02～0.05	0.10～0.12	0.36

（二）容量及质量较大的电动机的拆卸要点

① 将电动机的端盖先用起重设备吊住，然后选择适当的扳手，逐步松开紧固的对角螺栓，用紫铜棒均匀敲打端盖有脐的部分。拆卸时注意防止端盖跌碎或碰伤绕组。

② 抽出转子，用钢丝绳套住转子两端轴颈，在钢丝绳与轴颈间衬一层纸板或棉纱头，当转子的重心已移出定子时，在定子与转子的间隙塞入纸板垫衬，并在转子移出的轴端垫以支架或木块，然后将钢丝绳改吊住转子，慢慢将转子抽出。注意不要将钢丝绳吊在铁芯风道里，同时在钢丝绳和转子间垫衬纸板。

（三）绕线转子电动机的拆卸要点

① 先拆前端盖，后拆后端盖。因为前端盖装有电刷装置和短路装置。

② 在拆除之前，先把电刷提起并绑扎，标好刷架位置，以防拆卸端盖时碰坏电刷和电刷装置。

③ 对于负载端是滚柱轴承的电动机，应先拆卸非负载端。

拆卸时的注意事项。

① 拆卸带轮或轴承时，要正确使用拉具；

② 松动与紧固端盖螺钉时必须按对角线上下左右依次旋动；

③ 不能用锤子直接敲打电动机的任何部位，只能用铜捧在垫好木块后再敲击；

④ 抽出转子或安装转子时，要小心谨慎，不可碰伤绕组。

二、三相异步电动机的装配

（一）电动机轴承和转子的装配方法

1. 轴承装配方法

（1）敲打法。

在干净的轴颈上抹一层薄薄的机油。把轴承套上，按如图 13-17（a）所示方法。用一根内径略大于轴颈直径、外径略大于轴承内圈外径的铁管，将铁管的一端顶在轴承的内圈上，用手锤敲打铁管的另一端，将轴承敲进去。

（2）热装法。

如配合较紧，为了避免把轴承内环胀裂或损伤配合面，将轴承放在油锅里（或油槽里）加热，油的温度保持在 100℃左右，轴承必须浸没在油中，又不能与锅底接触，可用铁丝将轴承吊起架空，如图 13-17（b）所示，加热要均匀，浸 30～40min 后，把轴承取出，趁热迅速将轴承一直推到轴颈。

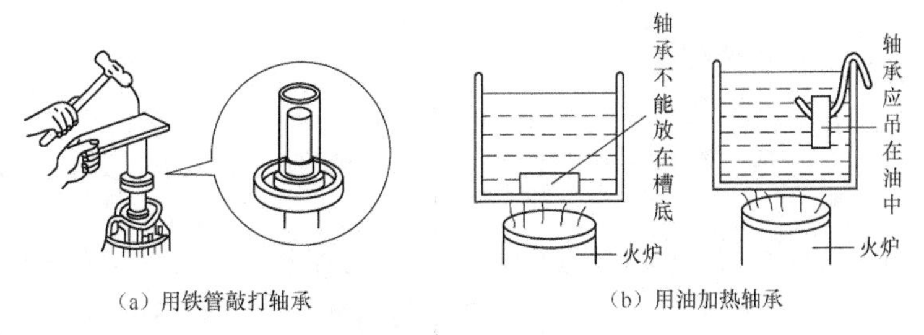

（a）用铁管敲打轴承　（b）用油加热轴承

图 13-17　轴承装配

（3）装润滑脂。

在轴承内外圈和轴承盖里装的润滑脂应洁净，塞装要均匀，一般 2 极电动机装满轴承的 1/3～1/2 的空间容积；4 极及其以上的电动机装满轴承的 2/3 的空间容积。轴承内外盖的润滑脂一般为盖内容积的 1/3～1/2。

2. 转子的装配

安装时转子要对准定子的中心，小心往里送放，端盖要对准机座的标记，旋上后盖螺栓，但不要拧紧。

（二）端盖和刷架、风扇叶、风罩的安装

① 将端盖洗净、吹干，铲去端盖口和机座口的脏物。

② 将前端盖对准机座标记，用木槌轻轻敲击端盖四周。装上螺栓，按对角线一前一后把螺栓拧紧，切不可有松有紧，以免损坏端盖。

③ 装前轴承外盖。可先在轴承外盖孔内插入一根螺栓，缓慢转动转轴，当轴承内盖的孔转得与外盖的孔对齐时，即可将螺拴拧入轴承盖的螺孔内，再装另外两根螺栓。

上述零部件装完后，要用手转动转子，检查其转动是否灵活、均匀，应无停滞或偏重现象。

（三）带轮或联轴器的安装

① 将抛光布卷在圆木上，把带轮或联轴器的轴孔打磨光滑。

② 用抛光布把转轴的表面打磨光滑。

③ 对准键槽把带轮或联轴器套在转轴上。

④ 调整好带轮或联轴器与键槽的位置后，将木板垫在键的一端，轻轻敲打，使键慢慢进入槽内。安装大型电动机的带轮时，可先用固定支持物顶住电动机的非负荷端和千斤顶的底部，再用千斤顶将带轮顶入。

（四）接线和调试

① 调试前应进一步检查电动机的装配质量。如各部分螺栓是否拧紧，引出线的标记是否正确，转子转动是否灵活，轴伸出端径向有无偏摆的情况等。

② 用兆欧表测量电动机绕组之间和绕组与地之间的绝缘电阻，都应符合技术要求。

③ 测量电动机的空载电流。空载时，测量三相空载电流是否平衡。同时观察电动机是否有杂声、震动及其他较大噪声。

④ 用转速表测量电动机转速，并与电动机的额定转速进行比较。

⑤ 让电动机空转运行 30 min 后，检测机壳和轴承处的温度，观察震动和噪声。绕线转子电动机在空载时，还应检查电刷有无火花及过热现象。

三、三相异步电动机的维修

（一）三相异步电动机的保养

1. 电动机的保养及日常检查

① 保持电动机的清洁，不允许水滴、污垢及杂物落到电动机上，更不能使它们进入电动机内部。

② 注意电动机转动是否正常，有无异常的声响和震动，启动所需时间、电流是否正常。

③ 监视电动机绕组、铁芯、轴承、集电环或换向器等部分的温度。检查电动机的通风情况，保持散热风道畅通。

④ 检查电动机的三相电压、电流是否正常。监视电动机负载状况，使负载在额定的允许范围内。

⑤ 注意电动机的配合状态，如轴颈、轴承等的磨损情况，传送带张力是否合适。

2. 电动机的保修周期及内容

（1）日常保养。

主要是检查电动机的润滑系统、外观、温度、噪声、震动等是否有异常情况。检查通风冷却系统、滑动摩擦状况和紧固情况，认真做好记录。

（2）月保养及定期巡回检查。

检查开关、配线、接地装置等有无松动、破损现象；检查引线和配件有无损伤和老化；检查电刷、集电环的磨损情况，电刷在刷握内是否灵活等。

（3）年保养及检查。

除上述项目外，还要检查和更换润滑剂。必要时要把电动机进行抽芯位查，清扫清洗污垢；检查绝缘电阻，进行干燥处理；检查零部件生锈和腐蚀情况；检查轴承磨损情况，判断是否需要更换。

（二）三相异步电动机的故障分析与检查

中、小型三相异步电动机应用广泛，使用环境十分复杂，因此也很容易发生故障。如果在发生轻微故障时能及时发现和进行处理，就可以减少损失。

1．三相异步电动机的常见故障

三相异步电动机的故障多种多样，产生的原因也比较复杂，电动机常见的故障可以归纳为机械故障：如负载过大，轴承损坏，转子扫膛（转子外圆与定子内壁摩擦）等；电气故障：如绕组断路或短路等。三相异步电动机的故障现象比较复杂，同一故障可能出现不同的现象，而同一现象又可能由不同的原因引起。在分析故障时要透过现象抓住本质，用理论知识和实践经验相结合，才能及时准确地查出故障原因。常见故障见表 13-5。

表 13-5　三相异步电动机的常见故障及检修方法

故障现象	可能原因	检修方法
接通电源后，电动机不能启动或有异常的声音	1．熔体熔断	1．更换熔体
	2．电源线或绕组断线	2．查出断路处
	3．开关或启动设备接触不良	3．修复开关或启动设备
	4．定子和转子相擦	4．找出相擦的原因，校正转轴
	5．轴承损坏或有其他异物卡住	5．清洗，检查或更换轴承
	6．定子铁芯或其他零件松动	6．将定子铁芯或其他零件复位，重新焊牢或紧固
	7．负载过重或负载机械卡死	7．减轻拖动负载，检查负载机械和传动装置
	8．电源电压过低	8．调整电源电压
	9．机壳破裂	9．修补机壳或更换电动机
	10．绕组连线错误	10．检查绕组首尾端，正确连线
	11．定子绕组断路或短路	11．检查绕组断路和接地处，重新接好
电动机的转速低，转矩小	1．将三角形错接为星形	1．重新接线
	2．笼型的转子端环、导条断裂或脱焊	2．焊接修补断处或重新更换绕组
	3．定子绕组局部短路或断路	3．找出短路和断路处
电动机过热或冒烟	1．电源电压过低或三相电压相差过大	1．查出电源电压不稳定的原因
	2．负载过重	2．减轻负载或更换功率较大的电动机
	3．电动机缺相运行	3．检查线路或绕组中断路或接触不良处，重新接好
	4．定子铁芯硅钢片间绝缘损坏，使定子涡流增加	4．对铁芯进行绝缘处理或适当增加每槽的匝数
	5．转子和定子发生摩擦	5．校正转子铁芯或轴，或更换轴承
	6．绕组受潮	6．将绕组烘干
	7．绕组短路或接地	7．修理或更换有故障的绕组
电动机轴承过热	1．装配不当使轴承受外力	1．重新装配
	2．轴承内有异物或缺油	2．清洗轴承并注入新的润滑油

续表

故障现象	可能原因	检修方法
电动机轴承过热	3．轴承弯曲，使轴承受外应力或轴承损坏	3．矫正轴承或更换轴承
	4．传送带过紧或联轴器装配不良	4．适当松传送带，修理联轴器或更换轴承
	5．轴承标准不合格	5．选配标准合适的新轴承

2．异步电动机的故障分析与检查

检查的方法如下。

一般的检查顺序是先外部后内部、先机械后电气、先控制部分后机组部分。采用“问、看、闻、摸”的办法。

问：首先应详细询问故障发生的情况，尤其是故障发生前后的变化，如电压、电流等。

看：观察电动机外表有无异常情况，端盖、机壳有无裂痕，转轴有无弯曲，转动是否灵活，必要时打开电动机观察绝缘漆是否变色，绕组有无烧坏的地方。

闻：也可用鼻子闻一闻有无特殊气味，辨别出是否有绝缘漆或定子绕组烧毁的焦糊味。

摸：用手触摸电动机外壳及端盖等部位，检查螺栓有无松动或局部过热（如机壳某部位或轴承室附近等）的情况。

如果表面观察难以确定故障原因，可以使用仪表测量，以便作出科学、准确的判断。其步骤如下。

用兆欧表分别测量绕组相间绝缘电阻、对地绝缘电阻。

如果绝缘电阻符合要求，用电桥分别测量三相绕组的直流电阻是否平衡。

前两项符合要求即可通电，用钳形电流表分别测量三相电流，检查其三相电流是否平衡而且是否符合规定要求。

三相异步电动机绕组损坏大部分是由单相运行造成。即正常运行的电动机突然一相断电，而电动机仍在工作。由于电流过大，如不及时切断电源，势必会烧毁绕组。单相运行时，电动机声音极不正常，发现后应立即停止。造成一相断电的原因是多方面的，如一相电源线断路、一相熔断器熔断、开关一相接触失灵、接线头一相松动等。

此外，绕组短路故障也较多见，主要是绕组绝缘不同程度的损坏所致。如绕组对地短路、绕组相间短路和一相绕组本身的匝间短路等都将导致绕组不能正常工作。

当绕组与铁芯间的绝缘（槽绝缘）损坏时，发生接地故障，由于电流很大，可能使接地点的绕组烧断或使熔丝（保险丝）熔断，继而造成单相运行。

相间绝缘损坏或电动机内部的金属杂物（金属碎屑、螺钉、焊锡豆等）都可导致相间短路，因此装配时一定要注意电动机内部的清洁。

一相绕组如有局部导线的绝缘漆损坏（如嵌线或整形时用力过大，或有金属杂物）可使线圈间造成短接，就叫匝间短路，使绕组有效圈数减少，电流增大。

（1）电动机的外部检查。

在对电动机的外观、绝缘电阻、外部接线等进行详细检查之后，未发现异常情况，可对电动机做进一步的通电试验：将三相低电压（30%U_N）通入电动机三相绕组并逐步升高电压，当发现声音不正常、有异味或转不动时，立即断电检查。如未发现问题，可测量三相电流是否平衡，电流大的一相可能是绕组短路，电流小的一相可能是多路并联绕组中的支路断路。若三相电波平衡，可使电动机继续运行1～2 h，随时用手检查铁芯部位及轴承端盖温度，若烫手，立即停下检查。如线圈过热则是绕组短路，如铁芯过热，则是绕组匝数不够，或铁芯硅钢片间的绝缘损坏。以上检查均应在电动机空载下进行，如图 13-18 所示。

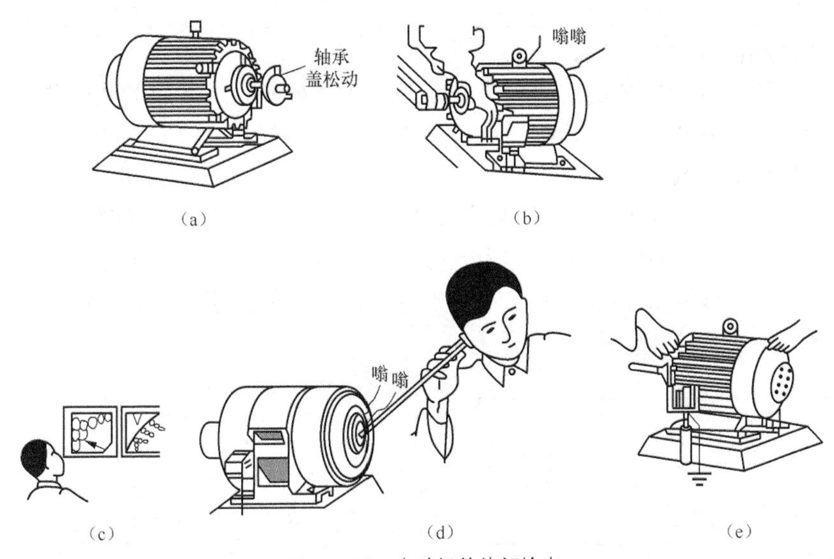

图 13-18 电动机的外部检查

（2）电动机的内部检查方法见表 13-6。

表 13-6 **电动机的内部故障检查方法**

检查项目	检查内容
检查绕组部分	查看绕组端部有无积尘和油垢，查看绕组绝缘、接线及引出线有无损伤或烧伤。若有烧伤，烧伤处的颜色会变成暗黑色或烧焦，有焦臭味。再查看导线是否烧断和绕组的焊接处有无脱焊、虚焊现象
检查铁芯部分	查看转子、定子表面有无擦伤的痕迹。若转子表面只有一处擦伤，这大都是由于转子弯曲或转子不平衡造成的；若转子表面一周全有擦伤的痕迹，定子表面只有一处伤痕，这是由于定子、转子不同心造成的，造成不同心的原因是机座或端盖止口变形或轴承严重磨损使转子下落。若定子、转子表面均有局部擦伤痕迹，是由上述两种原因共同引起的
检查轴承部分	查看轴承的内、外套与轴颈和轴承室配合是否合适，同时要检查轴承的磨损情况
检查其他部分	查看风扇叶是否损坏或变形，转子端环有无裂痕或断裂，再用短路测试器检查导条有无断裂

（3）绕组绝缘电阻很低的检查与修理。

① 用兆欧表检查。

将兆欧表的两个出线端分别与电动机的绕组和机座相连，以 120r/min 的速度摇动兆欧表手柄，若所测得绝缘电阻位在 0.5 MΩ 以上，说明被测电动机绝缘良好；在 0.5MΩ 以下或接近“0”，说明电动机绕组已受潮，或绕组绝缘很差；如果被测绝缘电阻值为“0”，同时有的接地点还发出放电声或有微弱的放电现象，则表明绕组已接地；如有时指针摇摆不定则说明绝缘已被击穿。

② 修理。

● 如果接地点在槽口或槽底接口处，可用绝缘材料垫入线圈的接地处，再检查故障是否已经排除，如已排除则可在该处涂上绝缘漆，再烘干处理。如果故障在槽内，则需更换绕组或用穿绕修补法修复。

● 绕组绝缘电阻很低的检修。可将故障绕组的表面擦抹及吹刷干净，然后放在烘箱内慢慢烘干，当烘到绝缘电阻值上升到 0.5MΩ 以上时，再给绕组浇一层绝缘漆，并重新烘干，以防回潮。

（4）绕组断路的检查与修理。

电动机定子绕组内部连接线、引出线等断开或接头处松脱所造成的故障称为绕组断路故障。这类故障多发生在绕组端部的槽口处，检查时可先检查各绕组的接线处和引出头处有无烧损、焊点松脱和熔化现象。

① 用万用表检查。将万用表置于 R×1 或 R×10 挡上，分别测量三相绕组的直流电阻值。对于单线绕制的定子绕组而言，电阻值为无穷大或接近该值时，说明该相绕组断路。如无法判定断路点时，可将该绕组中间连接点处剖开绝缘，进行分段测试，如此逐段缩小故障范围，最后找出故障点，如图 13-19 所示。

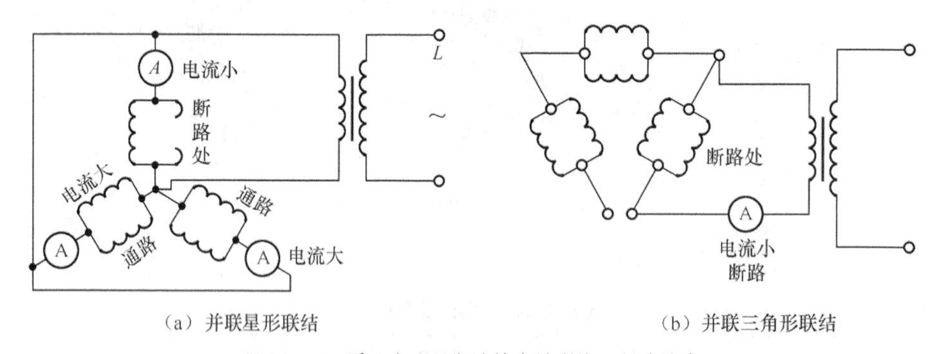

（a）并联星形联结

（b）并联三角形联结

图 13-19 采用电流平衡法检查并联绕组断路故障

② 用电桥检查。

如电动机功率稍大，其定子绕组由多路并绕而成，当其中一相发生故障时，用万用表难以判断，此时需用电桥分别测量各相绕组的直流电阻。断路相绕组的直流电阻值明显大于其他相，再参照上述的办法逐步缩小故障范围，最后找出故障点。

下面以 QJ44 型双臂电桥（见图 13-20）为例，介绍其测量绕组直流电阻的方法。测量绕组直流电阻按图 13-21 所示接线。

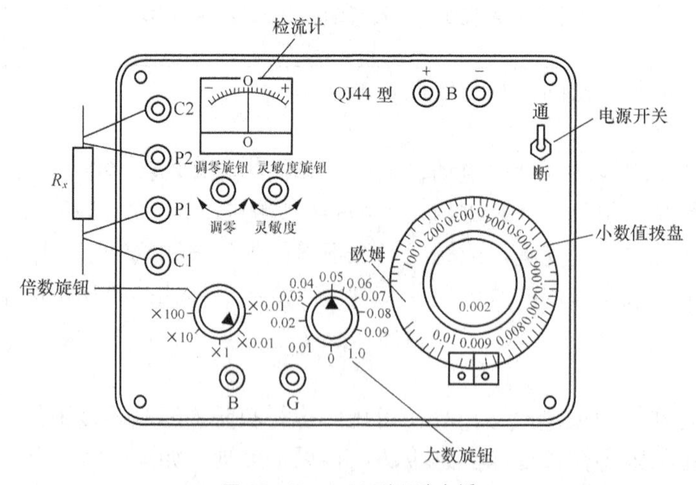

图 13-20 QJ44 型双臂电桥

● 安装好电池。外接电池时应注意正、负极。

● 接好被测电阻及 R_x。注意 4 条接线的位置应如图 13-21 所示。

● 将电源开关拨向“通”的方向，接通电源。

● 调整调零旋钮，使检流计的指针指在零位。一般测量时，将灵敏度旋钮旋到较低的位置。

● 按估计的被测电阻值预调倍数旋钮或大数旋钮。倍数与被测值的关系见表 13-7。

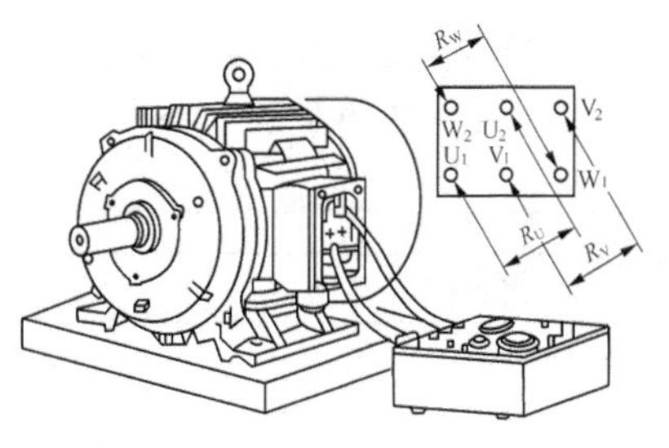

图 13-21 测量绕组直流电阻接线图

表 13-7 QJ44 型双臂电桥与测量范围对照表

被测电阻范围/Ω	1～11	0.1～1.1	0.01～0.11	0.001～0.011	0.0001～0.0011
应选倍数	100	10	1	0.1	0.01

● 先按下按钮 B，再按下按钮 G。先调大数旋钮，粗略确定数值范围，再调小数值拨盘，细调确定最终数值。使检流计指针指向零。

检流计指零后，先松开 G，再松开 B。测得结果为：

（大数旋钮所指数+小数值拨盘所指教）×倍数旋钮所指倍数

● 测量完毕，将电源开关拨向“断”，断开电源。

● 测量结果的判定。所测各相电阻值之间的误差与三相绕组阻值的平均值之比不得大于 5%。

● 注意事项。

a．若按下按钮 G 时，指针很快打到“+”或“-”的最边缘，则说明预调值与实际值偏差较大，此时应先松开按钮 G，调整后，再按下按钮 G 观看调整情况。长时间让检流计指针偏在边缘处会对检流计造成伤害。

b．B、G 两个按钮分别负责电源和检流计的通断。使用时应注意：先按下 B，后按下 G；先松开 G，后松开 B。否则有可能损坏检流计。

c．长时间不使用时，应将内装电池取出。

③ 修理。

● 局部补修。断点在端部、接头处，可将其重新接好焊好，包好绝缘并刷漆即可。如果原导线不够长，可加一小段同线径导线铰接后再焊。

● 更换绕组或穿绕修补。定子绕组发生故障后，若经检查发现仅个别线圈损坏需要更换。为了避免将其他的线圈从槽内翻起而受损，可以用穿绕法修补。穿绕时先将绕组加热到 80～100℃，使绕组的绝缘软化，然后把损坏线圈的槽锲敲出，并把损坏线圈的两端剪断。将导线从槽内逐根抽出。原来的槽绝缘可以不动，另外用一层 6520 聚酯薄绝缘纸卷成圆筒，塞进槽内，然后用与原来的导线规格、型号相同的导线，一根一根地在槽内来回穿绕到最接近原来的匝数，最后按原来的接线方式接好线、焊好后，进行浸漆干燥处理，如图 13-22 所示。

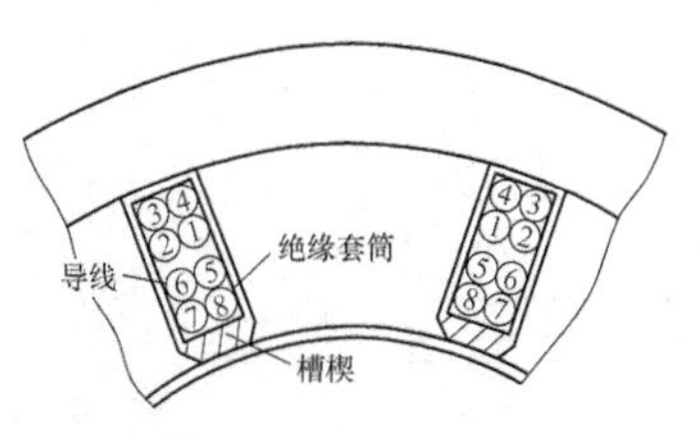

图 13-22 穿绕修补

（5）绕组短路的检查和修理。

定子绕组的短路故障按发生地点分为绕组对地短路、绕组匝间短路和绕组相与相间短路三种。

① 绕组短路的检查。

检查的内容见表 13-8。

表 13-8 绕组短路的检查

检查项目	检查内容
直观检查	使电动机空载运行一段时间，然后拆开电动机端盖，抽出转子，用手触摸定子绕组。如果有一个或几个线圈过热，则这部分线圈可能有匝间或相间短路故障。也可观察线圈外部绝缘有无变色和烧焦，或闻有无焦臭气味，如有，该线圈可能短路
用兆欧表检查相间短路	拆开三相定子绕组接线盒中的连接片，分别测量任意两相绕组之间的绝缘电阻，若绝缘电阻阻值为零或极小，说明该两相绕组相间短路
检查匝间短路	用钳形电流表测三相绕组的空载电流，空载电流明显偏大的一相有匝间短路故障
	用直流电阻法测量匝间短路。用电桥分别测量各个绕组的直流电阻，电阻值较小的一相可能有匝间短路

② 绕组短路的修理。

绕组匝间短路故障一般事先不易发现，往往是在绕组烧损后才得知，因此，遇到这类故障往往需视故障情况全部或部分更换绕组。绕组相间短路故障如发现得早，未造成定子绕组烧损事故时，可以找出故障点，用竹锲插入两线圈的故障处（如插入有困难时可先将线圈加热），把短路部分分开，再垫上绝缘材料，并加绝缘漆使绝缘恢复。

（6）笼型转子故障的检查与排除

笼型转子的常见故障是断条，断条后的电动机一般能空载运行，但加上负载后，电动机转速将降低，甚至停转。此时若用钳形电流表测量三相定子绕组电流，电流表指针会往返摆动。断条的检查方法通常用短路测试器检查。

用短路测试器检查的示意图如图 13-23 所示。若短路测试器经过某一槽口时电流下降，则该槽口处导条断裂。

转子导条断裂故障一般较难修理，通常是更换转子。

（7）绕线转子故障的检修。

① 绕线转子绕组断路、短路、接地等故障检修与定子绕组故障检修相同。

② 集电环、电刷、举刷和短路装置的检修

● 集电环的检修。如图 13-24 所示，铜环表面车光，铜环紧固，使接线杆与铜环接触良好。若铜环短路，可更换破损的套管或更换新的集电环。

● 电刷的检修。调节电刷的压力，研磨电刷使之与集电环接触良好或更换同型号的电刷。

● 举刷和短路装置的检修。手柄未扳到位时，排除卡阻和更换新的键或触头；电刷举、落不到位时，排除机械卡阻故障。

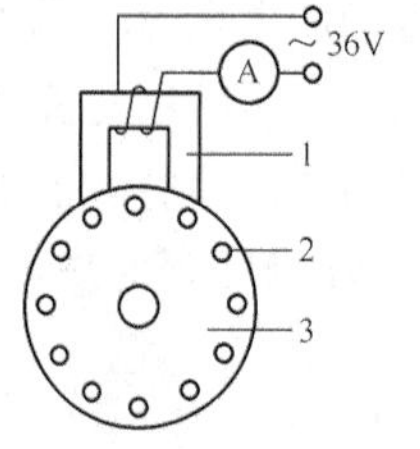

1-短路测试器 2-导条 3-转子

图 13-23 短路测试器检查测试断条

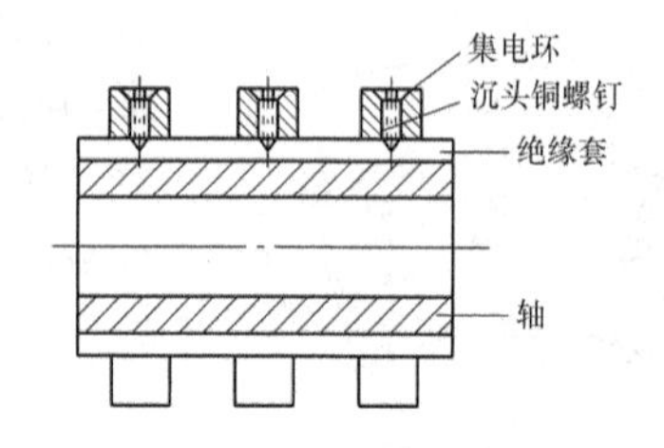

图 13-24 检查集电环、电刷、举刷和短路装置

四、异步电动机修理后的检查试验

（一）一般检查

主要是检查电动机的装配质量。外观是否完好，各紧固件是否紧密可靠。出线端的标记和连接是否正确，转子转动是否灵活。绕线转子电动机还应检查电刷、刷架及集电环的装配质量，电刷与集电环接触是否良好等。

（二）试验测量

1. 绝缘电阻的测量

主要测定各绕组间、各绕组与地间冷态绝缘电阻。对于 500V 以下的电动机，绝缘电阻值不应低于 1MΩ。

（1）测定方法。

① 绕组对机壳的绝缘电阻。将三相绕组的三个尾端（W_2、U_2、V_2）用裸铜线连在一起。兆欧表 L 端子接任一绕组首端；E 端子接电动机外壳。以约 120r/min 的转速摇动兆欧表的摇把 1min 左右后，读兆欧表的该数，如图 13-25 所示。

② 绕组相与相之间的绝缘电阻。将三相尾端连线拆除。兆欧表两端分别接 U_1 和 V_1、U_1 和 W_1、W_1 和 V_1，按①中所述方法测量各相间的绝缘电阻。

③ 绕线转子绕组的绝缘电阻。绕线转子的三相绕组一般均在电动机内部接成星形，所以只测量各相对机壳的绝缘电阻。测量时，应将电刷等全部安装到位，兆欧表 L 端子应接在转子引出线端或刷架上，E 端接电动机外壳或转子轴。

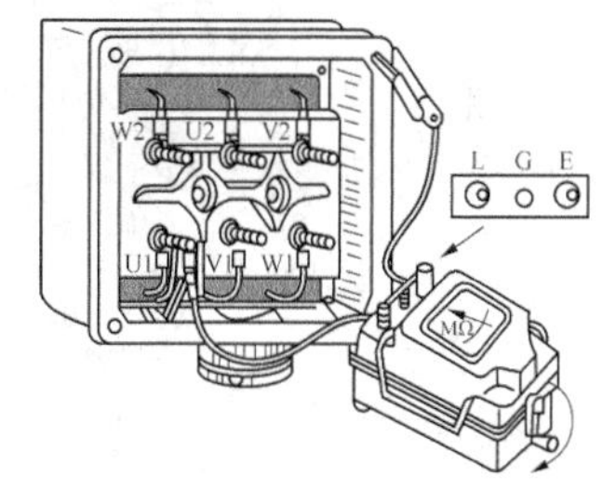

图 13-25 兆欧表测绕组对地绝缘电阻

（2）测量结果的判定。

在国家电动机行业标准中，只规定了电动机处在热状态时的绝缘电阻最低限值，该限值为：

被测电动机额定电压（V）÷ 1000（MΩ）

电动机修理行业一般只测冷态时的绝缘电阻值，并按上述标准的 10～50 倍进行考核。

对于 500V 以下的电动机，其绝缘电阻不应低于 0.5MΩ。全部更换绕组的不应低于 5 MΩ。

（3）注意事项。

① 应根据电动机的额定电压选择兆欧表的电压等级，额定电压低于 500V 的电动机用 500V 的兆欧表测量，额定电压在 500～3000V 的电动机用 1000V 兆欧表测量，额定电压大于 3000V 的电动机用 2500V 兆欧表测量，并检查所用表及引线是否正常。

② 测量时，未参与的绕组应与电动机外壳用导线连接在一起。

③ 测量完毕后，应用接地的导线接触绕组进行放电，然后再拆下仪表连线，否则在用手拆线时就可能遭受电击。这一点对大型或高压电动机尤为重要。

2. 直流电阻的测量

绕组电阻采用双臂电桥测量，所测各相电阻值偏差与其平均值之比不得超过 5%。

3. 耐压试验

电动机定子绕组相与相之间及每相与机壳之间经过绝缘处理后，能承受一定的电压试验而不击穿称为耐压试验。对绕线转子电动机，包含转子绕组相与相之间及相与地之间的耐压。耐压试验的目的是考核各相绕组之间及各相绕组对机壳之间的绝缘性能的好坏，以确保电动机的安全运行及操作人员的人身安全。

4. 空载试验

（1）试验方法。

① 将电动机安装固定好，调节好水平。

② 安装好启动线路和控制保护装置。

③ 接通电源，空载运行。

三相异步电动机的空载试验是在三相定子绕组上加额定电压，让电动机在空载状态下运行，空载试验的线路如图 13-26 和图 13-27 所示。

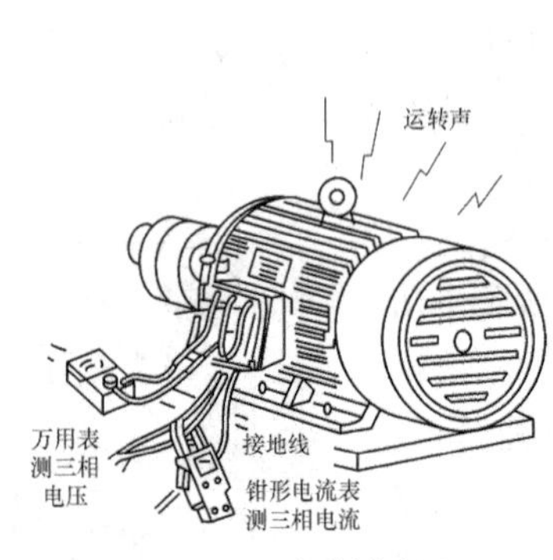

图 13-26 空载试验图

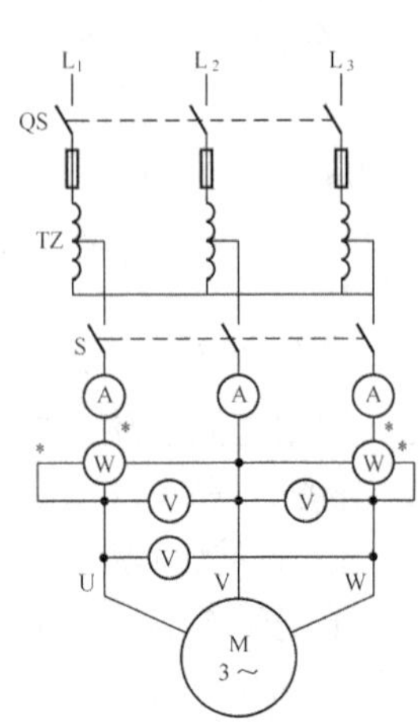

图 13-27 空载试验电路图

④ 保持在额定电压下运行 30～60 min。用电流表测量空载电流，用两功率表法测量三相功率。

⑤ 观察电动机的运行情况，监听有无异常声音，铁芯是否过热，轴承的温升及运转是否正常、电动机振动和噪声等。绕线转子电动机还应检查电刷有无火花和过热现象。

（2）测量结果的判定

① 任何一相的空载电流与三相空载电流的平均值偏差不得大于平均值的 10%。即：

$$\frac{I-I_{av}}{I_{av}}\leqslant 10\%$$

超过 10%，说明气隙不均匀、磁路不对称。

② 与该电动机原出厂的相应值对比，电动机的空载电流不应超出 10%、空载损耗不应超出 20%，否则说明定子绕组的匝数及接线错误、铁芯质量不好。

（3）注意事项

① 启动时应注意安全。

② 空载时间不应太长，以免损坏电动机。

③ 合理选择电流表、电压表、功率表量程；由于空载时电动机的功率因数较低，最好采用低功率因数功率表进行测量。

（三）三相异步电动机定子绕组首末端判别

三相定子绕组的连接片拆开以后，此时定子绕组的 6 个接线端子往往不易分清，首先必须正确判定三相绕组的 6 个接线端子的首末端，才能将电动机正确接线并投入运行。6 个接线端子的首末端判别方法有以下三种。

1. 36V 交流电源法

① 用万用表电阻挡先将三相绕组分开。

② 给分开后的三相绕组的 6 个接线端子假设编号，分别编为 U_1、U_2；V_1、V_2；W_1、W_2。然后按图 13-28 所示把任意两相中的两个线头（设为 V_1 和 U_2）连接起来，构成两相绕组串联。

③ 在另外两个引出线 V_2 和 U_1 上接交流电压表。

④ 在另一相绕组 W_1 和 W_2 上接 36V 交流电源，如果电压表有读数，说明引出线 U_1、U_2 和 V_1、V_2 的编号正确。如果无读数，把 U_1、U_2 和 V_1、V_2 中任意两个引出线的编号对调。

⑤ 采用以上的步骤判断 W_1、W_2 两个引出线，确定编号。

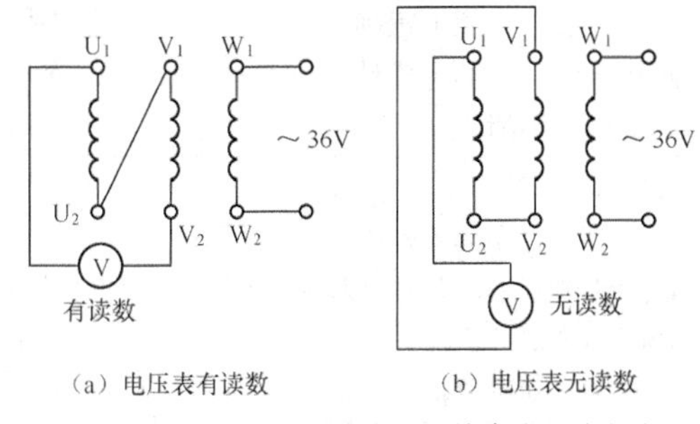

图 13-28 用低压交流电源法检查绕组首末端

2. 剩磁感应法

① 用万用表电阻挡先将三相绕组分开。

② 给分开后的三相绕组的 6 个接线端子假设编号，分别编为 U_1、U_2；V_1、V_2；W_1、W_2。

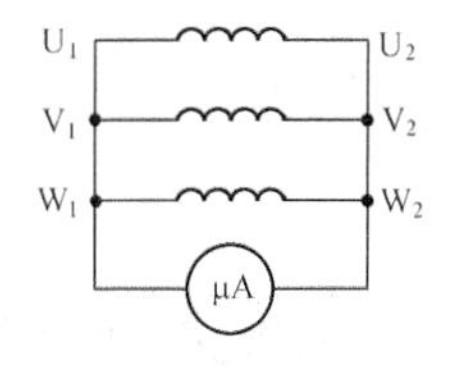

图 13-29 剩磁感应法判别绕组首末端

③ 按图 13-29 所示电路接线，用手转动电动机转子。由于电动机定子及转子铁芯中通常均有少量的剩磁，当磁场变化时，在三相定子绕组中将有微弱的感应电动势产生，此时若并接在绕组两端的微安表（或万用表微安挡）指针不动，说明假设的编号是正确的；若指针有偏转，说明其中有一相绕组的首末端假设编号不对。应逐相对调重新测量，直至正确为止。

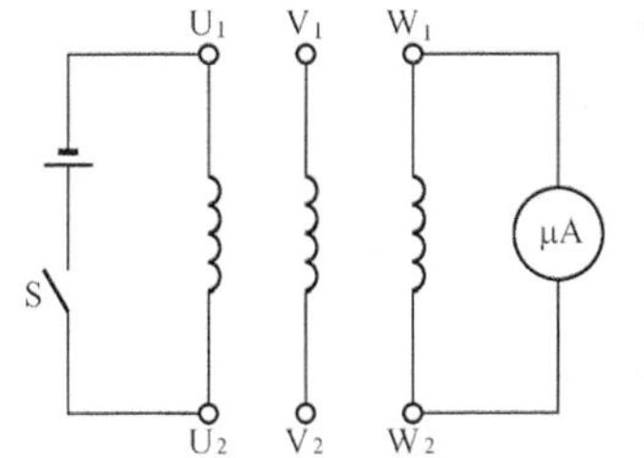

图 13-30 电池法判别绕组首末端

3. 电池法

① 同前述方法一样先分清三相绕组，并进行假设编号。

② 按如图 13-30 所示接线，合上电池开关的瞬间，若微安表指针摆向大于零的一边，则接电池正极的引出线与微安表负极所接的引出线同为首端（或同为末端）。

③ 再将微安表接另一相绕组的两引出线，用上述方法判断首末端即可。

13.4 实习内容

一、三相异步电动机的拆装训练

正确拆卸和装配小型三相异步电动机，能测试相关参数，进行好坏判别。

二、定子绕组首末端判别训练

在规定时间内，利用 36V 低压交流电源法判别三相定子绕组的首末端，用剩磁感应法或电池法校验。

三、考核标准

表 13-9　　小型三相异步电动机拆装训练考核评定标准

训练内容	配分	扣分标准		扣分	得分
拆卸	30 分	1．工具、仪器、材料未准备好 2．拆卸方法、步骤不正确 3．碰伤绕组、损坏零部件 4．装配标志不清楚	扣 10 分 每次扣 10 分 每次扣 10 分 每处扣 5 分		
装配	40 分	1．装配步骤错误 2．碰伤绕组、损坏零部件 3．轴承清洗不干净、加润滑油不适量 4．紧固螺钉未拧紧 5．装配后转动不灵活	每次扣 5 分 每次扣 10 分 扣 10 分 每只扣 5 分 扣 10 分		
检测	30 分	1．接线不正确 2．电动机外壳接地不好 3．测量电动机绝缘电阻不合格 4．不会测量电动机的电流、转速、温度 5．空载试验方法不正确、不会判定电动机是否合格	扣 15 分 扣 5 分 扣 10 分 扣 10 分 扣 10 分		
总评（注：各项内容中扣分总值不应超过对应各项内容所配分数）					

表 13-10　　定子绕组的首末端判别考核评定标准

训练内容	配分	扣分标准		扣分	得分
判别方法	50 分	1．接线不正确 2．仪表使用不正确 3．判别方法不正确	扣 20 分 扣 30 分 扣 20 分		
判别结果	30 分	首末端判别错误	扣 30 分		
复验结果	20 分	1．复验方法不正确 2．复验结果不正确	扣 10 分 扣 10 分		
总评（注：各项内容中扣分总值不应超过对应各项内容所配分数）					

四、实习内容拓展

能正确判断小型三相异步电动机的故障并检修。

实习项目 14 单相异步电动机与小型变压器

实习要求

（1）了解单相异步电动机的结构
（2）熟悉单相异步电动机的定子绕组的接线
（3）掌握单相异步电动机定子绕组的故障和检修

实习工具及材料

表 14-1　　实习工具及材料

名称	型号或规格	数量	名称	型号或规格	数量
万用表		1 个	220V/36V 变压器		1 个
兆欧表		1 个	有故障的单相异步电动机		1 个
短路测试器		1 个	常用电工工具		1 套
校验灯		1 个	电动机拆装工具		1 套

单相交流异步电动机为小功率电动机，它与三相异步电动机相比，虽然运行性能差、工作效率低、容量小，但其结构简单、成本低、噪声小、安装方便且由单相电源供电，因此广泛地应用于家用电器（洗衣机、电冰箱、电风扇）、电动工具（如手电钻）、医用器械、自动化仪表等。

14.1　单相异步电动机基本结构和工作原理

单相异步电动机的结构特点与三相异步电动机相似，也由定子和转子两大部分构成，其外形与结构如图 14-1 所示，定子上一般有两个绕组，即主绕组和副绕组，一个为工作绕组，另一个为启动绕组，绕组可分为分布式和集中式两种。

当绕组中通入单相交流电时便产生一个交变的脉动磁场，这个磁场没有旋转的性质，转子不能自行启动，但用外力使转子往任一方向旋转时，转子便会按外力作用的方向旋转起来，据此人们设计了各种启动方法，按启动方法分类，单相异步电动机一般可分为罩极式、分相式、电容式等。

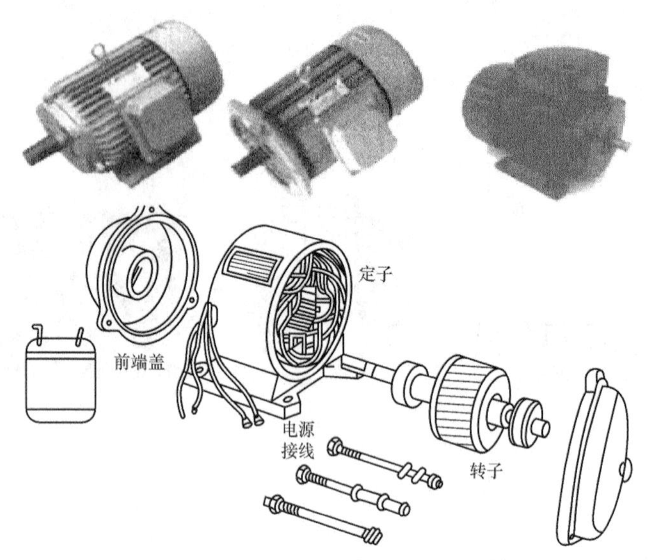

图 14-1　单相交流电动机的外形和结构示意图

一、罩极式单相异步电动机

单相异步电动机的定子为罩极式，定子绕组绕在凸极上，在每个极掌的一端开有一个小槽，槽中放置短路环，短路环罩住部分极面，起启动绕组的作用。其定子结构如图 14-2 所示。

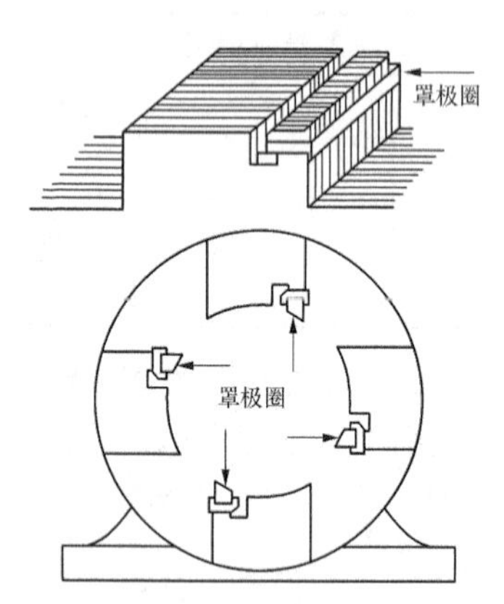

图 14-2　罩极式单相异步电动机的定子结构示意图

当磁场线圈的电流和磁通由零值开始增加时，根据电磁感应定律，罩极线圈中的感应电流所产生的磁通和主磁通方向相反，阻止磁感线的增加，结果大部分磁感线通过未罩部分，而被罩部分却只有少量的磁感线通过，这时磁场的中心线接近未罩部分的中心，当磁场线圈的电流逐渐上升到最大值时，由于电流和磁通变化最小，罩极线圈的感应电流为零，于是磁感线均匀地通过整个磁极，这时磁场的中心线便移到极面的中心；当磁场线圈的电流由最大值逐渐减小时，根据电磁感应定律，罩极线圈中感应电流产生的磁通与主磁通方向相同，被罩部分通过较多的磁感线，此时磁场的中心线移到被罩部分，当负半周电流通过电磁场线圈时，情况与上述相似，只是磁极改变磁性而已，因此形成了一个旋转磁场，转子在这个旋转磁场的作用下转动起来。

罩极式单向电动机结构简单，不需要启动装置和电容器，但启动转矩小、功率小，旋转方向不能改变。多用于小型鼓风机、电风扇、电唱机中。

二、分相式单相异步电动机

分相式单相异步电动机的定子采用矢槽式，转子为笼型，在定子上有两组分布式绕组：工作绕组和启动绕组。工作绕组置于槽的下层，启动绕组置于槽的上层，它们沿圆周错开一定的空间角，如图 14-3 所示。这种电动机有一个离心式启动开关，如图 14-4 所示。

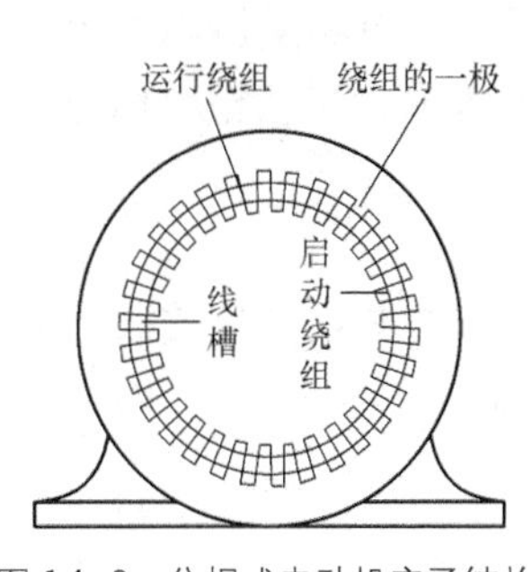

图 14-3 分相式电动机定子结构

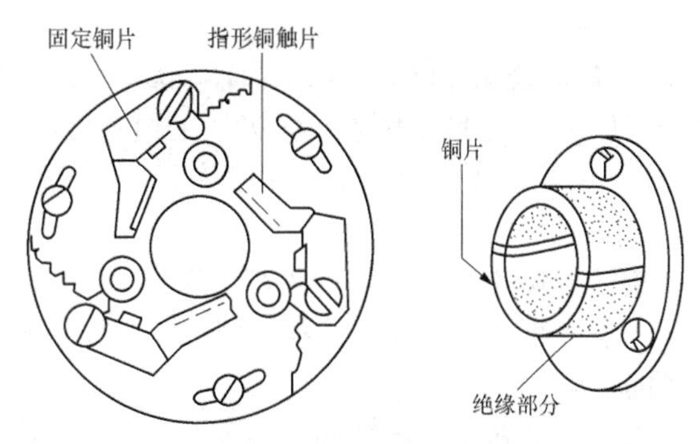

图 14-4 离心式启动开关结构

离心式启动开关的固定部分是两块互相绝缘的铜片，启动绕组的一端和电源的一端分别焊接在铜片上，固定部分装在电动机前端盖内部，转动部分则装在转子的前端，靠弹簧拉力，指形铜触片压在固定铜片上，因此，不论转动部分转到任何位置，总有一根铜触片把固定的铜片接通，从而使启动绕组接通电源，当电动机达到额定转速的 75%时，离心力大于弹簧力，三块指形铜触片升起，断开启动绕组的电源，在严重过载时其转速会显著降低，当转速低于额定值的 75%时，启动绕组再次接通电源。

单相异步电动机使用的离心开关属于机械式开关，当离心开关损坏或农村电压较低经常烧毁启动电容时，可改用延时继电器（220V 型）来代替离心开关。方法是将电动机内部离心开关上的两根线接在一起，在机外串入延时继电器的常闭触点（为了让触点耐用，需将多组触点并联使用或再增加中间继电器）。时间继电器的线圈的供电可与主绕组并联来实现，动作时间调在 2～6s。经多次实践，效果很好，在农村电压较低时也能避免烧毁启动电容的情况。

三、电容式单相异步电动机

电容式单相异步电动机的结构和工作原理跟分相式电动机基本相似，不同的是启动绕组中串接有电容器，只要电容器容值选择恰当，两绕组的参数设计合理，就可使启动绕组的电流超前工作绕组的电流 90°，从而形成一个旋转磁场。如图 14-5 所示。

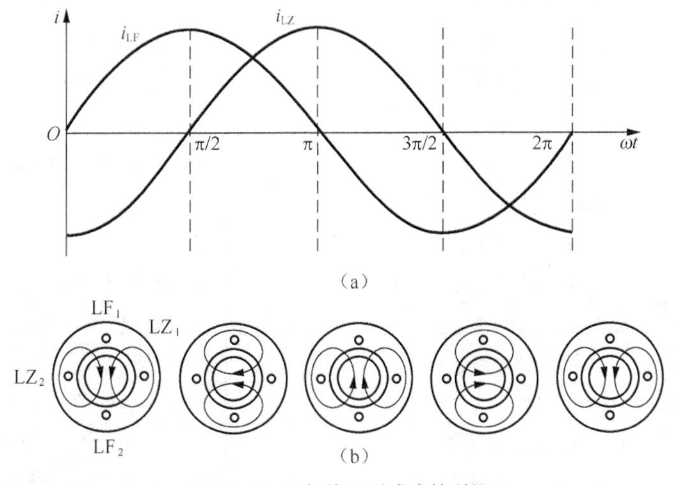

图 14-5 两相绕组形成旋转磁场

① 在电动机定子铁芯上嵌放两套对称绕组：工作绕组 LZ（又称主绕组）和启动绕组 LF（又称副绕组）。

② 在启动绕组 LF 中串入电容器以后再与工作绕组 LZ 并联接在单相交流电源上。经电容器分相后，产生两相相位相差 90° 的电角度，如图 14-5（a）所示。与三相对称电流产生旋转磁场一样，两相电流也能产生旋转磁场，如图 14-5（b）所示。

- 旋转磁场的转速 $n_1=60f_1/p$
- 旋转磁场的方向，任意改变工作绕组或启动绕组的首端、末端与电源的接线，或将电容器从一组绕组中改接到另一组绕组中（只适用于单相电容运行式异步电动机），即可改变旋转磁场的转向。
- 转子在旋转磁场中感应出电流。
- 感应电流与旋转磁场相互作用产生电磁力，电磁力作用在转子上将产生电磁转矩，并驱动转子沿旋转磁场方向异步转动。

14.2 单相异步电动机的故障与处理

单相电容分相式交流异步电动机的故障有电气故障和机械故障两类。电气故障主要有：定子绕组断路、定子绕组接地、定子绕组绝缘不良、定子绕组匝间短路、分相电容器损坏、运转时的电滞、笼型绕组断条等故障。机械故障主要有：轴承损坏、润滑不良、转轴与轴承配合不好、安装位置不正确、风叶损坏或变形等。

单相电容分相式交流异步电动机的故障检修，通常是先根据电动机运行时的故障现象，分析故障产生的原因，通过检查和测试，确定故障的确切部位，再进行相应的处理。单相电容交流异步电动机的常见故障现象、产生原因及处理方法见表 14-2。

表 14-2 单相交流异步电动机的常见故障现象、产生原因及处理方法

故障现象	故障原因	处理方法
电动机通电后不转且无响声	电源未接通	检查电源线路，排除电路故障
	熔断器烧断	查明原因后更换熔断器
	初级绕组断路或接线断路	修复或更换绕组，焊好接线
	保护继电器损坏	修复或更换保护电器
	控制电路故障	检查控制线路，排除电路故障
电动机通电后不转且有嗡嗡响声	初级绕组烧坏后短路	修复或更换绕组
	定子绕组接线错误	检查绕组接线，改正接线错误
	电容器击穿短路或严重漏电	更换同规格的电容器
	转轴弯曲变形，使转子咬死	校直转轴
	轴承内孔磨损，使转子扫膛	更换轴承
	电动机负荷过重或机械卡住	减小负荷至额定值，排除机械故障
通电后不转但可按手扳的方向转动（即加外力可转动）	次级绕组断路或接线断路	修复或更换次级绕组，焊好接线
	定子绕组接线错误	改正接线错误
	电容器断路或失效	更换同规格的电容器
	电容器接线断路	查出断点，焊好接线
	启动继电器损坏	修复或更换启动继电器

续表

故障现象	故障原因	处理方法
电动机通电后启动慢、转速低	电源电压过低	查明原因，调整电源电压
	定子绕组匝间短路	修复或更换绕组
	电容器规格不符或容量变小	更换符合规格的电容器
	转子笼条或端环断裂	焊接修复或更换转子
	电动机负荷过重	减小负荷至额定值
电动机外壳带电	定子绕组绝缘层损伤或烧坏碰壳	进行绝缘处理或更换绕组
	引出线或连接线绝缘破损后碰壳	恢复绝缘或更换导线
	定子绕组严重受潮，绝缘性能降低	烘干后浸漆处理
	定子绕组绝缘严重老化	加强绝缘或更换绕组
电动机运转中震动或有异常响声	定子与转子不同芯相互摩擦	调整端盖使其同芯
	定子与转子之间有杂物碰触	清除杂物
	轴承磨损，间隙过大引起径向跳动	更换轴承
	转子轴向间隙过大，运动中轴向蹿动	增加轴上垫圈
	扇叶变形或不平衡	校正扇叶和动平衡
	固定螺钉松动	拧紧螺钉
电动机运转时闪火花或冒烟	定子绕组烧坏引起匝间短路	修复或更换绕组
	定子绕组受潮，绝缘性能减低	烘干后浸漆处理
	定子绕组绝缘损坏后与外壳相碰	加强绝缘或更换绕组
	引出线或连接线绝缘破损后相碰	更换引出线或连接线
	初级、次级绕组之间绝缘破损后相碰	修复或更换绕组
电动机运行时是否温升过高	定子绕组匝间短路	修复或更换绕组
	定子绕组个别线圈接反	检查绕组接线，改正接线错误
	风道有杂物堵塞或扇叶损坏	清除杂物，修复或更换扇叶
	轴承内润滑油干结	清洗轴承，加足润滑油
	轴承与轴配合过紧	用绞刀绞松轴承内孔
	转轴弯曲变形	校直转轴

14.3 单相异步电动机的故障检修

在电动机维修中，较多情况是对定子绕组电气故障的维修，在此简要介绍一下单相电容异步电动机常见电气故障的形成原因与检修方法。

一、定子绕组断路故障的检修

定子绕组断路的主要原因是由于绕组线圈受机械损伤或过热烧断，表现为主绕组断路时，电动机不转；副绕组断路时，电动机不能启动。

检查绕组断路可使用万用表欧姆挡或直流电桥测量绕组的直流电阻，有时断路故障可能是因连接线或引出线接触不良产生的，因此应先进行外部接线检查。

若判定为绕组内部断路，可拆开电动机抽出转子，将定子绕组端部捆扎线拆开，接头的绝缘套管去掉，再用万用表逐个检查绕组中的每个线圈，找出有断路故障的线圈。

若绕组线圈断路点在绕组的端部，则可以采取加强绝缘的方法处理，若绕组断路点在定子铁芯槽内，则需要拆除有断路故障的线圈，直接更换或采用穿绕修补法修复。更换或修复后将接线焊好，并恢复绝缘，再检查整个绕组是否全部完好。

二、定子绕组接地故障的检修

定子绕组接地，就是定子绕组与定子铁芯短路，造成绕组接地的主要原因是由于绝缘层破坏。主要表现为电动机外壳带电或烧断熔丝。绕组接地点多发生在导线引出定子槽口处，或者是绕组端部与定子铁芯短路。

检查绕组接地可以用36V的校验灯检验，也可以用万用表欧姆挡测量。若判断为定子绕组接地，可拆开电动机抽出转子，把定子绕组端部捆扎线拆开，接头的绝缘套管去掉，再用万用表逐个检查绕组中的每个线圈，找出有接地故障的线路。

若绕组线圈接地点在绕组端部，则可采取加强绝缘的方法处理，若线圈接地点在定子铁芯槽内，则需要拆除有接地故障的线圈，然后在定子铁芯槽内垫一层聚酯薄膜青壳纸，更换新的绕组线圈或采用穿绕修补法修复。穿绕修补法参见前面的三相电动机部分介绍。更换或修复后将接线焊好，并恢复绝缘，再检查整个绕组是否全部完好。

三、定子绕组匝间短路故障的检修

定子绕组匝间短路的主要原因是由于绝缘层损坏。主要表现为电动机启动困难、转速慢、温升高。匝间短路还容易引起整个绕组烧坏。

若判定有绕组匝间短路，可拆开电动机抽出转子，先对定子绕组进行直观检查，主要观察线圈有无焦脆之处，当某个线圈有焦脆现象时，该线圈可能有匝间短路。若绕组匝间短路处不易发现，可把绕组端部捆扎线拆开，接头的绝缘套管拆掉，给定子绕组通入36V的交流电压，用万用表的交流电压挡测量绕组中的每个线圈，如果每个线圈的电压都相等，说明绕组没有匝间短路，如有某个线圈的电压低了，说明该线圈有匝间短路。检查定子绕组匝间短路也可以使用短路探测器测试，检测方法参见前面的三相电动机部分介绍。

当短路线圈无法修复时，则应拆除有短路故障的线圈，然后在定子铁芯槽内垫一层聚酯薄膜青壳纸，更换新的绕组线圈或采用穿绕修补法修复。更换或修复后将接线焊好，并恢复绝缘，再检查整个绕组是否全部完好。

四、定子绕组绝缘不良故障的检修

定子绕组绝缘不良可使用兆欧表测量电动机的绝缘电阻，检查前应先将主、副绕组的公共端拆开，分别测量主、副绕组间，以及主、副绕组对外壳绝缘电阻。当绝缘电阻小于0.5MΩ时说明定子绕组绝缘不良，已不能使用。

若定子绕组绝缘不良是由于绕组严重受潮引起的，此时可用100～200W的灯泡放在定子绕组中间，置于一个箱子内烘烤，或使用电烘箱烘烤，也可给绕组通以36V以下的交流电压，使其发热以驱除潮气，直至使电动机的绝缘性能达到要求，随后进行浸漆处理。若是定子绕组的绝缘严重老化，则要拆换整个绕组。

五、转子笼型绕组断条故障的检修

转子笼型绕组断条主要表现为电动机启动困难，运行时转速慢，负载能力降低。如果在排除了定子绕组匝间短路故障后，电动机转速还是低，可进一步检查转子上的笼型绕组。

比较简单的检查方法是电流检查法。不用拆开电动机，直接对定子绕组施加10%的额定电压，串入电流表，用手缓慢转动转子，转子笼型绕组正常时，电流只有很微弱的变化，若转子笼型绕组断条，则电流会发生幅度较大的变化。

若判定有转子笼型绕组断条，可拆开电动机抽出转子，先对转子进行直观检查，若断条处不易发现，可使用短路测试器进行检测，检测方法参见前面的三相电动机部分介绍。找出断条位置后把断裂或脱焊处重新焊好并修磨光整，再检查转子是否全部完好。

14.4 变压器的基本知识

变压器是一种静止的电气设备。它利用电磁感应原理，把输入的交流电压升高或降低为同频率的交流输出电压，以满足高压输电、低压供电及其他用途的需要。在电子设备中，也普遍使用变压器提供仪器电源，进行阻抗匹配和信号耦合等。

一、变压器的分类

变压器的种类很多，可以按用途、相数、结构形式、绕组数和冷却方式等进行分类。

1. 按用途分类

① 电力变压器。用在输配电线路中，容量从几十 kV•A 至几十万 kV•A 不等，目前国内常用的电压等级有 10kV、35kV、110kV、220kV、330kV 和 500kV 等几种。

② 供给特殊电源用的变压器。例如，工业生产中广泛使用的孤焊变压器、整流变压器、电炉变压器等。

③ 仪器仪表用互感器。在交流电路中测量大电流、高电压时，需应用电流互感器和电压变压器来扩大交流仪表的量程和确保测量安全。

④ 控制和电源变压器。如电子线路和自动控制系统中经常应用的电源变压器，控制变压器和脉冲变压器等。

2. 按相数分类

可分为单相、三相和多相变压器。

3. 按结构形式分类

可分为铁芯式和铁壳式变压器。

4. 按绕组分类

① 双绕组变压器。这种变压器有两个互相绝缘的绕组，分别称为初级绕组和次级绕组。

② 多绕组变压器。这种变压器有一个初级绕组，有两个或多个次级绕组，如需要不同等级电压的控制变压器等。

③ 自耦变压器。它的绕组一部分是高压边和低压边共有的；另一部分只属于高压边。这种变压器具有结构简单、体积小、省材料等优点。试验用升压变压器、自耦式单相及三相电源调压器等都属这一类变压器。

5. 按冷却方式分类

① 油浸变压器。油浸变压器的铁芯与绕组安全浸没在变压器油里。它又可分为油浸自冷、油浸风冷、强迫油循环、水冷等冷却方式的变压器。电力变压器多属油浸变压器。

② 干式变压器。干式变压器不用变压器油，依靠辐射和周围空气的冷却作用，将铁芯和

绕组产生的热量散发到空气中去，如小型变压器多为干式变压器。

在电力供电系统以外所使用的变压器，大多是单相小容量变压器，但变压器无论大小，无论何种类型，其工作原理都是一样的，在此主要讲述小型变压器。

二、变压器的基本结构

变压器的主要组成部分是铁芯和套在铁芯上的两个或多个绕组（对于电力变压器，由于运行中铜损和铁损使变压器绕组发热升温，因此还需要油箱、气体断路器、安全气道、测温装置等其他附属设备）。

1. 铁芯

铁芯是变压器的磁路部分，又是变压器的机械骨架。变压器铁芯可分为芯式铁芯和壳式铁芯两种。芯式变压器的原、副绕组套装在铁芯的两个铁芯柱上，如图 14-6（a）所示。其结构特点是：绕组包围铁芯。这种形式结构简单，适用于容量大而电压高的电力变压器。壳式变压器的结构如图 14-6（b）所示，其结构特点是：铁芯包围绕组。这种结构机械强度好，铁芯容易散热，但外层绕组的用铜量较多，制造工艺复杂。一般小型变压器采用这种结构。

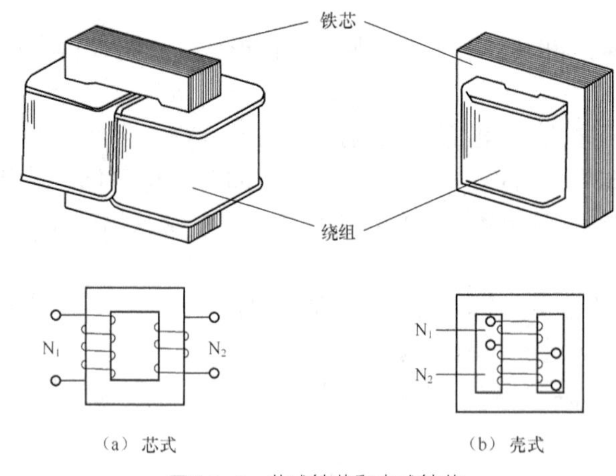

（a）芯式　　（b）壳式

图 14-6　芯式铁芯和壳式铁芯

小型变压器的铁芯柱常采用“E”字形、“F”字形和“日”字形硅钢片交错地叠装而成，如图 14-7 所示。为了减小涡流损耗和磁滞损耗，制作变压器的铁芯所选用的材料是含硅 3%~5%的硅钢片（俗称矽钢片）。每片的厚度为 0.35~0.5mm，硅钢片的表面涂有绝缘漆作为片间绝缘。这种结构的夹紧装置简单，经济可靠。为此小型变压器普遍采用这种铁芯结构。

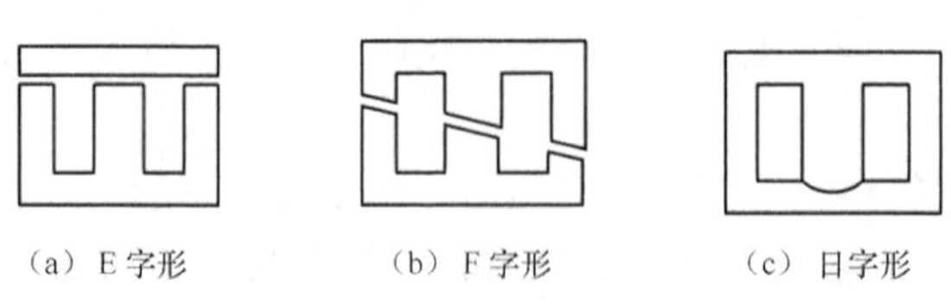

（a）E 字形　　（b）F 字形　　（c）日字形

图 14-7　小型变压器的铁芯

2. 绕组

绕组由绝缘铜导线绕制而成，为变压器提供电流通路，是变压器的电路部分。大容量或电力变压器的绕组通常做成圆筒形，小容量变压器的绕组可制成长方形或正方形。绕组的形式有同芯式、交叠式等多种，大多数电力变压器均采用同芯式绕组。

3. 绝缘结构

小型变压器一般都将导线直接绕制在绝缘骨架上，骨架构成绕组与铁芯之间的绝缘结构；凡双绕组的，在绕制好内层绕组后，采用绝缘性能较好的青壳纸、黄蜡布或涤纶纸薄膜作为衬垫物，在衬垫物上面再绕外层绕组。这样，衬垫物也就成为初级、次级绕组之间的绝缘结构；当外层绕组绕好后，再包上牛皮纸、青壳纸等绝缘材料，这样既能作为外层的绝缘结构，又能作为绕组的保护层。

4. 引出线接线端子

出线端引出方式可分为原导线套绝缘管直接引出和焊接软绝缘导线后引出两种，前者应用于导线较粗，且与接线桩连接的小型变压器；后者应用于导线较细或不设置接线桩而外电路电源线直接与进出线连接的小型变压器。

三、变压器的工作原理

变压器是通过电磁感应关系，即利用互感作用，从一个电路向另一个电路传递电能或传输信号的一种电器。这两种电路具有相同频率、不同电压和电流，也可以有不同的相数。

变压器的主要部件是一个铁芯和套在铁芯上的两个绕组（也叫线圈）。这两个绕组具有不同的匝数，且互相绝缘，如图 14-8 所示。实际上，两个绕组套在同一个铁芯柱上，以增大耦合作用。图中与电源相联的绕组，若是接收交流电能的称为初级绕组（俗称原边绕组），若是接收交流信号的则称为输入绕组。而图中与负载相联的绕组，若是送出交流电能的称为次级绕组（俗称副边绕组），若是输出交流信号的则称为输出绕组。

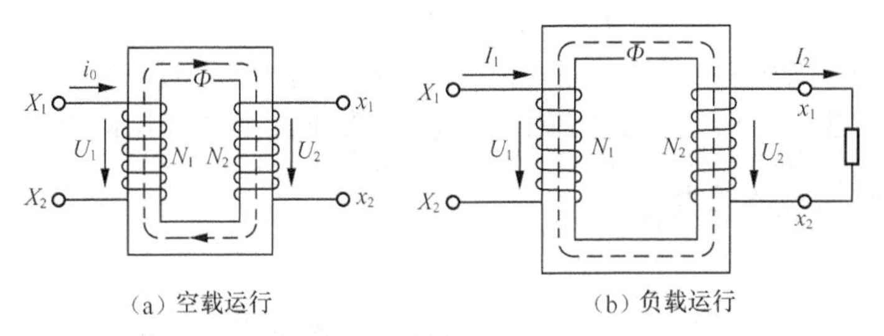

（a）空载运行　（b）负载运行

图 14-8　单相变压器工作原理

1. 空载运行

当初级绕组加上交流电源 U_1 时，在初级绕组中即产生交流电流，由于此时次级绕组开路（不接负载），所以该电流称为空载电流，用 I_0 表示。又由于次级绕组呈开路状态，则次级电流 I_2=0。此时，变压器处于空载状态。

初级绕组空载电流 I_0 在绕组包围着的铁芯中产生一个交变的磁通，该磁通通过闭合铁芯的传导穿过次级绕组。根据电磁感应的原理，交变的磁通会在初级、次级绕组中产生电动势 E_1 和 E_2，根据有关公式可以推导得到其大小分别为：

$$E_1=4.44fN_1\Phi_m \quad (14\text{-}1)$$

$$E_2=4.44fN_2\Phi_m \quad (14\text{-}2)$$

式中，E_1——初级感应电动势的有效值（V）；

E_2——次级感应电动势的有效值（V）；

f——电源电压频率（Hz）；

N_1——初级的匝数；

N_2——次级的匝数；

Φ_m——铁芯中主磁道最大值（Wb）。

由式（14-1）和（14-2）可得初级、次级感应电动势之比等于初、次级绕组匝数之比，即

$$E_1/E_2=4.44fN_1\Phi_m/4.44fN_2\Phi_m=N_1/N_2 \tag{14-3}$$

在变压器空载运行时，因 I_0 很小，故初级的电阻降及漏抗压降也很小，在数值上 $E_1 \approx E_2$，因 $I_2=0$，E_2 在数值上等于次级的空载电压 U_2，即 $E_2=U_2$。所以：

$$E_1/E_2=U_1/U_2=N_1/N_2=K \tag{14-4}$$

式中，K 称为初、次级绕组匝数比，也称为变压器的额定电压比，俗称变比。当 $K>1$ 时，该变压器是降压变压器；当 $K<1$ 时，该变压器是升压变压器；当 $K=1$ 时，常用作隔离变压器。欲使次级回路有不同的电压，只需在次级回路绕制不同匝数的绕组即可。但对于各类电气系统中正常运行的各种产品变压器，其变比是一个定值，不能随意改变。

2. 负载运行

当次级绕组接上负载后，如图 14-8（b）所示，次级回路就有电流 I_2 流过，并产生磁通 Φ_2，因而破坏了原来铁芯中 Φ 的平衡。为“阻碍”Φ_2 对铁芯中原有 Φ 的变化，初级回路电流将从空载 I_0 增大到 I_1。因此，当次级回路电流增大或减小时，初级回路电流也会随之增大或减小。变压器工作时本身有一定的损耗（铜损和铁损），但与变压器传输功率相比则是很小的，因此可近似地认为变压器初级绕组输入功率 U_1I_1 等于其次级绕组输出功率 U_2I_2，即：

$$U_1I_1=U_2I_2 \tag{14-5}$$

由式（14-4）和（14-5）可得：

$$I_1/I_2=U_2/U_1=N_2/N_1=1/K \tag{14-6}$$

以上分析表明：当次级绕组内通过电流时，初级绕组也要通过相应的电流。且初、次级绕组内的电流之比，近似等于匝数比的倒数。这说明，变压器在改变电压的同时，也改变了电流。

四、变压器的技术指标

1. 型号

变压器的型号由汉语拼音字母和数字组成，字母表示的含义为：S 表示三相，D 表示单相，K 表示防爆，F 表示风冷等。

例如，S9-500/10，S9 表示三相自冷油浸电力变压器，它是高效节能变压器，额定容最为 500 kVA，高压侧的额定电压为 10 kV。

2. 变压器的额定值

变压器的额定值是制造厂在设计时规定的变压器正常运行数据。变压器在额定值下运行，可以保证变压器长期可靠地工作并具有良好的性能。额定值通常标注在铭牌上，故又称铭牌值。

（1）额定容量（S_N）。

变压器的额定容量指额定视在功率。单位有 VA、KVA 或 MVA。由于变压器的效率高，通常把变压器原、副边的额定容量设计成相等，即 $S_{1N}=S_{2N}=S_N$。

（2）额定电压（U_N）。

一次侧额定电压 U_{1N} 是指规定加到一次绕组上的电压。二次侧额定电压 U_{2N} 是指当变压器一次绕组加额定电压时，二次绕组的空载电压。单位为 V 或 kV。三相变压器的额定电压指线电压。

（3）额定电流（I_N）。

根据变压器的允许发热而规定的一、二次绕组中允许长期通过的电流值，分别称为一次绕组额定电流 I_{1N} 和二次绕组额定电流 I_{2N}，单位为 A 或 kA。三相变压器的额定电流指线电流。

五、变压器的故障处理

变压器是一种将交流电压升高或降低，并且能保持其频率不变的静止电气设备。输送同等功率的电能时，电压越高，电流就越小，输电线路上的功率损耗也就越小，输电线的截面积可以减小而节省金属材料。因此发电厂必须用电力变压器将电压升高，才能把大量的电能送往很远的用户地区。输电距离越远，电压就越高。用电时，又必须经变压器再将电压降低。最后，用配电变压器把电压降到用户电压（大型动力用电采用 1kV 或 6kV，小型动力用电为 380V，照明用电为 220V），供用户使用。从发电厂（站）发出的电能输送到用户的整个过程中，通常需要经过多次变压，因此变压器对电力系统的经济和安全运行有着十分重要的意义。此外，变压器还可以用来改变交流电流、阻抗和相位。现在，变压器在国民经济各部门以及日常生活中得到了广泛的应用。

1. 变压器常见故障的检修

① 外观检查。检查引线有无断线、脱焊，绝缘材料有无烧焦，有无机械损伤，然后通电检查有无焦臭味或冒烟。如有，应排除故障后再作其他检查。

② 用万用表和电桥检查各绕组的通断及直流电阻。检查绕组开路时，可用万用表；检查线圈短路时，可在绕组中串一只灯泡，其电压和瓦数可根据电源电压和变压器容量确定。通过检查灯泡的亮暗程度检查绕组内部有无短路。

③ 用兆欧表（或称绝缘电阻表）测试各绕组之间、各绕组与铁芯之间的绝缘电阻，冷态时应在 50MΩ 以上。

④ 测额定工作电压。在待测变压器一次绕组上接上额定电压时（多为 220V），测定次级回路输出的空载电压。一般误差要求在±3%～±5%之间。

⑤ 测量变压器温度。变压器正常运行时，不准超过绝缘材料所允许的温度。变压器中的绝缘材料，受温度变化会逐渐老化，温度越高，绝缘材料的绝缘性能越差，并加速老化以至绝缘受损，从而影响变压器的使用寿命，乃至烧毁。因此，变压器正常运行时，不准超过绝缘材料所允许的温度。

2. 小型变压器的故障修复

以下列出了小型变压器的常见故障现象和故障原因的分析，并给出故障处理的方法。

（1）接通电源无电压输出。

① 初级绕组开路或引出线脱焊。如果初级回路有电压而无电流，一般是初级绕组出线端头断裂。通常是由于线头折弯次数过多，或线头遭到猛拉，或焊接处霉断（焊剂残留过多），或引出线过细等原因造成的。如果断裂线头处在绕组的最外层，可拨开绝缘层，找出绕组上的断头，焊上新的引出线，包好绝缘层即可；若断裂线头处在绕组内层，一般无法修复，需要拆修重绕。

② 次级绕组开路或引出线脱焊。若初级回路有较小的电流而次级回路既无电流也无电压，一般是次级绕组的出线端头断裂。处理方法同上。

③ 电源插头或接线开路。如果接上电源后，初级回路有较小的电流而次级回路既无电流也无电压，一般是因为插头或电源接线开路所致，应检查并换修插头或接线。

（2）温度过高甚至冒烟。

① 匝间短路或初、次级绕组间短路。如存在匝间短路，短路处的温度会急剧上升。如果短路发生在同层排列左右两匝或多匝之间，过热现象较轻；若发生在上下层之间的两匝或多匝之间，过热现象就更加严重。通常是由于绕组遭受外力撞击，或漆包线绝缘老化等原因造成的。

如果短路发生在绕组的最外层，可剥开绝缘层，在短路处局部加热（指对浸过漆的绕组，可用电吹风加热），待漆膜软化后，用薄竹片轻轻挑起绝缘已破坏的导线，若芯线头损伤，可插入绝缘纸包好；若芯线已损伤，应剪断，去除已短路的一匝或多匝导线，两端焊接后垫好绝缘纸，然后涂上绝缘漆，吹干，再包上外层绝缘。如果故障发生在无骨架绕组两边沿口的上下层之间，一般也可以按上述方法修理。若故障发生在绕组内部，一般无法修理，需拆修重绕。

② 层间或匝间绝缘严重老化。剥开外层绝缘，若发现绝缘老化严重，则应重新浸漆，严重的应重新绕制。

③ 铁芯片间绝缘太差，产生较大涡流。如果发热最严重的地方是铁芯内部，多是由于铁芯片间绝缘太差，产生涡流而使铁芯发热。处理方法只能是拆下铁芯，重新对硅钢片作绝缘处理后重新装配。

④ 负载过重或输出电路局部短路。如果变压器空载运行时无发热现象，空载电流也不大，则是负载过重或输出电路局部短路，致使次级回路电流过大而造成变压器发热。解决方法是减轻负载或排除输出回路短路故障。

（3）空载电流偏大。

① 初级绕组匝数不足。如果是由于设计原因而导致初级绕组匝数不足，则需重绕绕组，增加初级绕组匝数。

② 铁芯叠厚不足。铁芯截面不够会引起磁饱和。解决方法是增加铁芯厚度，无法增加时要重新设计、制作。

③ 初、次级局部匝间短路。可用兆欧表检测，如发现初、次级绕组局部匝间短路，则拆开绕组，排除短路故障点，对于严重的，应拆修重绕。

④ 铁芯质量太差。通常表现为铁芯温度偏高。解决方法是更换质量高的硅钢片或对铁芯作加厚处理。

（4）运行中有响声。

① 硅钢片未插紧。先判断出线的噪声是机械噪声还是电磁噪声。如果是机械噪声，则是由于铁芯没有压紧，在运行时硅钢片发生机械震动所造成的，应压紧铁芯。

② 负载过重或短路引起震动。如果出线的是电磁噪声，则通常是由于设计时铁芯磁密度选得过高，或变压器过载，或存在漏电，或发生次级回路短路等原因造成的。如果是属于设计原因，可更换质量较好的同等规格的硅钢片；属于其他原因的，应减轻负载或排除漏电及短路故障。

③ 电源电压过高。如果出现电磁噪声，同时应测量变压器的初级回路输入电压。如输入电压过高，应作相应处理。

（5）铁芯或底板带电。

① 初级或次级绕组对地短路。这种故障在有骨架的绕组上较少出现，但在绕组的最外层会出现这一故障；对于无骨架的绕组，这种故障多发生在绕组两边的沿口处，但在绕组最内层的四角处也会发生，在最外层也会出现。通常是由于绕组外形尺寸过大而铁芯窗口容纳不下，或内绝缘包裹得不佳，或遭到机械碰撞等原因造成的。修理方法可参照匝间或层间短路

的有关内容。

② 长期运行的绕组对地绝缘老化。如检查绕组对地出现漏电故障，是由于绝缘严重老化所引起的，则应将绕组重新浸漆或重新绕组。

③ 引出线头碰触铁芯或底板。这时应仔细检查各引出线头的对地绝缘情况，排除引出线头与铁芯或底板的短路点。

④ 绕组受潮或环境湿度过高，底板感应带电。如检查漏电是由于绕组受潮引起的，则应烘烤绕组加强绝缘，或将变压器置于通风干燥环境中使用。

3. 修复后的测试

修复后的变压器在投入运行前，必须做成品测试。

① 绝缘电阻测试。用兆欧表测量各绕组之间和它们对铁芯（地）的绝缘电阻。对于小型变压器，其值不应低于 1MΩ。

② 空载电压测试。当初级回路电压加到额定电压值时，次级回路空载电压的允许误差应小于±10%。

③ 空载电流测试。当初级回路输入额定电压时，其空载电流应为 5%~8%的额定电流值。如空载电流大于额定电流的 10%时，损耗较大；当空载电流超过额定电流的 20%时，它的温升将超过允许值，就不能使用。

④ 在空载测试时，应无异常噪声。

14.5 实习内容

一、单相异步电动机的检修

在规定时间内，完成单相异步电动机的故障检查，提出维修方案。

二、考核标准

表 14-3 单相异步电动机的故障检查训练考核评定标准

训练内容	配分	扣分标准		扣分	得分
故障判断	30 分	1. 工具、仪器、材料未准备好	扣 10 分		
		2. 故障判断方法、步骤不正确	每次扣 10 分		
		3. 故障类型判断错误	扣 20 分		
故障检测	40 分	1. 工具、仪器使用错误	每次扣 5 分		
		2. 故障检测方法、步骤不正确	每次扣 10 分		
		3. 故障检测结果错误	扣 20 分		
故障维修方案	30 分	1. 维修方案不正确	扣 30 分		
		2. 维修方案不完善	每点扣 5 分		
总评（注：各项内容中扣分总值不应超过对应各项内容所配分数）					

三、实习内容拓展

找几个损坏的变压器进行故障修复并完成简易的性能检测。

实习项目 15 三相异步电动机控制电路

实习要求

（1）能正确识读三相异步电动机控制电路的电气原理图

（2）掌握三相异步电动机控制电路的接线图的绘制

（3）掌握三相异步电动机控制电路的实物连接

实习工具及材料

表 15-1　实习工具及材料

名称	型号或规格	数量	名称	型号或规格	数量
三相异步电动机		1台	万用表		1个
低压电器		若干	电工工具		1套

15.1　连接电动机控制线路的步骤

根据电气原理图连接电动机控制线路，必须按照一定的步骤来进行。

一、正确识读电气原理图

电动机控制线路是由一些电器元件按一定的控制关系连接而成的，这种控制关系反映在电气原理图上。为了能顺利地安装接线、检查调试和排除线路故障，必须认真阅读电气原理图。要看懂线路中各电器元件之间的控制关系及连接顺序；分析线路控制动作，以便确定检查线路的步骤和方法；确定电器元件的数目、种类和规格；对于比较复杂的线路，还应看懂是由哪些基本环节组成的，分析这些环节之间的逻辑关系。

为了方便线路投入运行后的日常维修和排除故障，必须按规定给原理图标注线号。应将主电路与辅助电路分开标注，各自从电源端起，各相线分开，依次标注到负荷端，标注时要做到每段导线均有线号，并且一线一号、不得重复。

二、绘制安装接线图

原理图是为方便识读和分析控制原理而用的，并不反映电器元件的结构、体积和实际安装位置。为了具体安装接线，检查线路和排除故障，必须根据原理图绘制安装接线图（简称接线图）。在接线图中，各电器元件都要按照在安装底板（或电气控制箱、控制柜）中的实际安装位置绘出，元器件所占据的面积按它的实际尺寸依照统一的比例绘制，一个元器件的所有部件应画在一起，并用虚线框起来。各电器元件之间的位置关系根据安装底板面积的大小、长宽比例及连接线的顺序来决定，并要注意不得违反安装规范。绘制接线图时应注意以下几点。

① 接线图中各电器元件的图形符号及文字符号必须与原理图完全一致，并且要符合国家标准。

② 各电器元件上凡是需要接线的部件端子都应绘出，并且一定要标注端子编号；各接线端子的编号必须与原理图上相应的线号一致；同一根导线上连接的所有端子的编号应相同。

③ 安装底板（或电气控制箱、控制柜）内外的电器元件之间的联线，应通过接线端子板进行连接。

④ 走向相同的相邻导线可以绘成一股线。

绘制好的接线图应对照原理图仔细核对，防止错画、漏画，避免给线路连接和试车过程造成麻烦。

三、检查电器元件

安装接线前应对所使用的电器元件逐个进行位查，避免电器元件故障与线路错接、漏接造成的故障混淆在一起。对电器元件的检查主要有以下几个方面。

① 电器元件外观是否清洁完整，外壳有无碎裂，零部件是否齐全有效，各接线端子及紧固件有无缺失、生锈等现象。

② 电器元件的触点是否有熔焊粘连、变形、严重氧化锈蚀等现象，触点的闭合、分断动作是否灵活，触点的开距、超程是否符合标准，接触压力弹簧是否有效。

③ 电器的电磁机构和传动部件的动作是否灵活，有无衔铁卡阻、吸合位置不正等现象。新品使用前应拆开去除铁芯端面的防锈油，检查衔铁复位弹簧是否正常。

④ 用万用表或电桥检查所有元器件的电磁线圈（包括继电器、接触器及电动机）的通断情况，测量它们的直流电阻值，并作好记录，以备检查线路和排除故障时作为参考。

⑤ 检查有延时作用的电器元件的功能，如时间继电器的延时动作、延时范围及整定机构的作用，检查热继电器的热元件和触头的动作情况。

⑥ 核对各电器元件的规格与图纸要求是否一致。例如，电器的电压等级、电流容量，触点的数目、开闭状况，时间继电器的延时类型等。不符合要求的应更换调整。

电器元件要先检查后使用，避免安装、接线后发现问题再拆换，提高电路接线的工作效率。

四、固定电器元件

按照接线图规定的位置将电器元件固定在安装底板上。元器件间的距离要适当，既要节省板面，又要方便走线和投入运行后的检修，固定元器件时应按以下步骤进行。

1. 定位

将电器元件摆放在确定好的位置，如是木质板则用尖锥在安装孔中心做好记号。元件要排列整齐，以保证连接导线连接的横平竖直、整齐美观，同时尽量减少弯折。

2. 打孔

对木质固定板需要用手钻在作好的记号处打孔，孔径应略大于固定螺丝的直径。

3. 固定

固定元器件时应注意在螺钉上加装平垫圈和弹簧垫圈。固定螺丝时将弹簧垫圈压平即可，不要过分用力。防止用力过大将元件的塑料底板压裂造成损失。

五、按图接线

接线时，必须按照接线图规定的走线方位进行电路连接。一般从电源端起按线号顺序连接，先连接电路，然后连接辅助电路。

接线前应做好准备工作：按主电路、辅助电路的电流容量选好规定截面的导线，准备适当的线号管，使用多股导线时应准备烫锡工具或压接钳。

接线应按以下的步骤进行。

① 选适当截面的导线，按接线图规定的方位，在固定好的电器元件之间测量所需要的长度，截取适当长短的导线，剥去两端绝缘外皮。为保证导线与端子接触良好，要用电工刀将芯线表面的氧化物刮掉，使用多股芯线时要将线头绞紧，必要时应烫锡处理。

② 走线时应尽量避免导线交叉。先将导线校直，把同一走向的导线汇成一束，依次弯向所需要的方向。走线应做到横平竖直、转弯成直角。

③ 将成型好的导线套上写好的线号管，根据接线端子的情况，将芯线做成接线鼻或直接压进接线端子。

④ 接线端子应紧固好，必要时加装弹簧垫圈紧固，防止电器动作时因振动而松脱。

接线过程中注意对照图纸核对，防止错接。必要时用试灯、蜂鸣器或万用表校线。同一接线端子内压接两根以上导线时，可以只套一只线号管；导线截面不同时，应将截面大的放在下层，截面小的放在上层，所使用的线号要用不易褪色的墨水（可用环乙酮与龙胆紫调和），用印刷体工整地书写，防止检查线路时误读。

六、检查线路和试车

制作好的控制线路必须经过认真的检查后才能通电试车，以防止错接、漏接及电器故障引起线路动作不正常，甚至造成短路事故。检查线路应按以下步骤进行。

1. 核对接线

对照原理图、接线图，从电源端开始逐段核对端子接线的线号，排除漏接、错接现象。重点检查辅助电路中易错接处的线号，还应核对同一根导线的两端是否错号。

2. 检查端子接线是否牢固

检查所有端子上接线的接触情况，用手一一摇动、拉拔端子上的接线，不允许有松脱现象。避免通电试车时因虚接造成麻烦，将故障排除在通电之前。

3. 万用表导通法检查

这是在控制线路不通电时，用手动来模拟电器的操作动作，用万用表测量线路通断情况的检查方法。应根据线路控制动作来确定检查步骤和内容，根据电气原理图和接线图选择测量点。先断开辅助电路，以便检查主电路的情况，然后再断开主电路，以便检查辅助电路的情况。主要检查内容如下。

① 主电路不带负荷（电动机）时相间绝缘情况，接触器主触点接触的可靠性，正反转控

制线路的电源换相线路及热继电器热元件是否良好、动作是否正常等。

② 辅助电路的各个控制环节及自锁、联锁装置的动作情况及可靠性，与设备的运动部件联动的元件（如行程开关，速度继电器等）动作的正确性和可靠性，保护电器（如热继电器触点）动作的准确性等情况。

具体的检查方法将在以后各节结合各种控制线路详细说明。

4. 试车与调整

为保证初学者的安全，通电试车必须在指导老师的监护下进行。试车前应做好准备工作，包括：清点工具，清除安装底板上的线头杂物，装好接触器的灭弧装置，检查各组熔断器的熔体，分断各开关（按钮、行程开关处于未操作前的状态），检查三相电源是否对称等。然后按下述的步骤通电试车。

（1）空操作试验。

先切除主电路（一般可断开主电路熔断器），装好辅助电路熔断器，接通三相电源，使线路不带负载（电动机）通电操作，以检查辅助电路工作是否正常。操作各按钮，检查它们对接触器、继电器的控制作用；检查接触器的自锁、联锁等控制作用；用绝缘棒操作行程开关，检查它的行程控制或限位控制作用等。还要观察各电器操作动作的灵活性，注意有无卡住或阻滞等不正常现象；细听电器动作时有无过大的震动噪声；检查有无线圈过热等现象。

（2）带负荷试车。

控制线路经过数次空操作试验动作无误，即可切断电源接通主电路，带负荷试车。电动机启动前应先作好停车准备，启动后要注意它的运行情况。如果发现电动机启动困难、发出噪声及线圈过热等异常现象，应立即停车，切断电源后进行检查。

（3）有些线路的控制动作需要调试。

例如：定时运转线路的运行和间隔时间，Y-△启动线路的转换时间，反接制动线路的终止速度等。应按照各线路的具体情况确定调试步骤。

试车运转正常后，可投入正常运行。

15.2 三相异步电动机单向启动控制线路

电动机单向启动控制线路常用于只需要单方向运转的小功率电动机的控制。例如小型通风机、水泵以及皮带运输机等机械设备。电路的连接过程如下。

一、熟悉电气原理图

图 15-1 是电动机单向启动控制线路的电气原理图。

1. 主电路

刀开关 QS 起隔离作用，熔断器 FU_1 对主电路进行短路保护，交流接触器 KM 的主触点控制电动机 M 的启动、运行和停车，热继电器 FR 的主触点起过载保护的作用。

2. 辅助电路

熔断器 FU_2 对辅助电路进行短路保护，SB_1 为停止按钮，SB_2 为启动按钮，与 SB_2 并联的交流接触器 KM 的辅助触点为自锁触点，可以保证电动机正常工作时连续供电给自身的线圈，热继电器 FR 的辅助触点控制辅助电路的通断。

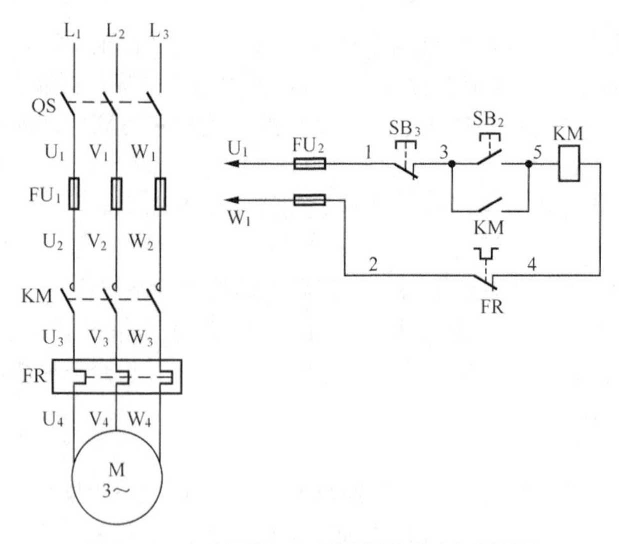

图 15-1 电动机单向启动控制线路的电气原理图

3. 工作原理

合上隔离开关 QS。

启动:

停车:

按下 SB_1 → KM 线圈失电 → KM 主触点复位 → 电动机 M 断电停车

→ KM 常开辅助触点复位 → 自保解除

原理图中标好的线号见图 15-1。

二、绘制安装接线图

线路中的刀开关 QS，两组熔断器 FU_1 和 FU_2 及交流接触器 KM 装在安装底板上，控制按钮 SB_1、SB_2（使用 LA4 系列按钮盒）和电动机 M 在底板以外，在接触器 KM 与接线端子板 XT 之间是热继电器 FR，通过接线端子板 XT 与安装底板上的电器连接。绘图时注意使 QS、FU_1 及 KM、FR 排在一条直线上。对照原理图上的线号，在接线图上做好端子标号，如图 15-2 所示。

三、检查电器元件

检查刀开关的三极触刀与静插座的接触情况；拆下接触器的灭弧罩，检查相间隔板；检查各主触点表面情况；按压其触头架观察动触点（包括电磁机构的衔铁、复位弹簧）的动作是否灵活；用万用表测量电磁线圈的通断，并记下直流电阻值；测量电动机每相绕组的直流电阻值，并作记录。检查中发现异常要及时检修或更换，对热继电器要打开其盖板，检查发热元件是否完好，用螺丝刀轻轻拨动金属导板，观察常闭触点的分断动作，检查中如发现异常，要及时进行检修或更换。

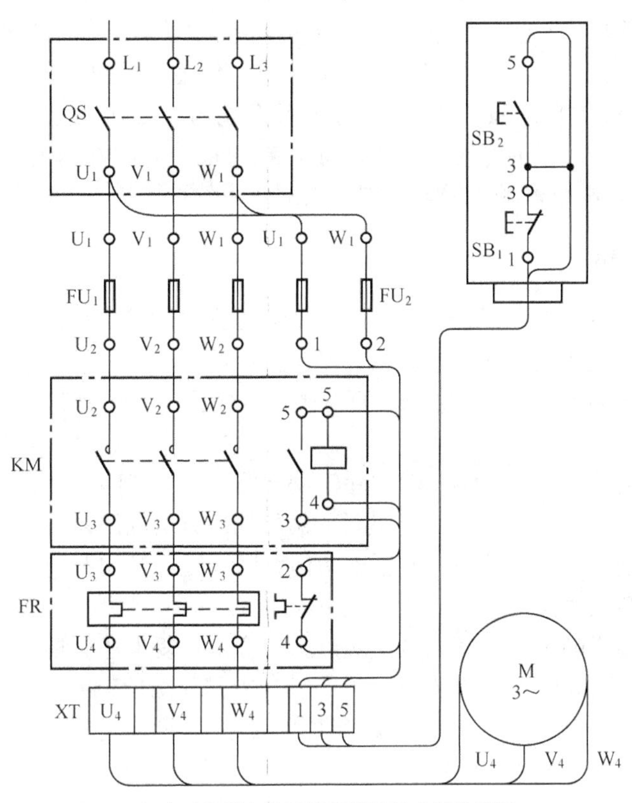

图 15-2　电动机单向启动控制线路的安装接线图

四、固定电器元件

按照接线图规定的位置将电器元件摆放在安装底板上。注意使 QS 中间一相触刀、FU_1 中间一相熔断器和 KM、FR 中间一极触点的接线端子成一直线，以保证主电路走线美观规整。木质底板定位打孔后，将各电器元件固定牢靠。要注意将热继电器水平安装，并将盖板向上以利散热，保证其工作时保护特性符合要求。

五、按接线图接线

从刀开关 QS 的下接线端子开始，先接主电路，后接辅助电路。

主电路使用导线的横截面积应按电动机的工作电流适当选取。将导线先拉直，去除两端的绝缘层后成型，套上写好的线号管接到端子上。接线时要注意水平走线时尽量贴紧底板，中间一相线路的各段导线成一直线，左右两相导线应对称。三相电源线直接接入刀开关 QS 的上接线端子，电动机接线盒到安装底板上的接线端子排之间应使用护套线连接。注意做好电动机外壳的接地保护线。

辅助电路（对中小容量电动机控制线路而言）一般可以使用截面积为 $1mm^2$ 左右的导线连接，将同一走向的相邻导线并成一束。接入螺丝端子的导线先套好线号管，将芯线按顺时针方向做成接线鼻子压接入端子，避免旋紧螺丝时将导线挤出，造成虚接。另外还应注意以下几点。

① 如使用 JR16 系列有三相热元件的热继电器，主电路接触器 KM 主触点三只端子分别与三相热元件上端子连接；如使用其他系列只有两相热元件的热继电器，则 KM 主触点只有

两只端子与热元件端子连接，而第三只端子连线直接接入端子排 XT 相应端子。

② 按钮盒中引出三根（1、3、5 号线）导线，使用三芯护套线与接线端子板连接。

③ 接触器 KM 的自锁触点上、下端子接线分别为 3 号和 5 号。而 KM 线圈上、下端子分别为 5 号和 4 号，注意不可接错，否则将引起线路自启动故障。

④ 切不可将热继电器触点的接线端子当成热元件端子接入主电路，否则将烧毁触点。

六、检查线路

- 对照原理图、接线图逐线核查。重点检查按钮盒内的接线和接触头的自锁线，防止错接。
- 检查各接线端子处的接线情况，排除虚接故障。
- 用万用表电阻挡（R×1）检查。摘下接触器灭弧罩，合上隔离开关 QS。

检查步骤如下。

（1）检查主电路。拔去 FU_2，以切除辅助电路，插好 FU_1，用万用表笔分别测量刀开关上端 L_1～L_2、L_2～L_3、L_3～L_1 之间的电阻，结果均应该为断路，万用表指向电阻无穷大处。

如果某次测量的结果为短路，万用表指向电阻零处，则说明所测量的两相之间的接线有短路问题。应仔细逐线检查。

用手按压接触器触头架，使三极主触点都闭合，重复上述测量，应分别测得电动机各相绕组的阻值。若某次测量结果为断路（$R\to\infty$），则需仔细检查所测两相的各段接线。例如，测量 L_1～L_2 之间的电阻值为无穷大，说明主电路 A、B 两相之间的接线有断路点，可将一支表笔接 L_1 处，另一支表笔依次测 U_1、U_2、U_3 各段导线两端的端子。均应测得 $R\to 0$；再将表笔移到 V_1、V_2、V_3 各段导线两端测量，应分别测得电动机一相绕组的阻值。这样即可准确地查出断路点，并予以排除。

（2）检查辅助电路。断开 FU_1 切除主电路，接好 FU_2，合上 QS，做以下几项检查。

① 检查启动控制。将万用表笔跨接在刀开关 QS 上端子 L_1、L_3 处，应测得断路；按下 SB_2 应测得 KM 线圈的电阻值。

② 检查自锁线路。松开 SB_2 后，按下 KM 触头架，使其常开辅助触点闭合，应测得 KM 线圈的电阻值。

如果操作 SB_2 或按下 KM 触头架后，测得结果为断路，应检查按钮及 KM 自锁触点是否正常，检查它们上、下接端子连接线是否正确、有无虚接及脱落，必要时用移动表笔缩小故障范围的方法探查断路点。如上述测量中测得短路，则重点检查单号、双号导线是否错接到同一端子上了。

例如：启动按钮 SB_2 下端子引出的 5 号线应接到接触器 KM 线圈上端的 5 号端子，如果错接到 KM 线圈下端的 4 号端子上，则辅助电路的两相电源不经负载（KM 线圈）直接连通。只要按下 SB_2 就会造成短路。再如：停止按钮 SB_1 下接线端子引出的 3 号线如果错接到接触器 KM 自锁触点下接线端子，则启动按钮 SB_2 不起作用。此时只要合上隔离开关 QS，不用按下 SB_2 线路也会自行启动而造成危险。

③ 检查停车控制。在按下 SB_2 或按下 KM 触头架测得 KM 线圈电阻值后，同时按下停车按钮 SB_1，则应测出辅助电路由通路变断路。否则应检查按钮盒内接线，排除错接。

④ 检查过载保护环节。摘下热继电器盖板后，按下 SB_2 测得 KM 线圈阻值，同时用小螺丝刀慢慢向右推动热元件自由端，在听到热继电器常闭触点分断动作的声音时，应该看到万用表显示辅助电路由通而断。否则应检查热继电器的动作及连接线情况，并排除故障。

七、试车

完成上述各项检查后，整理好工具和安装板。检查三相电源，将热继电器电流整定值按电动机的需要整定好，在指导老师的监护下试车。

（1）空操作试验。断开 FU_1 切除主电路，合上 QS，按下启动按钮 SB_2 后松开，接触器 KM 应立即得电动作，并能保持吸合状态；按下停止按钮 SB_1，KM 线圈应立即断电，其各触点复位。反复操作几次，以检查线路动作的可靠性。

（2）带负荷试车。切断电源后接通 FU_1，合上 QS、按下 SB_2，电动机 M 应立即得电启动并进入连续运行状态。按下 SB_1 时电动机立即断电停车。

15.3 三相异步电动机正反转启动控制电路

电动机正反转启动控制电路常用于小型升降机等机械设备的电气控制。电路中使用两只交流接触器来改变三相交流异步电动机的三相电源相序。显然，两只接触器不能同时得电动作，否则将造成电源相间短路，因而必须设置联锁电路。根据联锁的方法不同，有接触器联锁、按钮联锁、接触器按钮双重联锁三种控制电路，其中双重联锁控制电路既安全又方便，因而在各种设备中得到广泛的应用。

一、熟悉电气原理图

图 15-3 是双重联锁正反转启动控制电路的电气原理图。双重联锁正反转启动控制电路中的主电路使用两只交流接触器 KM_1 和 KM_2，分别控制接通电动机的正序、反序电源。其中 KM_2 得电时，将电源的 L_1、L_3 两相对调后送入电动机，实现电动机的反转控制，主电路的其他元件的作用与单向启动控制电路相同。

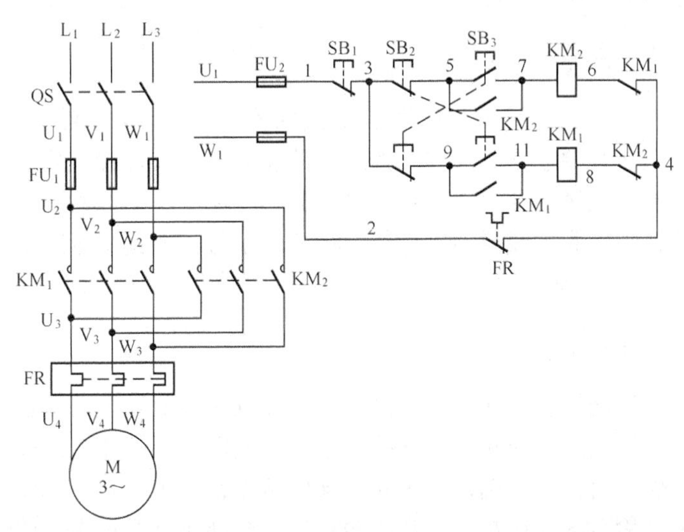

图 15-3 双重联锁正反转启动控制电路的电气原理图

辅助电路中，SB_2、SB_3 为正、反向启动按钮，选用具有常开、常闭两对触点的复式按钮，其动作特点是先断开常闭触点，后接通常开触点，每只按钮的常闭触点都串联在控制相反转向的接触器线圈的控制电路里，当操作任意一只启动按钮时，其常闭触点先分断，使相反转向的接触器线圈断电、触点复位，从而防止两只接触器线圈同时得电动作。每只按钮上起这种作用的触点称为“联锁触点”，其两端的接线称为“联锁线”。

辅助电路中 KM_1 和 KM_2 均采用了两对辅助触点，一对常开辅助触点作为自锁触点，一对常闭触点作为互锁触点，接在控制相反转向的接触器线圈的控制电路里，确保两只接触器线圈不能同时得电动作。

电路的工作原理如下。

合上隔离开关 QS。

正向启动：

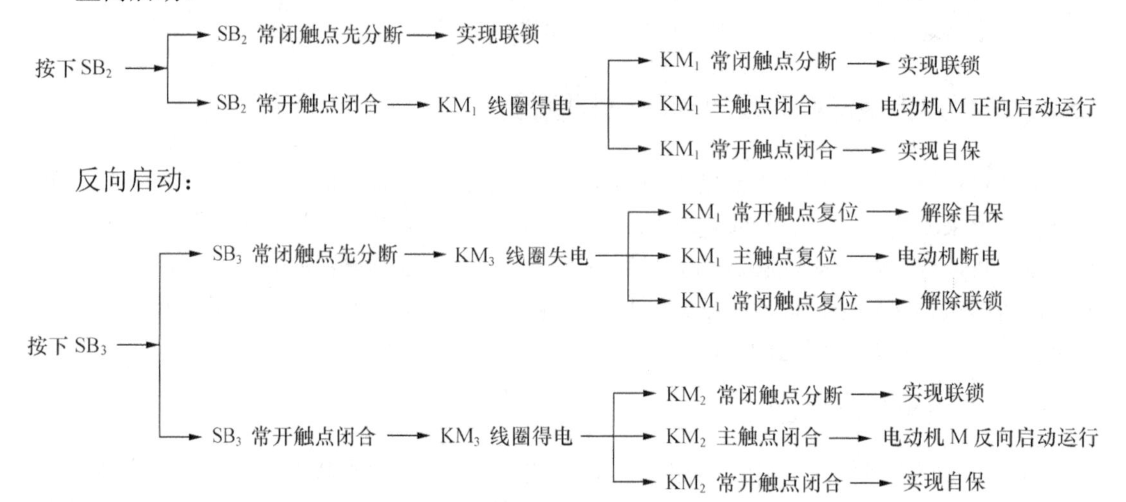

反向启动：

停止：

按下 SB_1→辅助电路断电→KM_1 或 KM_2 线圈断电、各触点复位→电动机断电停车

标注好的线号如图 15-3 所示。

二、绘制安装接线图

主电路各电器元件的布局图中刀开关 QS、熔断器 FU_1、正转接触器 KM_1、热继电器 FR 及接线端子排 XT 的排列要求与单向启动控制电路相同，将反转接触器 KM_2 与 KM_1 并排放置，将每只接触器的联锁触点并排放在自锁触点旁边。注意辅助电路中联锁线的线号不可标错。由于这种线路自锁、联锁线号多，应仔细标注端子号，尤其注意区分常开、常闭触头和线圈的上、下端，如图 15-4 所示。

三、检查电器元件

检查各电器元件的结构及操作动作，测量两只接触器线圈及电动机各相绕组的电阻值并作好记录，用万用表检查两只交流接触器的主触头、辅助触头的接触情况，按下触头架检查各极触点的分合动作是否正确，确保自锁和联锁电路能正常工作。认真检查按钮盒内的三只按钮，用万用表分别检查各按钮常开、常闭触点的分合动作是否正常，排除检查中发现的电器元件故障，必要时更换电器元件。

四、固定电器元件

按照接线图规定的位置固定好电器元件，并排放置的 KM_1 和 KM_2 之间的距离约为 5～

10mm，方便接线。

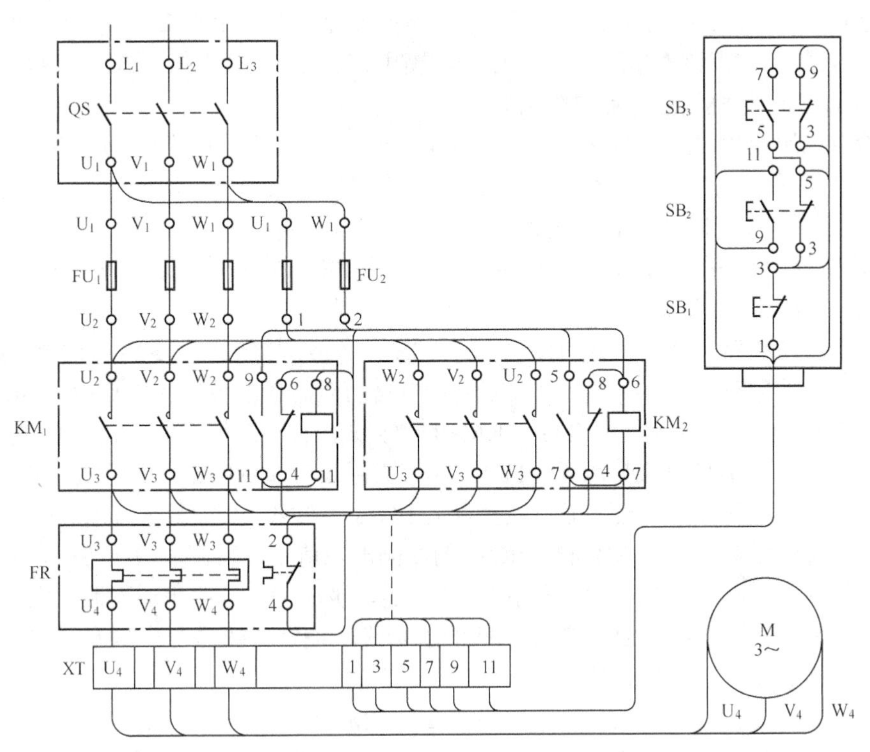

图 15-4 双重联锁正反转启动控制电路的安装接线图

五、按接线图接线

接线的顺序、要求与单向启动控制电路基本相同，另需注意以下几个问题。

① 主电路从 QS 到接线端子排 XT 之间的走线方式与单向启动控制电路完全相同。两只接触器主触点端子之间的连接线可以直接在主触点高度的平面内走线，不必向下贴近安装底板，以减少导线的弯折。

② 应按线号的顺序接线。特别要注意按钮盒内各端子的接线不要接错。否则容易引起 KM_1 和 KM_2 同时动作，造成电源相间短路。

③ 按钮盒内有五根引出导线，应使用护套线接入安装底板上的接线端子排 XT。接线前一定先校线（使用试灯、蜂鸣器或万用表），并且要套好线号以便检查。

辅助电路接线时，由于电路线号较多，应做到及时核查。可以采用每接一条线，就在接线图上标一个记号的办法，这样可以避免漏接、错接或重复接线。

六、检查线路和试车

1. 对照原理图、接线图认真逐线核对接线

重点检查主电路 KM_1 和 KM_2 之间的换相线及辅助电路中按钮、接触器辅助触点之间的连接线。特别注意检查每一对触点的上下端子接线不能颠倒，同一导线两端不能错号。

2. 检查各端子处接线的紧固情况，排除接触不良的隐患

3. 用万用表检查

摘下 KM_1 和 KM_2 的灭弧罩，合上隔离开关 QS，用万用表 $R\times1$ 挡做以下几项检查。

（1）检查主电路，拔去FU_2，切除辅助电路。

① 检查各相通路。插好FU_1，用万用表笔分别测量刀开关上端L_1～L_2、L_2～L_3、L_3～L_1之间的电阻，结果均应该为断路，万用表指向电阻无穷大处。分别按下KM_1、KM_2的触头架均应测得电动机一相绕组的直流电阻值。

② 检查电源换相通路。两支表笔分别接L_1端子和接线端子排上的U_4端子，按下KM_1的触头架时应测得$R \to 0$，松开KM_1按下KM_2触头架时，应测得电动机一相绕组的电阻值，用同样的方法测量L_3和W_4之间的通路。

（2）检查辅助电路，断开FU_1切断主电路，接通FU_2，将万用表表笔接在QS上端的L_1、L_3端子，作以下几项检查。

① 检查启动和停车控制。分别按下SB_2、SB_3，各应测得KM_1、KM_2的线圈电阻值，在操作SB_2、SB_3的同时按下SB_1，万用表应显示电路由通而断。否则应重点检查SB_1。

② 检查自锁线路。分别按下KM_1、KM_2的触头架，各应测得KM_1、KM_2的线圈电阻值，如在按下KM_1或KM_2的触头架的同时按下SB_1，万用表应显示电路由通而断。如果测量结果有误，在①的基础上重点检查接触器自锁触点上下端子的联线，根据异常现象进行分析、检查。

③ 检查按钮联锁。按下SB_2测得KM_1的线圈电阻值后，再同时按下SB_3，万用表应显示电路由通而断；同样先按下SB_3再同时按下SB_2，也应测得电路由通而断。发现异常时，应取点检查按钮盒内 SB_1、SB_2、SB_3之间的连接线，检查按钮盒引出护套线与接线端子排XT的连接是否正确，及时纠正错误。

④ 检查交流接触器辅助触点联锁线路。按下KM_1触头架测得KM_1线圈电阻值后，再同时按下KM_2触头架，万用表应显示电路由通而断；同样先按KM_2触头架再同时按下KM_1触头架，也应测得电路由通而断。如发现异常，需重点检查接触器常闭辅助触点与相反转向接触器线圈端子之间的连接导线。常见的错误接线是将常开触点错当作联锁触点，将接触器的联锁线错接到同一接触器的线圈端子上等。应对照电气原理图、接线图认真核查，排除错接。

4. 试车

检查好电源、作好准备，在指导老师的监护下试车。

（1）空操作试验。

切除主电路后合上QS做以下试验。

① 检查正反转启动、自锁线路和按钮联锁线路。交替按下SB_2、SB_3，观察KM_1和KM_2受其控制的动作情况，细听它们运行的声音，观察按钮联锁作用是否可靠。

② 检查辅助触点联锁动作。用绝缘棒按下KM_1触头架，当其自锁触点闭合时，KM_1线圈立即得电，触头保持闭合，再用绝缘棒轻轻按下KM_2触头架，使其联锁触点分断，此时KM_1线圈应立即断电，其所有触点复位，继续将KM_2触头架按到底，则KM_2线圈得电动作。再用同样的办法检查KM_1对KM_2的联锁作用。反复操作几次，以观察线路联锁作用的可靠性。

（2）带负荷试车。切除电源接通FU_1，检查控制电路带负荷的工作情况。合上QS后，先按下SB_2启动电动机，等待电动机达到额定转速后，再按下SB_3，注意观察电动机旋转方向是否发生改变。可交替操作SB_2和SB_3，但要注意操作的次数不可太多、太快，防止电动机过载。

15.4 三相异步电动机Y-△启动控制电路

“星三角”降压启动方式适用于正常运行时三相绕组为△接法的异步电动机。常用于轻载或无载启动的电动机的降压启动控制。由一只时间继电器进行 Y 连接启动时间的控制。线路可以自动从 Y 接启动转换成△接运行状态，以防止操作人员忘记进行转换，避免电动机长时间欠压运行。

一、熟悉电气原理图

图 15-5 是时间继电器转换的自动 Y-△启动线路的电气原理图。主电路中交流接触器 KM_1 得电时主触点将三相电源接到电动机的 D_1、D_2 和 D_3 端子；KM_2 是控制 Y 型接法的接触器，它的主触点上端子分别接电动机 D_1、D_2 和 D_3 端子，而下端子用导线短接。KM_3 是控制△接法的接触器，它的主触点闭合时将电动机的三相定子绕组接成△形。显然 KM_2 和 KM_3 不允许同时得电，否则它们的主触点同时动作会造成电源短路事故。

辅助电路中使用两只按钮，停止按钮 SB_1 和启动按钮 SB_2，按下 SB_2 时 KM_1 和 KM_2 同时得电动作，电动机 Y 形启动，辅助电路中时间继电器 KT 用来控制电动机绕组 Y 形启动的时间和向△形运行状态的转换。

线路在接触器的动作顺序上采取了保护措施：由控制 Y 形连接的接触器 KM_2 的常开辅助触点接通接触器 KM_1 的线圈通路，保证 KM_2 主触点的“封顶”线先短接后，再使 KM_1 接通三相交流电源。由于 KM_2 主触点不操作启动电流，所以容量可以适当降低。在 KM_2 与 KM_3 之间互设有常闭辅助触点联锁，防止它们同时动作造成电源相间短路；另外，线路接入△形正常运行后，KM_3 的常闭辅助触点断开，切断时间继电器 KT，避免时间继电器 KT 的线圈长时间运行而空耗电能，同时可延长其使用寿命。标好的线号见图 15-5。

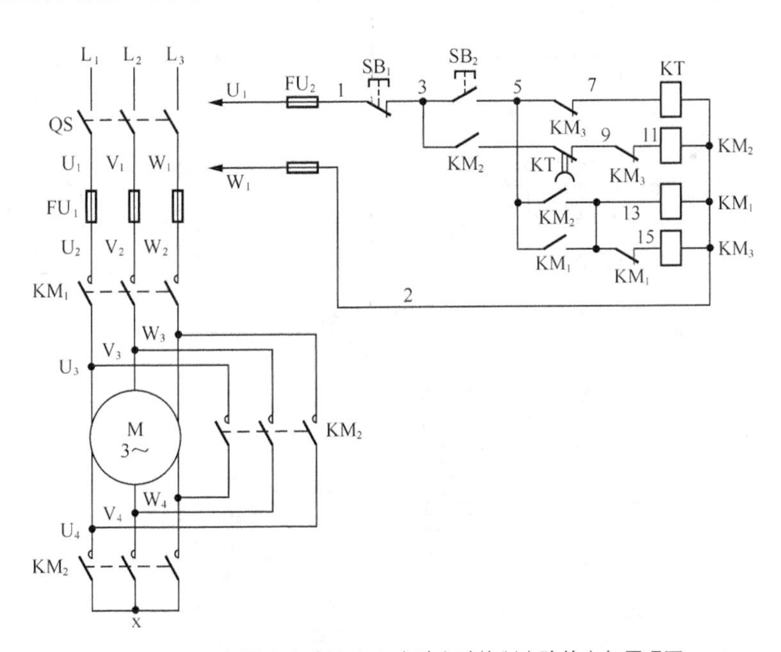

图 15-5 三相异步电动机 Y-△启动自动控制电路的电气原理图

电路工作原理如下。

合上隔离开关 QS。

启动：

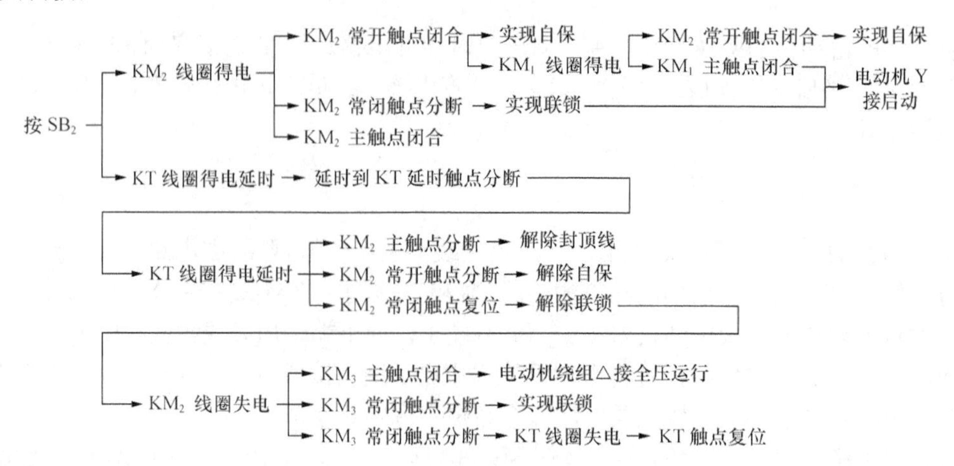

停止：

按 SB_1→辅助电路断电→各交流接触器线圈断电、各触点复位→电动机断电停车。

二、绘制安装接线图

主电路中 QS、FU_1、KM_1 和 KM_3 排成一纵直线，KM_2 与 KM_3 并排放置，将 KT 与 KM_1 并排放置，并与 KM_3 在纵方向对齐，使各电器元件排列整齐，走线美观方便。注意主电路中各接触器主触点的端子号不得标错，辅助电路的并联支路较多，应对照原理图看清楚连线方位和顺序，尤其注意连接端子较多的 5 号线，认真核对编号，防止漏标、错标编号。

绘制好的接线图如图 15-6 所示。

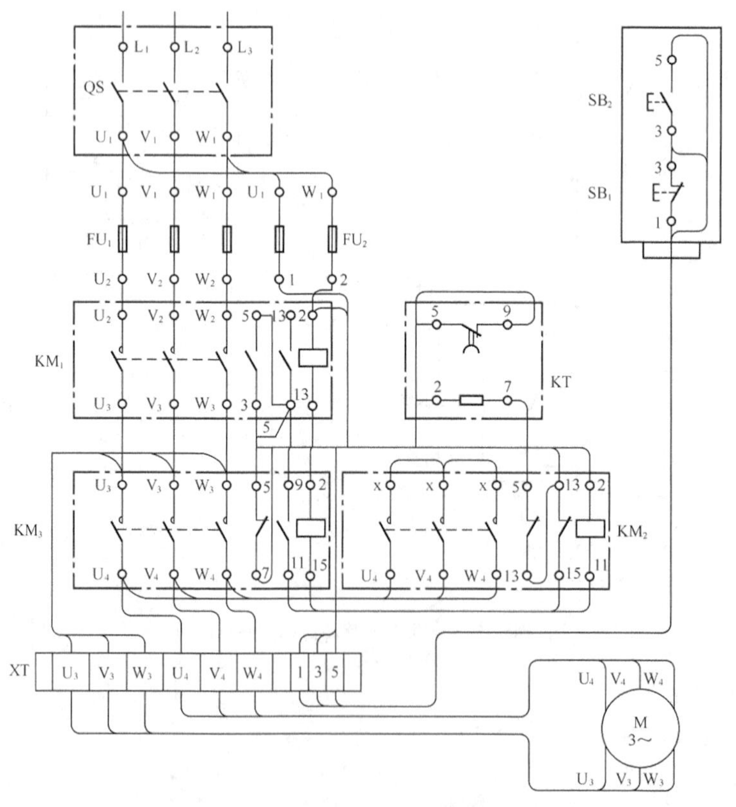

图 15-6　三相异步电动机 Y-△启动自动控制电路的安装接线图

三、检查电器元件

检查按钮、接触器的各触点表面情况，检查分合动作和接触情况，测量接触器线圈的电阻值并作记录。观察电动机接线盒内的端子标记，测量电动机各相绕组的电阻值，发现异常及时检修或更换。线路中一般使用 JS7-1A 型气囊式时间继电器。首先检查延时类型，如为断电延时型，则需将电磁机构拆下倒转方向后装好，即为通电延时型。用手压合衔铁，观察延时器的动作是否灵活，延时时间是否合适，延时时间一般可为 5s 左右，如不合适可调节延时器上端的针阀。

四、固定电器元件

按照接线图规定的位置固定好电器元件，特别注意 JS7-1A 时间继电器的安装方向。如果设备运行时安装底板垂直于地面，则时间继电器的衔铁释放方向必须指向下方，否则违反安装要求，容易造成自行吸合的误动作。

五、根据安装接线图连接电路

主电路中所使用的导线截面积较大，注意将各接线端子压紧，保证接触良好和防止振动引起松脱。辅助电路中 5 号线所连接的端子多，其中 KM_3 常闭触点上端子到 KT 延时触点上端子之间的联线容易漏接，13 号线中 KM_1 线圈上端子到 KM_2 常闭触点上端子之间的一段连线也容易漏接，KM_1、KM_2 主触点换相容易错接，应注意检查。

六、检查线路和试车

（1）对照接线图仔细核对接线。

（2）认真检查各端子接线是否牢固。

（3）用万用表检查。

摘下各接触器的灭弧罩，合上隔离开关 QS，用万用表 R×1 挡，分别检查主电路、辅助电路。

① 检查主电路。断开 FU_2 以切除辅助电路。

a．检查 KM_1 的控制作用。将万用表表笔分别接 QS 上端的 L_1 和 XT 上的 U_4 端子，应测得断路；而按下 KM_1 触头架时，应测得电动机一相绕组的电阻值。用同样的方法测量 L_2～V_4、L_3～W_4之间的电阻值。

b．检查 Y 启动线路。将万用表笔接 QS 上端的 L_1、L_2 端子，同时按下 KM_1 和 KM_2 的触头架，应测得电动机两相绕组串联的电阻值。用同样的方法测量 L_2～L_3、L_3～L_1 之间的电阻值。

c．检查△运行线路。将万用表笔接 QS 上端的 L_1、L_2 端子，同时按下 KM_1 和 KM_3 的触头架，应测得电动机两相绕组串联后再与第三组绕组并联的电阻值，此阻值小于一相绕组的电阻值。用同样的方法测量 L_2～L_3、L_3 ～L_1 之间的电阻值。

② 检查辅助电路。断开 FU_1 切除主电路。用万用表表笔接 L_1、L_3 端子，做以下几项检查。

a．检查启动控制。按下 SB_2，应测得 KT 与 KM_2 两只线圈的并联电阻值；同时按下 SB_2、KM_2 触头架，应测得 KT、KM_2 和 KM_1 三只线圈的并联电阻值；同时按下 KM_1、KM_2 的触头架，测得 KT、KM_2 和 KM_1 线圈的并联电阻值。

b．检查联锁线路。按下 KM_1 触头架，应测得线路中四个电器线圈的并联电阻值；同时再轻按 KM_2 触头架使其常闭触点分断，断开了 KM_3 线圈，所测的电阻值增大。如果在按下 SB_2 的同时轻按 KM_3 触头架，其常闭触点分断，断开 KT、KM_2 线圈，万用表则指示电路由通变断。

c．检查 KT 的控制作用。按下 SB_2 测得 KT 与 KM_2 两只线圈并联的电阻值，再按住 KT 电磁机构的衔铁不放，约 5s 后 KT 的延时分断触点分断切断 KM_2 的线圈，测得的电阻值应增大。

（4）试车。

装好接触器的灭弧罩，检查三相交流电源，在指导老师的监护下通电试车。

① 空操作试验。断开 FU_1，断开主电路，合上 QS，按下 SB_2，KT、KM_1、KM_2 应立即得电动作，大约经过 5s 后，KT 和 KM_2 线圈断电，触点复位，同时 KM_3 得电动作。按下 SB_1 则 KM_1 和 KM_3 线圈断电，触点复位。反复操作几次，检查线路动作的可靠性。调节 KT 的针阀，使其延时更准确。

② 带负荷试车。断开电源接好 FU_1，仔细检查主电路各熔断器的接触情况，检查各端子的接线情况，作好立即停车的准备。

按下 SB_2，电动机应立即得电启动，转速上升，此时应注意电动机运转的声音，约 5s 后线路转换，电动机转速再次上升进入全压运行。

15.5 实习内容

一、完成给定的三相交流异步电动机的控制电路的电路连接

1．简述所给电路的工作原理

2．绘制安装接线图

3．合理选择所需电器元件及导线

4．完成电路的安装、连接

二、考核标准

表 15-2 三相交流异步电动机的控制电路连接训练考核评定参考

训练内容	配分	扣分标准		扣分	得分
接线图绘制	10 分	无接线图或接线图绘制错误	扣 10 分		
安装元器件	20 分	1．元器件质量漏检或错检 2．元器件安装不合理 3．元器件损坏	每只扣 5 分 每只扣 10 分 每只扣 10 分		
电路连接接线	30 分	1．连接点松动 2．布线不美观、规范、连接错误 3．导线绝缘或线芯受损伤 4．漏套或错套编码套管	每处扣 5 分 每根扣 5 分 每处扣 5 分 每处扣 5 分		

续表

训练内容	配分	扣分标准		扣分	得分
通电试车	40 分	1．元器件动作值需整定而未整定或整定错误	每只扣 10 分		
		2．第一次试车不成功	扣 20 分		
		3．第二次试车不成功	扣 30 分		
		4．第三次试车不成功	扣 40 分		
总评（注：各项内容中扣分总值不应超过对应各项内容所配分数）					

三、实习内容拓展

三相异步电动机控制电路故障排除。由指导老师在连接好的控制电路上设置故障，学生在规定时间内排除。

实习项目 16 机床电路

实习要求

（1）掌握各种电气控制电路故障的一般分析方法
（2）掌握 CA6140 型卧式车床控制线路的工作原理
（3）掌握 Z3050 型摇臂钻床电气控制线路的工作原理

实习工具及材料

表 16-1　　实习工具及材料

名称	型号或规格	数量	名称	型号或规格	数量
电工工具		1 套	万用表	MF-47	1 只
Z3050 机床设备		1 套	兆欧表		1 只
			钳形电表		1 只

现在，绝大多数机床采用继电器、接触器等电器元件控制，也就是继电接触式控制。掌握传统机床电气控制线路的分析方法具有重要的现实意义。在学习了常用低压电器和接触器控制电路基本控制环节的基础上，下面将对生产机械的电气控制进行分析和研究。本章从常用机床的电气控制入手，以期让学生学会阅读、分析机床电气控制线路的方法；加深对典型控制环节的理解，学会其应用；了解机床上机械、液压、电气之间的紧密配合，学会从机床加工工艺出发，掌握各种典型机床的电气控制。为机床及其他生产机械的电气控制的设计、安装、调试、维修和运行维护等打下基础。

总之，学习和掌握电气控制系统的分析方法非常重要，是每个机电工程技术人员必须具备的能力。

16.1　机床电气控制电路的一般分析方法

一、电气控制电路分析的内容

电气控制电路是电气控制系统各种技术资料的核心文件。在学习与分析机床电气控制时，应从以下几方面入手。

1. 设备说明书

设备说明书由机械与电气两部分组成。在分析时首先要阅读这两部分说明书，了解以下内容。

① 设备的构造，主要技术指标。机械、液压和气动部分的工作原理。

② 气传动方式，电动机和执行电器的数目、型号规格、安装位置、用途及控制要求。

③ 设备的使用方法，各操作手柄、开关、旋钮和指示装置的布置以及作用。

④ 同机械和液压部分直接关联的电器（行程开关、电磁阀、电磁离合器和压力继电器等）的位置、工作状态以及应用。

2. 电气控制原理图

这是控制线路分析的中心内容。原理图主要由主电路、控制电路和辅助电路等部分组成。

在分析电气原理图时，必须与阅读其他技术资料结合起来。例如，各种电动机和电磁阀等的控制方式、位置及作用，各种与机械有关的位置开关和主令电器的状态等，只有通过阅读说明书才能了解。

3. 电气设备总装接线图

阅读分析总装接线图，可以了解系统的组成分布状况，各部分的连接方式，主要电气部件的布置和安装要求，导线和穿线管的型号规格。这是安装设备不可缺少的资料。

4. 电气元件布置图与接线图

这是制造、安装、调制和维护电气设备必须具备的技术资料。在调制和检修中可通过布置图和接线图方便地找到各种电气元件和测试点，进行必要的调试、检修和维修保养。

二、电气原理图阅读分析的方法与步骤

在仔细阅读了设备说明书、了解了电气控制系统的总体结构、电动机和电器元件的分布状况及控制要求等内容之后，便可以阅读分析电气原理图了。

1. 主电路分析

从主电路入手，根据每台电动机和电磁阀等执行电器的控制要求去分析它们的控制内容，控制内容包括启动、方向控制、调速和制动等。

2. 控制电路分析

根据主电路中各电动机和电磁阀等执行电器元件的控制要求，逐一找出控制电路中的控制环节，利用前面学过的基本环节的知识，按功能不同划分成若干个局部控制线路来进行分析。分析控制电路的最基本方法是查线读图法。

3. 辅助电路分析

辅助电路包括电源显示、工作状态显示、照明和故障报警等部分。它们大多是由控制电路中的元件来控制的，所以在分析时，还要回过头来对照控制电路进行分析。

4. 联锁与保护环节分析

机床对于安全性和可靠性有很高的要求。要实现这些要求，除了合理地选择拖动和控制方案以外，在控制线路中还要设置一系列电气保护和必要的电气联锁。

5. 总体检查

经过“化整为零”，逐步分析了每一个局部电路的工作原理以及各部分之间的控制关系之后，还必须用“化零为整”的方法，检查整个控制线路，看是否有遗漏。特别要从整体角度去进一步检查和理解各控制环节之间的联系，理解电路中每个元件所起的作用。

三、机床电气设备常见的故障检修方法

机床电气控制线路是多种多样的，机床的电气故障往往又是与机械、液压、气动系统交错在一起，比较复杂，不正确的检修方法有时还会使故障扩大，甚至会造成设备及人身事故，因此，必须掌握正确的检修方法。常见的故障检修方法包括直接观察法、电压测量法、电阻测量法、短接法、置换元件法等。实际检修时，要综合运用以上方法，并根据积累的经验，对故障现象进行分析，快速准确地找到故障部位，采取适当的方法加以排除。

1. 直接观察法

直接观察法是根据机床电器故障的外观表现，通过眼看、鼻闻、耳听等手段，来检查、判断故障的方法。

（1）检查步骤。

① 调查情况：向机床操作者和故障在场人员询问故障情况，包括故障发生的部位，故障现象（如异常响声、跳火、冒火、冒烟、异味、明火、误动作等），是否有人修理过，修理的内容等。

② 初步检查：根据调查的情况，看有关电器外部有无损坏，连线有无断路、松动，绝缘有无烧焦，螺旋熔断器的熔断指示器是否跳出，电器有无进水、油垢等。

③ 试车：通过初步检查，确认不会使故障进一步扩大和不会发生人身、设备事故后，可进行试车检查。试车中要注意有无严重跳火、冒火、异常气味、异常声音等现象，一经发现应立即停车，切断电源。注意检查电机的温升及电器的动作程序是否符合电气原理图的要求，从而发现故障的部位。

（2）检查方法。

① 用观察火花的方法检查故障：电器的触点在闭合、分断电路或导线线头松动时会产生火花，因此可以根据火花的有无、大小等现象来检查电器故障。例如，正常固紧的导线与螺钉间不应有火花产生，当发现该处有火花时，说明线头松动或接触不良；电器的触点在闭合、分断电路时跳火，说明电路是通路，不跳火说明电路不通；当观察到控制电动机的接触器主触点两相有火花，一相无火花时，说明无火花的触点接触不良或这一相电路断路；三相火花都比正常大，可能是电动机过载或机械部分卡住；按一下启动按钮，如按钮常开触点在闭合位置断开时有轻微的火花，说明电路为通路，故障在接触器本身机械部分卡住等；若触点间无火花，说明电路是断路。

② 从电器的动作程序来检查故障：机床电器的工作程序应符合电器说明书和图纸的要求，如某一电路上的电器动作过早、过晚或不动作，说明该电路或电器有故障。

（3）注意事项。

① 当电器元件已经损坏时，应进一步查明故障原因后再更换，不然会造成元件的连续烧坏。

② 试车时，手不能离开电源开关，以便随时切断电源。

③ 直接观察法的缺点是准确性差，所以不经进一步检查不要盲目拆卸导线和元件。

2. 电压测量法

（1）分阶测量法。

电压的分阶测量法如图 16-1 所示。按下启动按钮 SB_2，接触器 KM_1 不吸合，说明电路有故障。

检查时，把万用表拨到电压 500 V 挡位上，首先测量 0、1 两点之间的电压，若电压值为

380 V，说明控制电路的电源电压正常。然后，将黑色测试棒接到 0 点上，红色测试棒按标号依次向前移动，分别测量标号 2，3，4，5，6，7 各点的电压。根据电压值来检查故障的具体方法如表 16-2 所示。

表 16-2　　分阶测量法所测电压值及故障原因　　单位：V

故障现象	测试状态	0～2	0～3	0～4	0～5	0～6	故障原因
按下 SB_2 时，KM_1 不吸合	按下 SB_2 不放	0	0	0	0	0	FR 常闭触点接触不良或接线脱落
		380	0	0	0	0	SQ 常闭触点接触不良或接线脱落
		380	380	0	0	0	SB_1 触点接触不良或接线脱落
		380	380	380	0	0	SB_2 触点接触不良或接线脱落
		380	380	380	380	0	KM_2 常闭触点接触不良或接线脱落
		380	380	380	380	380	KM_1 线圈开路或接线脱落

（2）分段测量法。

触点闭合后各电器之间的导线在通电时，其电压接近于零。而用电器、各类电阻、线圈通电时，其电压降等于或接近于外加电压。根据这一特点，采用分段测量法检查电路故障更为方便。电压的分段测量法如图 16-2 所示。

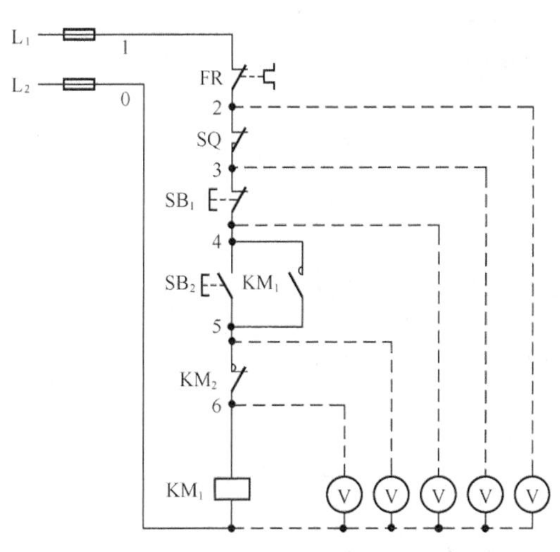

图 16-1　电压的分阶测量法

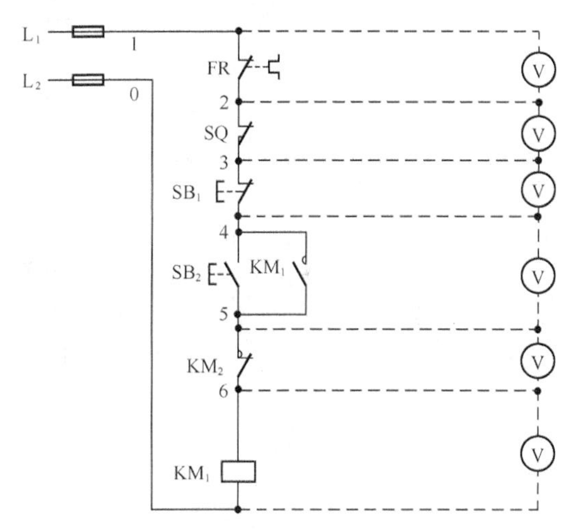

图 16-2　电压的分段测量法

根据电压值来检查故障的具体方法如表 16-3 所示。

表 16-3　　分段测量法所测电压值及故障原因　　单位：V

故障现象	测试状态	1～2	2～3	3～4	4～5	5～6	6～0	故障原因
按下 SB_2 时，KM_1 不吸合	按下 SB_2 不放	380	0	0	0	0	0	FR 常闭触点接触不良或接线脱落
		0	380	0	0	0	0	SQ 常闭触点接触不良或接线脱落
		0	0	380	0	0	0	SB_1 触点接触不良或接线脱落
		0	0	0	380	0	0	SB_2 触点接触不良或接线脱落
		0	0	0	0	380	0	KM_2 常闭触点接触不良或接线脱落
		0	0	0	0	0	380	KM_1 线圈开路或接线脱落

3. 电阻测量法

（1）电阻的分阶测量法。

电阻的分阶测量法如图 16-3 所示。

（2）电阻的分段测量法。

电阻的分段测量法如图 16-4 所示。

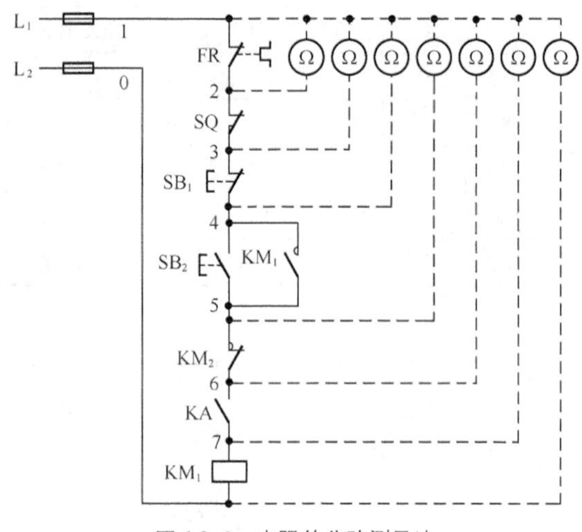

图 16-3　电阻的分阶测量法

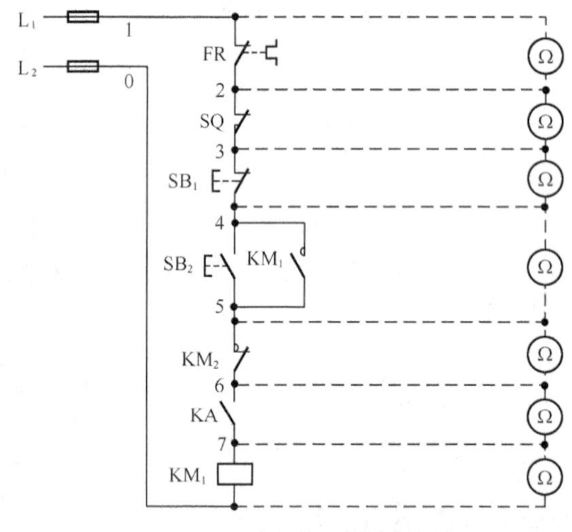

图 16-4　电阻的分段测量法

电阻测量法的优点是安全，适用于开关、电器在机床上分布距离较大的电气设备；缺点是测量电阻值不准确时容易造成判断错误。为此应注意以下几点。

① 用电阻测量法检查故障时，一定要断开电源或接控制变压器次级绕组的一端。

② 如所测量的电路与其他电路并联，必须将该电路与其他电路断开，否则电阻不准确。

③ 测量高电阻电器件时，万用表要拨到适当的挡位。在测量连接导线或触点时，万用表要拨到 $R\times1$ 的挡位上，以防仪表误差造成误判。

4. 短接法

电路或电器的故障大致可归纳为短路、过载、断路、接地、接线错误、电器的电磁及机械部分故障六类。其中出现较多的是断路故障，它包括导线断路、虚连、松动、触点接触不良、虚焊、假焊、熔断器熔断等。对这类故障除用电阻法、电压法检查外，还有一种更为简单可靠的方法，就是短接法。方法是用一根绝缘良好的导线，将所怀疑的断路部位短接起来，如短接到某处，电路工作恢复正常，说明该处断路。短接法有局部短接法和长短接法两种，如图 16-5、图 16-6 所示。长短接法和局部短接法接合，可加快排除故障的速度。运用短接法检查电路故障时应注意以下几点。

① 短接法是用手拿着绝缘导线带电操作的，所以一定要注意安全，避免发生触电事故。

② 应确认所检查的电路电压正常时，才能进行检查。

③ 短接法只适用于压降级小的导线及电流不大的触点之类的断路故障。对于压降较大的电阻、线圈、绕阻等断路故障，不允许用短接法，否则就会出现短路故障。

④ 对于机床的某些要害部位要慎重行事，必须在保障电气设备或机械部位不被损坏的情况下，才能使用短接法。

⑤ 怀疑故障是熔断器熔断或接触器的主触点断路时，先要估计一下电流，一般在 5 A 以下时才能使用短接法，否则，容易产生较大的火花。

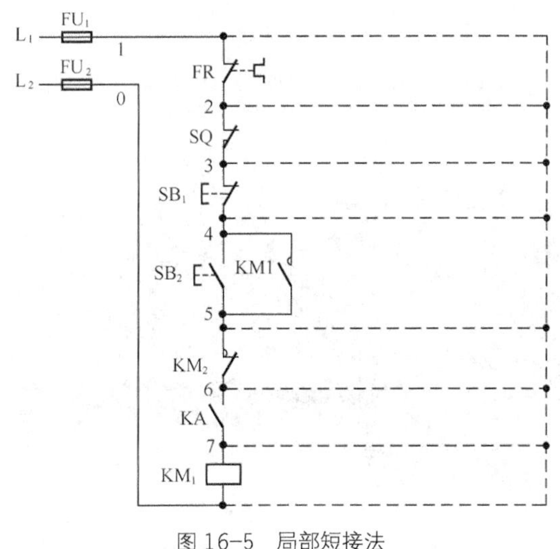

图 16-5 局部短接法

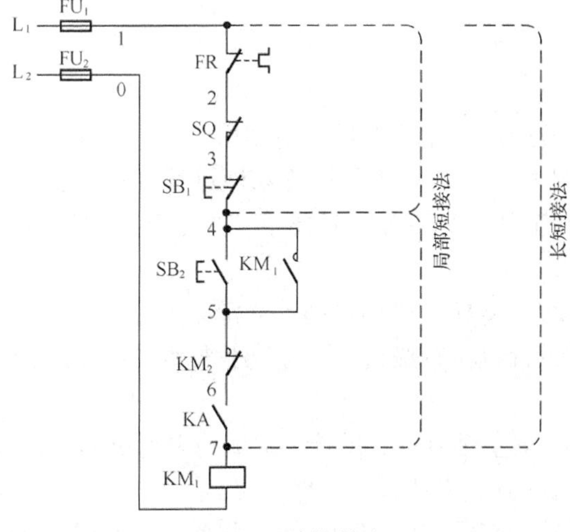

图 16-6 长短接法

5. 置换元件法

某些电器的故障原因不易确定或检查时间过长时，为了保证机床的利用率，可置换同一型号的性能良好的元器件进行实验，以证实故障是否由此电器引起。运用置换元件法检查时应注意，当把原电器拆下后要认真检查是否已经损坏，只有肯定是由于该电器本身因素造成损坏时，才能换上新电器，以免新换元件再次损坏。

16.2 CA6140 型卧式车床控制线路

车床是金属切削机床中应用最为广泛的一种，能够车削外圆、内圆、端面、螺纹、螺杆以及车削定型表面等。在各种车床中，应用最多的是普通车床。

普通车床的切削加工运动主要分为两部分，一是主轴通过卡盘带动工件旋转的运动，称为主轴运动；二是溜板带动刀架的往复直线运动，称为进给运动。车床工作时，绝大部分功率消耗在主轴运动上面。下面以 CA6140 型普通车床为例进行分析。

CA6140 型车床主要是由床身、主轴箱、进给箱、溜板箱、刀架、丝杠、尾座等部分组成。其外形见图 16-7。

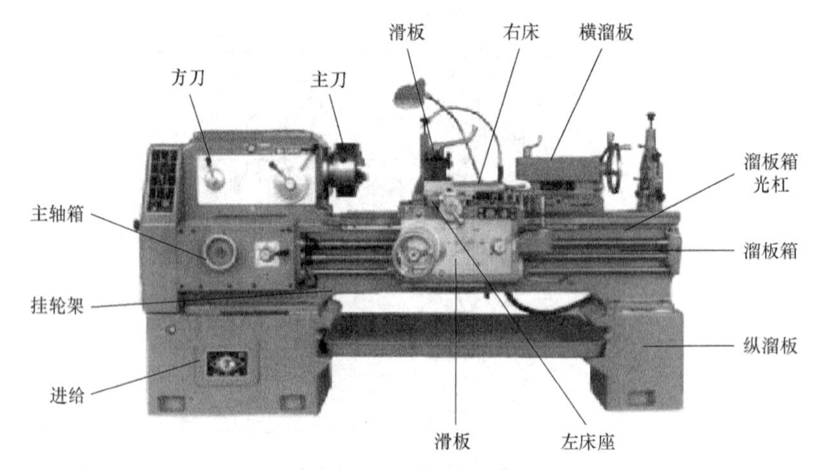

图 16-7 CA6140 型车床外形结构图

一、电力拖动特点及控制要求

① 主拖动电动机一般选用三相笼型异步电动机，不进行电气调速。

② 在切削加工时，要求对刀具和工件用冷却液进行冷却，通常是选用三相笼型异步电动机，拖动冷却泵对刀具和工件进行冷却，且要求在主拖动电动机启动后，冷却泵方可选择开动与否，当主拖动电动机停止时，冷却泵立即停止。

③ 车床选用一台三相笼型异步电动机拖动润滑泵对系统进行润滑。

④ 采用齿轮变速箱进行机械有级调速。为减小振动，主拖动电动机通过几条三角皮带将动力传递到主轴箱。

⑤ 在车削螺纹时，要求主轴有正、反转。主拖动电动机的正、反转采用电气的方法来改变电动机的转向或采用机械方法来达到。

⑥ 刀架移动和主轴转动有固定的比例关系，以满足对螺纹的加工需要。

⑦ 有过载、短路、零压保护，及安全的局部照明、指示装置。

二、电气控制线路分析

CA6140 型普通车床电器元件目录表如表 16-4 所示。

表 16-4 CA6140 型普通车床电器元件目录表

符号	名称及用途	符号	名称及用途
M_1	主轴电动机，拖动主轴	FU_3	熔断器，指示灯短路保护
M_2	冷却泵电动机，驱动冷却泵	FU_4	熔断器，照明灯适中保护
M_3	刀架快速移动电动机，驱动刀架快速移动	SB_1	按钮，停止 M_1
FR_1	热继电器，M_1 的过载保护	SB_2	按钮，启动 M_1
FR_2	热继电器，M_2 的过载保护	SB_3	按钮，启动 M_3
KM_1	交流接触器，控制 M_1	QS	电源总开关
KM_2	交流继电器，控制 M_2	SA_1	组合开关，控制 M_2
KM_3	交流继电器，控制 M_3	SA_2	组合开关，控制照明灯
FU_1	熔断器，M_2、M_3，短路保护	TC	控制变压器，变压
FU_2	熔断器，控制电路短路保护	EL	照明灯

CA6140 型车床电气控制线路可分为主电路，控制电路，及照明、信号灯电路三部分。CA6140 型车床的电气控制线路如图 16-8 所示，其工作原理分析如下。

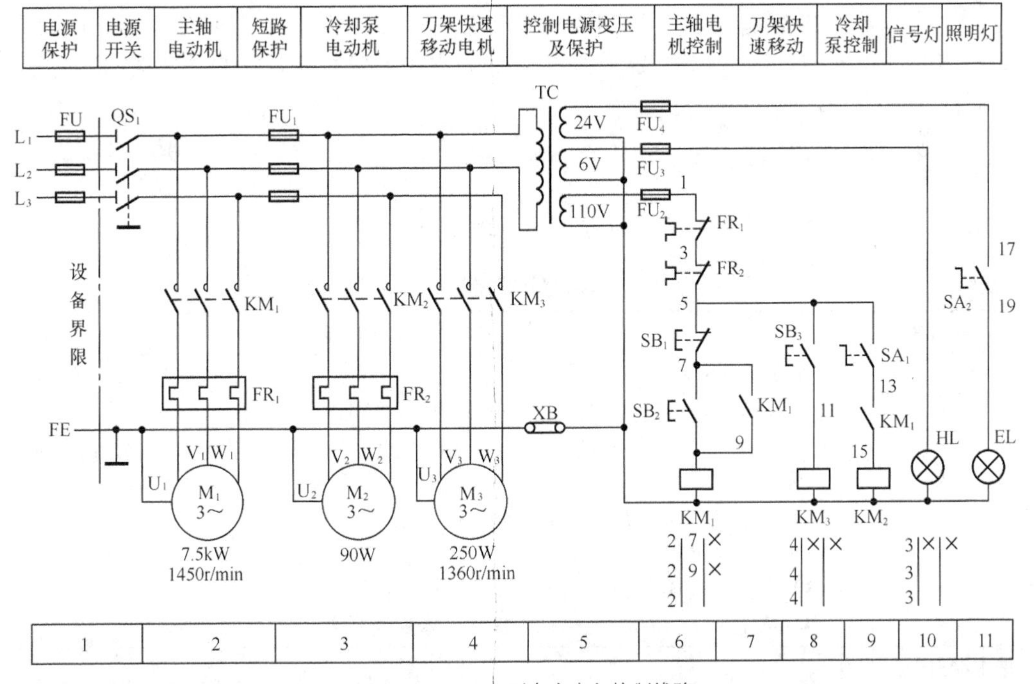

图 16-8 CA6140 型车床电气控制线路

1. 主电路分析

主电路中有三台电动机：M_1 为主轴电动机，带动主轴旋转和刀架做行进给运动；M_2 为冷却泵电动机；M_3为刀架快速移动电动机。

三相交流电源通过转换开关QS的引入。主轴电动机M_1由接触器KM_1控制，热继电器FR_1为主轴电动机M_1的过载保护。冷却泵电动机M_2由接触器KM_2控制，热断电器FR_2为M_2的过载保护。刀架快速移动电动机M_3由接触器KM_3控制，由于M_3是短期工作，故未设过载保护。

2. 控制电路分析

控制回路的电源由控制变压器TC副边输出110V电压提供。

（1）主轴电动机的控制。

按下启动SB_2，接触器KM_1线圈获电吸合，其位于2区的三对常开主触点闭合，位于7区的自锁触点和位于9区的另一副常开触点闭合（为冷却泵电动机获电作准备），主轴电机启动运行。按下停止按钮SB_1，主轴电动机M_1停车。

（2）冷却泵电动机控制。

如果车削加工过程中，工艺需要使用冷却液时，可先合上开关SA_1，在主轴电机M_1运转的情况下，接触器KM_1线圈获电吸合，其位于3区的主触点闭合，冷却泵电动机获电而运行。由电气原理图可知，只有当主轴电动机M_1启动后，冷却泵电机M_2才有可能启动，当M_1停止运行时，M_2也自动停止。

（3）刀架快速移动电动机的控制。

刀架快速移动电动机M_3的启动是由安装在进给操纵手柄顶端的按钮SB_3来控制的，它与接触器KM_3组成点动控制环节。将操纵手柄扳到所需的方向，按下按钮SB_3，接触器KM_3获电吸合，M_3启动运行，刀架就向指定方向快速移动。

3. 照明、信号灯电路分析

控制变压器TC的副边分别输出24V和6V电压，作为机床低压照明灯和信号灯的电源。EL为机床的低压照明灯，由开关SA_2控制；HL为电源的信号灯。它们分别采用FU_4和FU_3作短路保护。

三、常见电气故障分析

CA6140型车床控制线路的常见故障分析见表16-5。

表16-5　CA6140型车床控制线路的常见故障分析

故障现象	故障分析及处理
主轴电动机M_1不能启动	主电路故障： （1）车间配电箱及支电路开关的熔断器熔丝熔断，需要换 （2）接触器KM_1主触点接触不良或接线松脱，应修或更换触点，坚固接线控制电路故障： （1）熔断器FU_1的熔丝熔断，需要换 （2）过载保护FR_2动作未复位 （3）接触器KM_1线圈坏或接线端子松脱，需要换或坚固 （4）按钮SB_1、SB_2触点接触不良，应修复或更换
主轴电动机M_1启动后不能自锁	接触器KM_1常开辅助点（自锁触点）的连接导线松脱或接触不良，应坚固或修复
主轴电动机M_1不能停止	（1）接触器KM_1的主触点发生熔焊，应更换接触器 （2）按钮SB_1被击穿短路，需更换

续表

故障现象	故障分析及处理
刀架快速移动电动机不能启动	（1）熔断器 FU_1 的熔丝熔断，需要换 （2）接触器 KM_3 主触点的接触不良，需修复 （3）点动按钮 SB_3 触点接触不良，应修复或更换 （4）热继电器 FR_1 和 FR_2 的常闭触点未复位，需复位或更换 （5）接触器 KM_3 的线圈断路，需更换

16.3 Z3050 型摇臂钻床电气控制线路

钻床是一种用途广泛的孔加工机床，主要用于钻削精度要求不太高的孔，另外还可用来扩孔、铰孔、镗孔，以及刮平面、攻螺纹等。

钻床的结构形式很多，有立式钻床、卧式钻床、深孔钻床及多轴钻床等。摇臂钻床是一种立式钻床，它适用于单件或批量生产中带有多孔的大型零件的孔加工。下面以 Z3050 型摇臂钻床为例进行分析。

Z3050 型号意义：Z——钻床；3——摇臂钻床组；0——摇臂钻床型；50——最大钻孔直径 50mm。

一、主要结构及运动形式

Z3050 摇臂钻床主要由底座、内立柱、外立柱、摇臂、主轴箱、工作台等组成。其外形见图 16-9 所示。内立柱固定在底座上，在它外面套着空心的外立柱，外立柱可绕着内立柱回转一周，摇臂一端的套筒部分与外立柱滑动配合，借助于丝杆，摇臂可沿着外立柱上下移动，但两者不能作相对转动，所以摇臂将与外立柱一起相对内立柱回转。主轴箱是一个复合的部件，它具有主轴及主轴旋转部件和主轴进给的全部变速和操纵机构。主轴箱可沿着摇臂上的水平导轨作径向移动。当进行加工时，可利用特殊的夹紧机构将外立柱紧固在内立柱上，或者紧固在外立柱上，主轴箱紧固在摇臂导轨上，然后进行钻削加工。

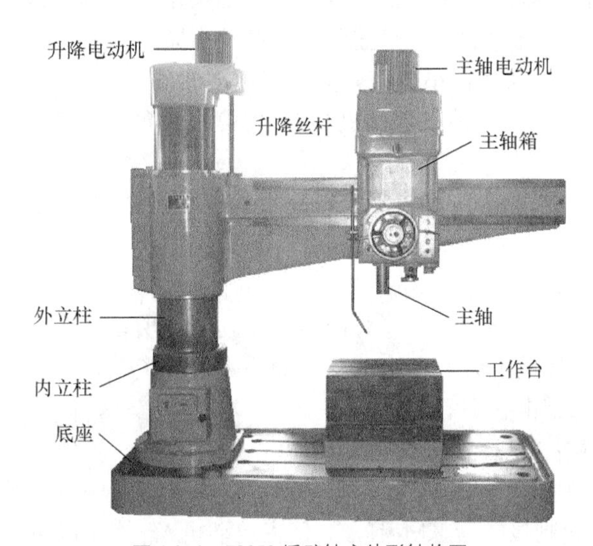

图 16-9 Z3050 摇臂钻床外形结构图

二、摇臂钻床的电力拖动特点及控制要求

① 由于摇臂钻床的运动部件较多，多简化传动装置，使用多电动机拖动，主电动机承担主钻削及进给任务，摇臂升降，夹紧放松和冷却泵各用一台电动机拖动。

② 为了适应多种加工方式的要求，主轴及进给应在较大范围内调速。但这些调速都是机械调速，用手柄操作变速箱调速，对电动机无任何调速要求。从结构上看，主轴变速机构与进给变速机构应该放在一个变速箱内，而且两种运动有一台电动机拖动是合理的。

③ 加工螺纹式要求主轴能正、反转。摇臂钻床的正、反转一般用机械方法实现，电动机只需单方向旋转。

④ 摇臂升降由单独电动机拖动，要求能实现正、反转。

⑤ 摇臂的夹紧与放松以及立柱的夹紧与放松由一台异步电动机配合液压装置来完成，要求这台电动机能正、反转。摇臂的回转和主轴箱的径向移动在中小型摇臂钻床上都采用手动。

⑥ 钻削加工时，为对刀具及工件进行冷却，需要一台冷却泵电动机拖动冷却泵输送冷却液。

三、电气控制线路分析

Z3050 型车床的电气控制线路如图 16-10 所示，其工作原理分析如下。

1. 主电路分析

Z3050 摇臂钻床共四台电动机，除冷却泵电动机采用开关直接启动外，其余三台异步电动机均采用接触器控制启动。

M_1 是主轴电动机，由交流接触器 KM_1 控制，只要求单方向旋转，主轴的正反转由机械手柄操作。M_1 装在主轴箱顶部，带动主轴及进给传动系统，热继电器 FR_1 是过载保护元件，短路保护电器是总电源开关中的电磁脱扣装置。

M_2 是摇臂升降电动机，装于主轴顶部，用接触器 KM_2 和 KM_3 控制正反转。因为该电动机短时间工作，故不设过载保护电器。

M_3 是液压油泵电动机，可以做正向转动和反向转动。正向旋转和反向旋转的启动与停止由接触器 KM_4 和 KM_5 控制。热继电器 FR_2 是液压油泵电动机的过载保护电器。该电动机的主要作用是供给夹紧装置压力油，实现摇臂和立柱的夹紧和松开。

M_4 是冷却泵电动机，功率很小，由开关直接启动和停止。

摇臂升降电动机 M_2 和液压油泵电动机 M_3 共用第三个自动空气开关中的电磁脱扣作为短路保护电器。

主电路电源电压为交流 380V，自动空气开关 QF_1 作为电源引入开关。

2. 控制电路分析

（1）开车前的准备工作。

为了保证操作安全，本机床具有“开门断电”功能。所以开车前应将立柱下部及摇臂后部的电门盖关好，方能接通电源。合上 QF_3 及总电源开关 QF_1，则电源指示灯 HL_1 亮，表示机床的电气线路已进入带电状态。

（2）主轴电动机 M_1 的控制。

按启动按钮 SB_3，则接触器 KM_1 吸合并自锁，使主电动机 M_1 启动运行，同时指示灯 HL_2 显亮。按停止按钮 SB_2，则接触器 KM_1 释放，使主电动机 M_1 停止旋转，同时指示灯 HL_2 熄灭。

（3）摇臂升降控制。

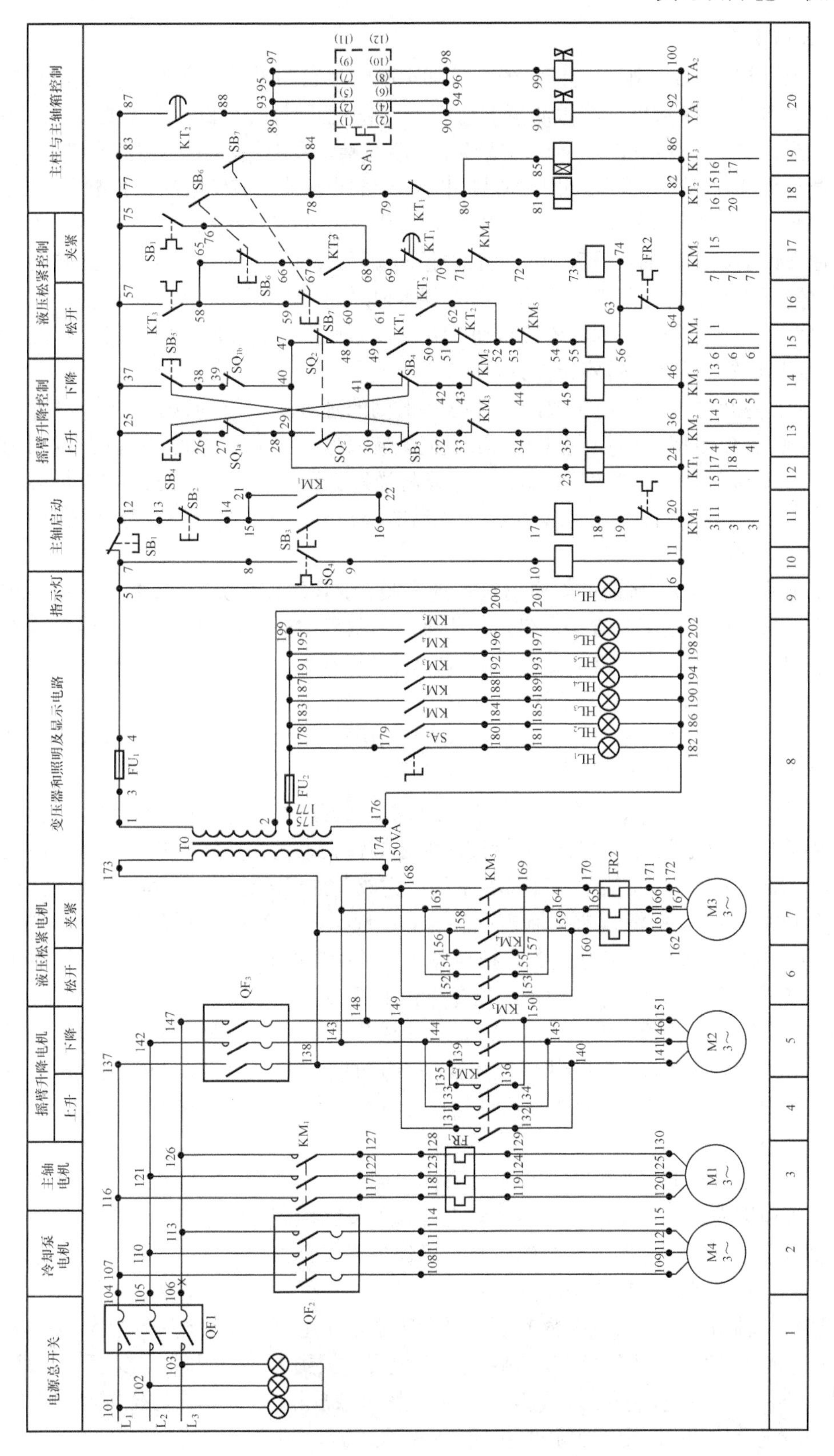

图 16-10 Z3050型车床的电气控制线路

① 摇臂上升。

按下上升按钮 SB_4，则时间继电器 KT_1 通电吸合，它的瞬时闭合的动合触头（17 区）闭合，接触器 KM_4 线圈通电，液压油泵电动机 M_3 启动正向旋转，供给压力油。压力油经分配阀体进入摇臂的“松开油腔”，推动活塞移动，活塞推动菱形块，将摇臂松开。同时，活塞杆通过弹簧片使位置开关 SQ_2 的动断触点断开，动合触点闭合。前者切断了接触器 KM_4 的线圈电路，KM_4 的主触头断开，液压油泵电机停止工作。后者使交流接触器 KM_2 的线圈通电，主触头接通 M_2 的电源，摇臂升降电动机启动正向旋转，带动摇臂上升，如果此时摇臂尚未松开，则位置开关 SQ_2 常开触头不闭合，接触器 KM_2 就不能吸合，摇臂就不能上升。

当摇臂上升到所需位置时，松开按钮 SB_4，则接触器 KM_2 和时间继电器 KT_1 同时断电释放，M_2 停止工作，随之摇臂停止上升。

由于时间继电器 KT_1 断电释放，经 1～3 秒时间的延时后，其延时闭合的常闭触点（17 区）闭合，使接触器 KM_5 吸合，液压泵电机 M_3 反向旋转，随之泵内压力油经分配阀进入摇臂的“夹紧油腔”，摇臂夹紧。在摇臂夹紧的同时，活塞杆通过弹簧片使位置开关 SQ_3 的动断触点断开，KM_5 断电释放，最终停止 M_3 工作，完成了摇臂的松开→上升→夹紧的整套动作。

② 摇臂下降。

按下下降按钮 SB_5，则时间继电器 KT_1 通电吸合，其常开触头闭合，接通 KM_4 线圈电源，液压油泵电机 M_3 启动正向旋转，供给压力油。与前面叙述的过程相似，先使摇臂松开，接着压动位置开关 SQ_2。其常闭触头断开，使 KM_4 断电释放，液压油泵电机停止工作；其常开触头闭合，使 KM_3 线圈通电，摇臂升降电机 M_2 反向运转，带动摇臂下降。

当摇臂下降到所需位置时，松开按钮 SB_5，则接触器 KM_3 和时间继电器 KT_1 同时断电释放，M_2 停止工作，摇臂停止下降。

由于时间继电器 KT_1 断电释放，经 1～3 秒时间的延时后，其延时闭合的常闭触头闭合，KM_5 线圈获电，液压泵电机 M_3 反向旋转，随之摇臂夹紧。在摇臂夹紧的同时，使位置开关 SQ_3 断开，KM_5 断电释放，最终停止 M_3 工作，完成了摇臂的松开→下降→夹紧的整套动作。

组合开关 SQ_{1a} 和 SQ_{1b} 用来限制摇臂的升降过程。当摇臂上升到极限位置时，SQ_{1a} 动作，接触器 KM_2 断电释放，M_2 停止运行，摇臂停止上升；当摇臂下降到极限位置时，SQ_{1b} 动作，接触器 KM_3 断电释放，M_2 停止运行，摇臂停止下降。

摇臂的自动夹紧由位置开关 SQ_3 控制。如果液压夹紧系统出现故障，不能自动夹紧摇臂，或者由于 SQ_3 调整不当，在摇臂夹紧后不能使 SQ_3 的常闭触头断开，都会使液压泵电机因长期过载运行而损坏。为此，电路中设有热继电器 FR_2，其整定值应根据液压电动机 M_3 的额定电流进行调整。

摇臂升降电动机的正反转控制继电器不允许同时得电动作，以防止电源短路。为避免因操作失误等原因而造成短路事故，在摇臂上升和下降的控制线路中采用了接触器的辅助触头互锁和复合按钮互锁两种保证安全的方法，确保电路安全工作。

（4）立柱和主轴箱的夹紧与松开控制。

立柱和主轴箱的松开（或夹紧）既可以同时进行，也可以单独进行，由转换开关 SA_1 和复合按钮 SB_6（或 SB_7）进行控制。SA_1 有三个位置。扳到中间位置时，立柱和主轴箱的松开（或夹紧）同时进行；扳到左边位置时，立柱夹紧（或放松）；扳到右边位置时，主轴箱夹紧（或放松）。复合按钮 SB_6 是松开控制按钮，SB_7 是夹紧控制按钮。

① 立柱和主轴箱同时松、夹。将转换开关 SA_1 扳到中间位置，然后按松开按钮 SB_6，时

间继电器 KT_2、KT_3 同时得电。KT_2 的延时断开的常开触头闭合，电磁铁 YA_1、YA_2 得电吸合，而 KT_3 的延时闭合的常开触点经 1～3 秒后才闭合。随后，KM_4 闭合，液压泵电动机 M_3 正转，供出的压力油进入立柱和主轴箱再松开油腔，使立柱和主轴箱同时松开。

② 立柱和主轴箱单独松、夹。如希望单独控制主轴箱，可将转换开关 SA_1 扳到右侧位置，按下松开按钮 SB_6（或夹紧按钮 SB_7），此时时间继电器 KT_2 和 KT_3 的线圈同时得电，电磁铁 YA_2 单独通电吸合，即可实现主轴箱的单独松开（或夹紧）。

松开复合按钮 SB_6（或 SB_7），时间继电器 KT_2 和 KT_3 的线圈断电释放，KT3 的通电延时闭合的常开触头瞬时断开，接触器 KM_4（或 KM_5）的线圈断电释放，液压泵电动机停转。经过 1～3 秒的延时，电磁铁 YA_2 的线圈断电释放，主轴箱松开（或夹紧）的操作结束。

同理，把转换开关扳到左侧，则可使立柱单独松开或夹紧。

因为立柱和主轴箱的松开与夹紧是短时间的调整工作，所以采用点动方式。

四、电气线路常见故障分析

摇臂钻床电气控制的特殊环节是摇臂升降。Z3050 系列摇臂钻床的工作过程是由电气与机械、液压系统紧密结合实现的。因此，在维修中不仅要注意电气部分能否正常工作，也要注意它与机械和液压部分的协调关系，下面仅分析摇臂钻床升降中的电气故障。

1. 摇臂不能升降

由摇臂升降过程可知，升降电动机 M_2 旋转，带动摇臂升降，其前提是摇臂完全松开，活塞杆压上位置开关 SQ_2。如果 SQ_2 不动作，常见故障是 SQ_2 安装位置移动。这样，摇臂虽已放松，但活塞杆压不上 SQ_2，摇臂就不能升降，有时，液压系统发生故障，使摇臂放松不够，也会压不上 SQ_2，使摇臂不能移动，由此可见，SQ_2 的位置非常重要，应配合机械、液压调整好后紧固。

电动机 M_3 电源相序接反时，按上升按钮 SB_4（或下降按钮 SB_5），M_3 反转，使摇臂夹紧，SQ_2 应不动作，摇臂也就不能升降。所以，在机床大修或新安装后，要检查电源相序。

2. 摇臂升降后，摇臂夹不紧

由摇臂夹紧的动作过程可知，夹紧动作的结束是由位置开关 SQ_3 来完成的，如果 SQ_3 动作过早，将导致 M_3 尚未充分夹紧就停转。常见的故障原因是 SQ_3 安装位置不合适、固定螺丝松动造成 SQ_3 移位，使 SQ_3 在摇臂夹紧动作未完成时就被压上，切断了 KM_5 回路，使 M_3 停转。

排除故障时，首先判断是液压系统的故障（如活塞杆阀芯卡死或油路堵塞造成的夹紧力不够），还是电气系统的故障。对电气方面的故障，应重新调整 SQ_3 的动作距离，固定好螺钉即可。

3. 立柱、主轴箱不能夹紧或松开

立柱、主轴箱不能夹紧或松开的可能原因是油路堵塞、接触器 KM_4 或 KM_5 不能吸合所致。出现故障时，应检查按钮 SB_6、SB_7 接线情况是否良好，若接触器 KM_4 或 KM_5 能吸合，M_3 能运转，可排除电气方面的故障，则应请液压、机械修理人员检修油路，以确定是否是油路故障。

4. 摇臂上升或下降限位保护开关失灵

组合开关 SQ_1 的失灵分两种情况：一是组合开关 SQ_1 损坏，SQ_1 触头不能因开关动作而闭合或接触不良使线路断开，由此使摇臂不能上升或下降；二是组合开关 SQ_1 不能动作，触

头熔焊，使线路始终处于接通状态，当摇臂上升或下降到极限位置后，摇臂升降电动机 M_2 发生堵转，这时应立即松开 SB_4 或 SB_5。根据上述情况进行分析，找出故障原因，更换或修理失灵的组合开关 SQ_1 即可。

5. 按下 SQ_6，立柱、主轴箱能夹紧，但释放后就松开

由于立柱、主轴箱的夹紧和松开机构都采用机械菱形块结构，所以这种故障多为机械原因造成的。可能是菱形块和承压块的角度方向搞错，或者距离不合适，也可能因夹紧力调得太大或夹紧液压系统压力不够导致菱形块立不起来，可找机械修理工检修。

16.4 实习内容

一、Z3050 摇臂钻床故障的分析与排除

1. 训练要求

（1）在操作师傅的指导下，对钻床进行操作，了解钻床的各种状态、操作方法及操作手柄的作用。

（2）在教师的指导下，参照电器位置图和机床接线图，熟悉钻床电气元件按照位置及走线情况。

（3）在 Z3050 型钻床上人为设置自然故障。故障设置时应注意以下几点。

① 人为设置的故障，必须是模拟钻床在使用过程中由于受外界因素影响而造成的自然故障。

② 切忌设置更改线路或更换电气设备和电气元件等由于人为原因而造成的非自然故障。

③ 不能设置短路故障、机床带电故障以及一接通总电源开关电动机就启动的故障，以免造成人身和设备事故。

④ 设置的故障必须与学生应该具有的修复能力相适应。随着学生检修水平的逐步提高，再相应提高故障的难度等级。

（4）教师示范检修。教师进行示范检修时，可把下述检修步骤贯穿其中，直至故障排除。

① 用通电试验法引导学生观察故障现象。

② 根据故障现象，依据电路图，用逻辑分析法确定故障范围。

③ 采用正确的检查方法，查找故障点并排除故障。

④ 检修完毕，进行通电试验，并做好维修记录。

（5）教师设置让学生事先知道的故障点，指导学生如何从故障现象着手进行分析，逐步引导学生采用正确的检修步骤和检修方法。

（6）教师设置人为的故障点，由学生检修。

2. 注意事项

（1）熟悉 Z3050 型摇臂钻床电气线路的基本环节及控制要求，认真观摩教师示范检修。

（2）检修时，所有的工具、仪表应符合使用要求。

（3）排除故障时，必须修复故障点，但不得采用元件置换法。

（4）检修时，严禁扩大故障范围或产生新的故障。

（5）带电检修时，必须有指导教师监护，以确保安全。

二、考核标准

表 16-6 Z3050 摇臂钻床故障的分析与排除训练评分标准

训练内容	配分	扣分标准		扣分	得分
故障分析	40分	（1）标不出故障范围或错标在故障回路以外 （2）不能标出最小故障范围	每个扣10～15分 每个扣5～10分		
检修故障	60分	（1）切断电源后不验电 （2）使用仪表和工具不正确 （3）检查故障的方法不正确 （4）查出故障不会排除 （5）检修中扩大故障范围或产生新故障 （6）少查出故障 （7）损坏电气元件 （8）检修中或检修后试车操作不正确	扣4分 每次扣4分 扣10分 每个扣20分 扣10分 每个扣20分 每个扣30分 每次扣5分		
安全文明生产	从总分中扣分	（1）工作服（女生工作帽）、绝缘鞋穿戴整齐，电工工具的绝缘良好 （2）检修结束后应保持工具及仪表完好无损 （3）保持工作文明卫生 （4）安全生产，无违反安全规定的现象和事故发生	违反此项扣2分 违反此项酌情扣1～5分 违反此项扣2分； 违反此项，酌情扣1～5分，发生严重事故者，取消训练资格		
定额时间1h		检查故障不允许超时，修复故障允许超时，每超时5分钟扣5分，最多可延长20分钟			
总评（注：各项内容中扣分总值不应超过对应各项内容所配分数）					

三、思考题

1．机床电气设备常见的故障检修方法有哪些？

2．采用电阻测量法检修故障时有哪些注意事项？

参 考 文 献

[1] 刘涛．电工技能训练[M]．北京：电子工业出版社，2002．
[2] 宋学瑞．电工电子实习教程[M]．长沙：中南大学出版社，2011．
[3] 张艳丽．电工技能与训练[M]．北京：电子工业出版社，2007．
[4] 陈学平．维修电工技能与实训[M]．北京：北京大学出版社，2010．
[5] 阮初忠．怎样看电气图[M]．福州：福建科学技术出版社，2005．
[6] 刘积标，黄西平．电工技术实训[M]．广州：华南理工大学出版社，2007．
[7] 左丽霞，李丽．实用电工技能训练[M]．北京：中国水利水电出版社，2006．